普通高等教育机电类专业系列教材

金工实习教程

主　编　孙文志　郭庆梁
参　编　林克江　贾敏　李宪臣

机 械 工 业 出 版 社

本书是根据国家教育部最新颁布的“金工实习教学基本要求”，在总结编者多年教学和工作经验的基础上，结合现代制造技术的应用编写而成的。全书由金工实习基础知识、热加工、冷加工和以数控技术为代表的先进制造技术等几部分组成，包括金工实习基础知识，铸造、锻压及铆工实习，焊接实习，普通机械加工实习，钳工实习，数控加工实习，特种加工实习等8章。

本书可作为高等工科院校本科机械类及近机械类专业金工实习用教材，也可作不同层次教学人员和有关工程技术人员的参考用书。

本书配有电子课件，凡使用本书作教材的教师可登录机械工业出版社教材服务网（http：//www.cmpedu.com）下载，或发送电子邮件至cmp-gaozhi@sina.com索取。咨询电话：010-88379375。

图书在版编目（CIP）数据

金工实习教程/孙文志，郭庆梁主编.—北京：机械工业出版社，2013.8（2024.3重印）
普通高等教育机电类专业系列教材
ISBN 978-7-111-43118-3

Ⅰ.①金…　Ⅱ.①孙…②郭…　Ⅲ.①金属加工－实习－高等学校－教材　Ⅳ.①TG-45

中国版本图书馆CIP数据核字（2013）第156274号

机械工业出版社（北京市百万庄大街22号　邮政编码100037）
策划编辑：王英杰　责任编辑：王英杰　武　晋
版式设计：霍永明　责任校对：姜艳丽
封面设计：鞠　杨　责任印制：郜　敏
北京富资园科技发展有限公司印刷
2024年3月第1版第10次印刷
184mm×260mm·18.75印张·460千字
标准书号：ISBN 978-7-111-43118-3
定价：49.80元

电话服务
客服电话：010-88361066
010-88379833
010-68326294

网络服务
机　工　官　网：www.cmpbook.com
机　工　官　博：weibo.com/cmp1952
金　　书　　网：www.golden-book.com
机工教育服务网：www.cmpedu.com

前　言

金工实习是高等院校工科专业的一门综合性和实践性很强的技术基础课，也是锻炼学生实践动手能力的一项重要的工程训练。本书是根据教育部最新颁布的高等教育机械类和近机械类专业“金工实习教学基本要求”，并结合编者多年来从事金工实习的教学经验、现代制造技术的应用和高校教学实际编写而成的。

本书以“金工实习教学基本要求”为主导，紧密联系目前高校金工实习的实际需要。编写时力求深入浅出、通俗易懂，同时注重知识的科学性和严谨性。在编写过程中，主要体现了以下一些特点：

1. 本书涵盖了金工实习的全部教学环节，尤其是增加了金工实习动员的章节，使实习一开始就能规范化操作，有章可循。

2. 在目前数控加工技术全面引入金工实习的大时代背景下，本书使用了较大的篇幅介绍数控编程的方法及数控机床的操作，既有数控车削又有数控铣削，从举例到练习，极大地提高了数控加工实习的可操作性和实用性。

3. 将金工实习中实际训练的工件列入教材，做到教材内容与实际训练不脱节。例如将工艺小锤的锤头和锤柄加工训练分别列入钳工和车工实习章节中，图文并茂地介绍了它们的加工步骤和工艺方法。

4. 加入了铆工实习内容，从而使材料成形加工实训更为完善。这对诸如石化类专业学生来说，增强了金工实习的实用性，为后续专业课的学习提供帮助。

本书由辽宁石油化工大学孙文志、郭庆梁任主编。全书共分8章，其中第1章由辽宁石油化工大学李宪臣编写；第2章由辽宁石油化工大学贾敏编写；第3、4章由辽宁石油化工大学孙文志编写；第5、6、7章由辽宁石油化工大学郭庆梁编写；第8章由辽宁石油化工大学林克江编写。

编写过程中，参考了大量相关教材和资料，在此对相关编著者深表感谢！

由于编者学识、水平和经验有限，书中难免存在疏漏之处，恳请广大读者批评指正。

编　者

目　录

第1章　金工实习动员

1.1　金工实习的性质和任务

金工实习是工科专业学生的必修课，是使学生获得机械制造基本知识和技能的一项实践性教学环节。它担负着全面提高学生的工程素质和工程实践能力，培养综合型、应用型和创新型现代工程技术人才的重要任务。因此，金工实习作为高等工科院校学生必修的工程实践课程和综合性的工艺技术基础课程，在培养高等工科人才方面所起的作用是其他课程无法取代的。

通过金工实习的操作技能训练，可以使学生获得机械制造基本知识的同时，得到一次较好的动手能力锻炼，并且为后续课程的学习打下良好的基础。学生在金工实习过程中，通过独立的实践操作，将有关金属材料加工的基本理论、基本知识、基本方法与实践有机地结合在一起，有目的地进行工程实践训练，并不断提高自身的综合职业能力。

金工实习的主要任务是让学生接触和了解工厂生产实践，加深其对所学专业的理解，培养学习兴趣。通过实习，培养学生理论联系实际、一丝不苟的工作作风，使学生的综合素质不断得到提高。通过本课程的学习和操作训练，应达到以下目的：

1）建立起对机械制造生产基本过程的感性认识，学习机械制造的基础工艺知识，了解机械制造生产的主要设备。

在实习中，学生要学习机械制造的各种主要加工方法及其所用主要设备的基本结构、工作原理和操作方法，并正确使用各类工具、夹具、量具，熟悉各种加工方法、工艺技术、图纸文件和安全技术，了解加工工艺过程和工程术语，使学生对工程问题从感性认识上升到理性认识。这些实践知识将为以后学习有关专业技术基础课、专业课及毕业设计等打下良好的基础。

2）培养实践动手能力，进行基本的训练。

学生通过直接参加生产实践，操作各种设备，使用各类工具，独立完成简单零件的加工制造全过程，培养对简单零件的工艺分析能力、主要设备的操作能力和加工作业的技能，初步培养工科专业人才应具备的基础知识和基本技能。

3）全面开展素质教育和创新能力培养，树立实践观点、劳动观点和团队协作观点，培养高质量人才。

金工实习是在学校工程训练中心的现场进行的。金工实习现场不同于教室，它是生产、教学、科研相结合的基地，教学内容丰富，实习环境多变，接触面宽广。这样一个特定的教学环境正是对学生进行思想作风教育的好场所。

金工实习对学好后续课程有着重要意义，特别是技术基础课和专业课，都与金工实习有着重要联系。金工实习场地是校内的工业环境，学生在实习时置身于工业环境中，接受实习指导人员的思想品德教育，培养工程技术人员应有的全面素质。因此，金工实习是强化学生工程意识教育的良好教学手段。

1.2 金工实习的内容

金工实习以机器零件加工全过程为主线，涉及多工种、多工艺的操作训练。主要开设的实习内容有：铸造、锻压、铆工、焊接、热处理、车工、铣工、刨工、磨工、钳工、数控加工以及特种加工等。

1.3 工程训练中心

工程训练中心是高校对学生开展金工实习以及其他工程训练和创新实践活动的重要场所。一般工程训练中心应具备的车间、实训室及其功能如下：

1. 车工车间（实训室）

车工车间的主要设备为车床。学生在车工车间主要进行车削加工实习。车削加工是指在车床上，利用工件的旋转运动和刀具的直线运动或曲线运动，去除毛坯表面多余金属，从而获得一定形状和尺寸的符合图样要求的零件的过程。车削是最基本、最常见的切削加工方法，在生产中占有十分重要的地位。车削适于加工回转表面，大部分具有回转表面的工件都可以用车削方法加工，如内、外圆柱面、内、外圆锥面、端面、沟槽、螺纹和回转成形面等，所用刀具主要是各种车刀。车削加工的主要设备是车床。在各类金属切削机床中，车床是应用最广泛的一类，约占机床总数的50%。车床既可用车刀对工件进行车削加工，又可用钻头、铰刀、丝锥和滚花刀进行钻孔、铰孔、攻螺纹和滚花等操作。按工艺特点、布局形式和结构特性等的不同，车床可以分为卧式车床、落地车床、立式车床、转塔车床以及仿形车床等，其中应用最多的是卧式车床。

通过车削加工实习，使学生掌握卧式车床的基本操作方法及中等复杂零件的车削加工工艺过程。车工车间实习的具体要求如下：

1）了解卧式车床的结构、原理及基本操作方法。

2）学会使用顶尖等工具装夹工件的方法。

3）学会外圆车刀、切槽刀等常见车刀的选择与安装方法。

4）掌握外圆面、端面及台阶面的加工方法。

5）掌握切槽、切断及倒角的加工方法。

6）掌握在车床上钻中心孔及钻孔的方法。

7）学会游标卡尺等常用车工量具的使用方法。

通过车削加工实习，培养学生具备车工工种的基本素质，使学生掌握常见车削零件的基本加工方法及工艺过程，为其今后学习相关课程打下良好的基础。

2. 铣、刨、磨车间（实训室）

铣、刨、磨车间的主要设备为铣床、刨床和磨床。学生在这里主要进行铣工、刨工、磨工实习。在铣床上用铣刀加工工件的工艺过程叫做铣削加工。铣削时，铣刀作旋转主运动，工件作缓慢的直线进给运动。铣床的加工范围很广，可以加工平面、斜面、垂直面、各种沟槽和成形面（如齿形），还可以进行分度工作。有时，孔的钻、镗加工也可在铣床上进行。铣床种类很多，常用的有卧式铣床、立式铣床、龙门铣床等。卧式铣床主要由床身、横梁、主轴、纵向工作台、横向工作台、转台和升降台等部分组成。在刨床上用刨刀对工件作水平直线往复运动的切削加工方法称为刨削。刨床类机床主要分为牛头刨床、龙门刨床、插床。牛头刨床因其滑枕和刀架形似牛头而得名。牛头刨床由工作台、刀架、滑枕、床身、横梁、变速机构、进刀机构和床身内部摆动导杆机构等组成，主要用于刨削中、小型零件，适用于单件小批生产及修配加工。刨削适应性强，通用性好，能加工平板类、支架类、箱体类、机座、床身零件的各种表面、沟槽等。在磨床上使用砂轮对工件表面进行磨削加工称为磨削，它的主要任务是完成对工件最后的精加工和获得较为光洁的表面。

铣、刨、磨车间实习的具体要求如下：

1）了解卧式铣床的结构、原理及基本操作方法。

2）了解牛头刨床的结构、原理及基本操作方法。

3）了解铣刀、刨刀的结构，学会常见铣刀、刨刀的使用与安装方法。

4）掌握平面铣削和平面刨削的加工方法。

5）了解矩形槽、V形槽与燕尾槽的铣、刨加工工艺与方法。

6）完成锤头的四面平面加工作业。

7）了解常用铣床附件的结构、用途及其使用方法。

8）了解外圆磨床和平面磨床的基本结构与操作。

3. 铸、锻、铆车间（实训室）

铸、锻、铆车间的主要设备是造型工具、加热炉、空气锤、剪板机、卷板机等。学生在这里主要进行铸造、锻造、板料冲压和铆工实习。把加热熔化的金属液体浇入铸型，从而获得零件毛坯的加工方法叫做铸造。铸造实习的主要工作是砂型铸造的造型。利用加热使金属材料呈塑性状态，使其易于变形，并通过在空气锤等压力加工设备上锻打来制造零件毛坯的方法称为锻造。而完成放样、号料、下料、成型、制作、校正、安装等工作的工种则称为铆工。

铸、锻、铆工车间实习的主要要求如下：

1）学会简单零件的砂型铸造操作方法。

2）了解机器造型和特种铸造工艺方法。

3）认识锻工的工具、设备和自由锻造基本工艺方法。

4）了解模锻、板料冲压的有关基本知识。

5）了解铆工的常用工具、设备和基本工艺方法。

6）学会简单图形的展开图绘制。

4. 焊工车间（实训室）

焊工车间的主要设备是电焊机、气瓶和其他焊接设备。学生主要进行手工电弧焊、气焊的操作训练。焊接是一种连接金属材料的工艺方法。焊接过程的实质是通过加热或加压，借助金属原子的结合与扩散作用使分离的金属材料永久连接起来。焊接方法的种类很多，根据其实现原子间结合的途径不同，可分为三大类：熔焊，是利用热源将焊件连接处加热至熔化状态，形成熔池，待其冷却凝固后形成焊缝而连接成一体，常用的熔焊方法有气焊、电弧焊等；压焊，是对焊件施加压力（加热或不加热）使焊件连接处紧密接触，并产生塑性变形而形成焊接接头；钎焊，是采用熔点低于母材的金属作钎料，将焊件和钎料加热至高于钎料熔点低于母材熔点的温度，钎料熔化润湿母材，填充接头间隙，并与母材相互扩散而实现连接。

焊工车间实习的具体要求如下：

1）了解焊接的概念和分类。

2）了解手工电弧焊的概念、特点和应用。

3）了解焊接电弧的概念、产生条件和特征。

4）了解电焊机的分类及型号的含义。

5）了解焊条的分类、型号、组成和作用。

6）掌握手工电弧焊焊接工艺、操作技术及操作要领。

7）掌握气焊焊接工艺、操作技术及操作要领。

8）了解氩弧焊焊接工艺、操作技术及操作要领。

9）学习焊工安全操作规程及注意事项。

5. 钳工车间（实训室）

钳工车间的设备主要有钻床和钳工工作台及各种钳工工具。学生在钳工车间主要进行钳工实习。钳工是手持工具进行金属切削加工的方法，其基本操作有：划线、錾削、锉削、锯割、钻孔、扩孔、铰孔、攻螺纹和套螺纹、铆接、校直与弯曲、刮削与研磨以及简单的热处理等。钳工是机械制造和维修中不可缺少的工种，具有加工灵活、操作方便、工具简单、适应性强等特点，可以完成机加工不便或无法完成的工作，在机械制造装配和修理工作中起着十分重要的作用。钳工按加工内容不同，可分为：普通钳工、装配钳工、修理钳工、划线钳工、模具钳工、工具钳工等。

钳工车间实习的具体要求如下：

1）了解常用钳工工具的使用方法和钳工基本工艺及操作要领。

2）掌握锯割方法以及锯条的种类和选择，了解锯条损坏和拆断的原因。

3）掌握划线的概念、划线的基准选择、划线的作用和基本步骤；学会常用划线工具的正确使用方法，以及平面划线和简单零件的立体划线方法。

4）掌握锉削的概念、锉刀的种类、规格和用途；学会锉刀的选择和操作，以及平面和曲面的锉削方法。

5）掌握钻孔的基本知识及设备；了解麻花钻的几何形状和各部分的作用，以及钻床使用的安全操作规程；学会基本钻孔方法。

6）了解丝锥、板牙的构造、规格和用途；学会攻螺纹和套螺纹的操作方法。

钳工实习是工程技术类专业的重要实训课，通过实习能够培养学生钳工操作的基本技能，使学生初步具备安全生产和文明生产的良好意识，养成良好的职业道德。

6. 先进制造技术车间（实训室）

先进制造技术车间的主要设备是各类数控机床和电火花加工机床等特种加工设备。学生在先进制造技术车间主要完成数控加工实习和特种加工实习。数控加工是指采用数字信息对零件加工过程进行定义，并控制机床进行自动运行的一种自动化加工方法。数控加工用于复杂形状零件的加工，其设备具有高质量、高效率、高柔性的优点，并且能够减轻工人劳动强度，有利于生产管理。数控加工实习分为数控车床实习和数控铣床实习，学生通过实习掌握中等复杂形状零件的数控加工工艺分析、数控编程及加工操作技能。此外，还要对电火花成形、电火花线切割等特种加工方法加以了解。

先进制造技术车间实习的具体要求如下：

1）学会中等复杂形状零件的数控加工工艺分析。

2）学会用复合循环指令加工外圆的方法。

3）学会螺纹的车削加工方法。

4）学会两轴铣削加工方法。

5）了解加工中心的加工操作。

6）了解电火花成形加工的特点与应用。

7）了解电火花线切割加工的适用范围与加工操作方法。

8）了解激光加工的步骤与方法。

1.4 安全教育

金工实习是学生接受高等教育阶段进行的一次直接上手操作的实践教学，实习内容又是具有高度危险性的加工工作，因此全体参与实习的师生一定要时刻树立“安全第一”的思想，要做到警钟长鸣。

实习安全包括人身安全、设备安全和环境安全，其中最重要的是人身安全。在每个工种实习之前，要求认真研读安全操作规程，严格按规程操作。另外，还要严格遵守校规校纪，做好防火、防盗工作。

在实习劳动中要进行各种操作，制作各种不同规格的零件，因此，常要开动各种生产设备，接触到焊机、机床、砂轮机等。为了避免触电、机械伤害、爆炸、烫伤和中毒等工伤事故，实习人员必须严格遵守工艺操作规程。只有施行文明生产实习，才能确保实习人员的安全和保障，具体要求如下：

1）实习中做到专心听讲，仔细观察，做好笔记，尊重各位指导老师，独立操作，努力完成各项实习作业。

2）严格执行安全制度，进入车间必须穿好工作服，不得穿凉鞋。女生要戴好工作帽，将长发放入帽内，不得穿高跟鞋。

3）操作机床时不准戴手套，严禁身体、衣袖与转动部位接触；正确使用砂轮机，严格按安全规程操作，注意人身安全。

4）遵守设备操作规程，爱护设备，未经教师允许不得随意乱动车间设备，更不准乱动开关和按钮。

5）遵守劳动纪律，不迟到，不早退，不打闹，不串车间，不随地而坐，不擅离工作岗位，更不能到车间外玩，有事请假。实习场地严禁吸烟。

6）交接班时认真清点工、卡、量具，做好保养保管，如有损坏、丢失，按价赔偿。

7）实习时，要不怕苦、不怕累、不怕脏，热爱劳动。

8）每天下班擦拭机床，清整用具、工件，打扫工作场地，保持环境卫生。

9）爱护公物，节约材料、水、电，不践踏花木、绿地。

10）爱护劳动保护用品，实习结束时及时交还工作服，损坏、丢失按价赔偿。

1.5 金工实习的管理制度及成绩考核

1.5.1 金工实习的管理制度

1）实习期间，由指导老师对学生进行考勤，未按规定请假缺席的学生一律记为旷课，按学分制管理相关规定处理。

2）在实习过程中，学生因病不适合参加某工种实习，经学生所在学院和金工实习负责人认定，可以作病假处理。因病假所缺的实习时数，需要按教学计划补足。

3）严格控制请事假。如遇急事需要请事假者，必须提前按学校规定办理批准手续。因事假所缺的实习时数，需要按教学计划补足。

4）实习学生因文艺演出、体育比赛等活动需要请公假的，需出具二级学院提供的公假单（加盖公章）。因公假所缺的实习时数也要补足。

5）实习学生在实习期间除了上述的病假、事假、公假之外，其他情况一律作旷课处理，旷课一天以上者，取消实习资格，成绩以零分计。

6）实习时要认真听讲，精心操作，严格遵守安全操作规程、各项规章制度和劳动纪律。未经指导教师允许不得进行文体活动。不准看与实习无关的书籍和杂志，如发现实习时听收音机、MP3、玩手机或看杂志书籍者，指导教师要批评教育。如学生接受批评，可继续实习，书籍杂志等其他无关物品交由实习指导教师保存，实习结束后发还；如不接受批评，指导教师有权停止其实习。

7）进入实习场地，必须穿好工作服、鞋，戴好眼镜、帽，如发现穿裙子、短裤、背心、拖鞋、高跟鞋的和露长发者进入实习场地，一律停止实习。

8）因学生个人原因发生设备事故及人身事故，责任人的实习操作成绩以零分计。

9）严格遵守劳动纪律，每人只能在指定的设备或岗位上操作，不得窜岗、窜位或代人操作完成实习任务，也不得擅自离开实习场所。

10）不得迟到、早退。对迟到、早退者，除批评教育外，在评定实习成绩时要酌情扣分。

11）学生实习期间一般不准会客，如遇特殊情况，15min 内可向实习指导教师请假，超过 15min 按事假处理。

12）学生的考勤由实习教师记入学生实习卡，并与其他资料一并交由中心存档。凡是实习指导教师布置的任务要认真完成，需带笔记本做好笔记。必须按时完成实习报告，及时交给中心。凡不做实习报告或未按要求完成的，不予评定实习总成绩。人为损坏中心财物者除照价赔偿外，并通报学生所在院、系。

1.5.2 金工实习的成绩考核

1）各工种实习成绩由各工种实习指导教师根据学生该工种实际掌握和完成情况评定。

2）实习报告由实习指导教师根据报告的内容正确程度和认真程度评定。

3）劳动纪律由实习指导教师评定。

4）实习总成绩由各工种实习指导教师给出的成绩汇总后给出。

5）实习成绩评定标准如下。

优　秀：各工种成绩优秀，实习报告完整、工整，遵守实习纪律。

良　好：各工种成绩优秀或良好，实习报告较完整、工整，遵守实习纪律。

中　等：各工种成绩良好或中等，实习报告完整，遵守实习纪律。

及　格：各工种成绩中等或及格，实习报告较完整，遵守实习纪律。

不及格：各工种成绩有一个或多个不及格，或实习报告不完整，或不遵守实习纪律。

第2章　金工实习基础知识

本章将对金工实习过程中遇到的有关机械制造的基础性的常识、概念及技能加以简要介绍。目的是使没有学习过相关理论课程的学生，在金工实习各个工种的实训中，能够轻松上手，加深对实习内容的理解。

2.1　工程材料基础知识

2.1.1　金属材料的性能

1. 金属材料的力学性能

机械零件在工作过程中要受到许多种外力的作用，如果作用力过大，就会使零件产生不同程度的变形甚至造成破坏。金属材料在力作用下显示出的与弹性和非弹性反应相关或涉及应力应变关系的性能，称为金属材料的力学性能。表示金属材料力学性能的指标很多，常用的有以下几种㊀：

（1）抗拉强度（σ_b）　金属材料试样在拉断前承受的最大值称为抗拉强度，常用 σ_b 表示。抗拉强度表示材料在拉力作用下抵抗变形和断裂的能力，单位为 MPa 或 N/mm^2。例如，拉断同样粗的钢丝和铜丝时，拉断钢丝所需的力要大一些，这说明钢的抗拉强度比铜高。

（2）屈服强度（σ_S）　金属材料试样在拉伸过程中，受力不增加且保持恒定时，试样仍然能继续伸长或变形的应力，称为屈服强度，常用 σ_S 表示。

（3）弹性极限（σ_e）　金属材料试样在保持弹性变形时能承受的最大应力，称为弹性极限，常用 σ_e 表示。

（4）塑性　塑性是指金属材料在断裂前产生不可逆永久变形的能力。塑性一般用断后伸长率和断面收缩率来表示。断后伸长率是试样被拉断后其伸长量与原长度之比的百分率，符号为 δ。断面收缩率是指试样被拉断后，缩颈处横截面积的最大缩减量与原始横截面积之比的百分率，符号为 ψ。断后伸长率和断面收缩率越大，说明材料的塑性越好。

（5）硬度　硬度是指材料抵抗局部变形，特别是塑性变形、压痕或划痕的能力。在生产中常用来衡量材料硬度大小的指标有布氏硬度、洛氏硬度和维氏硬度三种。布氏硬度常用于表示较软材料的硬度，如未经淬火硬化的钢件，其符号为 HBW；洛氏硬度常用于表示较硬材料的硬度，如各种刀具、淬火硬化的钢件等，其符号为 HRC；维氏硬度适用范围广，从极软的材料到极硬的材料都可以表示，其符号为 HV。材料的硬度除了用硬度计进行检测外，在实际生产中也可通过锉刀锉削试件时的打滑程度和锉削量的大小等情况进行粗略估计。

㊀ 金属材料力学性能新符号见国家标准 GB/T 228—2002，其部分新旧符号对照为：抗拉强度 R_m（σ_b），抗压强度 R_{mc}（σ_{bc}），伸长率 A（δ），断面收缩率 Z（ψ）……由于新旧标准符号许多不对应，全面贯彻新标准目前还不具备，故本书仍沿用旧标准符号，请读者注意。

（6）冲击韧度 冲断金属材料试样时，试样缺口底部每单位横断面积上的冲击吸收能量，称为冲击韧度，用 α_K 表示，单位为 J/cm^2。冲击韧度值越大，说明材料韧性越好。

（7）疲劳强度 金属材料在循环应力作用下能经受无限多次循环，而不被破坏的最大应力值，称为金属的疲劳极限。在工程实践中，一般采用条件疲劳极限，即对应于规定的 N 次循环基数下的应力值作为疲劳极限，称为疲劳强度。对于黑色金属，基数 N 为 10^7；对于有色金属，基数 N 为 10^8。常用的疲劳强度符号为 σ_{-1}。

2. 金属材料的工艺性能

金属材料的工艺性能是指在机械零件和工具的制造过程中，金属材料适应各种冷、热加工的性能，或者说是采用某种加工方法将金属材料制成成品的难易程度。包括铸造性能、锻压性能、焊接性能、热处理性能、切割加工性能等。例如，某种材料采用焊接方法容易得到合格的焊件，说明该材料的焊接工艺性好。工艺性能直接影响零件的加工质量，是选择材料时必须考虑的因素之一。

此外，金属材料的性能还包括如导热性、导电性、熔点、沸点等物理性能和耐蚀性等化学性能。

2.1.2 常用金属材料

1. 金属材料的分类

金属是指具有良好的导电性和导热性，有一定的强度和塑性，并具有光泽的物质，如铁、铝和铜等。金属材料是以金属元素或以金属为主要材料，并具有金属特性的工程材料。金属材料包括纯金属和合金两类。

纯金属在工业生产中虽然具有一定的用途，但是由于它的强度、硬度一般都较低，而且冶炼难度大、价格较高，因此在使用上受到很大的限制。目前，工业生产中广泛使用的是合金状态的金属材料。

合金是一种金属元素与其他金属元素或非金属元素，通过熔炼或其他方法结合的具有金属特性的物质。例如，普通黄铜是由铜和锌两种金属元素组成的合金，碳素钢是由铁和碳组成的合金。与组成合金的纯金属相比，合金除具有更好的力学性能外，还可通过调整组成元素之间比例的方法，获得一系列性能各不相同的合金，从而满足工业生产上不同的性能要求。

金属材料可分为黑色金属和有色金属两大类。以铁或以铁为主而形成的金属，称为黑色金属，如钢和铸铁。除黑色金属以外的其他金属，称为有色金属，如铜、铝、镁、锌等。

2. 钢材

钢是指以铁为主要元素，碳的质量分数一般在2%以下，并含有其他元素的材料。随着钢中碳的质量分数、合金元素的种类及其质量分数的不同，其力学性能会不相同。一般来讲，随着钢中碳的质量分数的增加，钢的塑性和韧性降低，强度与硬度增高。合金元素对钢性能的影响比较复杂。

（1）钢铁生产 钢铁包含钢与生铁，是以铁和碳为主要组成元素，同时还含有硅、锰、磷、硫等杂质元素的合金。生铁中碳的质量分数较高（$w_C > 2.11\%$），杂质元素的含量也较高，很少直接使用。钢中碳的质量分数较低（$w_C \leq 2.11\%$），杂质元素的含量也低于生铁，可供直接生产和生活使用。钢铁生产过程如下：首先从铁矿石中炼出生铁，再将生铁冶炼成钢，并浇注成钢锭或钢坯，然后采用压力加工技术制成各种规格的钢材。钢铁的生产过程如图 2-1 所示。

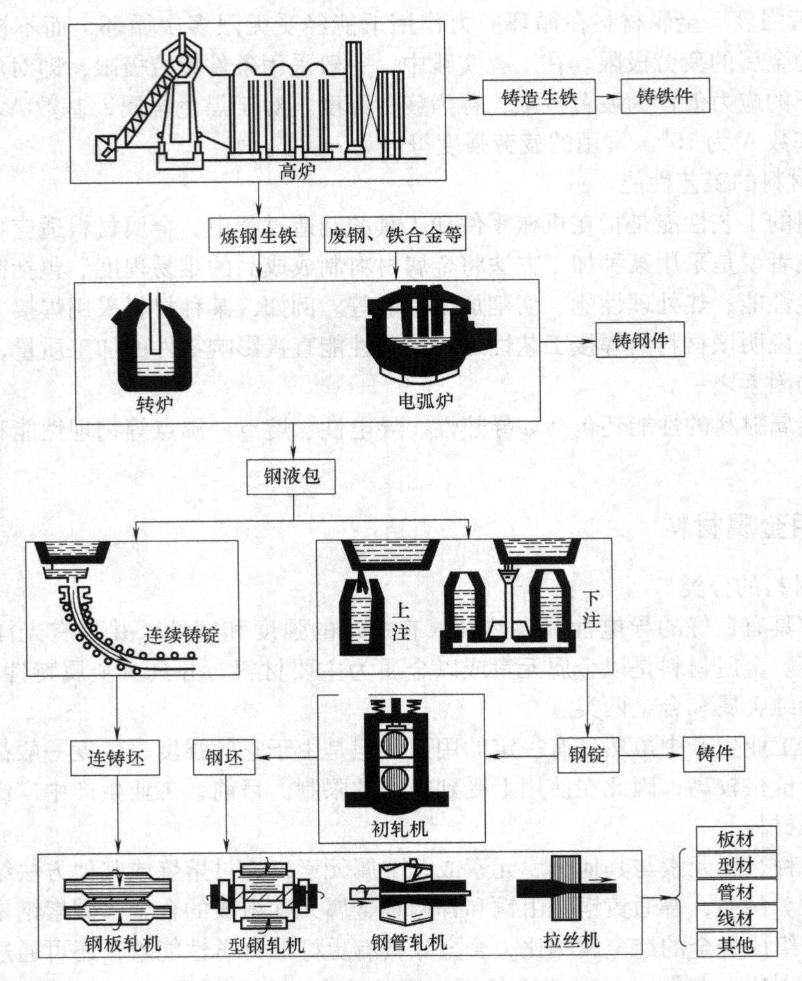

图 2-1 钢铁的生产过程

（2）钢的分类 钢的分类方法很多，常用的有以下三种：

1）按化学成分，可分为碳素钢和合金钢两类。

① 碳素钢。按碳的质量分数大小又可分为低碳钢（$w_C \leqslant 0.25\%$）、中碳钢（$0.25\% < w_C \leqslant 0.6\%$）和高碳钢（$w_C > 0.6\%$）三种。

② 合金钢。按合金元素质量分数多少可分为低合金钢（$w_E \leqslant 5\%$）、中合金钢（$5\% < w_E \leqslant 10\%$）和高合金钢（$w_E > 10\%$）三种。

2）按钢中含有有害杂质磷（P）或硫（S）的质量分数分类。

① 普通钢。$w_P \leqslant 0.045\%$，$w_S \leqslant 0.05\%$。

② 优质钢。$w_P \leqslant 0.035\%$，$w_S \leqslant 0.035\%$。

③ 高级优质钢。$w_P \leqslant 0.03\%$，$w_S \leqslant 0.03\%$。

3）按钢的用途分类。

① 结构钢。结构钢具有较高的强度和塑性，综合力学性能较好，主要用于制造工程结构件和机械零件，是钢材中用量最大的钢种。例如，角钢、槽钢及各类型材广泛应用于桥梁、建筑、铁道等行业；板材、棒材等用于制造轴类、齿轮、弹簧、轴承等零件。常用的结构钢材料有 Q235、Q345、20CrMnTi、40、45、40Cr、60Si2Mn、GCr15 等。

② 工具钢。工具钢具有高硬度、高强度的力学性能，用于制作加工各种材料的刀具、工具和量具。例如，实习中使用的锉刀、钻头、游标卡尺等均由工具钢制作。常用的工具钢材料有 T8 或 T8A、T10 或 T10A、T12 或 T12A、9SiCr、CrWMn、Cr12MoV、3Cr2W8V、5CrMnMo、5CrNiMo、W18Cr4V 等。

③ 特殊性能钢。这类钢具有特殊的物理性能、化学性能及使用性能等，主要用于制作在特殊环境、特定条件下工作的零件，如用于耐蚀的不锈耐酸钢，用于制造热处理炉底板的耐热钢，航空上使用的超高强度钢，用于铁路道岔、碎石机的耐磨性较好的钢等。常用的特殊性能钢材料有：12Cr13、20Cr13、10Cr17、32Cr13Mo 等。

（3）钢的牌号及用途

1）碳素钢

① 碳素结构钢。它的牌号是由屈服强度的“屈”字汉语拼音首位字母“Q”、屈服强度数值、质量等级符号和脱氧方法符号按顺序组成。例如 Q235AF，“Q”表示屈服强度，“235”表示屈服强度数值为 235MPa，“A”表示质量等级，“F”表示脱氧方法（沸腾钢）。碳素结构钢中的有害杂质和非金属夹杂物较多，主要用来制造一般工程结构和普通机械零件，通常轧制成各种型材，如圆钢、钢板、角钢和工字钢等。碳素结构钢的牌号、化学成分与力学性能见表 2-1。

表 2-1　碳素结构钢的牌号、化学成分与力学性能（GB/T 700—2006）

<table>
<tr><th rowspan="3">牌号</th><th rowspan="3">等级</th><th rowspan="3">脱氧方法</th><th colspan="5" rowspan="2">化学成分（质量分数）（%），不大于</th><th colspan="6">屈服强度（MPa），不小于</th></tr>
<tr><th colspan="6">厚度（或直径）/mm</th></tr>
<tr><th>C</th><th>Si</th><th>Mn</th><th>P</th><th>S</th><th>≤16</th><th>>16
~40</th><th>>40
~60</th><th>>60
~100</th><th>>100
~150</th><th>>150
~200</th></tr>
<tr><td>Q195</td><td>—</td><td>F、Z</td><td>0.12</td><td>0.30</td><td>0.50</td><td>0.035</td><td>0.040</td><td>195</td><td>185</td><td>—</td><td>—</td><td>—</td><td>—</td></tr>
<tr><td rowspan="2">Q215</td><td>A</td><td rowspan="2">F、Z</td><td rowspan="2">0.15</td><td rowspan="2">0.35</td><td rowspan="2">1.20</td><td rowspan="2">0.045</td><td>0.050</td><td rowspan="2">215</td><td rowspan="2">205</td><td rowspan="2">195</td><td rowspan="2">185</td><td rowspan="2">175</td><td rowspan="2">165</td></tr>
<tr><td>B</td><td>0.045</td></tr>
<tr><td rowspan="4">Q235</td><td>A</td><td rowspan="2">F、Z</td><td>0.22</td><td rowspan="4">0.35</td><td rowspan="4">1.40</td><td rowspan="2">0.045</td><td>0.050</td><td rowspan="4">235</td><td rowspan="4">225</td><td rowspan="4">215</td><td rowspan="4">215</td><td rowspan="4">195</td><td rowspan="4">185</td></tr>
<tr><td>B</td><td>0.20</td><td>0.045</td></tr>
<tr><td>C</td><td>Z</td><td rowspan="2">0.17</td><td>0.040</td><td>0.040</td></tr>
<tr><td>D</td><td>TZ</td><td>0.035</td><td>0.035</td></tr>
<tr><td rowspan="5">Q275</td><td>A</td><td>F、Z</td><td>0.24</td><td rowspan="5">0.35</td><td rowspan="5">1.50</td><td>0.045</td><td>0.050</td><td rowspan="5">275</td><td rowspan="5">265</td><td rowspan="5">255</td><td rowspan="5">245</td><td rowspan="5">225</td><td rowspan="5">215</td></tr>
<tr><td rowspan="2">B</td><td rowspan="2">Z</td><td>0.21</td><td rowspan="2">0.045</td><td rowspan="2">0.045</td></tr>
<tr><td>0.22</td></tr>
<tr><td>C</td><td>Z</td><td rowspan="2">0.20</td><td>0.040</td><td>0.040</td></tr>
<tr><td>D</td><td>TZ</td><td>0.035</td><td>0.035</td></tr>
</table>

注：A、B、C、D—质量等级；F—沸腾钢；Z—镇静钢；TZ—特殊镇静钢。在牌号中 Z、TZ 符号予以省略。

② 优质碳素结构钢。它的牌号用两位数字表示，这两位数字以名义万分数表示钢中碳的平均质量分数。如45钢和08钢分别表示平均 $w_C = 0.45\%$ 和 $w_C = 0.08\%$ 的优质碳素结构钢。若为沸腾钢，则在牌号后加“F”符号，如08F。若较高含锰量的优质碳素结构钢，则在数字后加“Mn”符号，如15Mn、45Mn等。优质碳素结构钢主要用来制造比较重要的机器零件，如轴、连杆、弹簧等。优质碳素结构钢的牌号、化学成分、力学性能和应用举例见表2-2。

表2-2 优质碳素结构钢的牌号、化学成分、力学性能和应用举例

牌号	化学成分（质量分数,%）			力学性能≥					应用举例
	C	Si	Mn	σ_b/MPa	σ_s/MPa	δ（%）	ψ（%）	HBW（热轧）	
08F	0.05～0.11	≤0.03	0.25～0.50	295	175	35	60	131	各种形状的冲压件、拉杆、垫片等
08	0.05～0.12	0.17～0.37	0.35～0.65	325	195	33	60	131	
10	0.07～0.14	0.17～0.37	0.35～0.65	335	205	31	55	137	
20	0.17～0.24	0.17～0.37	0.35～0.65	401	245	25	55	156	杠杆、吊环、吊钩等
35	0.32～0.40	0.17～0.37	0.50～0.80	530	315	20	45	197	轴、螺母、螺栓等
40	0.37～0.45	0.17～0.37	0.50～0.80	570	335	19	45	217	齿轮、曲轴、连杆、联轴器、轴等
45	0.42～0.50	0.17～0.37	0.50～0.80	600	335	16	40	229	
60	0.57～0.65	0.17～0.37	0.50～0.80	670	400	12	35	255	弹簧、弹簧垫圈等
65	0.62～0.70	0.17～0.37	0.50～0.80	695	410	10	30	255	

③ 碳素工具钢。它的牌号是用符号“T”（“碳”字的汉语拼音字首）和数字表示。数字以名义千分数表示碳的平均质量分数，若为高级优质碳素工具钢则在牌号后加符号“A”。如T10A钢，表示平均 $w_C = 1.0\%$ 的高级优质碳素工具钢。碳素工具钢因价格便宜，易刃磨，故使用范围较广。多用于制造工作在不受冲击、低速切削的高硬度、耐磨的工具，如锉刀、手锯条、拉丝模等。碳素工具钢的牌号、化学成分、硬度和应用见表2-3。

表2-3 碳素工具钢的牌号、化学成分、硬度和应用举例

牌号	化学成分（质量分数,%）			退火状态（HBW）≥	试样淬火（HRC）≥	应用举例
	C	Si	Mn			
T8 T8A	0.75～0.84	≤0.35	≤0.40	187	780～800℃，水冷 62	承受冲击，要求较高硬度的工具，如冲头、压缩空气工具、木工工具
T10 T10A	0.95～1.04	≤0.35	≤0.40	197	760～780℃，水冷 62	不受剧烈冲击、高硬度、耐磨的工具，如车刀、刨刀、冲头、丝锥、钻头、手锯条

（续）

牌号	化学成分（质量分数,%）			退火状态（HBW）≥	试样淬火（HRC）≥	应用举例
	C	Si	Mn			
T12 T12A	1.15～1.24	≤0.35	≤0.40	207	760～780℃，水冷 62	不受冲击、要求高硬度、高耐磨的工具，如锉刀、刮刀、精车刀、丝锥、量具

2）合金钢

① 低合金高强度结构钢。它的牌号是由屈服强度的“屈”字汉语拼音首位字母“Q”、屈服强度数值、质量等级符号按顺序组成。如Q390A，“Q”表示屈服强度，“390”表示屈服强度数值为390MPa，“A”表示质量等级。低合金高强度结构钢目前已大量用于桥梁、船舶、车辆、高压容器、管道、建筑物等。

② 合金结构钢。它的牌号是由“两位数字+化学元素符号+数字”表示。前面两位数字以名义万分数表示碳的平均质量分数，中间的元素符号表示合金钢中所含的合金元素，元素后面的数字表示合金元素平均质量分数（%），若合金元素平均质量分数小于1.5%时，牌号中只标明元素，不标出含量；当其平均质量分数为1.5%、2.5%、3.5%、……时，则元素符号后相应标出2、3、4、……。如15Cr钢，表示合金钢中平均$w_C=0.15\%$、平均$w_{Cr}<1.5\%$，故只标元素符号，不标含量。又如60Si2Mn，表示平均$w_C=0.60\%$、平均$w_{Si}=2.0\%$、平均$w_{Mn}<1.5\%$的锰钢。合金结构钢常用来制造重要的机器零件，如齿轮、活塞、压力容器等。

③ 合金工具钢。它的牌号组成和合金结构钢相似，只是最前面的数字以名义千分数表示碳的平均质量分数，且当平均$w_C\geqslant1.0\%$时，不标明数字。如高速钢牌号W18Cr4V，表示平均$w_C\geqslant1.0\%$，平均$w_W=18\%$，平均$w_{Cr}=4\%$，平均$w_V<1.5\%$的高速钢。合金工具钢主要用来制造在高速、高温条件下工作的刃具、量具、模具等，如钻头、铰刀、量块和冲模等。

3）铸钢。铸钢中应用最多的是中碳铸钢，占铸钢件的80%以上。它除具有良好的铸造性能以外，还具有良好的综合力学性能和切削性能，因此常用来制造飞轮、机架、液压缸等。铸钢的牌号是用符号“ZG”和两组数字表示，其中“ZG”是“铸钢”二字汉语拼音首字母，第一组数字表示屈服强度，第二组数字表示抗拉强度。例如ZG 200-400，表示$\sigma_S=200\text{MPa}$，$\sigma_b=400\text{MPa}$的铸造碳钢。

3. 钢的热处理

（1）钢的热处理的概念　钢的热处理是将钢在固态下，进行加热、保温和冷却，改变其表面或内部组织，从而获得所需性能的工艺方法。通过热处理可以提高材料的力学性能（强度、硬度、塑性和韧性等），同时，还可改善其工艺性能（如改善毛坯或原材料的切削性能，使之易于加工），从而扩大材料的使用范围，提高材料的利用率，也满足一些特殊的使用要求。因此，各种机械中的许多重要零件都要进行热处理。

在热处理时，要根据零件的形状、大小、材料及性能等要求，采取不同的加热速度、加热温度、保温时间以及冷却速度，因而有不同的热处理方法。常用的热处理方法有普通热处理和表面热处理两类。常用的普通热处理有退火、正火、淬火和回火，如图 2-2 所示。表面热处理可分为表面淬火与化学热处理两类。

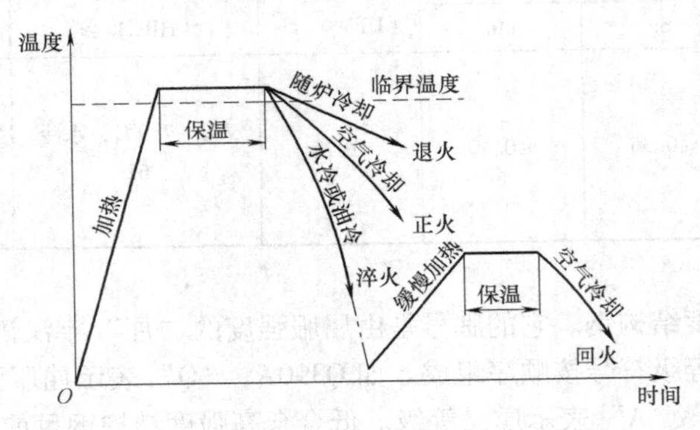

图 2-2　常用热处理方法

（2）钢的普通热处理　经热处理后，工件由表及里均发生了组织转变的热处理工艺方法称为钢的普通热处理。

1）退火。将钢加热到某一适当温度，保温一定时间，然后缓慢冷却（一般是随炉冷却）的工艺过程，称为退火。退火的主要目的是：改善组织，使成分均匀、晶粒细化，提高钢的力学性能，消除内应力，降低硬度，提高塑性和韧性，改善切削加工性能。退火既可以消除和改善前道工序遗留的组织缺陷和内应力，又为后续工序做好准备。因此，退火又称预先热处理。例如在零件制造过程中常对铸件、锻件、焊接件进行退火处理，便于以后的切削加工或为淬火作组织准备。

2）正火。将钢加热到适当温度，保温一定时间，然后在空气中自然冷却的工艺过程称为正火。正火的主要目的与退火基本类似。其主要区别是正火的冷却速度稍快，正火得到的组织比退火所得到的组织细，强度和硬度比退火得到的高，而塑性和韧性则稍低，内应力消除不如退火彻底。因此，有些塑性和韧性较好、硬度低的材料（如低碳钢），可以通过正火处理，提高工件硬度，改善其切削性能。正火热处理的生产周期短、效率高，因此，在能达到零件性能要求时，尽可能选用正火。

3）淬火。将钢加热到临界温度以上，保温一定时间，然后快速冷却的工艺过程称为淬火。淬火的主要目的是：提高工件强度和硬度，增加耐磨性。淬火是钢件强化最经济有效的热处理工艺，几乎所有的工具、模具和重要的零件都需要进行淬火热处理。淬火后，钢的硬度高、脆性大，一般不能直接使用，必须进行回火后（获得所需综合性能）才能使用。

4）回火。将已经淬火的钢重新加热到一定温度，保温一定时间，然后冷却到室温的工艺过程称为回火。回火一方面可以消除或减少淬火产生的内应力，降低硬度和脆性，提高韧性；另一方面可以调整淬火钢的力学性能，达到钢的使用性能。根据回火温度的不同，回火可分为低温回火、中温回火和高温回火三种。

① 低温回火。低温回火的回火温度为 150～250℃，主要目的是减少工件内应力，降低钢的脆性，保持高硬度和高耐磨性。低温回火主要应用于要求硬度高、耐磨性好的工件，如量具、刃具（钳工实习时用的锯条、锉刀等）、冷变形模具和滚动轴承等。

② 中温回火。中温回火的回火温度为 350～450℃。中温回火后，工件的内应力进一

步减少，组织基本恢复正常，因而具有很高的弹性。中温回火主要应用于各类弹簧、高强度的轴及热锻模具等工件。

③　高温回火。高温回火的回火温度为 500～650℃。高温回火后，工件的内应力大部分被消除，具有良好的综合力学性能（既有一定的强度、硬度，又有一定的塑性、韧性）。通常将淬火后再高温回火的处理称为调质处理。调质处理广泛用于综合性能要求较高的重要结构零件，其中轴类零件应用最多。

（3）钢的表面热处理　机械制造中不少零件表面要求具有较高的硬度和耐磨性，而心部要求有足够的塑性和韧性，这很难通过选择材料来解决。为了兼顾零件表面和心部的不同要求，可采用表面热处理方法。生产中应用较广泛的有表面淬火与化学热处理等。

1）表面淬火。将钢件的表面快速加热到淬火温度，在热量还未来得及传到心部之前迅速冷却，仅使表面层获得淬火组织的工艺过程称为表面淬火。淬火后需进行低温回火，以降低内应力，提高表面硬化层的韧性和耐磨性。表面淬火适用于中碳钢和中碳合金钢材料的表面热处理。

2）化学热处理。化学热处理是利用化学介质中的某些元素渗入到工件的表面层，来改变工件表面层的化学成分和结构，从而达到使工件的表面层具有特定要求的组织和性能的一种热处理工艺方法。通过化学热处理可以强化工件表面，提高表面的硬度、耐磨性、耐蚀性、耐热性及其他性能等。

按照渗入元素的种类不同，化学热处理可分为渗碳、渗氮、碳氮共渗和渗金属等。渗碳是将工件置于高碳介质中加热、保温，使碳原子渗入表面层的过程。工件渗碳再经过淬火和低温回火，其表面层具有高硬度和耐磨性，而中心部分仍然保持着低碳钢的韧性和塑性。渗氮是将工件置于高氮介质（如氨气）中加热、保温，使氮原子渗入表面层的过程。其目的是提高零件表面层的硬度与耐磨性，提高疲劳强度、耐蚀性等。碳氮共渗是使工件表面同时渗入碳原子与氮原子的过程，它使钢表面具有渗碳与渗氮的良好特性。渗金属是指以金属原子渗入钢的表面层的过程。它使钢的表面层合金化，零件表面具有某些合金钢、特殊钢的特性，如耐热性、耐磨性、抗氧化性、耐蚀性等。生产中常用的有渗铝、渗铬、渗硼、渗硅等。

（4）热处理设备　热处理车间的常用设备有加热炉、测温仪表、冷却水槽、油槽及硬度计等。

1）加热炉。热处理加热炉主要有各种规格的箱式电阻炉、井式电阻炉和盐浴炉。

①　箱式电阻炉结构如图 2-3 所示。其炉膛 5 由耐火砖 6 砌成，炉壳 2 用角钢、槽钢及钢板焊接而成；电热元件一般是铁铬铝合金或镍铬合金，放置在炉膛两侧的耐火砖上和炉底上，炉底电热元件的上方是用耐热合金制成的炉底板；炉门 3 由铸铁制成，内

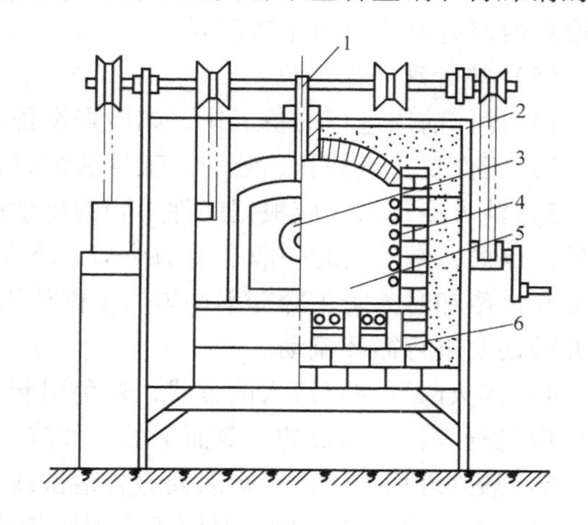

图 2-3　箱式电阻炉

1—热电偶　2—炉壳　3—炉门
4—电热元件　5—炉膛　6—耐火砖

衬以轻质耐火砖；炉门设有观察孔、提升机构和手摇装置；热电偶1从炉顶插入炉膛。

② 井式电阻炉结构如图2-4所示。其外壳由型钢及钢板焊接而成；炉衬由轻质耐火砖砌成；螺旋状的电热元件分布在炉衬内壁上，炉盖装有升降机构。井式电阻炉可用于加热长轴类工件，一般是垂直吊装，以防工件因自身重量在加热时变形。

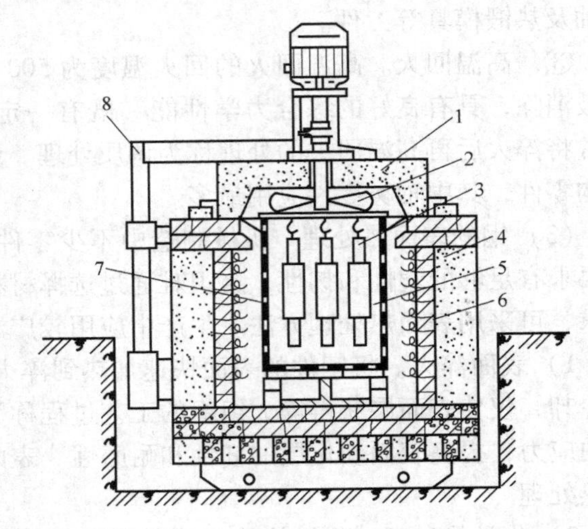

图2-4 井式电阻炉

1—炉盖 2—风扇 3—工件 4—炉体 5—炉膛 6—电热元件 7—装料筐 8—炉盖升降机构

③ 盐浴炉。盐浴炉用中性盐（氯化钠、氯化钾、氯化钡等）作为加热介质，因此工作范围很大，根据盐的种类和比例，可在150～1350℃范围内应用。同一般电阻炉相比，盐浴炉具有加热速度快、加热均匀、工件不易氧化脱碳和工件变形小等优点。但有的熔盐蒸气对人体有害，故应注意要有良好的通风。盐浴炉按其加热方式可分为内热式和外热式两种。

2）测温仪表。加热炉的温度测量和控制主要是通过热电偶、温度控制仪表及开关器件实现，其精度直接影响热处理的质量。

3）冷却设备。冷却水槽和油槽是热处理中主要的冷却设备，通常用钢板焊接而成。槽的内外涂有防锈油漆，槽体设有溢流装置，油槽的底部或靠近底部的侧壁上开有事故放油孔。

4）检验设备。热处理质量的检验设备主要有检验硬度的硬度计、测量变形的检弯机以及检验内部组织的金相显微镜等。

（5）热处理操作规范

1）操作前须进行准备工作，如检查设备是否正常、确认工件及相应的工艺参数等。

2）工件要正确捆扎、装炉。工件装炉时，工件间要留有间隙，以免影响加热质量。

3）淬火冷却时，应根据工件不同的化学成分和对其力学性能的不同要求，来选择冷却介质。例如，钢退火时一般是随炉冷却；淬火时碳素钢一般在水中冷却，而合金钢一般在油中冷却。冷却时为防止冷却不均匀，工件放入淬火槽后要不断地摆动，必要时淬火槽内的冷却介质还要进行循环流动。

4）淬火时要注意淬入的方式，避免引起变形和开裂。例如对厚薄不均匀的工件，厚的部分应先浸入；对细长的、薄而平的工件应垂直浸入；对有槽的工件，应槽口向上浸入。

5）热处理后的工件出炉后要进行清洗或喷砂（丸），并检验硬度和变形。

（6）热处理操作示例　对钳工实习制作的小锤子进行热处理。

1）小锤子所选用材料：45钢。

2）小锤子热处理技术要求：两头锤击部分硬度要求为49～55HRC，中间部分不淬火。

3）热处理操作过程：把小锤子放在电阻炉中加热至800～860℃，保温15 min，取出后在冷水中连续调头淬火，浸入水中深度约为 5mm。待小锤子呈暗黑色后全部浸入水中。淬火结束后再将小锤子放入回火炉中进行回火，温度约为 250 ~ 270℃，保温 90 min。

4）热处理后的检验：可用洛氏硬度计测量小锤子两端硬度是否符合要求，也可用锉刀大致检验出小锤子两端的硬度，感到不容易锉动或用力只能锉动一点时，硬度就大致符合要求。

4. 铸铁

铸铁是工业上广泛应用的一种铸造合金材料，与钢比较，其力学性能较差，但由于其具有良好的铸造性、耐磨性、消振性、切削加工性能、低的缺口敏感性以及生产工艺简单、成本低廉等特点，广泛应用于机械制造中，如制作机床床身、导轨、轴承座等。铸铁中运用最广的是灰铸铁，如 HT150、HT200 等，其他类型的铸铁有可锻铸铁、球墨铸铁、特殊性能（耐磨、耐热、耐蚀）铸铁。

铸铁是 $w_C > 2.11\%$、杂质含量比钢多的铁碳合金。工业上常用铸铁的化学成分一般是：$w_C = 2.5\% \sim 4.0\%$，$w_{Si} = 1.0\% \sim 3.0\%$，$w_{Mn} = 0.5\% \sim 1.4\%$，$w_S \leqslant 0.15\%$，$w_P \leqslant 0.2\%$。有时为了提高铸铁的性能，还需要加入 Cr、Cu、Mo、V 等合金元素，制成合金铸铁，如耐磨铸铁、耐热铸铁、耐蚀铸铁等。

按碳在铸铁中存在的形式和石墨形态的不同，铸铁可分为五种，其中四种铸铁的石墨形态如图 2-5 所示。

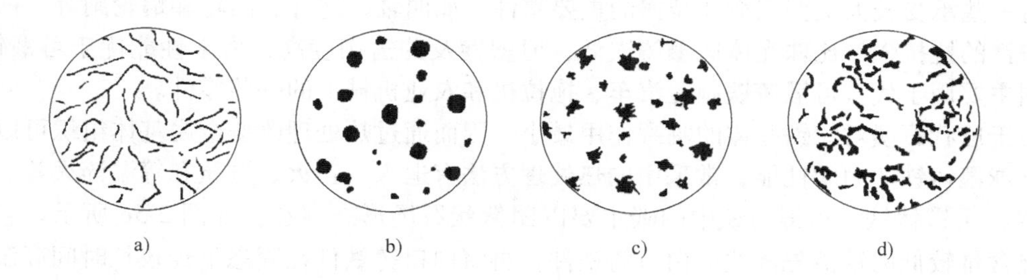

图 2-5　不同铸铁中的石墨形态

a）灰铸铁（片状石墨）　b）球墨铸铁（球状石墨）
c）可锻铸铁（团絮状石墨）　d）蠕墨铸铁（蠕虫状石墨）

（1）白口铸铁　白口铸铁中碳主要以渗碳体 Fe_3C 形式存在，断口呈银白色。白口铸铁硬而脆，难以加工，主要做炼钢的原料，很少用来制造零件。但有时利用其硬度高、耐磨性好的优点制造某些耐磨零件。

（2）灰铸铁　灰铸铁中碳主要以片状石墨形态存在，如图 2-5a 所示，断口呈灰色，在铸铁中是应用最广的一种。灰铸铁的显微组织由金属基体和片状石墨组成。根据基体组织的不同，灰铸铁可分为珠光体灰铸铁、珠光体-铁素体灰铸铁以及铁素体灰铸铁三种，其中珠光体-铁素体灰铸铁应用最广。

灰铸铁中由于碳主要以片状石墨形式存在，如同在钢的基体中分布着大量裂纹和孔洞一样，起了割裂作用，减小了基体的有效承载面积。同时，片状石墨端部易引起应力集中，因而使灰铸铁的抗拉强度低，塑性、韧性很差。但由于石墨本身具有良好的润滑性，并且可以吸附储存润滑油，使摩擦面保持油膜连续不断，故灰铸铁耐磨性能好。此外，石墨的存在还能阻止振动能量的传播，故灰铸铁减振性能好、缺口的敏感性小。灰铸铁由于流动性好，收缩性极小，故铸造性能很好。由于石墨存在，切削时易断屑，同时石墨又起到润滑作用，因此灰铸铁具有良好的切削加工性能。灰铸铁的塑性、韧性很低，故不能进行锻造，同时灰铸铁的焊接性很差，热处理性能也差。

灰铸铁的牌号以符号“HT”加三位数字来表示。其中“HT”为“灰铁”的汉语拼音首字母，后面三位数字表示试样的抗拉强度（MPa），如HT100、HT200等。灰铸铁壁厚敏感性大，因而只适用于受力不大或冲击载荷很小、形状复杂、需要减振、耐磨性好的中小型铸件。

（3）球墨铸铁　如果在碳、硅含量稍高的铁液内加入适量的球化剂（如稀土镁合金）和孕育剂（如硅铁）进行球化处理和孕育处理，促进石墨球状结晶，就可得到球墨铸铁。球墨铸铁中的碳全部或大部分以球状石墨形态存在，如图2-5b所示。

球墨铸铁的牌号是以“球铁”的汉语拼音字首“QT”及其后面的两组数字表示，两组数字分别表示其抗拉强度值和断后伸长率。例如QT400-15，表示$\sigma_b=400\text{MPa}$，$\delta=15\%$的球墨铸铁。球墨铸铁的强度远远超过灰铸铁，甚至能与中碳钢媲美。球墨铸铁还有较高的疲劳极限和一定的塑性及冲击韧度，其焊接性、热处理性能也比灰铸铁好。此外，球墨铸铁仍保持灰铸铁的优良性能，如良好的减振性、铸造性能、切削加工性能和较小的缺口敏感性。

目前，应用最广泛的是珠光体球墨铸铁和铁素体球墨铸铁。珠光体球墨铸铁可以代替碳钢制造一些承受较大交变载荷和摩擦的重要零件，如曲轴、连杆、凸轮和蜗轮副等。铁素体球墨铸铁的抗拉强度比珠光体球墨铸铁低，但塑性及冲击韧度高，力学性能优于可锻铸铁，在我国主要用于代替可锻铸铁制造汽车、拖拉机和农业机械上的一些零件。

由于球状石墨对铸铁基体的割裂作用最小，因而通过热处理改变金属基体组织可以明显地改善球墨铸铁的力学性能，常采用的热处理方法有退火、正火、调质和等温淬火等。

（4）可锻铸铁　可锻铸铁中的碳主要以团絮状石墨形态存在，如图2-5c所示。它是用碳、硅含量较低的铁液先浇注成白口铸铁件，再将白口铸铁件在固态下经较长时间高温退火（50～70h），使渗碳体分解为团絮状石墨而成的。由于石墨呈团絮状，对金属基体的割裂作用大大减轻，因而它同灰铸铁相比不但有较高的强度，而且有较好的塑性和韧性，可锻铸铁也因此而得名，其实它是不可锻造的。

可锻铸铁按退火方法的不同，可分为黑心可锻铸铁、珠光体可锻铸铁和白心可锻铸铁。白心可锻铸铁在我国很少采用。可锻铸铁的牌号是以“可铁”的汉语拼音首字母“KT”及其后面两组数字表示，其中两组数字分别表示抗拉强度和断后伸长率。若是黑心可锻铸铁则在“KT”后加符号“H”，珠光体可锻铸铁则加符号“Z”。例如KTH300-06表示$\sigma_b=300\text{MPa}$，$\delta=6\%$的黑心可锻铸铁；KTZ550-04表示$\sigma_b=550\text{MPa}$，$\delta=4\%$的珠光体可锻铸铁。

可锻铸铁的力学性能优于灰铸铁，但由于其生产过程较为复杂，退火周期长，铸件成本较高，所以主要适于制造一些形状复杂而又经受振动且性能要求较高的零件，特别是壁厚小于25mm的薄壁零件。因为这些零件若用灰铸铁制造，则韧性不足；若用铸钢，则由于铸造性能不良，不易保证质量。

（5）蠕墨铸铁　蠕墨铸铁是近十几年来新发展的一种铸铁。它是在一定化学成分的铁液中加入适量的蠕化剂（如镁钛合金等）和孕育剂，从而获得石墨形态介于片状和球状之间、形似蠕虫状石墨的铸铁，如图2-5d所示。由于蠕墨铸铁中的石墨形似蠕虫状，即石墨片的长与厚之比较小（一般为 2～10），其端部圆钝，对基体的割裂作用小，因此它的抗拉强度和屈服强度都很好，且有一定的韧性和较高的耐磨性，以及较好的导热性和铸造性能，并兼有灰铸铁和球墨铸铁的一些优点，常用来代替高强度灰铸铁、合金铸铁、铁素体球墨铸铁和黑心可锻铸铁，制造复杂的大型铸件。

5. 有色金属材料

有色金属材料中运用最广的是铝及铝合金、铜及铜合金。

（1）铝及铝合金　纯铝主要用于熔炼铝合金、制造电线及要求具有导热、耐蚀的器具等。铝合金是在纯铝中加入铜、锌、镁等合金元素配制而成的。铝合金除保持纯铝密度小、耐蚀性能好的特点外，还具有较高的力学性能，经热处理后铝合金的强度甚至可以和钢铁材料相媲美，因此，铝合金常用于制作各种型材、骨架、铆钉及日常生活用品。常用的铝合金有两类：变形铝合金，如 5A50、2A12、7A04、2A70 等；铸造铝合金，如 ZL301、ZL102 等。

（2）铜及铜合金　纯铜具有优良的导电性和导热性，工业中主要用做导体和配制合金。黄铜是指以铜和锌为主的铜合金，其力学性能较好，用于制作散热、耐蚀零件等，如 H80、H62、HPb59-1 等。白铜是指以铜和镍为主的铜合金，主要用于制造精密机械零件、电器元件、装饰器件等，如 B19、BZn 等。青铜是指除黄铜和白铜以外的铜合金，含有锡、铝、硅、锰、铍、铅等元素，其中铜锡合金称为锡青铜，其他的称为无锡青铜，用于制作耐磨、抗耐蚀零件，如滑动轴承、齿轮、轴套等，如 QSn4-3、QBe2、QAl9-4 等。

2.1.3　常用非金属材料

目前，在机械制造工程中使用的非金属材料主要有橡胶、工程塑料、陶瓷、粘合剂及复合材料等，它们已经成为机械工程材料中不可缺少的重要组成部分。

1. 橡胶

橡胶是以高聚物为基础的高分子材料，具有弹性好、抗折、耐磨、可塑性和加工工艺性能好的优点，但易老化，耐热性和热稳定性差，耐碱而不耐强酸，耐油、耐溶剂性能差等，广泛用于制作轮胎、胶带、胶管、密封件等橡胶制品。

2. 塑料

塑料是以合成树脂为主要原料，加入各种改善性能的添加剂，在一定温度和压力的条件下，塑制成形的高分子材料。塑料是机械制造和日常生活中常用的一种非金属材料，种类很多，具有密度小、耐蚀、电绝缘性能好、透明度高、力学性能较高的特点。例如聚氯乙烯（PVC）可代替铜、铝、不锈钢等，用于制作耐蚀设备和零件；尼龙（聚酰胺 PA）、ABS 塑料由于其疲劳强度和刚性较高、耐磨性好的特点，用于制作齿轮等传动件。

3. 陶瓷材料

陶瓷材料是无机非金属材料的统称，包括陶器、瓷器、玻璃、搪瓷、耐火材料等。陶瓷的优点是硬度很大、抗压强度高、耐高温、抗氧化、耐磨、耐蚀等。其缺点是质脆易碎、延展性差、经不起急冷急热的温度突然变化。陶瓷材料最突出的特点是具有极好的耐热性、绝缘性和耐蚀性。例如三氧化二铝（刚玉）陶瓷材料可耐高温 1700℃，氮化硅和氮化硼陶瓷材料的硬度接近金刚石，是比硬质合金更优良的刀具材料。

常用陶瓷材料分为两大类：普通陶瓷和特种陶瓷。普通陶瓷是由黏土、长石、石英等天然原料，经粉碎、制坯、烧结等工序以获得所需的性能和形状的制品。普通陶瓷按应用范围又可分为日用陶瓷、建筑陶瓷、化工陶瓷、多孔陶瓷和电器绝缘陶瓷。特种陶瓷是用人工化合物为原料，如氧化物、氮化物、硅化物等，采用烧结工艺制成的具有各种特殊的力学、物理或化学性能的陶瓷。特种陶瓷按应用范围又可分为压电陶瓷、磁性陶瓷、电光陶瓷、高温陶瓷、电容陶瓷等，它们主要用于化工、电子、冶金、机械、宇航、火箭和能源工业等。

4. 粘合剂

粘合剂主要用于胶接物体。粘合剂一般是由几种组分混合而成的，常以高聚物（或高分子化合物如树脂、橡胶）为基料，添加固化剂、填料、溶剂等配制而成，如环氧粘合剂、聚氨酯粘合剂、酚醛粘合剂等。粘合剂在工业中应用很广，如人造木、书籍装订、器件破损修补、密封等均使用粘合剂。

5. 复合材料

复合材料是由两种或两种以上的化学性质不同的材料经人工合成获得的新型材料，通常以其中一组成物（金属或非金属）为基体，而另一组成物是增强材料，用以提高强度或韧性等。复合后的材料既保持了各组分材料的特点，又可使各组分之间取长补短、互相协调，获得一种综合性能优良的新型材料。人们不仅可复合出质轻、强度高、力学性能好的结构材料，也能复合出具有耐磨、耐蚀、导热或绝热、导电、隔声、减振、吸波、抗高能粒子辐射等一系列特殊的功能材料。

复合材料分类方法很多，按用途可分为结构复合材料（制作各种结构和零件用）和功能复合材料（利用其力学性能以外的某些物理性能的复合材料）；按基体类型可分为金属基复合材料和非金属基复合材料；按增强材料的种类和形状可分为纤维增强复合材料、颗粒复合材料和层状复合材料等。

2.2 机械制图基础知识

图样是工程技术领域中组织生产时交流技术思想的重要工具，被称为“工程界的共同语言”。在机械制造的各个环节中，如制作毛坯、加工零件、检验精度、装配等都要以图样为依据。因此，进行金工实习必须要掌握一定的制图知识。

2.2.1 图样的基本知识

1. 图纸幅面

绘图时应优先采用表 2-4 中规定的基本幅面。

表 2-4 基本幅面（第一选择）（摘自 GB/T14689—2008）（单位：mm）

幅面代号	A0	A1	A2	A3	A4
$B \times L$	841 × 1189	594 × 841	420 × 594	297 × 420	210 × 297

2. 比例

图形与其实物相应要素的线性尺寸之比，称为比例。为了在图样上直接反映实物的大小，绘图时应尽量采用原值比例；但因各种实物的大小与结构不同，绘图时也可根据实际需要选择合适比例，见表 2-5。

表 2-5　比例系列（GB/T 14690—1993）

种类	定义	优先选择系列	允许选择系列
原值比例	比值为 1 的比例	1∶1	—
放大比例	比值大于 1 的比例	5∶1　2∶1 5×10^n∶1　2×10^n∶1　1×10^n∶1	4∶1　2.5∶1 4×10^n∶1　2.5×10^n∶1
缩小比例	比值大于 1 的比例	1∶2　1∶5　1∶10 1∶2×10^n　1∶5×10^n　1∶1×10^n	1∶1.5　1∶2.5　1∶3 1∶1.5×10^n　1∶2.5×10^n　1∶3×10^n 1∶4　1∶6 1∶4×10^n　1∶6×10^n

3. 图线

在机械图样中，每种图线的画法及其所表示的含义各不相同，具体参见表 2-6。

表 2-6　常用图线的名称、形式、宽度及用途

图线名称	图线形式	图线宽度	图线用法举例
粗实线	————————	d	可见轮廓线 可见棱边线
细实线	————————	$d/2$	尺寸线及尺寸界线 剖面线 过渡线
波浪线	～～～～	$d/2$	断裂处的边界线 视图与剖视图的分界线
虚线	------------	$d/2$	不可见轮廓线 不可见棱边线
双折线	—\/—\/—\/—	$d/2$	断裂处的边界线 视图与剖视图的分界线
粗虚线	------------	d	允许表面处理的表示线
细点画线	——·——·——·——	$d/2$	轴线 对称中心线 剖切线
粗点画线	——·——·——·——	d	限定范围的表示线
细双点画线	——··——··——··——	$d/2$	相邻辅助零件的轮廓线 极限位置的轮廓线 成形前的轮廓线 轨迹线

4. 尺寸

尺寸是图样中的重要内容之一，是加工制造零件的主要依据，不允许出现错误。尺寸标注错误、不完整或不合理，会给生产加工带来困难甚至无法生产。标注尺寸的基本原则如下：

1）零件的真实大小应以图样上所注的尺寸数值为依据，与图形的大小及绘图的准确度无关。

2）图样中的尺寸以毫米为单位时，不需标注单位的符号或名称，如采用其他单位，则必须标明相应的单位符号。

3）对零件的每一尺寸，一般只标注一次，并应标注在最清晰反映该结构的图形上。

4）图样中所标注的尺寸，为该图样所示零件的最后完工尺寸，否则应另加说明。

5）标注尺寸时，常用的符号和缩写词见表2-7。

表2-7 常用的符号和缩写词

项目名称	符号或缩写词	项目名称	符号或缩写词
直径	ϕ	45°倒角	C
半径	R	深度	↧
球直径	$S\phi$	沉孔或锪平	⌴
厚度	t	埋头孔	∨
正方形	□	均布	EQS
斜度	∠	弧长	⌒

2.2.2 零件的表达方法

1. 视图

视图是根据有关国家标准和规定用正投影法绘制的图形。视图主要用于表达零件的外部结构形状，其不可见部分用细虚线表示，但必要时也可省略不画。

（1）基本视图　零件向基本投影面投射所得到的视图，称为基本视图。表示一个物体可有六个基本投射方向，如图2-6a所示。将物体置于第一分角内，物体处于观察者与投影面之间进行投射，然后，按规定展开投影面，便得到六个基本视图。各视图名称规定为：主视图 A、俯视图 B、左视图 C、右视图 D、仰视图 E、后视图 F，如图2-6b所示。

基本视图若画在同一张纸上，按图2-6b所示的规定位置配置时，一律不标注视图的名称。基本视图之间保持长对正、高平齐、宽相等的投影关系。即主、俯、仰、后视图长相等，主、左、右、后视图高平齐，俯、左、仰、右视图宽相等。

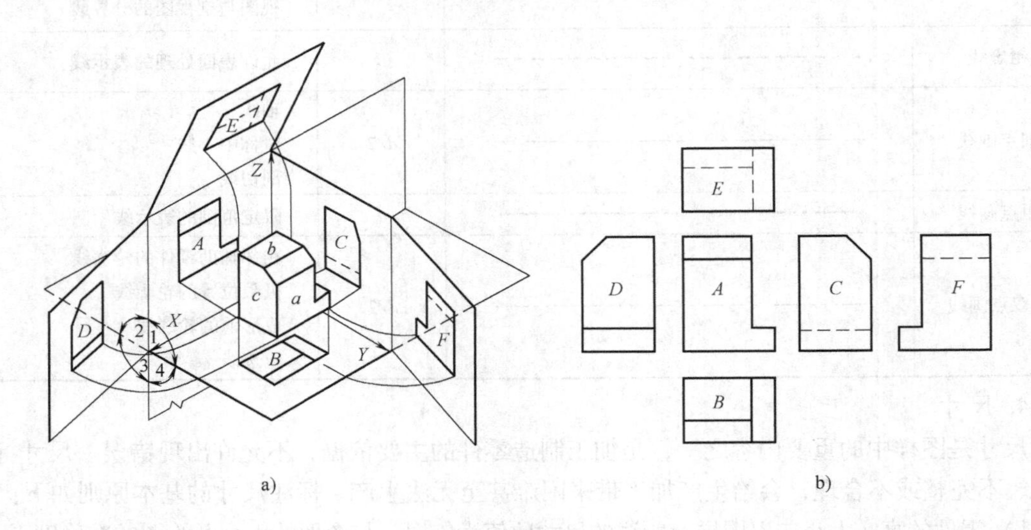

a)　　b)

图2-6 基本视图的形成及其配置

a）基本视图的形成及其展开　b）基本视图的配置

（2）向视图　向视图是可自由配置的视图。为便于读图，应在向视图的上方用大写拉丁字母标出该向视图的名称（如“A”、“B”、“C”等），并在相应的视图附近用箭头指明投射方向，注上相同字母，如图 2-7 所示。

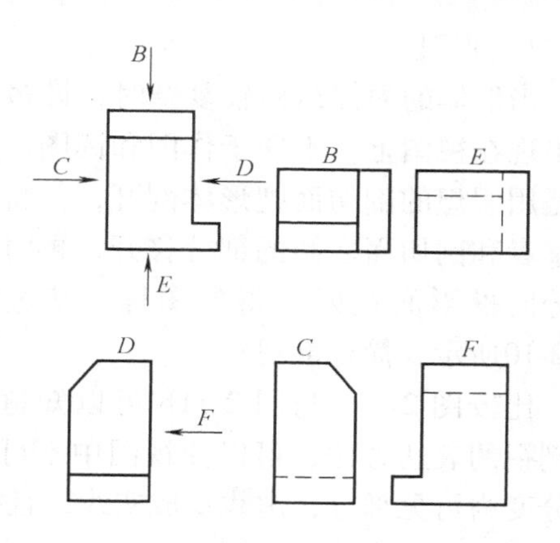

图 2-7　向视图的配置和标注

（3）局部视图　局部视图是将物体的某一局部，单独向基本投影面投射所得的视图，用于表达其局部的形状和结构。如图 2-8a 所示的形体，采用主、俯两个基本视图已清楚表达了主体形状和结构，但对于左、右两个凸缘的形状，如仍采用左视图和右视图加以表达，表达内容重复且作图量大。而如果采用两个局部视图表达左、右凸缘形状，那么图样就简洁且重点突出，如图 2-8b 所示。

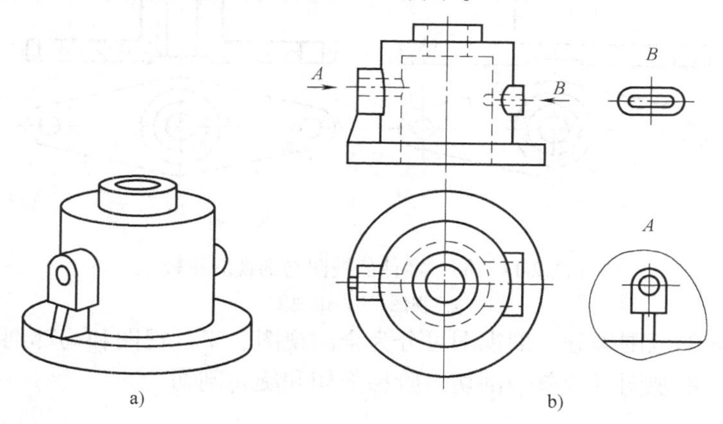

图 2-8　局部视图

（4）斜视图　当形体上有倾斜于基本投影面的结构时，如图 2-9a 所示，此时仍采用基本投影视图进行投射是困难的。为了方便表达倾斜部分的形状和结构，可增设一个与倾斜结构平行且垂直于某基本投影面的辅助投影面，然后将该倾斜结构向辅助投影面投射，并绕两面交线旋转到基本投影面上，这样形成的视图称为斜视图，如图 2-9b、c、d 所示。

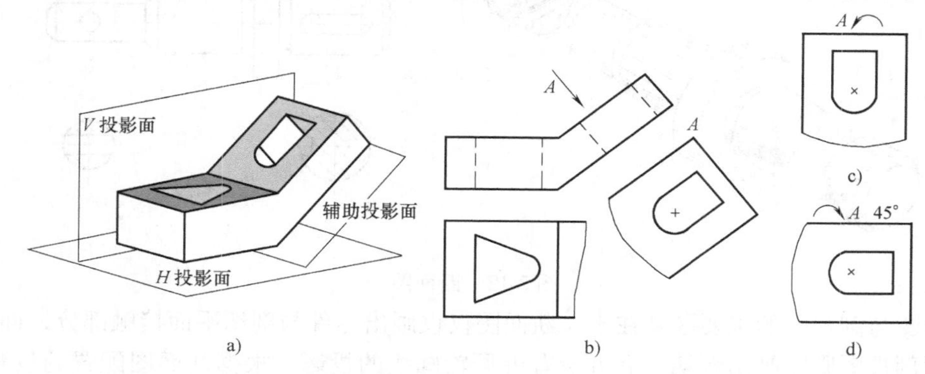

图 2-9　斜视图

2. 剖视图

当形体的内部结构较复杂时，许多虚线会出现在视图上，不便于作图和读图。剖视图是用假想的剖切面把形体剖开，并将处在观察者和剖切面之间的部分移开，再将剩余部分向投影面投射所得的图样。其过程如图 2-10所示，简称剖视。

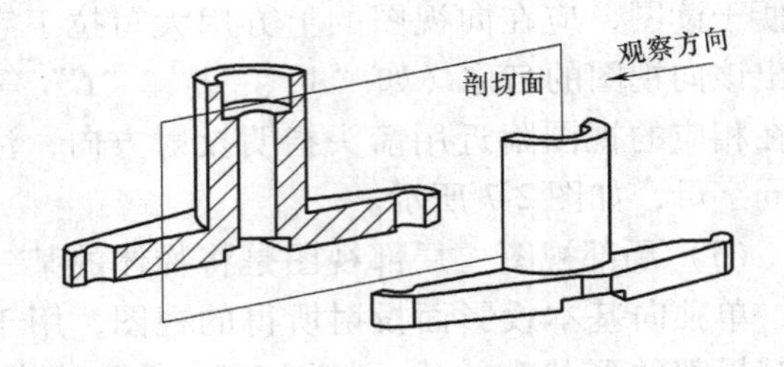

图 2-10 剖视的形成

比较图 2-11a 与图 2-11b 可以知道，采用剖视的表达方法，可以使视图中不可见的部分变为可见部分，虚线变成实线，且机体与剖切面接触部分画有剖面符号，形体的内部结构得到清晰的表达。

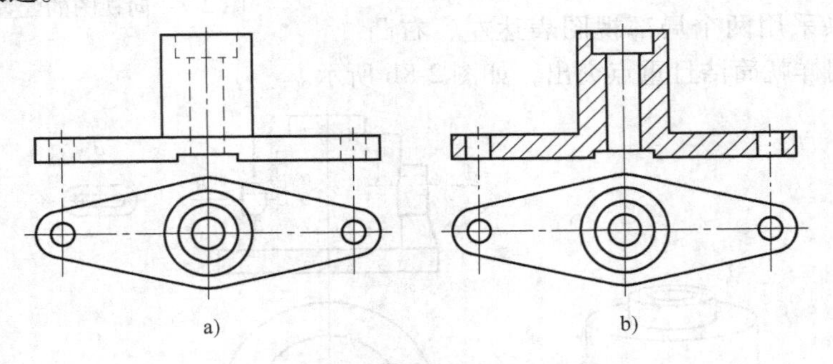

图 2-11 同一零件的视图与剖视图比较

a）视图 b）剖视图

按零件被剖开的范围来分，剖视图可分为全剖视图、半剖视图和局部剖视图三种。按剖切面的种类来分，剖视图可分单一剖切、阶梯剖切和旋转剖切。

3. 断面图

假想用剖切面将物体的某处切断，仅画出该剖切面与物体接触部分的图形，称为断面图，简称断面，如图 2-12 所示。断面图常用来表达零件上肋板、轮辐、键槽、小孔、杆料和型材等的断面形状。

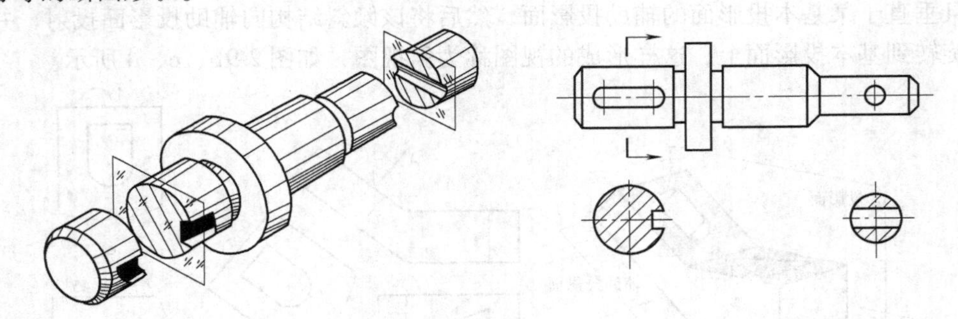

图 2-12 断面图

断面图与剖视图的主要区别在于：断面图仅仅画出零件与剖切平面接触部分，即断面的图形，而剖视图则需画出剖切面后方所有可见轮廓线的投影。根据断面图配置的位置不同，断面图可分为移出断面和重合断面两种。

2.2.3　零件图的识读

1. 读零件图的目的

1）了解零件的名称、使用材料和它在机器或部件中的用途。

2）通过分析图样画法、尺寸注法、技术要求等，想象出零件各组成部分的结构形状、大小、相对位置及各结构在零件中的作用和技术要求的高低，从而理解设计意图。

3）了解零件加工过程。

2. 读零件图的方法和步骤

（1）读零件图方法　零件图的视图数目往往较多，尺寸标注及各种代号较为繁杂。因此，在读零件图时，要逐一确定各结构形状及其相对位置，可利用视图之间的“三等”关系，结合其他视图，把各部分“分离”出来外。此外，还要注意分析零件图上的局部视图、标准结构（如螺纹、倒角、退刀槽和中心孔等）的规定画法及简化注法等。

（2）读零件图的步骤

1）阅读标题栏。读标题栏目的是了解零件名称、所用材料、绘图比例、重量、件数等，初步认识它在机器中的用途和加工方法。如图 2-13 所示，该零件名称为阀体，属于箱体类零件，是阀门部件的主体零件，用来包容、支承阀门的其他零件，并与管道连接。零件材料为铸铁，用铸造的方法制成毛坯，再经过机械加工而成。

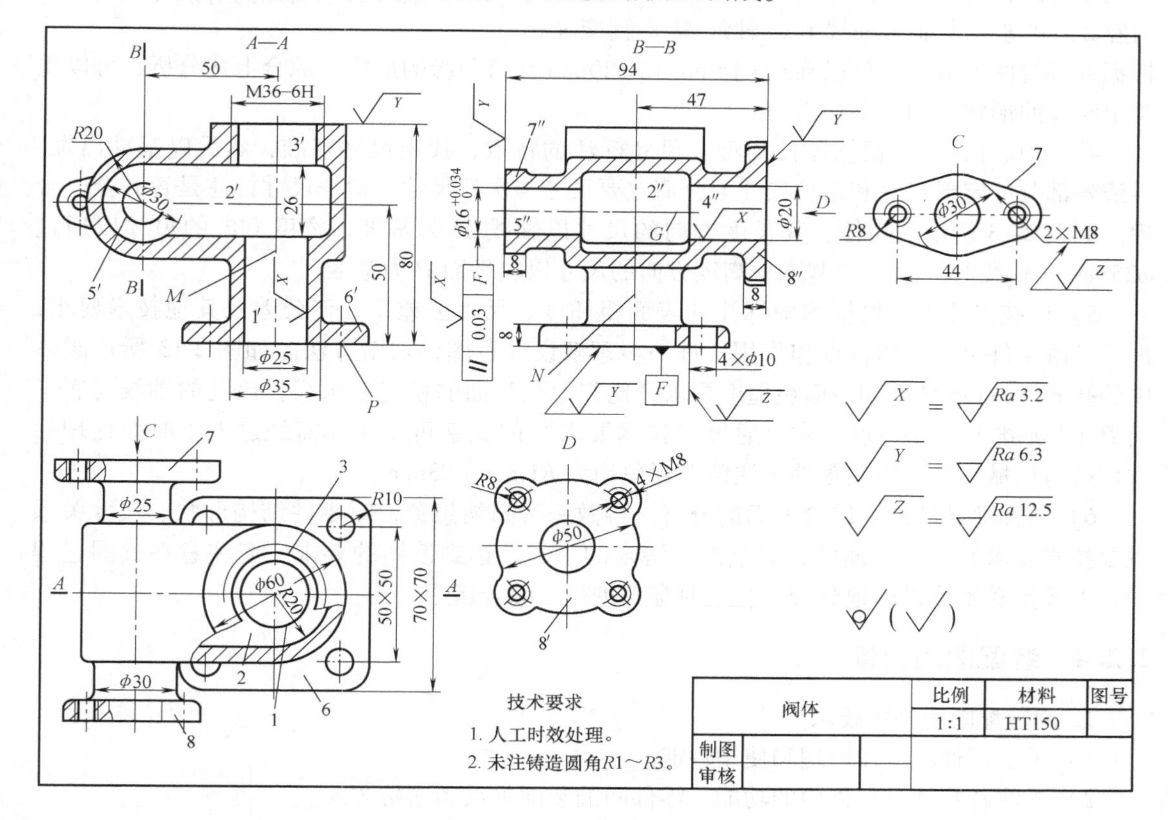

图 2-13　阀体零件图

2）解读零件图的表达方案。首先，找到反映零件结构形状信息量最多的主视图；然后，确定其他视图名称、剖切方法和剖切位置；最后，分析各视图之间的对应关系和其要表达的目的。图 2-13 所示阀体主视图 *A—A* 为全剖视图，表达了阀体的空腔与垂直交叉两孔（ϕ16mm 和 ϕ25mm）的轴线位置；左视图采用 *B—B* 全剖视图，反映零件内腔与在同一轴上两孔（ϕ16mm 和 ϕ20mm）的关系；俯视图采用局部剖视，既反映了阀体壁厚，又保留了部分外形。局部视图 *C* 和 *D* 表达了左端和后端凸缘的形状。此时，对阀体的轮廓就有了初步的概念。

3）分析视图，想象零件形状。在纵览全图的基础上，逐个详细分析其内外结构形状。分析时一般以主视图为主，找出各视图对应关系，从而想象出零件各部分的结构形状，最后综合起来想象零件的整体形状。根据初步分析，可以把阀体分为两个主体部分进行想象。从 *A—A* 全剖视图、局部剖视的俯视图以及 *A—A* 剖切标记，可知沿轴线 *M* 从下到上，分别为圆孔 1，拱形内腔 2，螺纹孔 3 以及底板的形状；从主视图的 *B—B* 剖切标记对应 *B—B* 全剖左视图，可知沿轴线前后为圆孔 4 和 5、拱形内腔 2，并进一步证实轴线 *G* 与轴线 *M* 垂直交叉；根据局部视图 *C* 和 *D*，可以确定 ϕ16mm 和 ϕ20mm 孔口凸缘的形状。综合上述分析，可以想象出阀体的形状，如图 2-14 所示。

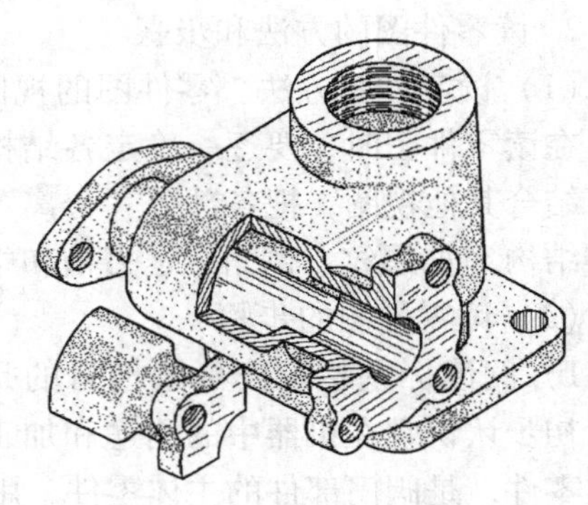

图 2-14　阀体的立体形状

4）读尺寸标注。根据零件类型及尺寸标注的特点，找出尺寸基准，然后以基准出发，弄清各部分的定形尺寸和定位尺寸，分清主要尺寸与次要尺寸，检查尺寸标注是否齐全、合理。如图 2-13 所示的阀体，其长度方向的尺寸以轴线 *M* 为基准；宽度方向的尺寸以通过 ϕ25mm 孔轴线的平面 *N* 为基准；高度方向的尺寸以底平面 *P* 为基准。

5）读技术要求。根据图中标注的表面粗糙度、尺寸公差、几何公差及其他技术要求，加深了解零件上各结构特点和作用，进一步理解设计意图，加工方法。如图 2-13 所示阀体中的孔 ϕ16mm 的精度和表面粗糙度要求，比其他孔和面的精度要求高，该孔的轴线与底平面 *P*（*F* 基准）有平行度要求。通过"技术要求"的文字可知阀体需经过人工时效处理后方可进行机械加工，以及零件未注铸造圆角均为 *R*1mm ~ *R*3mm。

6）全面总结归纳。综合上面的分析，再做一次归纳想象，对零件结构形状、尺寸关系以及技术要求有一个全面的、完整的、清晰的了解，达到读图的要求。应注意在读图过程中，上述步骤不能机械地分开，应适时穿插进行、综合运用。

2.2.4　装配图的识读

1. 读装配图的基本要求

1）了解部件的工作原理和使用性能。

2）弄清各零件在部件中的功能、零件间的装配关系和连接方式。

3）读懂部件中主要零件的结构形状。

4）了解装配图中标注的尺寸及技术要求。

2. 读装配图的方法与步骤

（1）概括了解　如图 2-15 所示，铣刀头是安装在铣床上的一个部件，用来安装铣刀盘（图中用细双点画线画出的部分）。铣刀头由 16 种零件组成，其中有 1 ~ 3、5、6、10、13 ~ 16 这 10 种零件是标准件。铣刀头装配图由两个基本视图组成。主视图采用全剖视图和假想画法，反映铣刀头的工作原理和零件间的装配关系。左视图反映了铣刀头的结构形状，并且通过局部剖视表达了座体 8 连接支承部分和安装部分的局部结构。

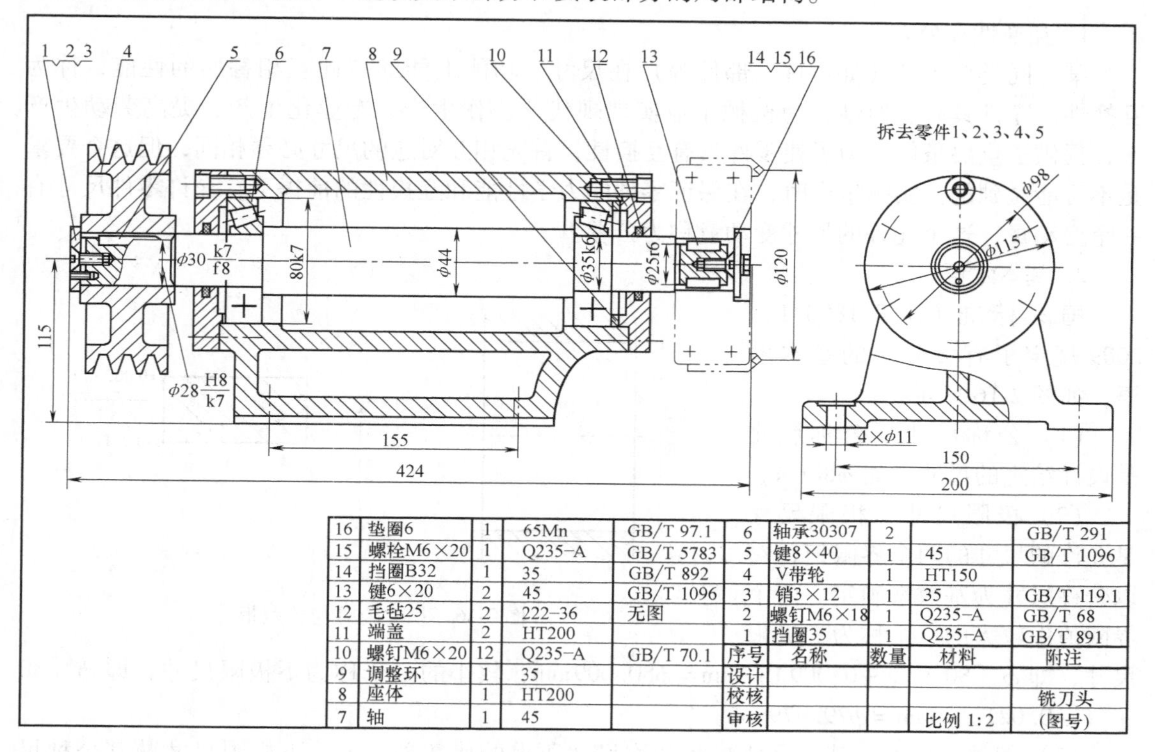

16	垫圈6	1	65Mn	GB/T 97.1	6	轴承30307	2		GB/T 291
15	螺栓M6×20	1	Q235-A	GB/T 5783	5	键8×40	1	45	GB/T 1096
14	挡圈B32	1	35	GB/T 892	4	V带轮	1	HT150	
13	键6×20	2	45	GB/T 1096	3	销3×12	1	35	GB/T 119.1
12	毛毡25	2	222-36	无图	2	螺钉M6×18	1	Q235-A	GB/T 68
11	端盖	2	HT200		1	挡圈35	1	Q235-A	GB/T 891
10	螺钉M6×20	12	Q235-A	GB/T 70.1	序号	名称	数量	材料	附注
9	调整环	1	35		设计				
8	座体	1	HT200		校核				铣刀头
7	轴	1	45		审核			比例 1:2	(图号)

图 2-15　铣刀头装配图

（2）工作原理和装配关系　主视图基本上反映了铣刀头的工作原理：动力通过 V 带轮 4 导入，带动轴 7 转动，轴 7 带动铣刀盘旋转，对工件进行平面铣削加工。轴 7 通过滚动轴承安装在座体 8 内，座体 8 通过底板上的沉孔安装在铣床上。主视图反映了主要零件的装配关系：V 带轮 4 通过键 5 与轴 7 连接，并用挡圈 1、螺钉 2 和销 3 轴向紧定，V 带轮轮毂上的孔与轴之间为基孔制过渡配合。轴和滚动轴承由端盖 11 封闭在座体 8 的空腔内，端盖与座体之间用螺钉 10 紧固。安放在端盖中间的毛毡 12 起密封作用。由于座体孔口处既要与标准件滚动轴承配合，又要与端盖配合，因此，座体孔口与端盖之间是非基准制配合。识读时应对照左视图。

（3）分析零件　铣刀头的主要零件是座体、轴、端盖和 V 带轮等。它们在结构上及标注的尺寸之间均有非常密切的联系。要读懂装配图，必须仔细分析有关的零件图，并对照装配图上所反映的零件的作用和零件间的装配关系进行分析。零件和部件的关系是局部和整体的关系。所以在对部件进行零件分析时，一定要结合零件的作用和零件间的装配关系，并结合装配图和零件图上所标注的尺寸、技术要求等进行全面的归纳总结，形成一个完整的认识，才能达到全面读懂装配图的目的。

2.3 极限与配合基础知识

2.3.1 零件的尺寸公差

1. 互换性和公差

某一同类型产品（如零件、部件等）在尺寸、功能上能够彼此互相替换的性能，称为互换性。零件具有互换性，为机械工业实现现代化协作生产、专业化生产、提高劳动生产率，提供了重要条件。为了使零件具有互换性，首先相互对应的尺寸必须相同，但这个要求是不可能做到的。实际生产时，在保证零件的力学性能和互换性的前提下，允许零件尺寸有一个变动量，这个允许的尺寸变动量称为公差。

2. 基本术语

国家标准 GB/T 1800.1—2009 规定了有关公差的基本术语，如图 2-16 所示。

（1）公称尺寸 公称尺寸是设计给定的尺寸，如 ϕ80mm。

（2）极限尺寸 极限尺寸是允许的尺寸的两个界限值，它以公称尺寸为基数来确定。两个界限值中较大的一个称为上极限尺寸，即 ϕ［80+（+0.009）］mm=ϕ80.009mm；较小的一个称为下极限尺寸，即 ϕ［80+（−0.021）］mm=ϕ79.979mm。

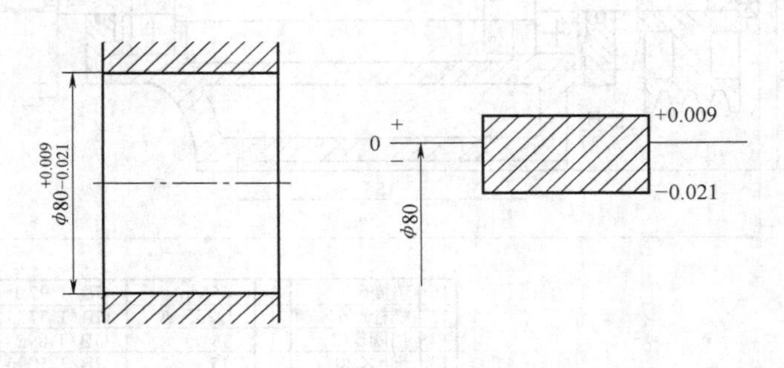

图 2-16 尺寸公差与公差带

（3）偏差 偏差是某一尺寸减其公称尺寸所得的代数差。上、下极限尺寸减其公称尺寸所得的代数差分别称为上极限偏差和下极限偏差。国家标准规定了偏差代号：孔的上极限偏差用 ES、下极限偏差用 EI 表示；轴的上极限偏差用 es、下极限偏差用 ei 表示。

图 2-16 中，极限偏差计算如下：

ES=80.009mm−80mm=+0.009mm

EI=79.979mm−80mm=−0.021mm

（4）尺寸公差 尺寸公差简称公差，是允许尺寸的变动量。公差等于上极限尺寸与下极限尺寸之间代数差的绝对值，也等于上极限偏差与下极限偏差的代数差的绝对值，即有如下关系

$$公差=|上极限尺寸-下极限尺寸|=|80.009-79.979|\text{mm}=0.030\text{mm}$$

$$公差=|上极限偏差-下极限偏差|=|0.009-(-0.021)|\text{mm}=0.030\text{mm}$$

（5）零线 在公差带图中，零线是表示公称尺寸的一条直线，以其为基准确定偏差和公差。

（6）公差带 公差带是指在公差带图中，由代表上、下极限偏差的两条直线所限定的一个区域。

3. 配合

公称尺寸相同、相互结合的孔和轴公差带之间的关系，称为配合。根据使用要求不同，国家标准规定配合分为三类：间隙配合、过盈配合和过渡配合。

（1）间隙配合　如图 2-17 所示，孔与轴配合时，孔的公差带在轴的公差带之上，具有间隙（包括间隙为零）的配合。

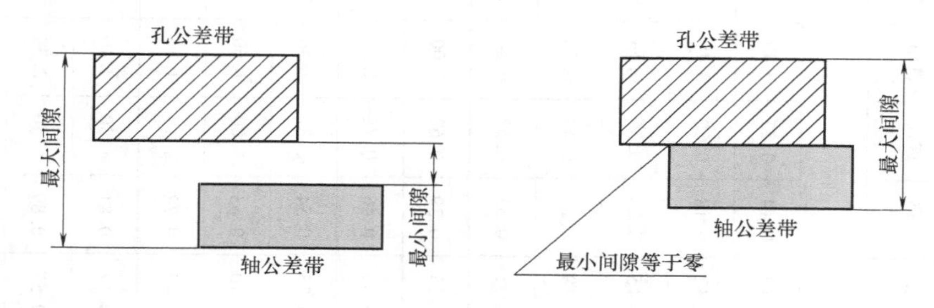

图 2-17　间隙配合

（2）过盈配合　如图 2-18 所示，孔与轴配合时，孔的公差带在轴的公差带之下，具有过盈（包括过盈为零）的配合。

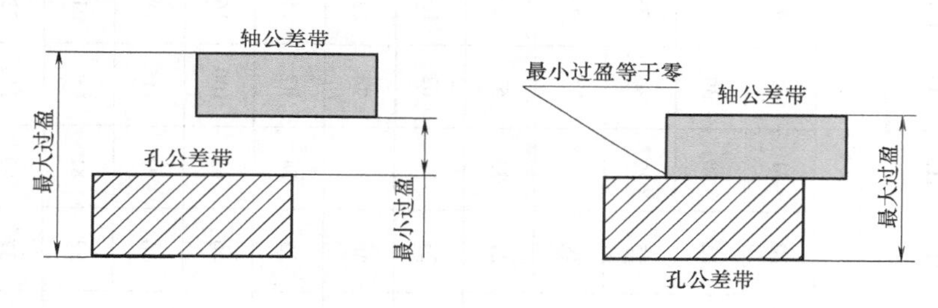

图 2-18　过盈配合

（3）过渡配合　如图 2-19 所示，孔与轴配合时，孔的公差带与轴的公差带相互交叠，可能具有间隙或过盈的配合。

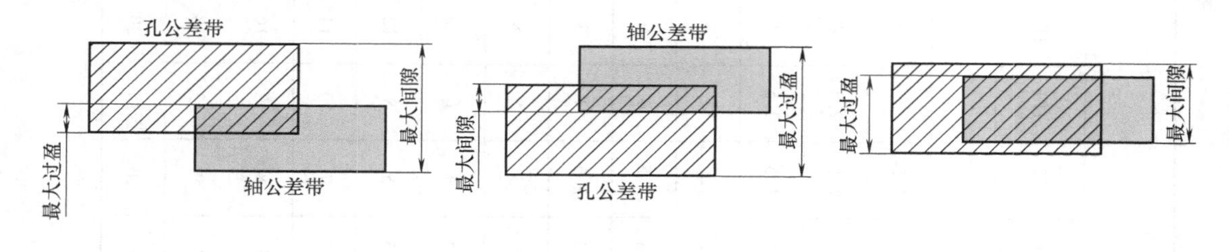

图 2-19　过渡配合

4. 标准公差与基本偏差

国家标准 GB/T 1800. 1—2009 中规定，公差带是由标准公差和基本偏差组成。标准公差确定公差带的大小，基本偏差确定公差带的位置。

（1）标准公差　国家标准 GB/T 1800. 1—2009 中所列的，用以确定公差带大小的公差数值。标准公差分为 20 个等级，即 IT01、IT0、IT1、IT2…IT18。IT01 公差值最小，IT18 公差值最大，因此标准公差反映了尺寸的精确程度即精度等级。标准公差数值见表 2-8。

表 2-8 标准公差数值(摘自 GB/T 1800.1—2009)

公称尺寸(mm)		公差等级																			
		IT01	IT0	IT1	IT2	IT3	IT4	IT5	IT6	IT7	IT8	IT9	IT10	IT11	IT12	IT13	IT14	IT15	IT16	IT17	IT18
大于	至	μm													mm						
	3	0.3	0.5	0.8	1.2	2	3	4	6	10	14	25	40	60	0.10	0.14	0.25	0.40	0.60	1.0	1.4
3	6	0.4	0.6	1	1.5	2.5	4	5	8	12	18	30	48	75	0.12	0.18	0.30	0.48	0.75	1.2	1.8
6	10	0.4	0.6	1	1.5	2.5	4	6	9	15	22	36	58	90	0.15	0.22	0.36	0.58	0.90	1.5	2.2
10	18	0.5	0.8	1.2	2	3	5	8	11	18	27	43	80	110	0.18	0.27	0.43	0.70	1.10	1.8	2.7
18	30	0.6	1	1.5	2.5	4	6	9	13	21	33	52	84	130	0.21	0.33	0.52	0.84	1.30	2.1	3.3
30	50	0.6	1	1.5	2.5	4	7	11	16	25	39	62	100	160	0.25	0.39	0.62	1.00	1.60	2.5	3.9
50	80	0.8	1.2	2	3	5	8	13	19	30	46	74	120	190	0.30	0.46	0.74	1.20	1.90	3.0	4.6
80	120	1	1.5	2.5	4	6	10	15	22	35	54	87	140	220	0.35	0.54	0.87	1.40	2.20	3.5	5.4
120	180	1.2	2	3.5	5	8	12	18	25	40	63	100	160	250	0.40	0.63	1.00	1.60	2.50	4.0	6.3
180	250	2	3	4.5	7	10	14	20	29	46	72	115	185	290	0.46	0.72	1.15	1.85	2.90	4.6	7.2
250	315	2.5	4	6	8	12	16	23	32	52	81	130	210	320	0.52	0.81	1.30	2.10	3.20	5.2	8.1
315	400	3	5	7	9	13	18	25	36	37	89	140	230	360	0.57	0.89	1.40	2.30	3.60	5.7	8.9
400	500	4	6	8	10	15	20	27	40	63	97	155	250	400	0.63	0.97	1.55	2.50	4.0	6.3	9.7

（2）基本偏差 基本偏差是国家标准 GB/T 1800.1—2009 中所列的，用以确定公差带相对于零线位置的上极限偏差或下极限偏差，一般为靠近零线的那个偏差。如图 2-20 所示，孔、轴的基本偏差系列共有 28 种，它的代号用拉丁字母表示，大写为孔、小写为轴；当公差带在零线的上方时，基本偏差为下极限偏差，反之则为上极限偏差。

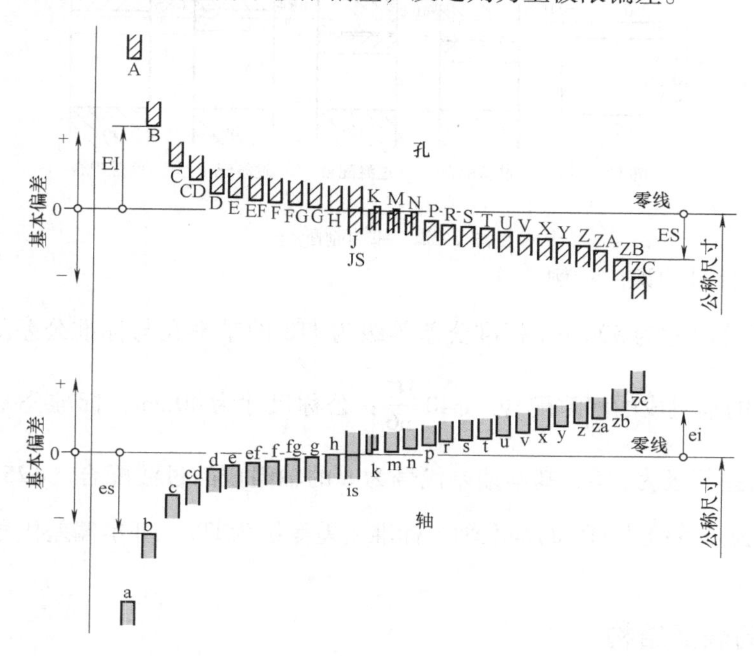

图 2-20 孔、轴基本偏差系列图

基本偏差数值可从国家标准 GB/T 1800.1—2009《产品几何技术规范（GPS）极限与配合 第1部分：公差、偏差和配合的基础》中另外查得。

5. 配合制度

为了便于选择配合，减少零件加工的专用刀具和量具，国家标准对配合规定了两种基准制。

（1）基孔制 基本偏差为一定的孔的公差带，与不同基本偏差的轴的公差带形成各种配合的一种制度称为基孔制，如图 2-21 所示。在基准孔中，轴的基本偏差 a ~ h 用于间隙配合，j ~ zc 用于过渡配合和过盈配合。

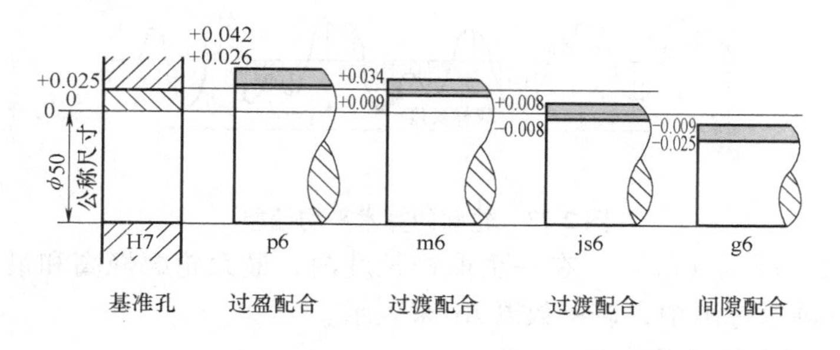

图 2-21 基孔制配合

（2）基轴制 基本偏差为一定的轴的公差带，与不同基本偏差的孔的公差带形成各种配合的一种制度称为基轴制，如图 2-22 所示。在基轴制中，孔的基本偏差 A ~ H 用于间隙配合，J ~ ZC 用于过渡配合和过盈配合。

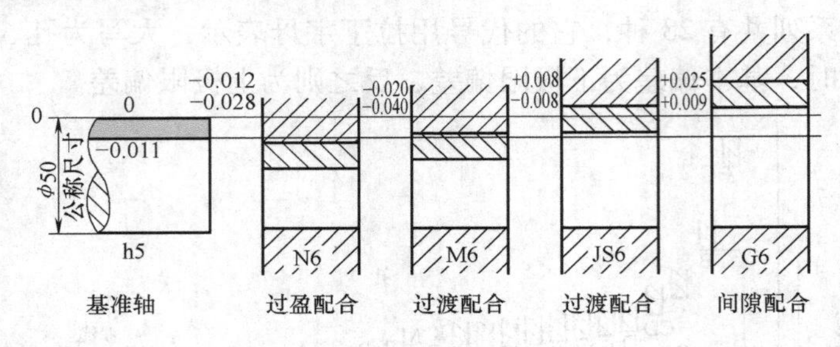

图 2-22　基轴制配合

6. 零件配合代号的识读示例

$\phi 50\ \frac{H8}{f7}$：公称尺寸为 50mm，标准公差等级为 IT8 的基准孔与标准公差等级为 IT7、基本偏差代号为 f 的轴组成的间隙配合。$\phi 40\ \frac{H7}{n6}$：公称尺寸为 40mm，标准公差等级为 IT7 的基准孔与标准公差等级为 IT6、基本偏差代号为 n 的轴组成的过渡配合。$\phi 25\ \frac{P7}{h6}$：公称尺寸为 25mm，标准公差等级为 IT6 的基准轴与标准公差等级为 IT7、基本偏差代号为 P 的孔组成的过盈配合。

2.3.2　零件的表面结构

1. 表面结构的参数

（1）轮廓的算术平均偏差（*Ra*）　如图 2-23 所示，在一个取样长度（用于判别被评定轮廓不规则特征的 *X* 轴上的长度）内，纵坐标值 *Y*（*X*）（被评定轮廓在任一位置距 *X* 轴的高度）绝对值的算术平均值。若轮廓线上各点纵坐标值为 y_1，y_2，y_3，…，y_n，*Ra* 则可用公式表示为

$$Ra = \frac{|y_1| + |y_2| + |y_3| + \cdots + |y_n|}{n}$$

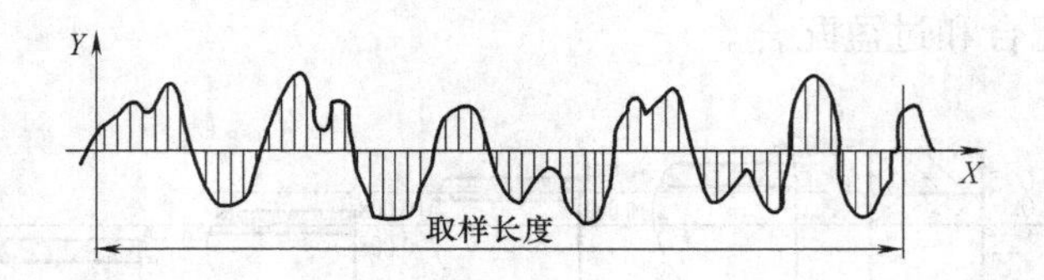

图 2-23　轮廓的算术平均偏差

（2）轮廓的最大高度（*Rz*）　在一个取样长度内，最大轮廓峰高和最大轮廓谷深之和的高度。在以前的国家标准中，该参数以 *Ry* 来表示。

2. 表面结构的图形符号及代号

（1）表面结构的图形符号　表面结构的基本符号及其含义，见表 2-9。

表 2-9　表面结构基本符号及其含义

符号	意义
	基本图形符号，表示表面未指定工艺方法 没有补充说明时不能单独使用
	扩展图形符号，表示表面是用去除材料的方法获得，如车、钻、铣、刨、磨、剪切、抛光、气割等
	扩展图形符号，表示表面是用不去除材料的方法获得，如铸、锻、冲压、热轧、冷轧、粉末冶金等
	完整图形符号 在上述三个图形符号的长边加一横线，用于标注表面结构的补充信息
	带有补充注释的完整图形符号 在完整图形符号上加一圆圈，表示在某个视图上构成封闭轮廓的各表面有相同的表面结构要求

（2）表面结构要求在图样中的注法　同一图样上，对每一个表面的表面结构要求，一般只标注一次，并尽可能注在相应的尺寸及其公差的同一视图上。除非另有说明，图样上所标注的表面结构要求是对完工零件表面的要求。国家标准（GB/T 131—2006）规定了表面结构要求在图样上的标注方法，见表 2-10。

表 2-10　表面结构要求在图样上的标注方法

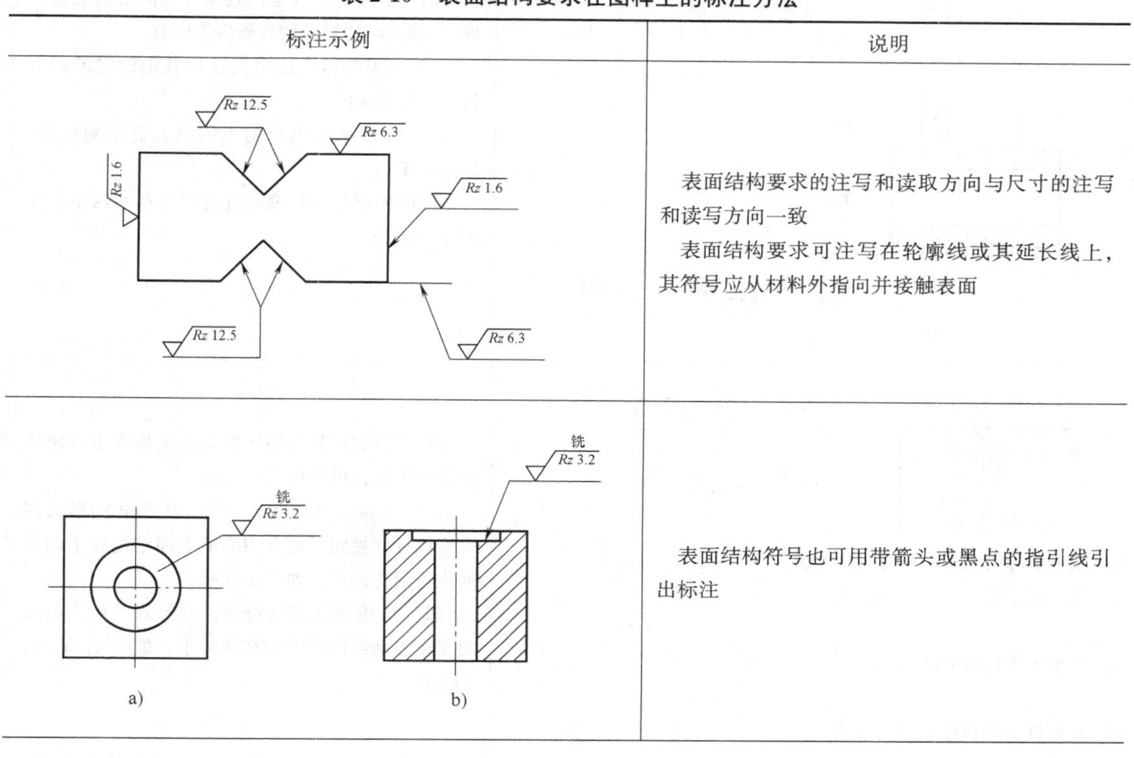

标注示例	说明
	表面结构要求的注写和读取方向与尺寸的注写和读写方向一致 表面结构要求可注写在轮廓线或其延长线上，其符号应从材料外指向并接触表面
a)　b)	表面结构符号也可用带箭头或黑点的指引线引出标注

（续）

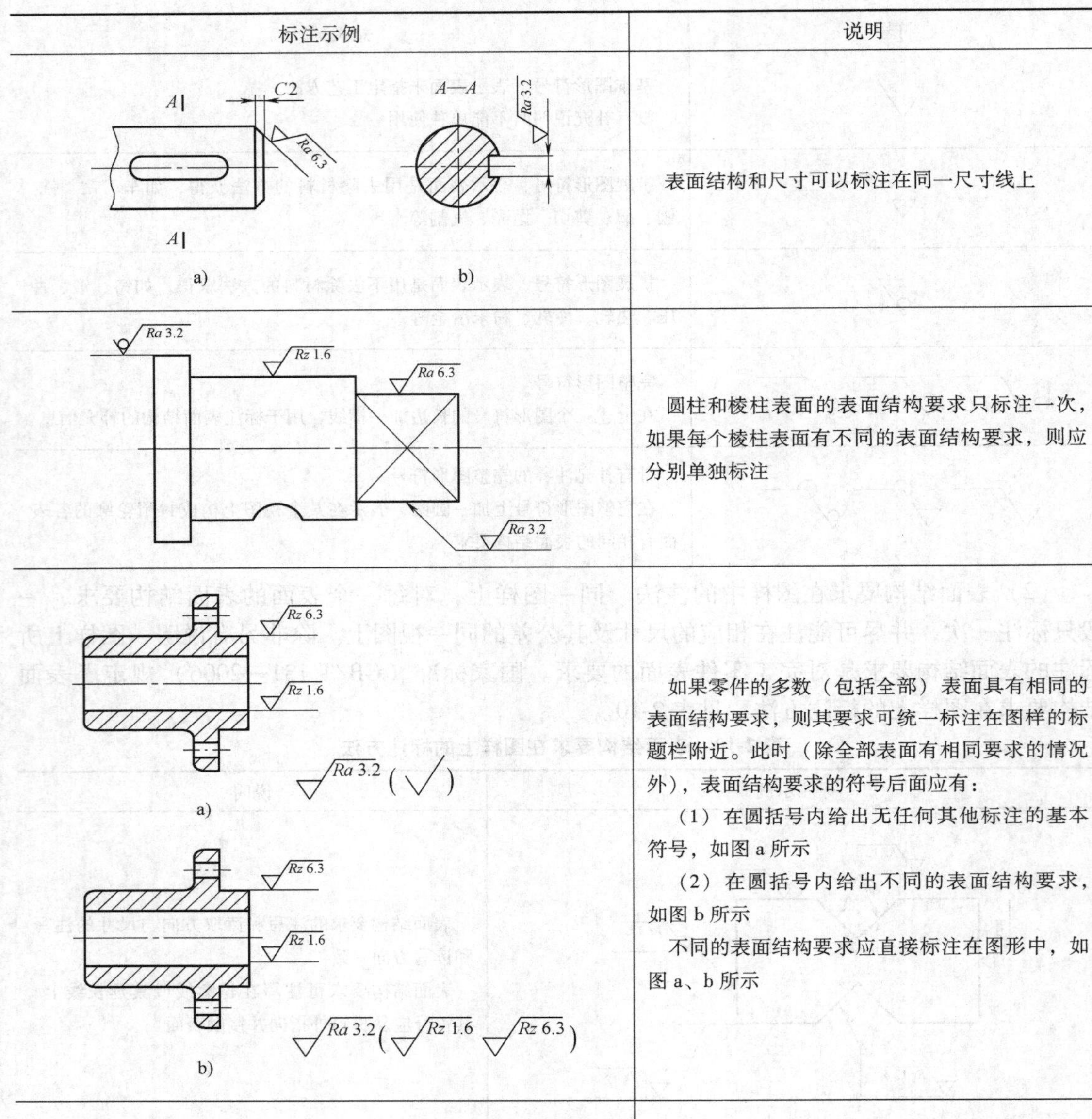

标注示例	说明
a) b)	表面结构和尺寸可以标注在同一尺寸线上
	圆柱和棱柱表面的表面结构要求只标注一次，如果每个棱柱表面有不同的表面结构要求，则应分别单独标注
a) b)	如果零件的多数（包括全部）表面具有相同的表面结构要求，则其要求可统一标注在图样的标题栏附近。此时（除全部表面有相同要求的情况外），表面结构要求的符号后面应有： （1）在圆括号内给出无任何其他标注的基本符号，如图 a 所示 （2）在圆括号内给出不同的表面结构要求，如图 b 所示 不同的表面结构要求应直接标注在图形中，如图 a、b 所示
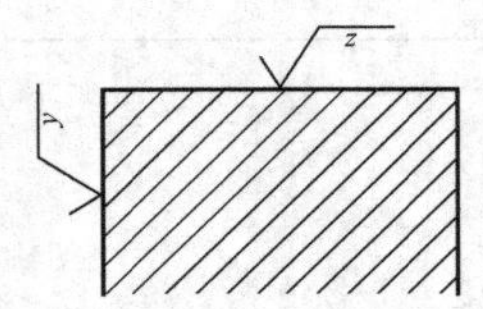 z = URz 1.6 URa 3.2 y = Ra 3.2 a. 用带字母的完整符号的简化注法 b. 未指定工艺方法的简化注法 = Ra 3.2 c. 要求去除材料的简化注法 = Ra 3.2 d. 不允许去除材料的简化注法 = Ra 3.2	零件多个表面具有相同的表面结构要求或图样空间有限时，可采用简化注法： （1）用带字母的完整符号，以等式的形式在图形或标题栏附近对有相同的表面结构要求的表面进行简化标注，如图 a 所示 （2）可用表面结构符号，以等式的形式给出对多个表面共同的表面结构要求，如图 a、b、c、d 所示

（续）

标注示例	说明
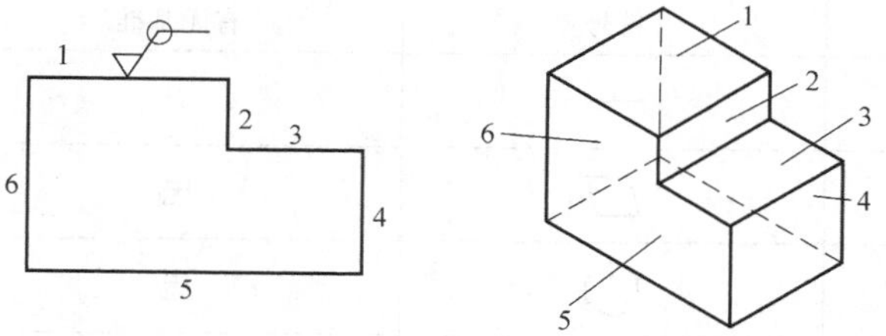 （图：表面 1～6 构成封闭轮廓）	当某个视图上构成封闭轮廓的各表面（如图中面 1～6）有相同的表面结构要求时，应在完整图形符号上加一圆圈，标注在图样中零件的封闭轮廓线上 注：图形中构成封闭轮廓的 6 个面不包括前、后面

2.3.3　零件的几何公差

1. 几何公差的含义

在生产实际中，经过加工的零件，不但会产生尺寸误差，而且会产生形状和位置误差。图 2-24a 所示为一理想形状的销轴，而加工后的实际形状则是轴线变弯了，如图 2-24b 所示，因而产生了直线度误差。

又如，图 2-25a 所示的为一要求严格的四棱柱，加工后的实际情况却是上表面倾斜，如图 2-25b 所示，产生了平行度误差。

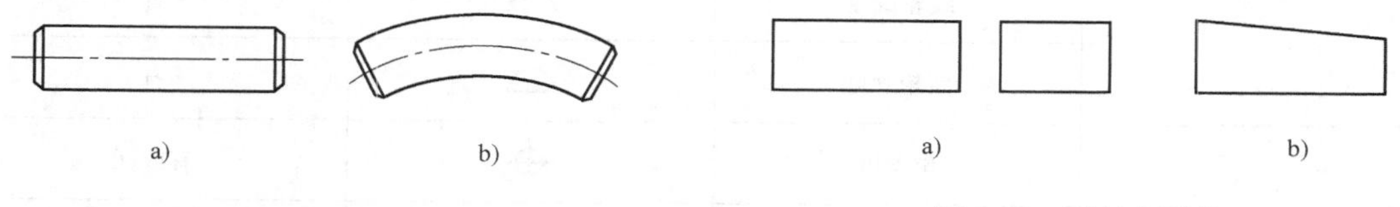

图 2-24　直线度误差　　　图 2-25　平行度误差

如果零件存在严重的形状和位置误差，将给其装配造成困难，影响机器的质量。因此，对于精度要求较高的零件，除给出尺寸公差外，还应根据设计要求，合理地确定出几何误差的最大允许值。如图 2-26a 中的 ϕ0.08，表示销轴圆柱面的提取（实际）中心线应限定在直径等于 ϕ0.08mm 的圆柱面内，其公差带如图 2-26b 所示。又如图 2-27a 中的 0.01，表示提取（实际）的上表面应限定在间距等于 0.01mm 的平行于基准 *A* 的两平行平面之间，其公差带如图 2-27b 所示。为了将零件几何要素的形状和几何要素间的位置误差控制在一个合理的范围之内，国家标准规定了一项保证零件加工质量的技术指标，即几何公差（GB/T 1182—2008）。

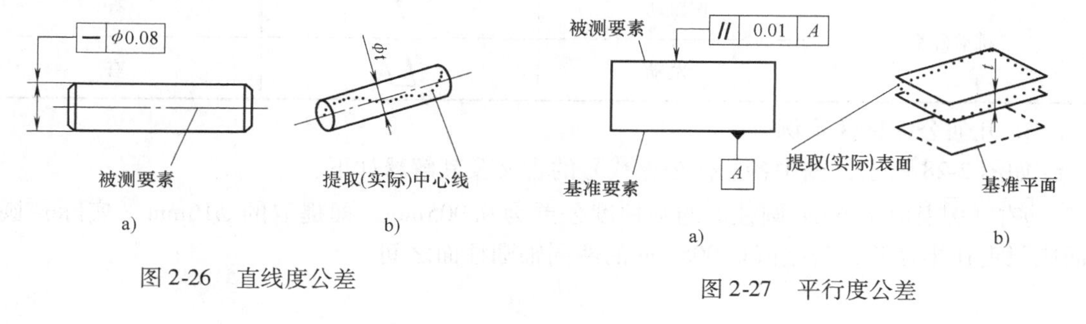

图 2-26　直线度公差　　　图 2-27　平行度公差

2. 几何公差的几何特征和符号

几何公差的几何特征和符号，见表 2-11。

表 2-11 几何公差的几何特征和符号

公差类型	几何特征	符号	有无基准
形状公差	直线度	—	无
	平面度	⏥	无
	圆度	○	无
	圆柱度	⌭	无
	线轮廓度	⌒	无
	面轮廓度	⌓	无
方向公差	平行度	//	有
	垂直度	⊥	有
	倾斜度	∠	有
	线轮廓度	⌒	有
	面轮廓度	⌓	有
位置公差	位置度	⌖	有或无
	同心度（用于中心点）	◎	有
	同轴度（用于轴线）	◎	有
	对称度	⌯	有
	线轮廓度	⌒	有
	面轮廓度	⌓	有
跳动公差	圆跳动	↗	有
	全跳动	⌰	有

3. 几何公差标注示例

如图 2-28 所示，图中各几何公差代号的含义及其解释如下：

[⌭ | 0.005] 表示 ϕ16mm 圆柱面的圆柱度公差为 0. 005mm，即提取的 ϕ16mm（实际）圆柱面应限定在半径差为公差值 0. 005mm 的两同轴圆柱面之间。

|◎|φ0.1|A|表示 M8×1 内螺纹的轴线对基准 *A* 的同轴度公差为 0.1mm，即 M8×1 螺纹孔的提取（实际）中心线应限定在直径等于 ϕ0.1mm、ϕ16mm 圆柱的基准 *A* 为轴线的圆柱面内。

|↗|0.1|A|表示右端面对基准 *A* 的轴向圆跳动公差为 0.1mm，即在与基准轴线 *A* 同轴的任一圆柱形截面上，提取右端面（实际）圆应限定在轴向距离等于 0.1mm 的两个等圆之间。

|⊥|0.025|A|表示 ϕ36mm 圆柱的右端面对基准 *A* 的垂直度公差为 0.025mm，即提取（实际）右端面应限定在间距等于 0.025mm 的两平行平面之间，这两个平行平面垂直于基准轴线。

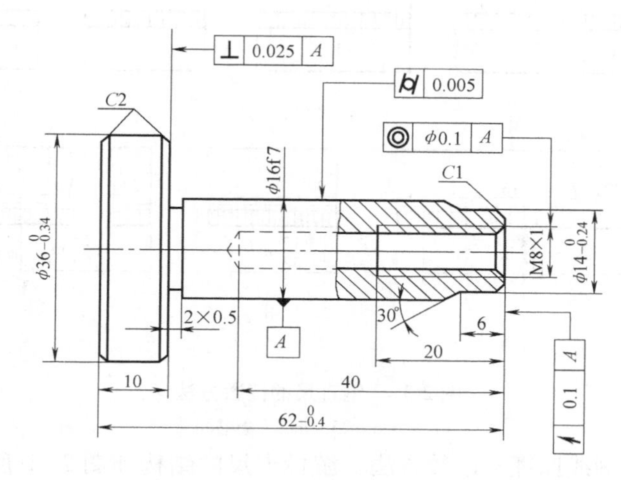

图 2-28　几何公差标注示例

2.4　常用测量器具

1. 钢直尺

钢直尺是不可卷的钢质板状量尺，如图 2-29 所示，长度规格有 150mm、300mm、500mm、1000mm 等。钢直尺一般尺面除有米制刻线外，有的还有英制刻线，可直接检测长度尺寸。关于测量准确度米制钢直尺为 0.5mm，英制钢直尺为 1/32″或 1/64″。钢直尺的使用和读数方法如图 2-30 和图 2-31 所示。

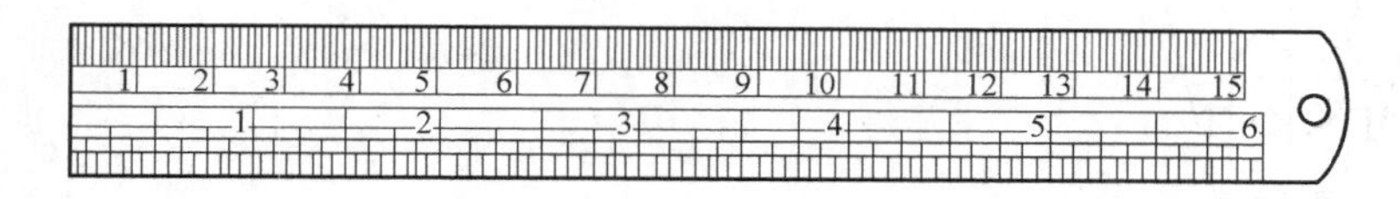

图 2-29　钢直尺

2. 游标卡尺

游标卡尺是带有测量量爪并用游标读数的量尺，其测量精度较高，结构简单，使用方便，可以直接测出零件的内径、外径、宽度、长度和深度的尺寸值，是生产中应用最广的一种量具。

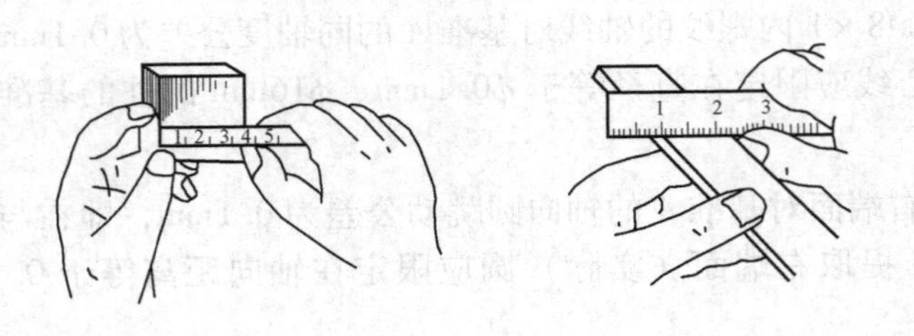

图 2-30 钢直尺的使用

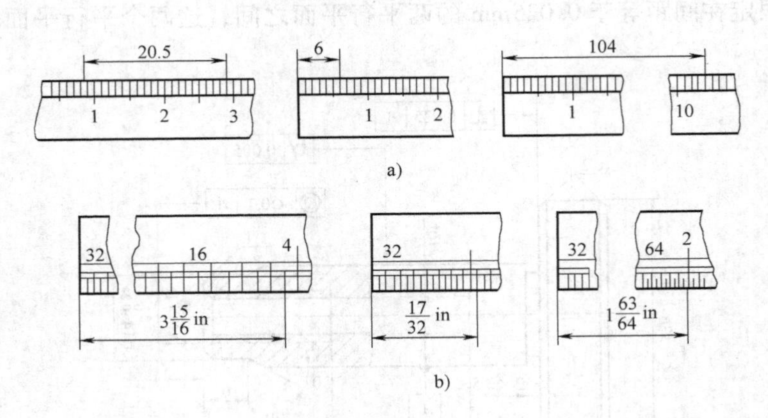

图 2-31 钢直尺的读数方法

注：1in = 25.4mm，全书同

（1）游标卡尺的刻线原理与读数方法 游标卡尺的结构如图 2-32 所示，主要由尺身和游标组成。游标卡尺的分度值有 0.1mm，0.05mm，0.02mm 三种，其测量范围有 0 ~ 125mm、0 ~ 200mm、0 ~ 300mm、0 ~ 500mm 等几种。游标卡尺的刻线原理与读数方法，见表 2-12。

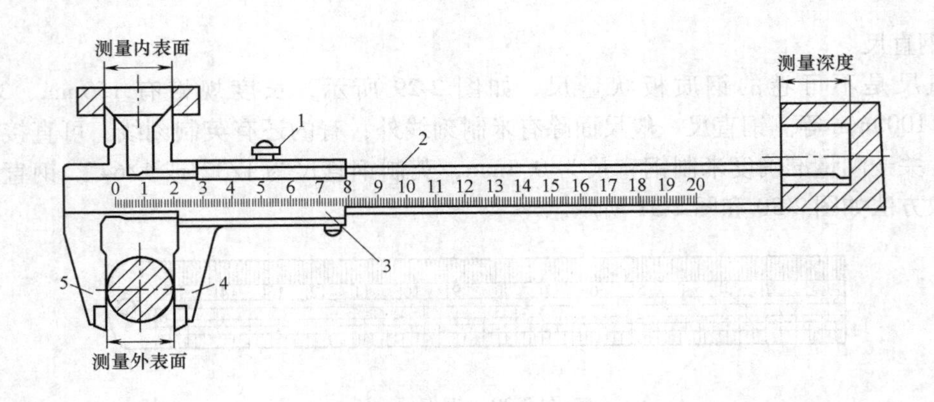

图 2-32 游标卡尺

1—紧固螺钉 2—尺身 3—游标 4、5—量爪

表 2-12 游标卡尺的刻线原理与读数方法

分度值	刻线原理	读数方法及示例
0. 1mm	尺身 1 格 =1mm 游标 1 格 =0. 9mm，共 10 格 尺身、游标每格之差 =1mm－0. 9mm =0. 1mm 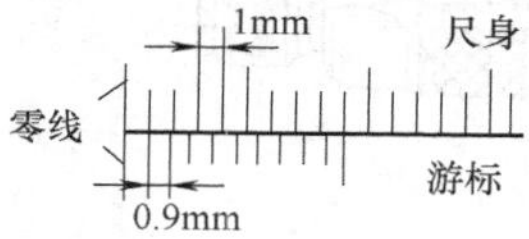	读数 = 游标 0 位指示的尺身整数 + 游标与尺身重合线数 × 分度值 示例： 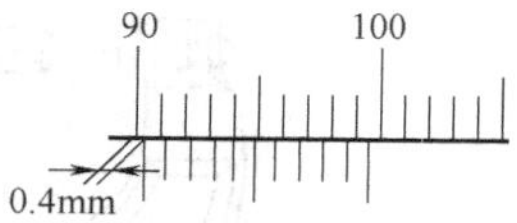 读数 =90mm +4 ×0. 1mm =90. 4mm
0. 05mm	尺身 1 格 =1mm 游标 1 格 =0. 95mm，共 20 格 尺身、游标每格之差 =1mm－0. 95mm =0. 05mm 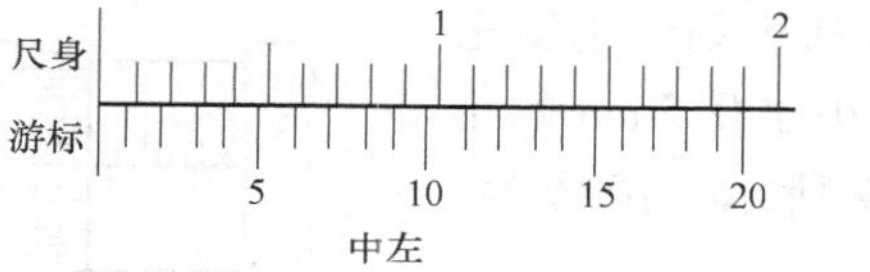	读数 = 游标 0 位指示的尺身整数 + 游标与尺身重合线数 × 分度值 示例： 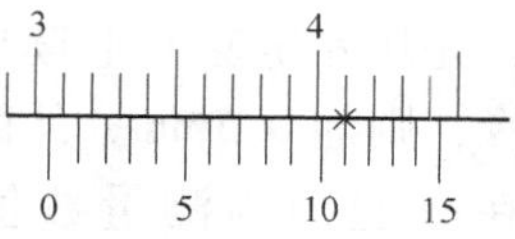 读数 =30mm +11 ×0. 05mm =30. 55mm
0. 02mm	尺身 1 格 =1mm 游标 1 格 =0. 98mm，共 50 格 尺身、游标每格之差 =1mm－0. 98mm =0. 02mm 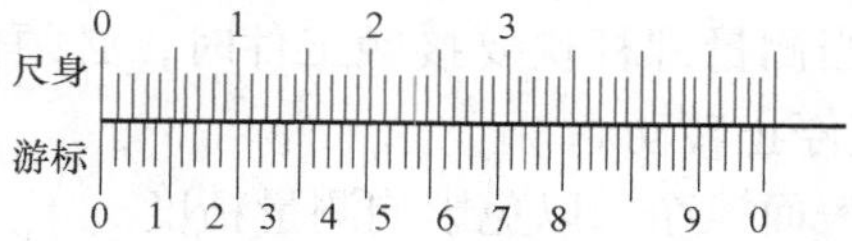	读数 = 游标 0 位指示的尺身整数 + 游标与尺身重合线数 × 分度值 示例： 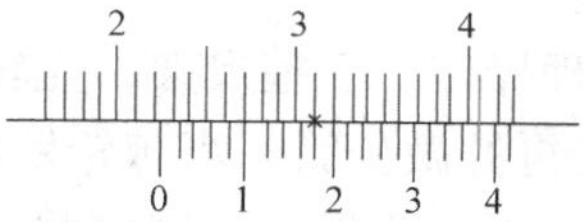 读数 =22mm +9 ×0. 02mm =22. 18mm

（2）使用游标卡尺的注意事项

1）未经加工的毛面不要用游标卡尺测量，以免损伤量爪的测量面，降低卡尺测量精度。

2）使用前应看主尺、游标零线在量爪闭合时是否重合，如有误差，测量读数时注意修正。

3）游标卡尺测量方位应放正，不可歪斜，如测量内、外圆直径时尺身应垂直于轴线。

4）测量时用力适当，不可过紧，也不可过松，特别是抽出卡尺读数时，量爪极易松动，造成测量不准确。

其他游标量具有：专门用来测量深度尺寸的游标深度尺；游标高度尺，可以测量一些零件的高度尺寸，同时还可以用来进行精密划线。

3. 千分尺

千分尺是精密量具，分度值为 0. 01mm，有外径千分尺、内径千分尺及深度千分尺等。外径千分尺测量范围有 0 ~25mm、25 ~50mm、50 ~75mm、75 ~100mm 等，图 2-33 所示是 0 ~25mm的外径千分尺，尺架左端有砧座 1，测微螺杆 2 与微分筒 4 是连在一起的，转动微分筒时，测微螺杆即沿其轴向移动。测微螺杆的螺距为0.5mm，固定套筒3上轴向中线上下相错0.5mm各有一排刻线，每格为1mm。微分筒4锥面边缘沿圆周有50等分的刻度线。当测微螺杆端面与砧座接触时，微分筒上零线与固定套筒中线对准，同时微分筒边缘也应与固定套筒零线重合。

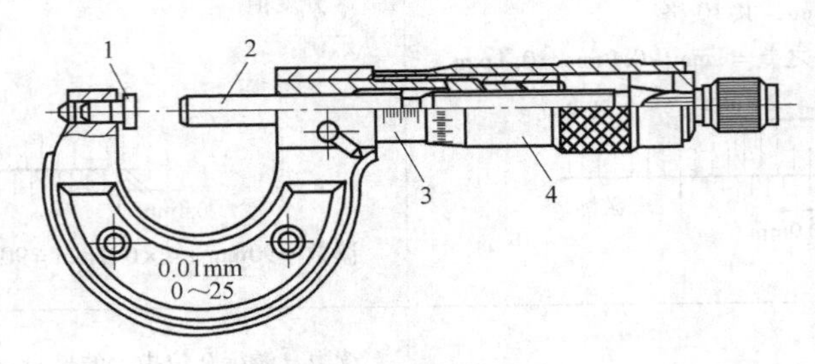

图2-33 千分尺

1—砧座 2—测微螺杆 3—固定套筒 4—微分筒

测量时，先从固定套筒上读出毫米数，若0.5刻线也露出活动套筒边缘，则加0.5mm；从微分筒上读出小于0.5mm的小数，两者加在一起即为测量数值。如图2-34所示，读数为：8.5mm＋0.01mm×27＝8.77mm。

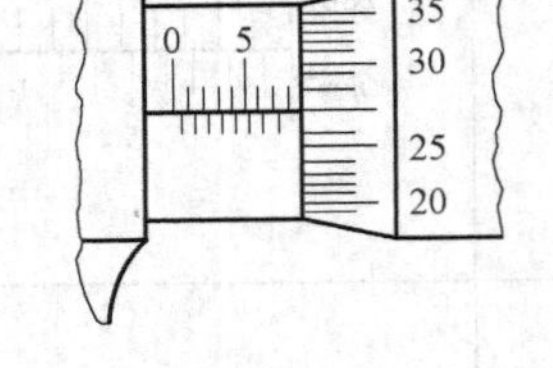

图2-34 千分尺读书示例

使用千分尺应注意以下事项：

1）校对零点。将砧座与螺杆接触，看圆周刻度零线是否与纵向中线对齐，且微分筒左侧棱边与尺身的零线重合，如有误差修正读数。

2）合理操作。手握尺架，先转动微分筒，当测量螺杆快要接触工件时，必须使用端部棘轮，严禁再拧微分筒。当棘轮发出嗒嗒声时应停止转动。

3）擦净工件测量面。测量前应将工件测量表面擦净，以免影响测量精度。

4）不偏不斜。测量时应使千分尺的砧座与测微螺杆两侧面准确放在被测工件的直径处，不能偏斜。

4. 百分表

百分表是一种分度值为0.01mm的机械式量表，是只能测出相对数值不能测出绝对数值的比较量具。百分表用于检测零件的形状和表面相互位置误差（如圆度、圆柱度、同轴度、平行度、垂直度、圆跳动等），也常用于零件安装时的找正工作。百分表有钟表式与杠杆式两种。

（1）钟表式百分表 钟表式百分表的外形如图2-35a所示。图2-35b所示是其传动原理，测量杆1上的齿条齿距为0.625mm，齿轮2齿数为16，齿轮3和齿轮6齿数均为100，齿轮4齿数为10，齿轮2与齿轮3连在一起，表面长针5装于齿轮4上，短针8装于齿轮6上。当测量杆移动1mm时，齿条则移动1/0.625＝1.6齿，使齿轮2转过1.6/16＝1/10转，齿轮3也同时转过1/10转，即转过10个齿，正好使齿轮4转过一转，使长针5转过一周。由于表盘10圆周分成100格，故长针每转过一格时测量杆移动量为1/100mm＝0.01mm。长针转一周的同时，齿轮4带动齿轮6也转过1/10转（即10/100），一般百分表量程为5mm，故表盘上短针转动刻有5个格，每转过一格，表示测量杆移动1mm。图2-35b中，游丝7总使轮齿一侧啮合，消除间隙引起的测量误差。弹簧 9 总使测量杆处于起始位置。

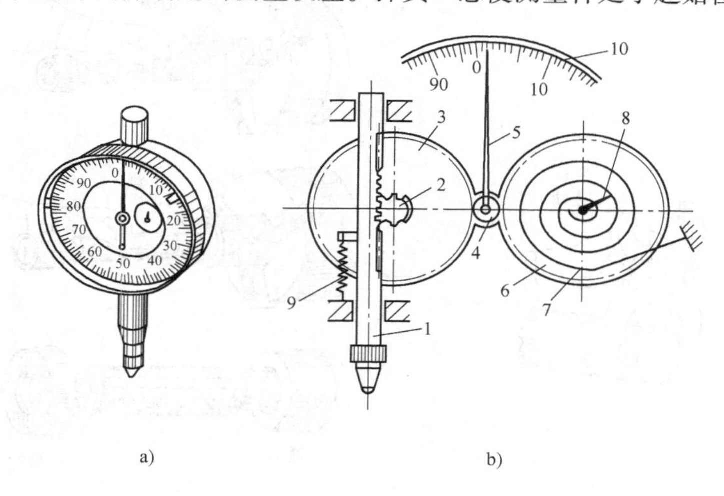

图 2-35　钟表式百分表

1—测量杆　2、3、4、6—齿轮　5—长针　7—游丝　8—短针　9—弹簧　10—表盘

（2）杠杆式百分表　杠杆式百分表外形如图 2-36a 所示。杠杆式百分表是利用杠杆和齿轮的放大原理制造的，图 2-36b 所示为其传动原理。具有球面测头的测量杆 1 靠摩擦与扇形齿轮 2 连接，当测量杆摆动时，扇形齿轮 2 带动齿轮 3 转动，再经端齿轮 4 和齿轮 5 带动指针 6 转动。和钟表式百分表一样，杠杆式百分表的表盘上也沿圆周刻 100 格，每格代表 0.01mm。改变表侧扳手位置，可变换测量杆的摆动方向。

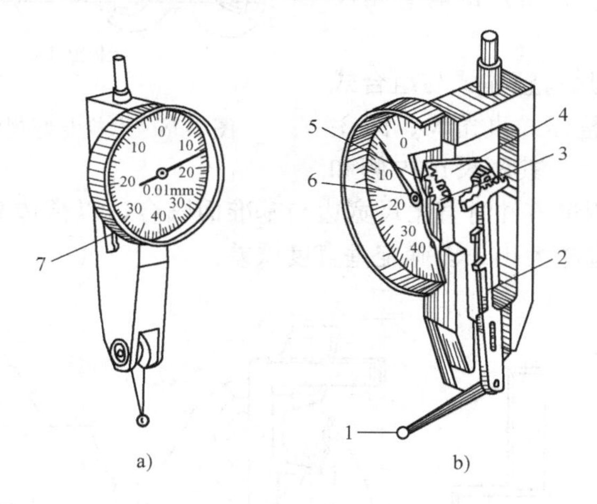

图 2-36　杠杆式百分表

1—测量杆　2—扇形齿轮　3、4、5—齿轮　6—指针　7—扳手

5. 卡规与塞规

卡规与塞规是成批生产时使用的量具。其中，卡规测量外表面尺寸，如轴径、宽度和厚度等；塞规测量内表面尺寸，如孔径、槽宽等，其使用如图 2-37 所示。检查零件时，通端通过，止端不通过为合格。卡规的通端控制的是上极限尺寸，而止端控制的是下极限尺寸。塞规通端控制的是下极限尺寸，止端控制的则是上极限尺寸。

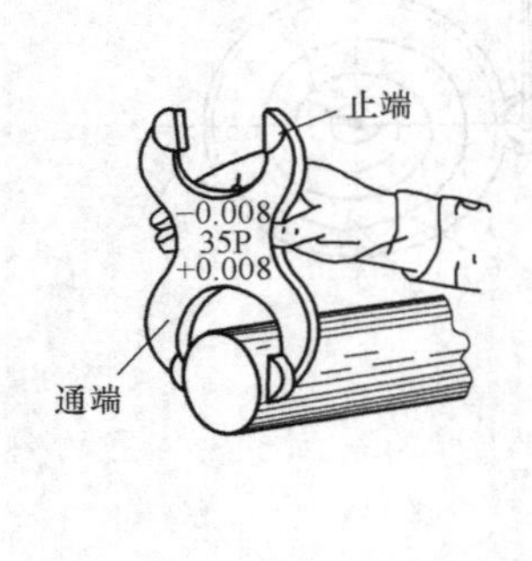

a)

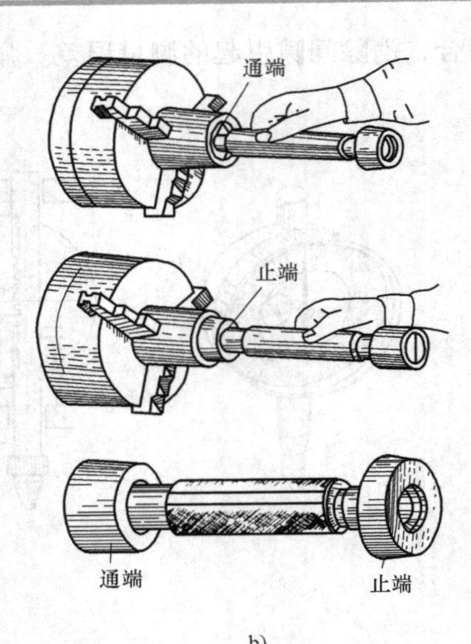

b)

图 2-37　卡规与塞规的使用

a）卡规的使用　b）塞规的使用

图 2-38 所示是卡规与塞规的通端与止端作用的示意图。

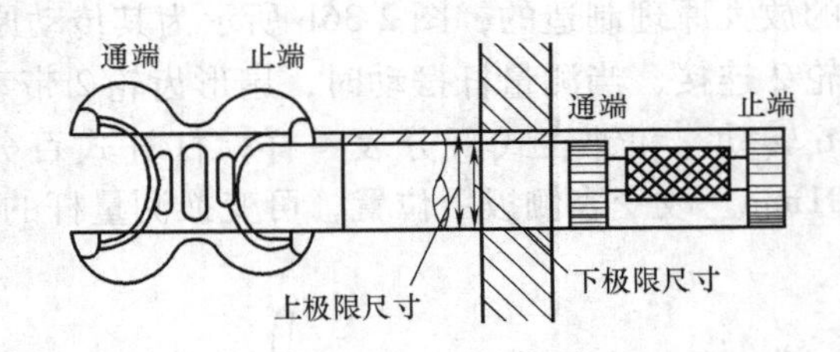

图 2-38　卡规与塞规的通端与止端作用

6. 直角尺与游标万能角度尺

测量角度的量具很多，常用的有直角尺和游标万能角度尺。

（1）直角尺　直角尺有整体式与组合式两种。图 2-39a 所示为整体式直角尺，图 2-39b 所示为组合式直角尺，其两尺边内侧和外侧均为准确的 90°。测量零件时直角尺宽边与基准面贴合，以窄边靠向被测平面，如图 2-39c 所示，以塞尺检查缝隙大小，以确定垂直度误差。

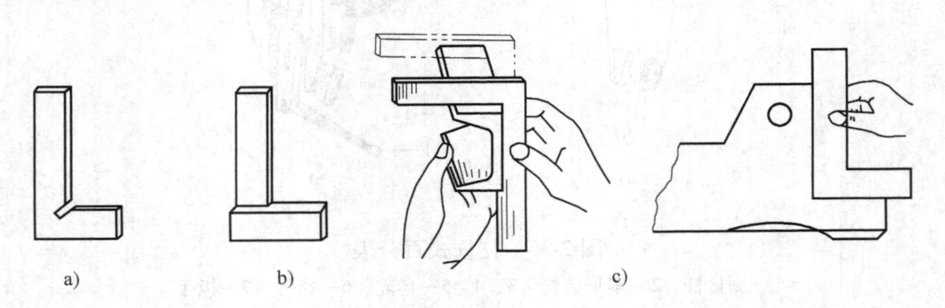

a)　b)　c)

图 2-39　直角尺

a）整体式直角尺　b）组合式直角尺　c）直角尺的使用

（2）游标万能角度尺　游标万能角度尺由主尺、基尺、游标尺、直角尺、直尺、卡块、锁紧装置等组成。与游标卡尺的原理相似，可以实现 0°～320°范围内任意角度的测量，分度值为 2′。

第3章　铸造、锻压及铆工实习

在机械制造领域里，加工零件的方法是多种多样的。其中，利用加热的方法使毛坯或工件发生形状和尺寸的变化叫做金属的热加工，如铸造、锻造、焊接等加工方法；而使用刀具切除工件表面多余金属，获得具有一定精度的零件的加工方法叫做金属的冷加工，又称切削加工或机械加工，如车削、铣削、刨削、磨削等。

3.1　铸造实习

铸造是把金属熔化后，浇注到铸型内凝固成形的工艺方法。铸造的产品称为铸件，一般属于零件的毛坯，需经切削加工后才成为符合要求的零件。铸造的方法有多种，应用最广的是砂型铸造。砂型铸造所用的铸型称为砂型，制造砂型（简称造型）所用的主要材料是型砂。砂型铸造的基本过程如图3-1所示。

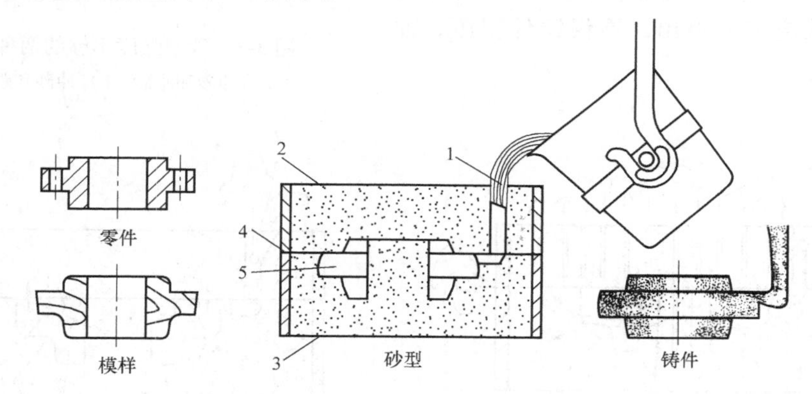

图3-1　砂型铸造的基本过程

1—浇道　2—上型　3—下型　4—分型面　5—型腔

造型必须应用适当的铸型，才能制出一定型腔的砂型；然后，把熔化好的金属液体浇入型腔，待其凝固冷却后，再把砂型破坏，取出铸件（简称落砂）；最后，清除铸件上的附着物，经检验合格，就获得所需的铸件。

砂型铸造适用于各种金属的铸造，能生产各种形状、大小的铸件，应用范围十分广泛。但是，一个砂型只能使用一次，需要耗费大量造型工时。因此，造型工作是砂型铸造生产过程中的主要工序，也是铸工实习中的主要任务。

3.1.1　型砂

1. 型砂的组成

常用的型砂是由硅砂粒、黏土和水所组成的混合物，称为黏土砂。其中黏土的质量分数为8%～12%，水的质量分数为4.5%～6.5%。型砂受到一定的外力挤压后，硅砂粒被粘结起来，并能塑造成一定形状的型腔。图 3-2 所示为硅砂粒粘结后的型砂结构示意图。

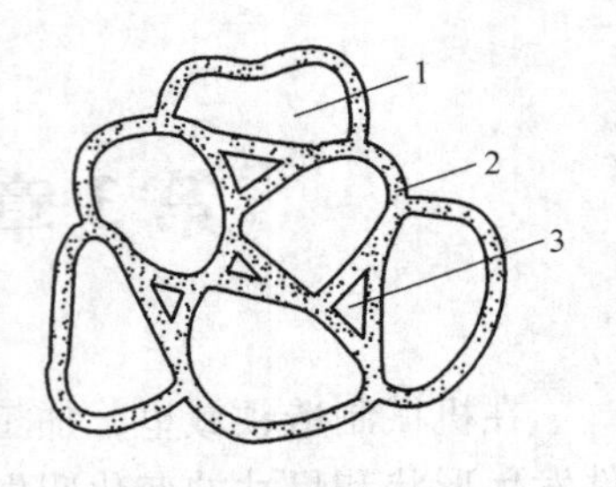

图 3-2　型砂结构示意图
1—硅砂粒　2—黏土薄膜　3—透气空隙

2. 型砂的性能

一般来说，型砂应具备下列性能：

（1）强度　型砂制成砂型后应有足够的强度，以抵抗浇注时金属液体的冲击力和静压力。否则，有可能使铸件产生冲砂、胀砂和跌砂等缺陷，如图 3-3 所示。

砂型的强度除与其所含黏土和水分的多少有关外，还同造型时紧实的程度有关。在砂型的某些薄弱部分插钉子或木片，能有效地增加砂型该处的强度。必要时，可把整个砂型烘干，则其强度能提高到湿态时的几倍。

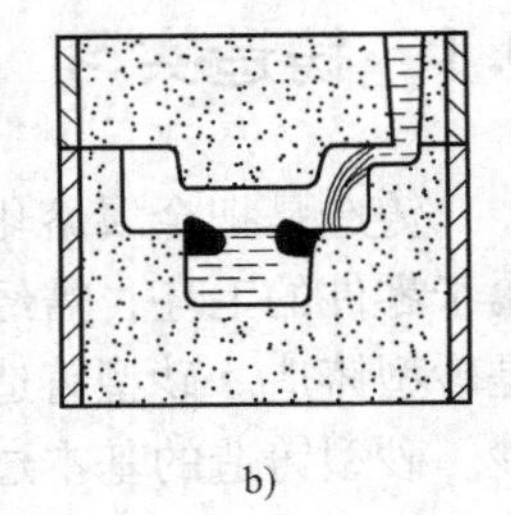

a)　b)

图 3-3　砂型强度不够的两种情况
a）冲砂和胀砂　b）冲砂和跌砂

（2）透气性　砂型应有足够的透气性，以便排除浇注时所产生的大量水蒸气和型腔中的空气，如图 3-4 所示。如果透气性不足，这些气体会进入金属液体，使铸件中产生气孔，如图 3-5 所示。情况严重时，型腔中的气体压力有可能使金属液从浇道中喷出，不仅铸件报废，而且会造成事故。

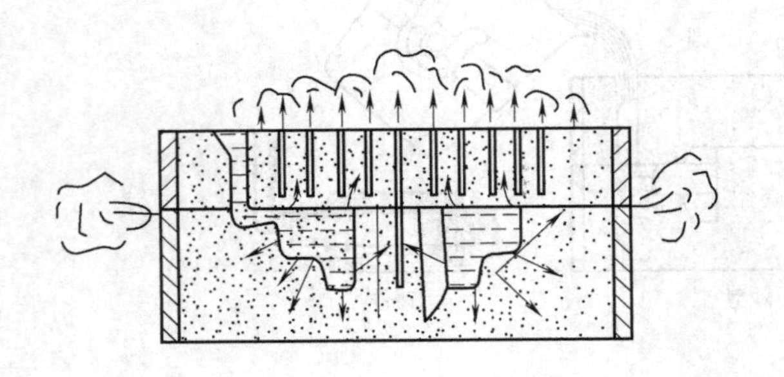

图 3-4　透气性良好

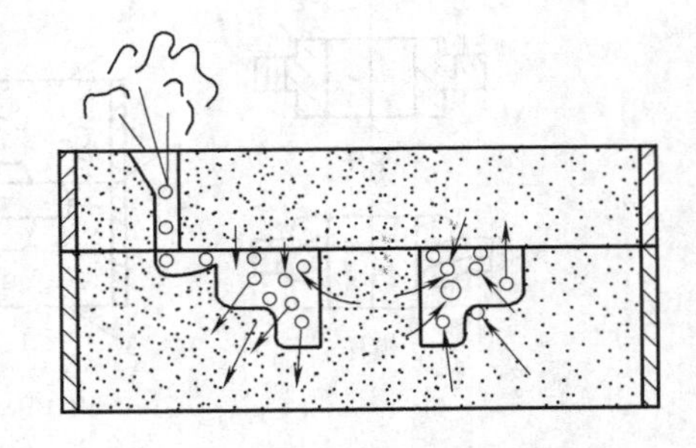

图 3-5　透气性不良

型砂的透气性除与其所含的砂粒大小以及粘土和水分的多少有关外，同时也与造型时紧实的程度有关。在砂型上打上透气针孔，有利于气体外逸；采用干砂型则能避免产生水蒸气。这些造型工艺措施都能有效地防止铸件中形成气孔。

（3）耐火性　型砂能承受金属液体的高温作用，而不被烧熔和烧结的性质称为耐火性。耐火性差的型砂，在高温的金属液体作用下，会粘结在铸件表面，形成粘砂，这将会给铸件的清理工作和切削加工造成困难。

型砂的耐火性主要取决于硅砂粒中所含二氧化硅的纯度。纯粹的二氧化硅有很高的熔点。但是，如果硅砂粒中含有碱性氧化物，其熔点会显著降低，耐火性受到影响。生产铸铁件时，常在型腔表面涂一层石墨粉，使铁液与型砂隔离，如图 3-6 所示。由于石墨有很高的耐火性，因此能有效地防止铸铁件表面产生粘砂。又因为石墨能使型腔表面平滑，所以铸件表面比较光洁。

（4）退让性　型芯在铸件冷却时的收缩压力作用下，能被压缩和压碎的性能称为退让性。因为型芯是处在铸件的内腔中，所以当金属液体凝固之后进行收缩时，会使型芯受到很大的压力，如图3-7所示。如果型芯砂缺乏退让性，将使铸件内腔的清理工作发生困难。严重时，由于铸件不能自由收缩，有可能导致铸件开裂。

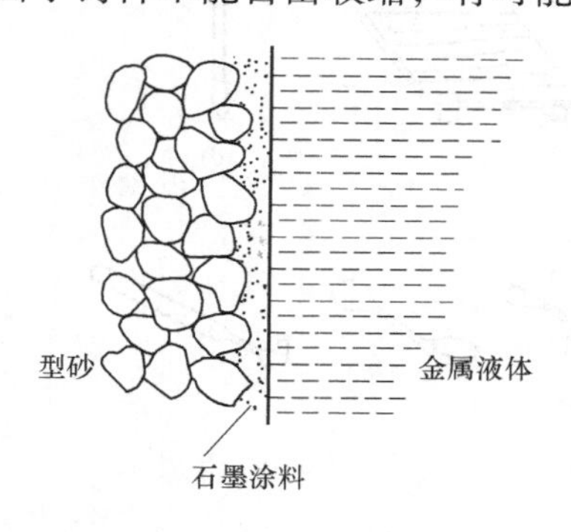

图3-6　石墨涂料的作用

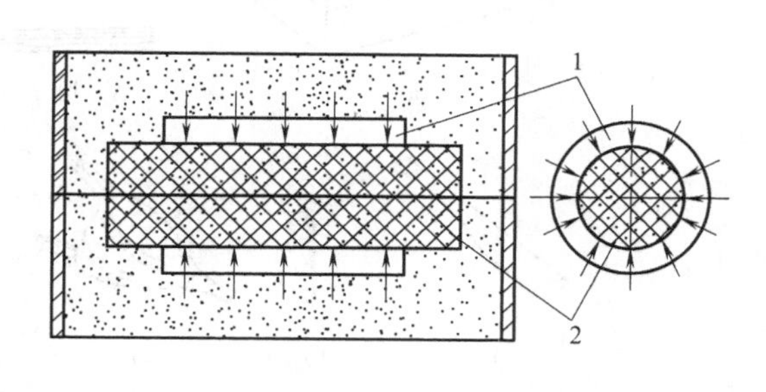

图3-7　铸件对型芯的收缩压力

1—铸件　2—型芯

用油类作粘结剂的型芯砂（称为油砂）具有良好的退让性，如图3-8所示。油砂型芯在高温金属液体的作用下，油被烧损，体积缩小，而且使粘结作用脆弱。当受到铸件的收缩压力时，油砂型芯就被压碎。因此，油砂型芯不会阻碍铸件的收缩，而且便于清理铸件内腔。

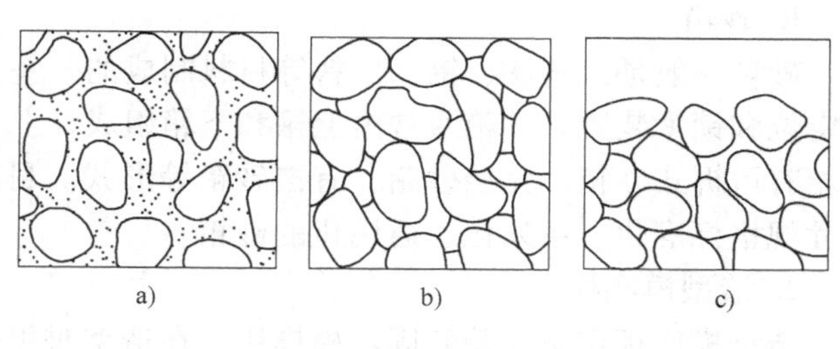

图3-8　油砂的退让性

a）正常粘结　b）烧焦收缩　c）受压松散

黏土砂的退让性较差。在黏土砂中配入适量木屑，能改善其退让性。用这种型砂制造型芯，效果虽然不如油砂，但较油砂经济。

3. 型砂的制备

浇注时，砂型表面受高温铁液的作用，砂粒碎化，煤粉燃烧分解，型砂中灰分增多，部分黏土丧失粘结力，均使型砂的性能变坏。所以，落砂后的旧砂，一般不宜直接用于造型，需要掺入新材料，经过混制，恢复型砂的良好性能后才能使用。旧砂混制前需经磁选及过筛以去除铁块及砂团。型砂的混制是在混砂机中进行的，在碾轮的碾压及搓揉作用下，使各种原材料混合均匀并使黏土膜均匀包敷在砂粒表面。型砂的混制过程是：先加入新砂、旧砂、膨润土和煤粉等干混2～3min，再加水湿混5～7min，性能符合要求后从出砂口卸砂。混好的型砂应堆放4～5h，使水分均匀。使用前还要用筛砂机或松砂机进行松砂，以打碎砂团和提高型砂性能，使之松散好用。

3.1.2　手工造型的工具及附具

由于手工造型的种类较多、方法各异，再加上生产条件、地域差异和使用习惯等的不同，造成了手工造型时使用的造型工具、修型工具及检验测量用具等也多种多样，结构形状和尺寸也可各不相同。图 3-9 所示为常见的一些造型工具。

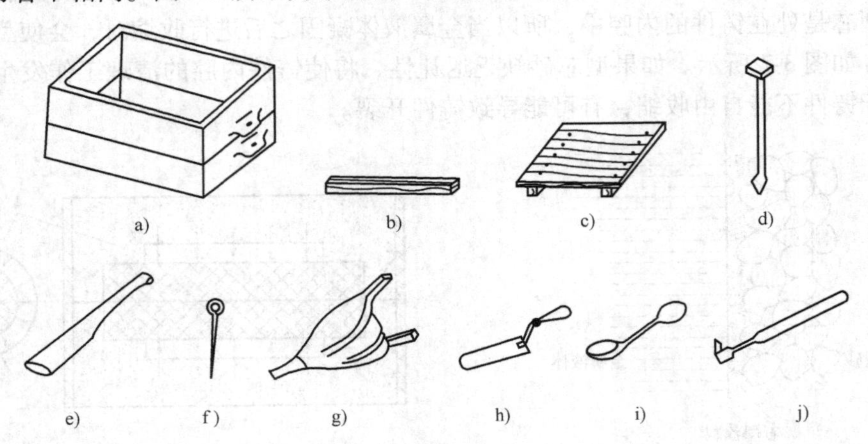

图 3-9 造型工具

a）砂箱 b）刮板 c）模底板 d）砂舂 e）半圆 f）起模针 g）皮老虎 h）镘刀 i）秋叶 j）提钩

1. 砂箱

砂箱一般是由铸铁、钢、木料等材料制成的、坚实的方形或长方形框子。砂箱要有准确的定位和锁紧装置。砂箱通常由上箱和下箱组成，上、下箱之间用销定位。手工造型常用的砂箱有可拆式砂箱、无挡砂箱、有挡砂箱等形式。目前生产单位常用的一般都是结构合理、尺寸规格标准化、系列化、通用化的砂箱。

2. 造型模底板

造型模底板用来安装和固定模样用，在造型时用来托住模样、砂箱和砂型，一般由硬质木材或铝合金、铸铁、铸钢制成。模底板应具有光滑的工作面。

3. 刮板

刮板也称刮尺，在型砂舂实后，用来刮去高出砂箱的型砂。刮板一般用平直的木板或铁板制成，其长度应比砂箱宽度长一些。

4. 砂舂

砂舂也称舂砂锤、捣砂杵，舂实型砂用的。其平头用来锤打紧实、舂平砂型表面，如砂箱顶部的砂；尖头（扁头）用来舂实模样周围及砂箱靠边处或狭窄部分的型砂。

5. 起模针和起模钉

起模针和起模钉用于从砂型中取出模样。起模针与通气针十分相似，一般比通气针粗，用于取出较小的木模；起模钉工作端为螺纹形，用于取出较大的模样。

6. 半圆

半圆也称竹片梗、平光杆，用来修整砂型垂直弧形的内壁和底面。

7. 皮老虎

皮老虎用来吹去模样上的分型砂及散落在型腔中的散砂、灰土等。使用时注意不要碰到砂型或用力过猛，以免损坏砂型。

8. 镘刀

镘刀也称刮刀，用来修理砂型或砂芯的较大平面，也可开挖浇注系统、冒口，切割大的沟槽及在砂型插钉时把钉子揿入砂型。镘刀通常由头部和手柄两部分构成，头部一般用工具

钢制成，有平头、圆头、尖头几种，手柄用硬木制成。

9. 秋叶

秋叶也称双头铜勺，用来修整砂型曲面或窄小的凹面。

10. 提钩

提钩也称砂钩，用来修理砂型或砂芯中深而窄的底面和侧壁及提出掉落在砂型中的散砂，由工具钢制成。常用的提钩有直砂钩和带后跟砂钩。

3.1.3　手工造型的工艺流程

用型砂及模样等工艺装备制造铸型的过程称为造型。造出的砂型是由上砂型、下砂型、型腔（形成铸件形状的空腔）、砂芯、浇注系统和砂箱等部分组成的，铸型的组成及各部分名称如图3-10所示。上、下砂型的接合面称为分型面。上、下砂型的定位可用泥记号（单件、小批量生产）或定位销（成批、大量生产）。造型方法可分为手工造型和机器造型两大类。

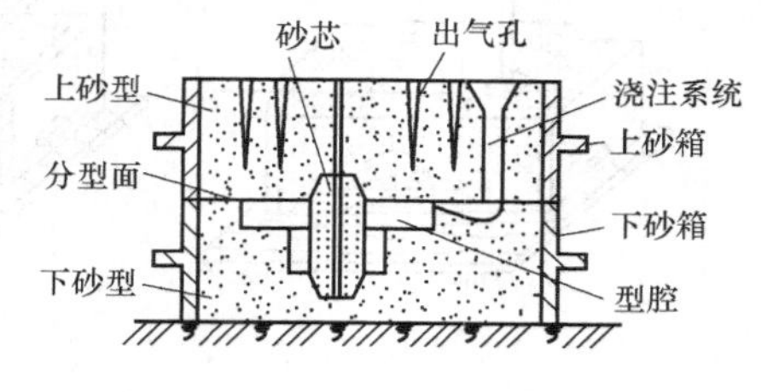

图3-10　铸型的组成

手工造型是全部用手工或手动工具紧实的造型方法，其特点是操作灵活，适度性强。因此，在单件、小批量生产中，特别是不宜用机器造型的重型复杂件，常用此法。但手工造型效率低，劳动强度大。

一个完整的手工造型工艺过程，应包括准备工作、安放模样、填砂、紧实、起模、修型、合型等主要工序。图3-11所示为手工造型的工艺流程。

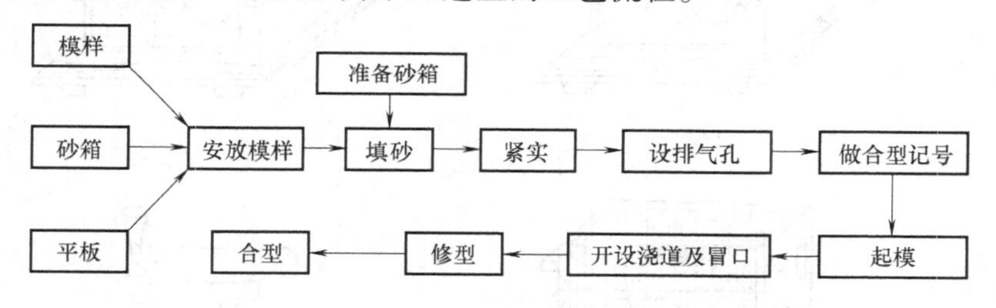

图3-11　手工造型的工艺流程

3.1.4　常用的手工造型方法

根据铸件结构、生产批量和生产条件，手工造型常用方法有：整体模造型、分开模造型、挖砂造型、假箱造型和活块造型等。

1. 整体模造型

整体模造型的特点是模样为整体，模样截面由大到小，放在一个砂箱内，可一次从砂中取出，造型比较方便。图3-12a所示为轴承座零件图，在主视图中可以看出，其截面由底面到顶面逐渐缩小，因此，可采用整体模造型。图3-12b～j所示为轴承座零件两箱整体模造型的操作示意图，操作要点如下：

（1）安放模样　如图3-12b所示，首先选择平直的模底板和尺寸适当的砂箱。

（2）放置下砂箱　放稳模底板后，清除板上的散砂，放好下砂箱，将模样擦净放在模底

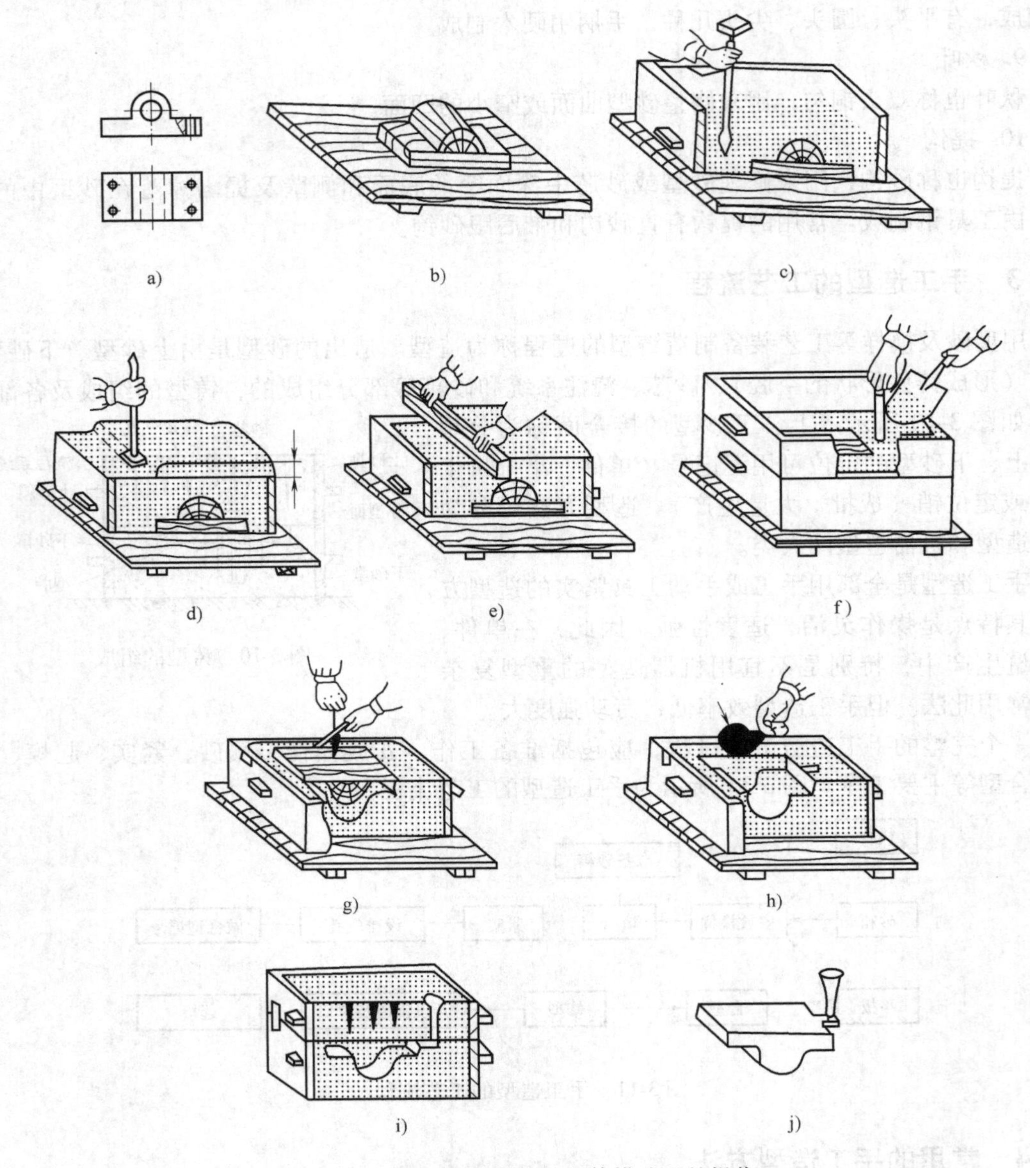

图 3-12　轴承座零件两箱整体模造型的操作

a）轴承零件　b）把模样放在模底板上，注意要留出浇道位置
c）放好下砂箱（注意砂箱要翻转），加砂，用尖头砂舂舂砂
d）舂满砂箱后，再堆高一层砂，用平头砂舂打紧　e）用刮板刮平砂箱（切勿用镘刀光平）
f）翻转下型，用镘刀修光分型面，然后撒分型砂，放浇道棒，造上型
g）开型、刷水、松动模样后边敲边起模　h）修型、开内浇道，撒石墨粉
i）合型，准备浇注　j）落砂后的铸件

板上适当的位置，如图 3-12c 所示。

（3）填砂和舂砂　如图 3-12d 所示，舂砂时必须将型砂分次加入，每次加入量要适当。先加面砂，并用手将模样周围的砂塞紧，然后加背砂。舂砂时应均匀地按一定路线进行，以保证型砂各处紧实度均匀，并注意不要撞到模样上，舂砂力大小要适当。同一砂型的各处的紧实度是不同的：靠近砂箱内壁应舂紧，以免塌箱；靠近模样处应较紧，以使型腔承受熔融金属的压力；其他部分应较松，以利于透气。舂满砂箱后，应再堆高一层砂，用平头砂舂打紧。下砂箱应比上砂箱舂得稍紧实些。

（4）刮平砂箱与扎出气孔　如图3-12e所示，用刮板刮去砂箱上面多余的型砂后，使其表面与砂箱四边齐平，再用通气针扎出分布均匀、深度适当的出气孔。出气孔应扎在模样投影面的上方，出气孔的底部应离模样上表面10mm左右。

（5）撒分型砂与放上砂箱　下型造好后，将其翻转180°，如图3-12f所示。在造上型之前，应在分型面上撒分型砂，以防上、下型砂粘在一起。撒分型砂时手应距砂型稍高，一边转圈，一边摆动，使分型砂从五个指尖合拢的中心均匀地撒落下来。先放置浇道棒。浇道棒的位置要合理可靠，并先用面砂固定它们的位置。其填砂和舂砂操作与造下型相同。连接处应修成圆滑过渡，以引导熔融金属平稳流入砂型。修整上砂箱面与开型，先用刮板刮去多余背砂，使砂型表面与砂箱四边齐平，再用镘刀光平浇冒口处的型砂。用通气针扎出气孔，取出浇冒口模样，在直浇道上端开挖浇口杯。如果砂箱没有定位装置，则还需要在砂箱外壁上、下型相接处，做出定位符号（粉笔号、泥号），以免上、下砂型合箱时，铸件产生错箱缺陷。然后，再取下上箱，将上箱翻转180°后放平。

（6）起模　如图3-12g所示，清除分型面上的分型砂，用掸笔沾一些水，刷在模样周围的型砂上，以增强这部分型砂的强度和塑性，防止起模时损坏砂型。刷水时应一刷而过，且不宜过多。起模时，起模针应钉在模样的重心上，并用小锤前后左右轻轻地敲打起模针的下部，使模样和砂型之间松动，然后将模样慢慢地向上垂直提起。

（7）修型、开挖横浇道和内浇道　如图3-12h所示，先开挖浇注系统的横浇道和内浇道，并修光浇注系统的表面；起模时若砂型损坏，则需修型，修型时应由上而下、由里向外进行。

（8）烘干与合型　如图3-12i所示，修型完毕后需要将上、下砂型烘干，以增强砂型的强度和透气性。砂型烘干后即可合箱，合箱时应注意使砂箱保持水平下降，并应对准定位符号，防止错箱。

（9）浇注与落砂　将熔融金属平缓地注入铸型中，称为浇注；待熔融金属在铸型中充分冷却和凝固后，用手工或机械的方法将铸件从型砂、砂芯和砂箱中分开的操作，称为落砂。图3-12j所示为落砂后的铸件。

2. 分开模造型

分开模造型的特点是当铸件截面不是由大到小逐渐递减时，可将模样在最大水平截面处分开，从而使分开的模样在分型面两侧或不同的分型面上顺利起出。最简单的分开模造型为两箱分开模造型，如图3-13所示。

3. 挖砂造型

有些铸件的分型面是一个曲面，起模时覆盖在模样上面的型砂阻碍模样的起出，因此，必须将覆盖在其上的型砂挖去才能正常起模，这种造型方法称为挖砂造型。图3-14所示为手轮的挖砂造型过程。挖砂造型生产率低，对操作人员的技术水平要求较高，一般仅适用于单件、小批量生产小型铸件。当铸件的生产数量较多时，可采用假箱造型代替挖砂造型。

4. 假箱造型

假箱造型是利用预制的成形底板（亦称翻箱板）或假箱，来代替挖砂造型中所挖去的

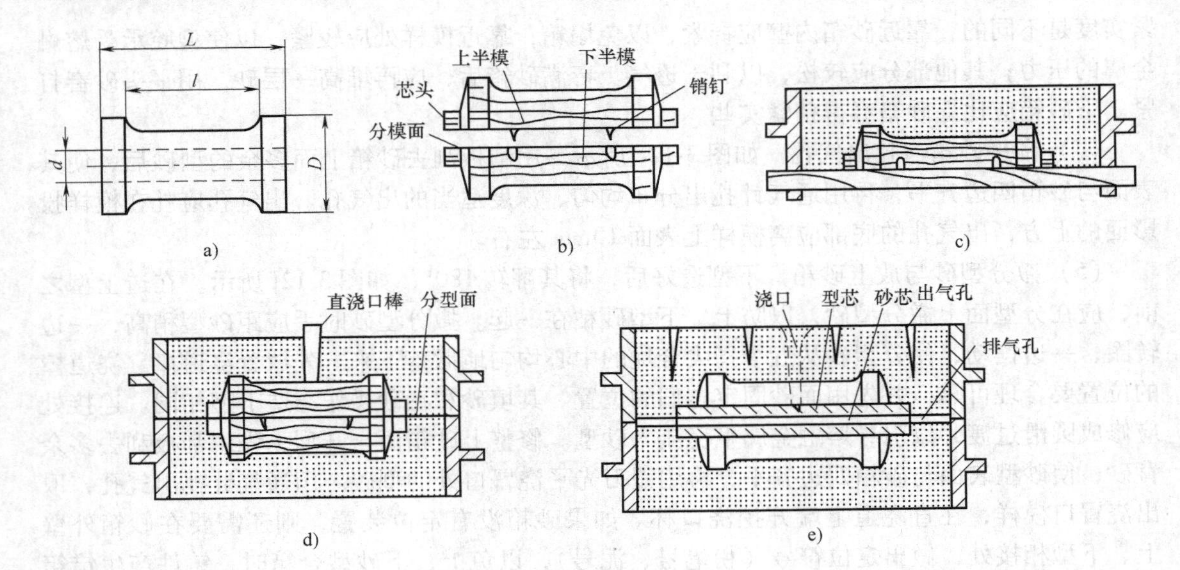

图 3-13 分开模造型操作

a）零件图 b）将模样分成两半 c）用下半模造下型 d）用上半模造上型 e）起模、放型芯、合型

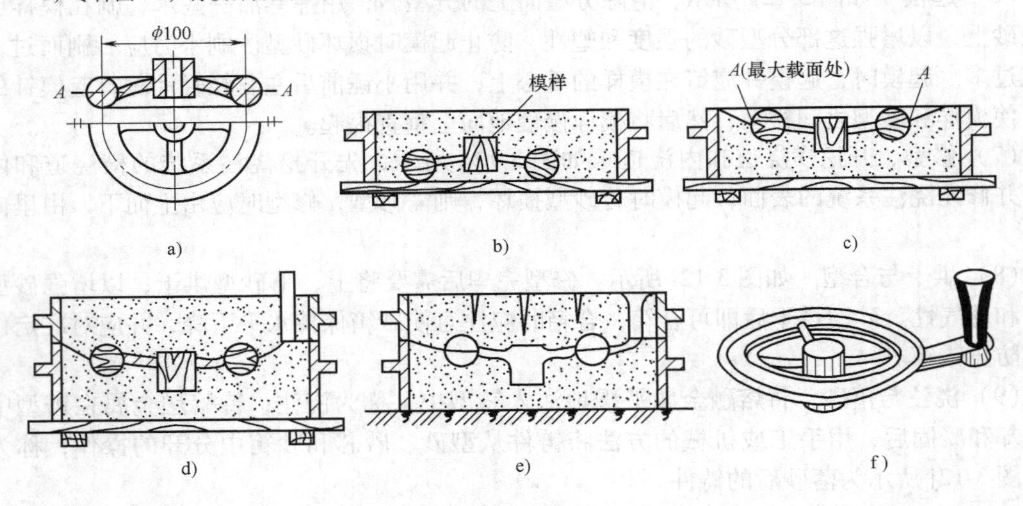

图 3-14 挖砂造型操作

a）零件图 b）造下型 c）翻转下型，修挖分型面 d）造上型 e）起模、合型 f）带浇口杯的铸件

型砂的造型方法。图 3-15 所示为两种假箱造型方法。

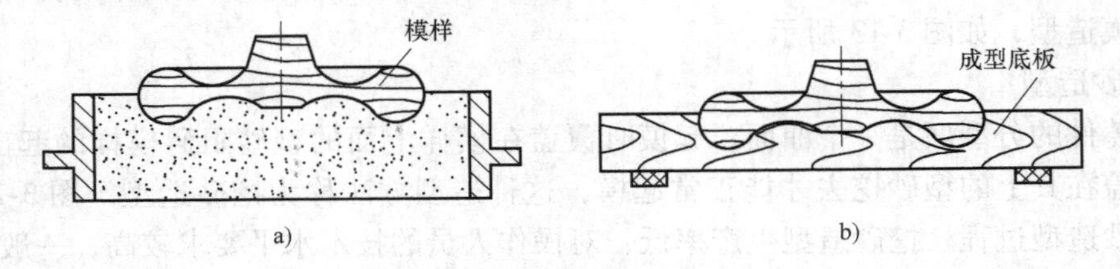

图 3-15 两种假箱造型方法

a）假箱 b）成形底板

5. 活块造型

活块造型是将整体模样或芯盒侧面的伸出部分做成活块，起模或脱芯后，再将活块取出的造型方法，如图3-16所示。活块用钉子或燕尾榫与模样主体连接。造型时应特别细心，防止舂砂时活块位置移动；起模时要用适当的方法从型腔侧壁取出活块。因此，活块造型操作难度大，生产效率低，适用于单件、小批量生产。

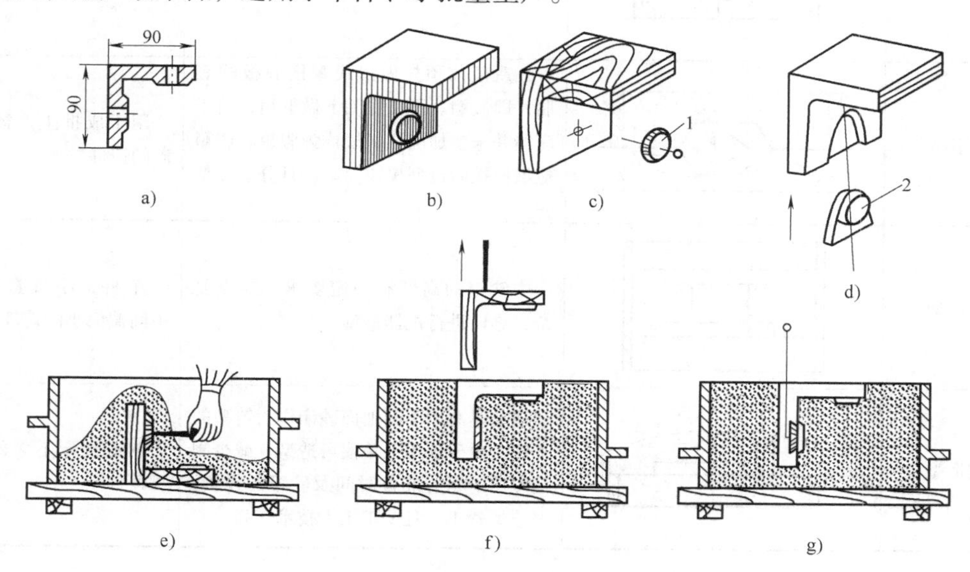

图3-16　活块造型操作

a）零件图　b）铸件　c）模样及用钉子连接活块　d）用燕尾榫连接活块
e）造下型，拔出钉子　f）取出模样主体　g）取出活块
1—用钉子连接的活块　2—用燕尾榫连接的活块

常用手工造型方法的特点和适用范围，见表3-1。

表3-1　常用手工造型方法的特点和适用范围

造型方法	简　图	特　点	适用范围
整体模造型		模样为一整体，分型面为平面，型腔在一个砂箱中，造型方便，不会产生错箱缺陷	铸件最大截面靠一端，且为平直的铸件
分开模造型		型腔位于上、下砂箱内。模样为分体结构，模样的分开面为模样的最大截面且造型方便	最大截面在中部的铸件
挖砂造型		模样是整体的，将阻碍起模的型砂挖掉，分型面是曲面，造型费工	单件、小批量生产，分型面不是平面的铸件
活块造型		将妨碍起模部分做成活块。造型费工，要求操作技术高。活块移位会影响铸件精度	单件、小批量生产，带有凸起部分又难以起模的铸件

（续）

造型方法	简图	特点	适用范围
刮板造型	刮板	模样制造简化，但造型费工，要求操作技术高	单件、小批量生产，大、中型回转体铸件
假箱造型		在造型前预先做出代替模底板的底胎，即假箱。再在底胎上做下箱，由于底胎并未参加浇注，故称为假箱。假箱造型比挖砂造型操作简单，且分型面整齐	用于成批生产需要挖砂的铸件
三箱造型		中砂箱的高度有一定要求。操作复杂，难以进行机器造型	单件、小批量生产，中间截面小的铸件
地坑造型		造型是利用车间地面砂床作为铸型的下箱。由于仅用上箱便可造型，减少制造专用下箱的准备时间及砂箱的投资。但造型费工，且要求工人技术较高	制造批量不大的大中型铸件

3.1.5 造芯

1. 砂芯的作用

(1) 形成铸件的内腔、内孔　砂芯的几何形状与要形成的内腔及内孔相一致。

(2) 形成铸件的外形　对于外部形状复杂的局部凹凸面，工艺上均可用砂芯来形成。

(3) 加强铸型强度　某些特定铸件的重要部分或铸型浇注条件恶劣处，可用砂芯形成。

2. 手工造芯方法

手工造芯是传统的造芯方法，一般依靠人工填砂紧实，也可借助木槌或小型捣固机进行紧实，制好后的砂芯放入烘炉内烘干硬化。

砂芯一般是用芯盒制成的，芯盒的空腔形状和铸件的内腔相适应。根据芯盒的结构，手工制芯方法可以分为下列三种：

(1) 对开式芯盒制芯　对开式芯盒制芯适用于圆形截面的较复杂砂芯，其制芯过程如图 3-17 所示。

(2) 整体式芯盒制芯　整体式芯盒制芯用于形状简单的中、小砂芯，其制芯过程如图 3-18 所示。

(3) 可拆式芯盒制芯　对于形状复杂的中、大型砂芯，当用整体式和对开式芯盒无法取芯时，可将芯盒分成几块，制芯后分别拆去芯盒取出砂芯，即用可拆式芯盒制芯如图 3-19 所示。芯盒的某些部分还可以做成活块。

3. 手工造芯要点

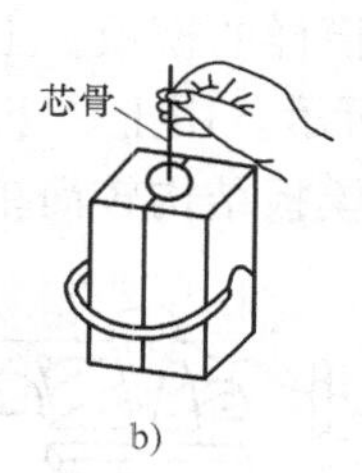

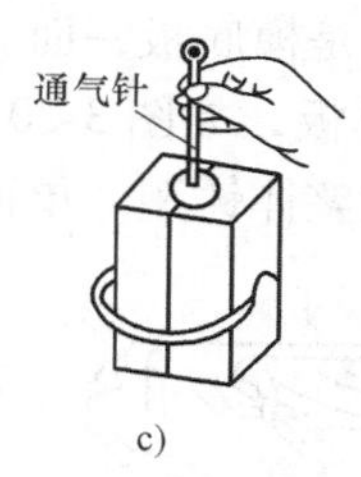

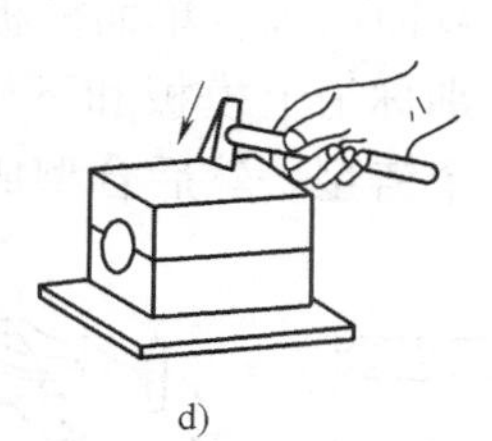

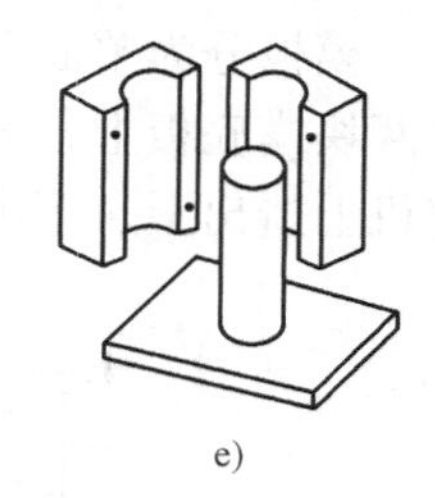

图3-17　对开式芯盒制芯

a）准备芯盒　b）舂砂、放芯骨　c）刮平、扎气孔　d）敲打芯盒　e）打开芯盒（取芯）

1）保持芯盒内腔干净，这是砂芯达到良好表面质量的关键。因此，必须经常用柴油等清洗剂喷刷芯盒型腔，喷刷后还要吹干净。

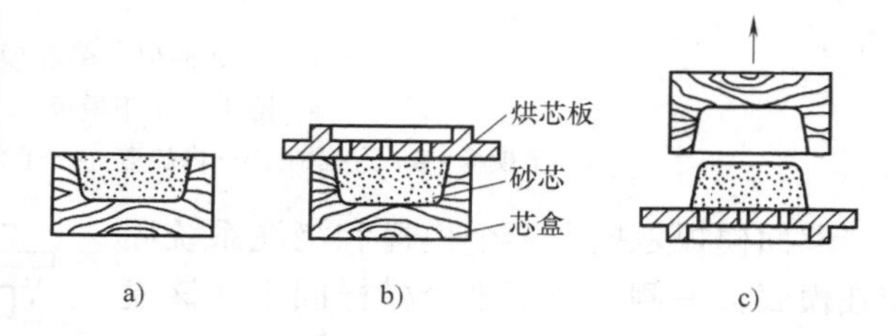

图3-18　整体式芯盒制芯

a）舂砂、刮平　b）放烘芯板

c）翻转，取芯

2）活块座与活块之间的配合要良好，保持其清洁。造芯时不得有残余砂，并注意防止磨损。

3）在填砂紧实时，各处紧实度要均匀，要特别注意局部薄弱部位和深凹处的紧实度。

4）正确使用紧实工具。如用木槌、捣固机紧实时，不得舂在芯盒体上，以防损坏芯盒。

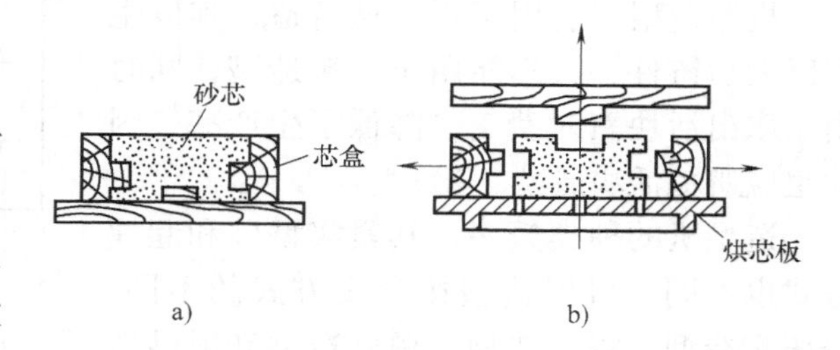

图3-19　可拆式芯盒制芯

a）制芯　b）取芯

5）在设置气道操作时，所设置的通气道与芯头出气孔相通，通气道不得开设在型腔上。

6）型芯中应放入芯骨以提高其强度，小型芯的芯骨可用铁丝做成，大、中型芯的芯骨要用铸铁铸成。安放芯骨时，一要注意芯骨周围用砂塞紧，二要注意外层吃砂量不得过小。

3.1.6　机器造型

在现代化的铸造车间里，铸造生产中的造型、制芯、型砂处理、浇注、落砂等工序均由机器来完成，并把这些工艺过程组成机械化的连续生产流水线，不仅提高了生产率，而且也提高了铸件精度和表面质量，改善了劳动条件。尽管设备投资较大，但在大批量生产时，铸件成本可显著降低。

将造型过程中紧实和起模两项最主要的操作实现机械化的造型方法称为机器造型。机器造型是采用模板两箱造型。模板是将模样和浇注系统沿分型面与模底板连成一个组合体的专用模具。造型后，模底板形成分型面，模样形成铸型空腔。模底板的厚度不影响铸件的形状和大小。

模板分为单面和双面两种。单面模板是模底板一面有模样的模板。上、下半个模样分装在两块模底板上，分别称为上模板和下模板，如图 3-20 所示。用上、下模板分别在两台造型机上造出上、下半个铸型，然后合型成整体铸型。单面模板结构较简单，应用较多。

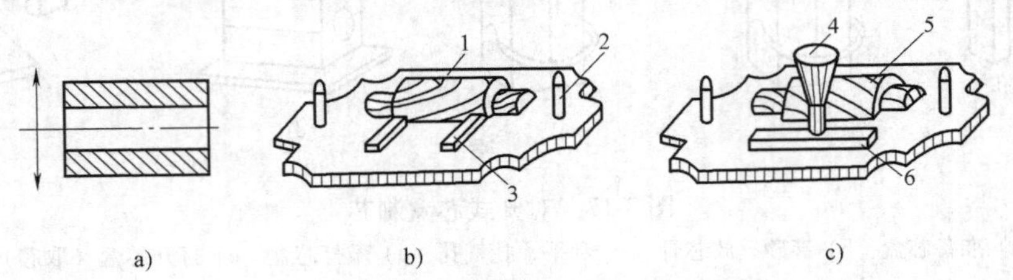

图 3-20 单面模板

a）铸件 b）下模板 c）上模板

1—下模样 2—定位销 3—内浇道 4—直浇道 5—上模样 6—横浇道

双面模板是把上半个模样和浇注系统固定在模底板一侧，而下半个模样固定在该模底板对应位置的另一侧。由同一模板在同一台造型机上造出上、下半个铸型，然后合型成整体铸型，如图 3-21 所示。

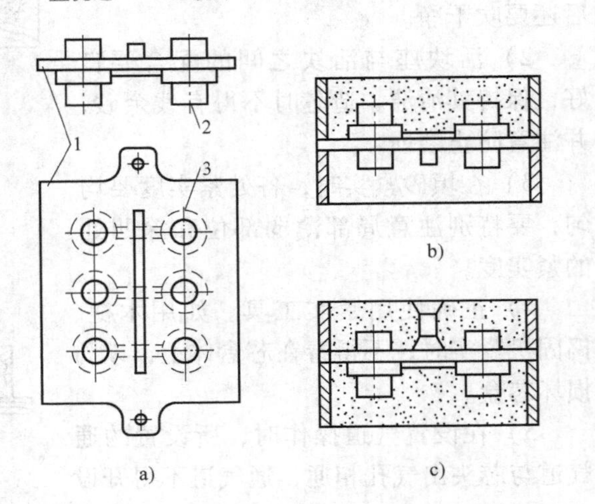

图 3-21 双面模板造型

a）双面模板 b）造下型 c）造上型

1—模底板 2—下模样 3—上模样

机器造型不能用于干砂型铸造，难以生产巨大型铸件，又不能用于三箱造型，同时由于取出活块费时费工，降低了生产率，因此也应避免活块造型。

造型机的种类繁多，其紧实型砂和起模方式也不同。机器造型按紧实方式的不同，分压实造型、震实造型、抛砂造型和射砂造型四种基本方式。

1. 压实造型

压实造型是利用压头的压力将砂箱内的型砂紧实，图 3-22 所示为压实造型。

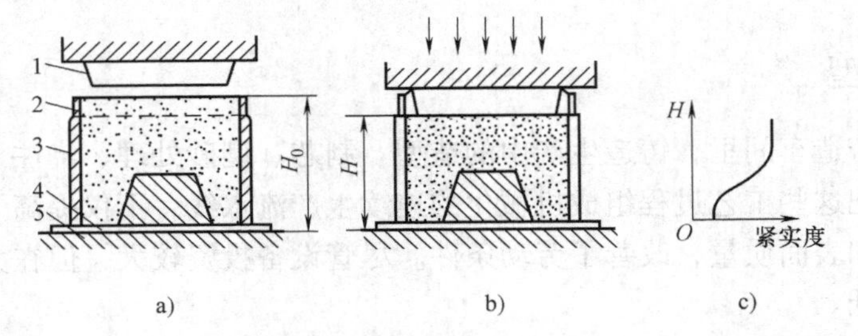

图 3-22 压实造型

a）压实前 b）压实后 c）紧实度沿砂箱高度的变化趋势

1—压头 2—辅助框 3—砂箱 4—模底板 5—工作台

先将型砂填入砂箱和辅助框中，然后压头向下将型砂紧实。辅助框是用来补偿紧实过程中型砂被压缩的高度。压实造型生产率较高，但砂型沿砂箱高度方向的紧实度不够均匀，一般越接近模底板，紧实度越差。因此，压实造型只适于高度不大的砂箱。

2. 震实造型

震实造型是以压缩空气为驱动力，通过振动和撞击对型砂进行紧实。图 3-23 所示为顶杆起模式震实造型机的工作过程，简述如下：

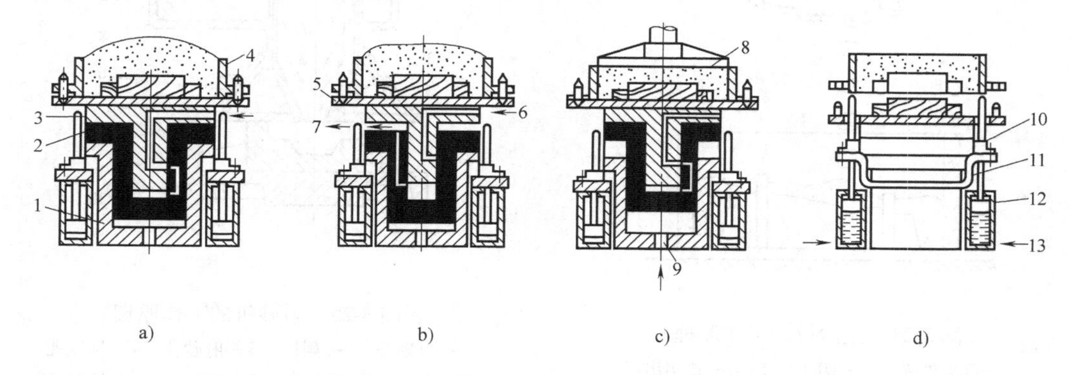

图 3-23 震实造型机的工作过程

a）填砂 b）振动紧砂 c）压实顶部型砂 d）起模

1—压实气缸 2—压实活塞 3—振击活塞 4—砂箱 5—模底板 6—进气口① 7—排气口 8—压板 9—进气口② 10—起模顶杆 11—同步连杆 12—起模液压缸 13—压力油

（1）填砂　将砂箱放在造型机振击活塞上方的模底板上，打开砂斗门，向砂箱内填满型砂，如图 3-23a 所示。

（2）振动紧实　打开震压气门，使压缩空气由进气口①进入振击活塞底部，顶起振击活塞及其以上部分。在振击活塞上升过程中关闭进气口①，接着打开排气口，在重力的作用下，使振击活塞下落，并与压实活塞顶面发生撞击。如此反复多次，使砂型逐渐紧实，如图 3-23b 所示。

（3）压实顶部型砂　将造型机压板移到砂箱上方，打开压实阀，使压缩空气由进气口②进入压实活塞底部，顶起压实活塞及其以上部分。在压板的压力下，砂型上部被进一步压实，如图 3-23c 所示。然后排出压实气缸内气体，使压实活塞及其以上部分复原，就完成了紧实砂型的过程。

（4）起模　当压缩空气推动压力油进入两个起模液压缸时，由同步连杆连在一起的四根起模顶杆平稳地将砂箱顶起，从而使砂型与模底板分离，完成了起模过程，如图 3-23d 所示。

3. 抛砂造型

图 3-24 所示为抛砂机的工作原理。抛砂头转子上装有叶片，型砂由带式输送机连续地送入，高速旋转的叶片接住型砂并分成一个个砂团，当砂团随叶片转到出口处时，由于离心力的作用，以高速抛入砂箱，同时完成填砂与紧实。

4. 射砂造型

射砂紧实方法除用于造型外多用于造芯。图 3-25 所示为射砂机工作原理。由储气筒中迅速进入到射膛的压缩空气，将型芯砂由射砂孔射入芯盒的空腔中，而压缩空气经射砂板上的排气孔排出，射砂过程是在较短的时间内同时完成填砂和紧实，生产率极高。

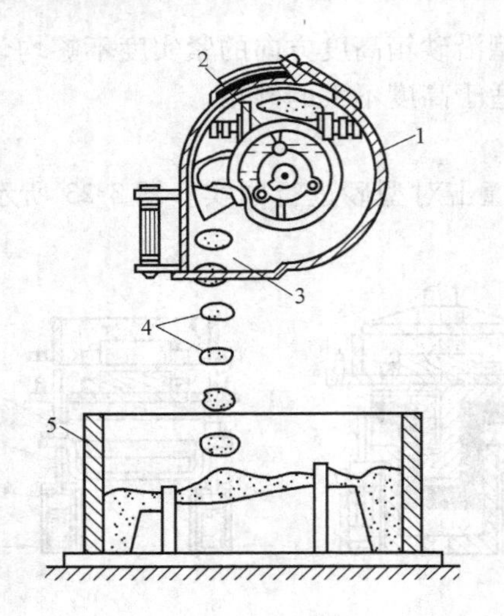

图 3-24 抛砂机的工作原理

1—机头外壳 2—型砂入口 3—砂团出口
4—被紧实的砂团 5—砂箱

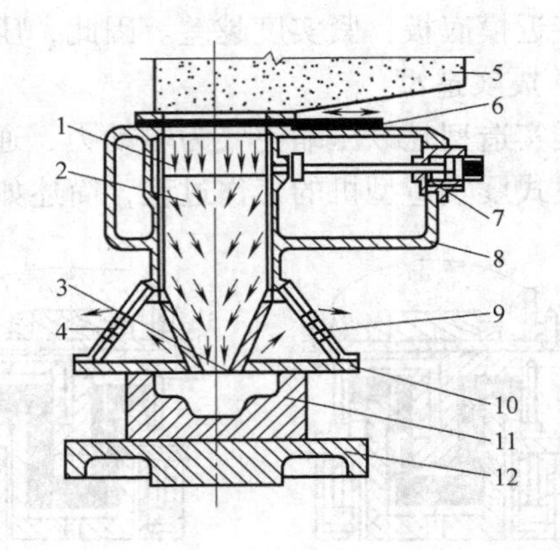

图 3-25 射砂机的工作原理

1—射砂筒 2—射膛 3—射砂孔 4—排气孔
5—砂斗 6—砂闸板 7—进气阀 8—储气筒
9—射砂头 10—射砂板 11—芯盒 12—工作台

3.1.7 合型、熔炼、浇注和落砂

1. 合型

将上型、下型、砂芯、浇口盆等组合成一个完整铸型的操作过程称为合型，又称合箱。合型是制造铸型的最后一道工序，直接关系到铸件的质量。即使铸型和砂芯的质量很好，若合型操作不当，也会引起气孔、砂眼、错箱、偏芯、飞翅和呛火等缺陷。

2. 熔炼

用于铸造的金属材料种类繁多，有铸铁、铸钢、铸造铝合金、铸造铜合金等，其中铸铁件应用最多，占铸件总重量的80%左右。目前，使用最广的熔炼设备是冲天炉、工频感应炉、中频感应炉、电炉及坩埚炉等。熔炼质量的好坏对能否获得优质的铸件有着重要的影响，因此，熔炼质量应满足下列几个要求：

1）熔液的温度要合理。熔液的温度过低，会使铸件产生冷隔、浇不足、气孔及夹渣等缺陷；熔液的温度过高，会导致铸件总收缩量增加、吸收气体过多、粘砂严重等缺陷。

2）熔液的化学成分要稳定，并且在所要求的范围内。如果熔液的化学成分不合格、不稳定，会影响铸件的力学性能和物理性能。

3）熔炼生产率要高，成本要低。

3. 浇注

把熔融金属从浇包（图3-26）浇入铸型的过程称为浇注。由于浇注操作不当，常使铸件产生气孔、冷隔、浇不到、缩孔、夹渣等缺陷。

（1）浇注前的准备

1）准备浇包。浇包数量要足，使用前必须烘干烘透，否则会降低熔液温度，而且还会引起熔液沸腾和飞溅。

2）整理好场地，引出熔液出口、熔渣出口的下面不能有积水，要铺上干砂。

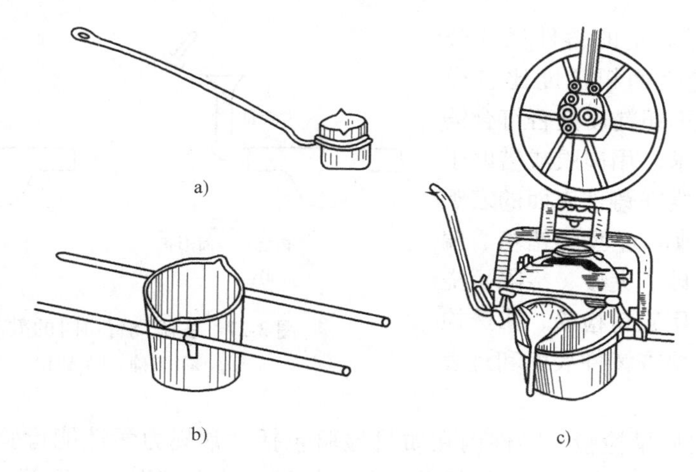

图 3-26　浇包
a）端包　b）抬包　c）吊包

（2）浇注要点

1）浇包内金属液不能太满，以免抬运时飞溅伤人。

2）浇注时须对准浇注系统，并且熔液不可断流，以免铸件产生冷隔。

3）应控制浇注温度和浇注速度。浇注温度与合金种类、铸件大小及壁厚有关。浇注速度应适中，太慢不易充满砂型，太快会冲刷砂型，也会使气体来不及逸出，使铸件内部产生气孔。

4）浇注时应将砂型中冒出的气体点燃，以防 CO 气体对人体的危害。

4. 落砂

落砂是用手工或机械使铸件和型砂、砂箱分开的操作。落砂时要注意开箱时间，开箱过早铸件未凝固部分易发生烫伤事故，并且开箱太早也会使铸件表面产生硬化层，造成机械加工困难，甚至会使铸件产生变形和开裂等缺陷。

落砂后应对铸件进行初步检验，如有明显缺陷，则应单独存放，以决定是否报废或修补。初步检验合格的铸件才可进行铸件的后处理。

3.1.8　铸件的后处理

1. 清砂

清砂是落砂后从铸件上清除表面粘砂、型砂、飞翅和氧化皮等过程的总称。

2. 去除浇冒口

对于铸铁件，去除浇口及冒口凝料多用锤头敲打，敲打时应注意锤击方向，如图 3-27 所示，以免将铸件敲坏。敲打时应注意安全，敲打方向不应正对他人。铸钢件因塑性很好，一般用气割去除浇冒口，而有色金属多用锯割方法除掉浇冒口。

3. 检验

根据用户要求和图样技术条件等有关协议的规定，用目测、量具、仪表或其他手段检验铸件是否合格的操作过程称为铸件质量检验。铸件质量检验是铸件生产过程中不可缺少的环节。

（1）铸件外观质量检验　利用工具、夹具、量具或划线检测等手段检查铸件实际尺寸是否落在铸件图样规定的铸件尺寸公差带内。利用铸造表面粗糙度比较样块评定铸件实际表面粗糙度是否符合铸件图样上规定的要求。用肉眼或借助于低倍放大镜检查暴露在铸件表面的宏观质量，如飞边、毛刺、抬型、错箱、偏心、表面裂纹、粘砂、夹砂、冷隔、浇不到等。也可以利用磁粉检验、渗透检验等无损检测方法检查铸件表面和近表面的缺陷。

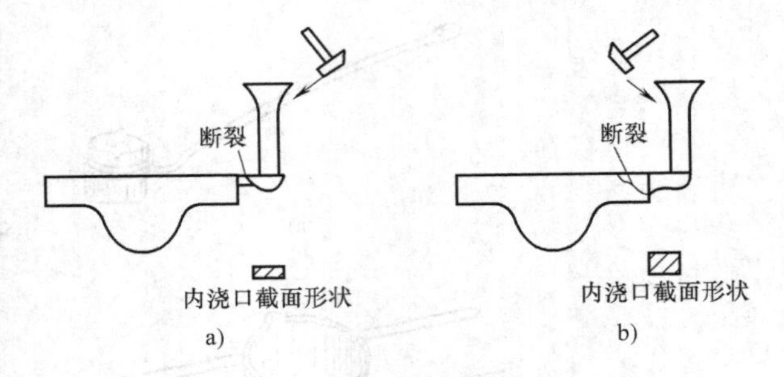

图 3-27 去除浇冒口时的敲击方向
a）正确 b）错误

（2）铸件内在质量检验 铸件内在质量检验包括：常规力学性能检验，如测定铸件抗拉强度、屈服强度、断后伸长率、断面收缩率、挠度、冲击韧度、硬度等；非常规力学性能检验，如断裂韧度、疲劳强度、高温力学性能、低温力学性能、蠕变性能等。除硬度检测外，其他力学性能的检验多用试块或破坏抽验铸件本体进行。此外还有铸件特殊性能检验，如铸件的耐热性、耐蚀性、耐磨性、减振性、电学性能、磁学性能、压力密封性能等的检验。铸件化学性质、显微组织等也是重要的检测项目。

4. 热处理

铸件在冷却过程中，因各部位冷却速度不同，会产生一定的内应力。内应力的存在会引起铸件的变形和开裂。因此，清理后的铸件一般要进行消除内应力的时效处理。铸铁件时效处理方法有人工时效和自然时效两种。人工时效是将铸铁件缓慢加热至 500～600℃，保温一定时间，然后随炉缓慢冷至 300℃ 以下出炉空冷。自然时效是将铸铁件露天放置一年以上，利用日光照射使铸造内应力缓慢松弛，从而使铸铁件尺寸稳定的处理方法，特别适用于大型铸铁件。

5. 铸造缺陷分析

铸件生产是一项较为复杂的工艺过程，影响铸件质量的因素很多，往往原材料质量不合格、工艺方案不合理、生产操作不恰当、工厂管理不完善等原因，容易使铸件产生各种各样的缺陷。对铸件缺陷进行分析，其目的是找出产生缺陷的原因，以便采取合理措施防止出现铸件缺陷。常见铸件的缺陷特征及其产生的主要原因，见表 3-2。

表 3-2 常见铸件的缺陷及其产生的主要原因

缺陷名称	图 例	特 征	产生的主要原因
气孔	气孔	在铸件内部或表面有大小不等的光滑孔洞，呈球形或梨形	型砂含水过多，透气性差，起模和修型时倒水过多；型砂烘干不良或型芯通气孔堵塞；浇注温度过高或浇注速度过快
缩孔	缩孔	缩孔多分布在铸件厚壁处，呈倒锥形，形状不规则，孔内粗糙	铸件结构不合理，如壁厚相差过大，造成局部金属集聚；浇注系统和冒口的位置不合理，或冒口过小；浇注温度太高，或金属化学成分不合格，收缩过大

（续）

缺陷名称	图　例	特　征	产生的主要原因
砂眼		铸件内部或表面带有砂粒的孔洞	砂型和芯型的强度不够，砂型和芯型的紧实度不够，合型时砂型和芯型局部损坏，浇注系统不合格
错箱		铸件沿分型面有相对位置错移；使铸件的外形和尺寸与图样不相符	模样的上半模和下半模未对好，合型时上下砂型未对准
冷隔		铸件上有未完全融合的缝隙或洼坑，其交接处是圆滑的	浇注温度太低，浇注速度太慢或浇注过程曾有中断，浇注系统位置开设不合理或内浇道横截面积太小

3.1.9　特种铸造

除砂型铸造以外的其他铸造方法统称为特种铸造。特种铸造方法很多，而且各种新方法还在不断出现。下面列举的是几种较常用的特种铸造方法。

1. 金属型铸造

在重力下把金属液浇入金属型而获得铸件的方法称为金属型铸造。金属型一般用铸铁或铸钢做成，型腔表面需喷涂一层耐火涂料。图3-28所示为垂直分型的金属型，由活动半型和固定半型两部分组成，设有定位装置与锁紧装置，可以采用砂芯或金属型芯铸孔。

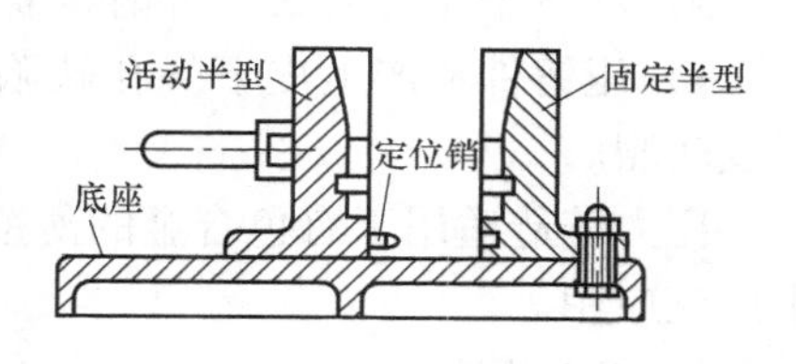

图3-28　金属型

（1）金属型铸造的优点

1）一型多铸，一个金属铸型可以铸造出几百个甚至几万个铸件。

2）生产率高。

3）冷却速度较快，铸件组织致密，力学性能较好。

4）铸件表面光洁，尺寸准确，铸件尺寸精度高。

（2）金属型铸造的缺点

1）金属型成本高，加工费用大。

2）金属型没有退让性，不宜生产形状复杂的铸件。

3）金属型冷却快，铸件易产生裂纹。

金属型铸造常用于大批量生产有色金属铸件（如铝、镁、铜合金铸件），也可浇注铸铁件。

2. 压力铸造

压力铸造是将金属液在高压下高速充型，并在压力下凝固获得铸件的方法。其压力从几兆帕到几十兆帕，铸型材料一般采用耐热合金钢。用于压力铸造的机器称为压铸机。压铸机的种类很多，目前应用较多的是卧式冷压室压铸机，其生产工艺过程如图3-29所示。

（1）压力铸造的优点

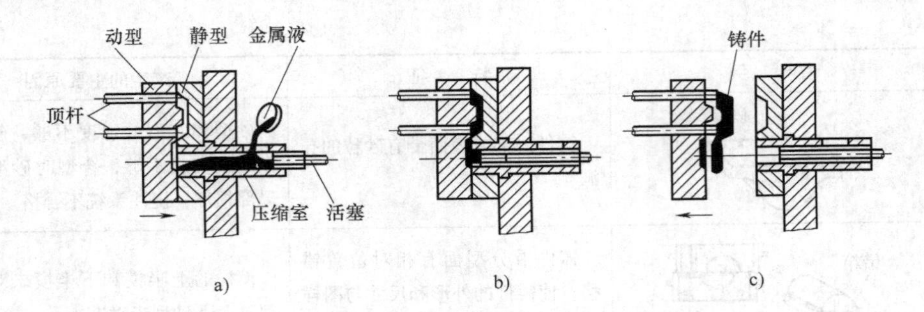

图 3-29 压力铸造工艺过程（冷压室压铸机）

a）合型，浇入金属液 b）高压射入，凝固 c）开型，顶出铸件

1）由于金属液在高压下成形，因此可以铸出壁很薄、形状很复杂的铸件。

2）压铸件在高压下结晶凝固，组织致密，其力学性能比砂型铸件提高 20% ~40%。

3）压铸件表面质量和尺寸精度都很高，一般不需再进行机械加工或只需进行少量机械加工。

4）生产率很高。每小时可生产几百个铸件，而且易于实现半自动化、自动化生产。

（2）压力铸造的缺点

1）铸型结构复杂，加工精度和表面粗糙度要求很严，成本很高。

2）不适于压铸铸铁、铸钢等金属，因浇注温度高，铸型的寿命很短。

3）压铸件易产生皮下气孔缺陷，不宜进行机械加工和热处理，否则气孔会暴露出来，形成凸瘤。

压力铸造适用于有色合金的薄壁、小件、大批量生产，在航空、汽车、电器和仪表工业中广泛应用。

3. 离心铸造

离心铸造是将金属液浇入旋转的铸型中，然后在离心力的作用下凝固成形的铸造方法，其原理如图 3-30 所示。离心铸造一般都是在离心铸造机上进行的，铸型多采用金属型，可以围绕垂直轴或水平轴旋转。

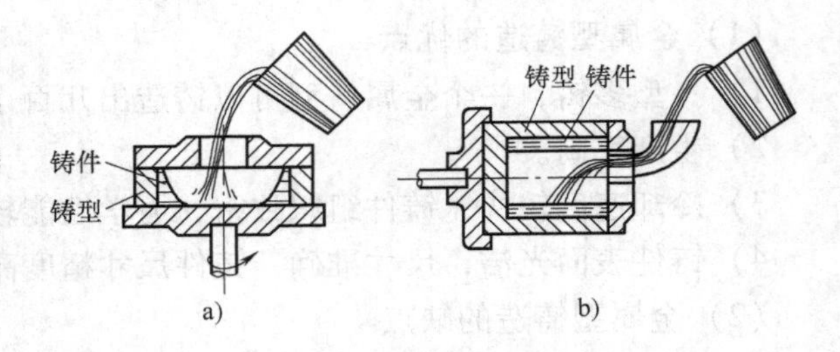

图 3-30 离心铸造工作原理

a）绕垂直轴旋转 b）绕水平轴旋转

（1）离心铸造的优点

1）合金液在离心力的作用下凝固，组织细密，无缩孔、气孔、渣眼等缺陷，铸件的力学性能较好。

2）铸造圆形中空的铸件可不用型芯。

3）不需要浇注系统，提高了金属液的利用率。

（2）离心铸造的缺点

1）内孔尺寸不精确，非金属夹杂物较多，增加了内孔的加工余量。

2）易产生密度偏析，不宜铸造密度偏析大的合金，如铅青铜。

离心铸造适用于铸造铁管、钢辊筒、铜套等回转体铸件，也可用来铸造成形铸件。

4. 熔模铸造

熔模铸造是用易熔材料（如蜡料）制成模样（称蜡模），用加热的方法使模样熔化流出，从而获得无分型面、形状准确的型壳，最后经浇注获得铸件的方法，又称失蜡铸造。

图3-31所示为叶片的熔模铸造工艺过程。先在压型中做出单个蜡模，如图3-31a所示；再把单个蜡模焊到蜡质的浇注系统上，统称蜡模组，如图3-31b所示；随后在蜡模组上分层涂挂涂料及撒上硅砂，并硬化结壳，熔化蜡模，得到中空的硬型壳，如图3-31c所示；型壳经高温焙烧去掉杂质后浇注，如图3-31d所示。冷却后，将型壳打碎取出铸件。熔模铸造的型壳也属于一次性铸型。

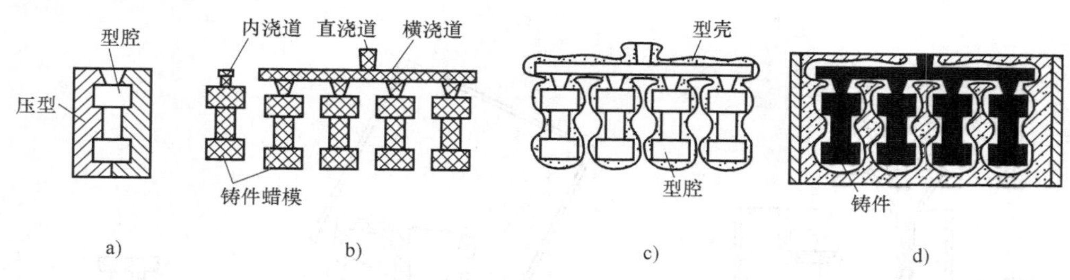

图3-31　叶片的熔模铸造工艺过程
a）压制蜡模　b）组合蜡模　c）制壳、脱蜡、焙烧　d）填砂、浇注

（1）熔模铸造的优点

1）铸件精度高，一般可以不再进行机械加工。

2）适用于各种铸造合金，特别是对于熔点很高的耐热合金铸件，它几乎是目前唯一的铸造方法，因为型壳材料是耐高温的。

3）因为是用熔化的方法取出蜡模，因而可做出形状很复杂、难于机械加工的铸件，如汽轮机叶片等。

（2）熔模铸造的缺点

1）工艺过程复杂，生产成本高。

2）因蜡模易软化变形，且型壳强度有限，故不能用于生产大型铸件。

熔模铸造广泛用于航空、电器、仪器和刀具等制造部门。

5. 消失模铸造

消失模铸造是将高温金属液浇入包含泡沫塑料模样在内的铸型内，模样受热逐渐汽化燃烧，从铸型中消失，金属液逐渐取代模样所占型腔的位置，从而获得铸件的方法，也称为实型铸造。

消失模铸造是迅速发展起来的一种铸造新工艺。与传统的砂型铸造相比，消失模铸造有下列主要区别：一是模样采用特制的可发泡聚苯乙烯颗粒制成，这种泡沫塑料密度小，570℃左右汽化、燃烧，汽化速度快，残留物少；二是态硅砂模样埋入铸型内不取出，型腔由模样占据；三是铸型一般采用无粘结剂和附加物质的干振动紧实而成，对于单件生产的中大型铸件可以采用树脂砂或水玻璃砂按常规方法造型。消失模铸造工艺过程如图3-32所示。

3.1.10　铸造工艺简介

1. 铸件浇注位置的选择

浇注位置是指金属浇注时铸件在铸型中所处的空间位置。浇注位置的选择是否正确，对

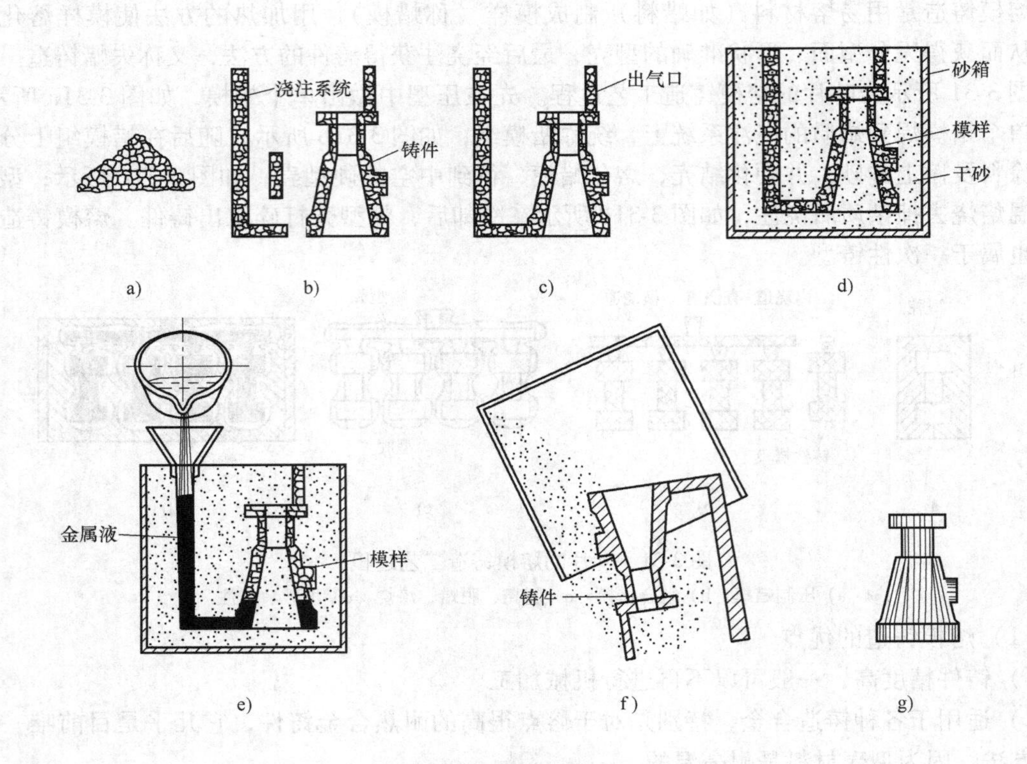

图 3-32 消失模铸造工艺过程

a）制备 EPS 珠粒 b）制模样 c）粘合模样组，刷涂料 d）加干砂，振紧

e）放浇口杯，浇注 f）落砂 g）铸件

铸件质量影响很大。浇注位置的选择一般应考虑下列原则：

1）铸件的重要加工面和主要工作面应朝下或位于侧面。这是因为铸件上部凝固速度慢，晶粒较粗大，易形成缩孔、缩松，而且气体、非金属夹杂物密度小，易在铸件上部形成砂眼、气孔、渣气孔等缺陷，而铸件下部的晶粒细小，组织致密，缺陷少，质量优于上部。当铸件有几个重要加工面或重要面时，应将主要的和较大的加工面朝下或侧立。当无法避免在铸件上部出现的加工面时，应适当加大加工余量，以保证加工后铸件的质量。

2）铸件的大平面应朝下。若朝上放置，不仅易产生砂眼、气孔、夹渣等缺陷，而且高温金属液使型腔上表面的型砂受强烈热辐射的作用急剧膨胀，产生开裂或拱起，在铸件表面造成夹砂、结疤缺陷。

3）铸件上面积较大的薄壁部分，应处于铸型的下部或处于垂直、倾斜位置。这样可增加液体的流动性，避免铸件产生浇不到或冷隔缺陷。

4）易形成缩孔的铸件，应将截面较厚的部分放在分型面附近的上部或侧面，便于安放冒口，使铸件自下而上，朝冒口方向定向凝固。

5）应尽量减少型芯的数量，便于型芯的安放、固定和排气。

2. 铸型分型面的选择

分型面是指同一铸型组元中可分开部分的分界面。分型面通常与砂箱之间的接触面相同。分型面的选择是否合理，不但影响铸件的质量，而且也影响制模、造型、制芯、合箱等

工序的复杂程度，需认真考虑。选择分型面的主要原则如下：

1）分型面应选择在铸件的最大截面处，以便于起模。图 3-33 所示为起重臂铸件分型面的选择方案。按图 3-33b 所示的分型面为一平直面，可用分模造型，起模方便。如果采用图 3-33a 所示弯曲对称面为分型面，则需采用挖砂或假箱造型，这样会使造型过程复杂化。

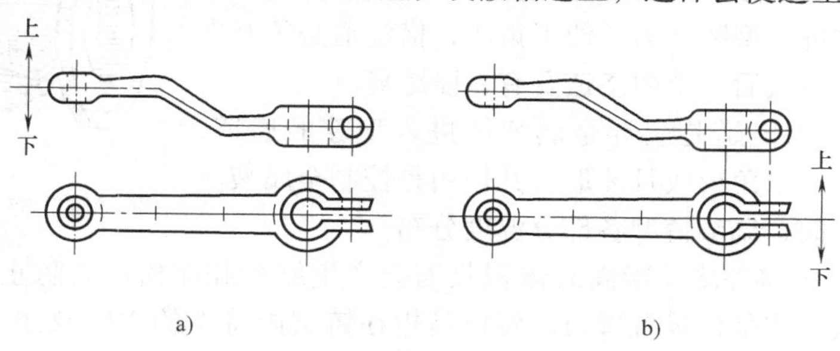

图 3-33　起重臂铸件分型面

a）不合理　b）合理

2）应使铸型的分型面最少，这样不仅可简化造型过程，而且也可减少因错箱造成铸件误差。图 3-34 所示为槽轮铸件分型面的选择方案。图 3-34a 所示为分离模活砂块两箱造型，轮槽部分用环状活湿砂块形成。虽然只有一个分型面，但造型时必须用手工操作，多次翻动砂箱才能取出模样，铸件的精度低，生产率低。图 3-34b 所示有两个分型面，需三箱手工造型，操作复杂。图 3-34c 所示只有一个分型面。轮槽部分用环状型芯来形成，可用整模两箱机器造型。这样既简化了造型过程，又保证了铸件质量，提高了生产率，是最佳方案。

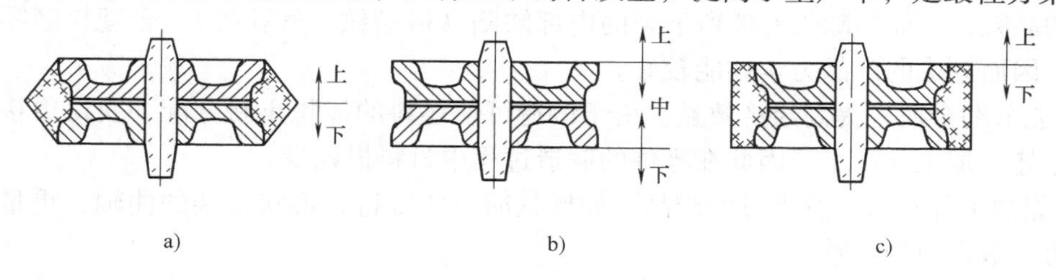

图 3-34　槽轮铸件分型面

a）一个分型面，不合理　b）两个分型面，不合理　c）一个分型面，最佳方案

3）应尽量使铸件全部或大部分在同一个砂箱内。这样不仅减少因错箱造成的误差，而且使铸件的基准面与加工面在同一个砂箱内，保证了铸件的位置精度。

对具体铸件而言，由于铸件材料、铸造方法、批量大小不同，选用的原则也有很大区别，应根据具体情况合理解决。分型面选定以后，用红色或蓝色实线从分型面处引出，画出箭头，标明上、下。

3. 浇注系统

浇注系统是为填充金属液而开设于铸型中的一系列通道。浇注系统通常由外浇道、直浇道、横浇道和内浇道组成。图 3-35 所示为典型的浇注系统。

（1）外浇道　常用的外浇道有漏斗形和浇口盆两种形式。造型时将直浇道上部扩大成漏斗形外浇道，因结构简单，常用于中小型铸件的浇注。浇口盆用于大中小铸件的浇注。外浇道的作用是承受来自浇包的金属液，缓和金属液的冲刷，使金属液平稳地流入直浇道。

（2）直浇道　直浇道是浇注系统中的垂直通道，其形状一般是一个有锥度的圆柱体。

它的作用是将金属液从外浇道平稳地引入横浇道，并形成充型的静压力。

(3) 横浇道　横浇道是连接直浇道和内浇道的水平通道，截面形状多为梯形。它除向内浇道分配金属液外，主要起挡渣作用，阻止夹杂物进入型腔。为了便于集渣，横浇道必须开在内浇道上面，末端距最后一个内浇道要有一段距离。

(4) 内浇道　内浇道是引导金属液体进入型腔的通道，截面形状为扁梯形、三角形或月牙形，其作用是控制金属液流入型腔的速度和方向，调节铸型各部分温度分布。

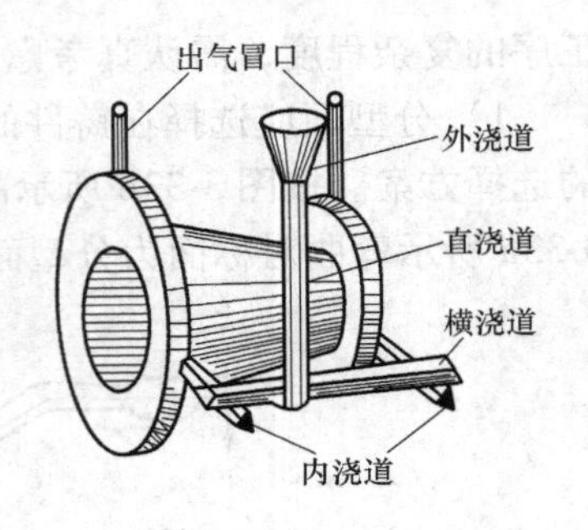

图 3-35　浇注系统

(5) 冒口　由于铸件冷却凝固时体积收缩会产生缩孔和缩松。为防止缩孔和缩松，往往在铸件的顶部或厚实部位设置冒口。冒口是指在铸型内特设的空腔及注入该空腔的金属。冒口中的金属液可不断地补充铸件的收缩，从而使铸件避免出现孔洞。清理时冒口和浇注系统均被切除掉。冒口除了补缩作用外，还有排气和集渣的作用。

3.2　锻压实习

锻压是指在外力作用下，使金属坯料产生塑性变形，从而获得具有一定形状、尺寸和性能的毛坯或零件的加工方法。锻压是锻造和冲压的总称。锻压加工具有以下优点：

1) 能改善金属的组织，提高其力学性能。由于加工时的塑性变形可以使金属坯料获得较细密的晶粒，并能消除钢锭遗留下来的内部缺陷（微裂纹、气孔等），合理控制零件的纤维方向，因而制成的产品力学性能较好。

2) 能节约金属，提高经济效益。由于锻造可使坯料的体积重新分配，获得更接近零件外形的毛坯，加工余量小，因此在零件的制造过程中材料损耗少。

3) 能加工各种形状及重量的产品。如形状简单的螺钉，形状复杂的曲轴，重量极轻的表针及重达数百吨的大轴。

3.2.1　锻造

锻造可分为自由锻造和模型锻造。将加热后的金属坯料放在铁砧上或锻造机械的上、下砧之间进行的锻造，称为自由锻造。其中，前者称为手工自由锻造，后者称为机器自由锻造。自由锻造所用的设备、工具有极大的通用性，工艺灵活性高，最适合于形状较简单的单件或小批生产和大型锻件的生产。由于自由锻锻件的精度低、生产率低等缺点，随着工业的发展，除特大锻件外，自由锻造更多地被模型锻造所取代。

1. 锻工安全操作规程

1) 工作前要穿戴好规定的劳保用品。

2) 工作前必须进行设备及工具检查，如上、下砧的楔铁、锤柄有无松动，锤头、铁砧、垫铁、钳子、摔子、冲子等有无开裂现象。

3) 为了保证夹持牢靠，钳子的钳口必须与锻件的截面相适应，以防锻打时坯料飞出伤人。

4) 握钳时应握紧钳子的尾部，并将钳把置于身体侧面。严禁将钳把或带柄工具的尾部

对准身体的正面，或将手指放在钳股之间，以防伤人。

5）锻打时应将锻件的锻打部位置于下砧的中部。锻件及垫铁等工具必须放正、放平，以防飞出伤人。

6）禁止打过烧或加热温度不够的坯料。过烧的坯料一打即碎，加热温度不够的坯料锤击时易弹起，两者都可能伤人。

7）放置及取出工具，清除氧化皮时，必须使用钳子、扫帚等工具，不许将手伸入上、下砧之间。

2. 锻件的加热和冷却

（1）加热的目的　坯料在锻打前需要在加热炉中进行加热，加热的目的是提高坯料的塑性，降低其变形抗力，用较小的锻打力使坯料产生较大的变形量。加热到始锻温度后即开始锻打。随着锻打的进行，坯料温度逐渐降低，当温度降到其终锻温度时应终止锻打。如果锻件还未完成，应重新加热后再进行锻打。

（2）锻造温度范围　锻件的整个锻打过程是在金属的锻造温度范围内进行的。坯料加热后塑性提高，但是加热温度过高，坯料会产生许多加热缺陷，甚至成为废品。把允许加热的最高温度称为始锻温度，它一般低于熔点100～200℃。在锻打过程中，随着坯料温度的降低，塑性下降，其变形抗力也增高。当温度低到一定程度，不仅锻打费力，而且容易打裂，必须停止锻打。把金属材料允许变形的最低温度称为终锻温度。从始锻温度到终锻温度这一温度区间称为锻造温度范围。

（3）加热设备及其操作

1）手锻炉。手锻炉是以煤或焦炭作为燃料的火焰加热炉，它结构简单，升温快，生火、停炉方便，易于实现坯料的局部加热，在维修及单件小批生产中普遍采用。手锻炉的结构如图3-36所示，它由加热炉膛、烟囱、送风装置及其他辅助装置构成。煤由前炉门加入，放在炉箅4上，燃烧煤所需要的空气由鼓风机3经风管从炉箅下面进入煤层。后炉门5一般都与炉箅相对，这样不仅便于出渣，而且也可供加热长杆或轴类锻件时外伸之用。

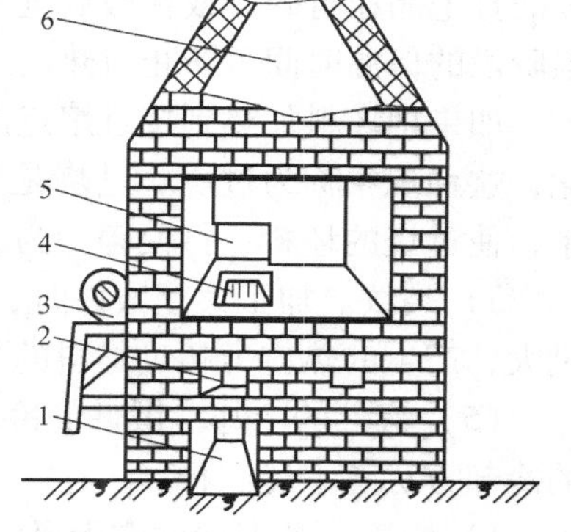

图3-36　手锻炉的结构
1—灰坑　2—火沟槽　3—鼓风机
4—炉箅　5—后炉门　6—烟囱

手锻炉的操作注意事项如下：

①　点火时，要依次添加木柴、煤焦和新煤（或焦炭）。先小开风门，待煤焦烧红时再加大风量。

②　装取坯料时，要穿戴护具。先关风门，后开炉门，以免烧伤。

③　坯料装炉时要依次排列好，加热后仍按原顺序依次出炉。

④　炉口至锻锤之间应保持道路畅通，不得堆放材料、工具及杂物。传送工件时，要贴近地面，不准抛掷，以防伤人。

⑤　及时清除炉渣及炉内的氧化皮。

2）反射炉。反射炉也是以煤为燃料的火焰加热炉，在中小批量生产时普遍采用。反射炉的结构如图3-37所示，燃烧室7中产生的高温炉气越过火墙8进入加热室1加热坯料。

加热室的温度可达1350℃左右。煤燃烧所需的空气由鼓风机4通过送风管供给。空气进入燃烧室之前，在换热器6中利用废气的余热预热到200～500℃。坯料2从炉门3装取。

另外，常用的锻造毛坯加热设备还有重油炉、煤气炉和电阻炉等。

(4) 坯料的加热缺陷及防止措施

1) 氧化和脱碳。金属坯料在加热时，表面将与炉中的氧化性介质（氧气）发生反应形成一层氧化皮，这即是氧化，在工艺上称为火耗损失。一般每加热一次，氧化皮所造成的损失可达坯料重量的2%～3%。减少氧化的措施是严格控制送风量、快速加热，或采用少氧、无氧等加热方法。

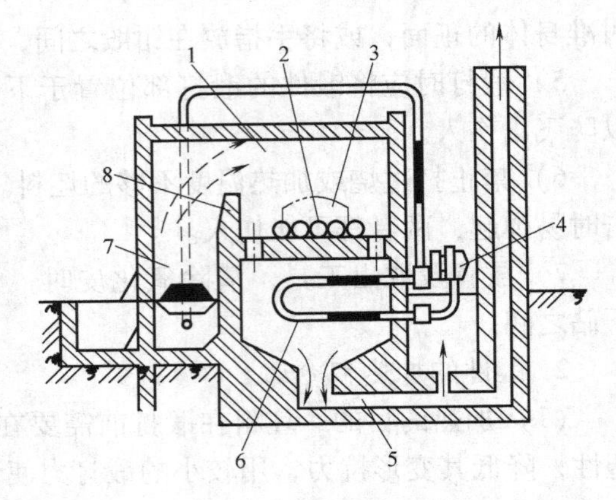

图3-37 反射炉的结构

1—加热室 2—坯料 3—炉门 4—鼓风机 5—烟道 6—换热器 7—燃烧室 8—火墙

加热时坯料表层的碳与氧等介质发生反应而使含碳量降低的现象叫脱碳。脱碳会使锻件表层硬度、耐磨性降低。如脱碳层厚度小于机械加工余量，对锻件不会造成危害；反之，则会影响锻件质量。减缓脱碳的措施是快速加热、在坯料表层涂保护涂料，或采用少氧、无氧等加热方法。

2) 过热和过烧。金属坯料因加热温度超过一定温度或在高温下保温时间过长，而引起晶粒粗大的现象称为过热。过热会使坯料力学性能降低，应尽量避免。过热的锻件可通过反复锻打把晶粒打碎，或在锻后进行热处理，将晶粒细化。严格控制加热温度，尽可能缩短高温阶段的保温时间可防止过热。

如果把坯料加热到接近熔点温度，由于炉气中的氧化性气体的渗入，晶粒间的物质被氧化，这种现象称为过烧。过烧是无法挽救的加热缺陷。因为这种氧化破坏了晶粒之间的联系，使过烧的坯料一打便碎。为了防止过烧，坯料的加热温度至少应低于熔点100℃。

3) 裂纹。加工大型锻件时，如果加热温度过高或加热速度过快，坯料心部和表层温差过大，产生的热应力超过材料的强度极限，会使坯料产生裂纹，故加热应分段进行。

(5) 锻件的冷却 锻件的冷却同加热一样，也是保证锻件质量的重要生产环节。常用的冷却方法有下述三种：

1) 空冷。热态锻件在无风的空气中，放在干燥的地面上冷却的方式称为空冷。空冷冷却速度较快，用于低碳钢和低合金钢的小型锻件的冷却。

2) 坑冷。热态锻件在充填导热性较小或绝热材料（如黄砂、石灰、石棉等）的地坑或铁箱中冷却的方式称为坑冷。坑冷冷却速度较空冷慢，用于碳素工具钢和合金钢锻件的冷却。

3) 炉冷。热态锻件在500～700℃的加热炉中随炉冷却的方式称为炉冷。炉冷冷却速度最慢而且可随意控制，用于高合金钢和大型锻件的冷却。

3. 手工自由锻造

手工自由锻造是靠人力和手动工具使金属变形。因此，手工自由锻造只能生产小型锻件。

（1）手工自由锻造的工具　手工自由锻造的工具可分为支持工具、锻打工具、成形工具、夹持工具和测量工具。

1）支持工具是指锻造过程中用来支持坯料承受打击及安放其他用具的工具，如铁砧。铁砧多用铸钢制成，质量为100～150kg，其主要形式如图3-38所示。

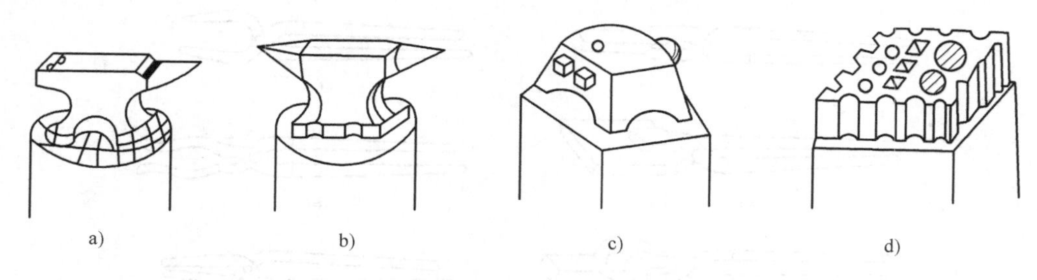

图3-38　铁砧

a）羊角砧　b）双角砧　c）球面砧　d）花砧

2）锻打工具是指锻造过程中产生打击力并作用于坯料上使之变形的工具，如大锤、手锤等。大锤一般用60钢、70钢或T7钢、T8钢制造，质量为3.6～3.7kg，其主要形式如图3-39所示；手锤的质量为0.67～0.9kg，其锤头的主要形式如图3-40所示。

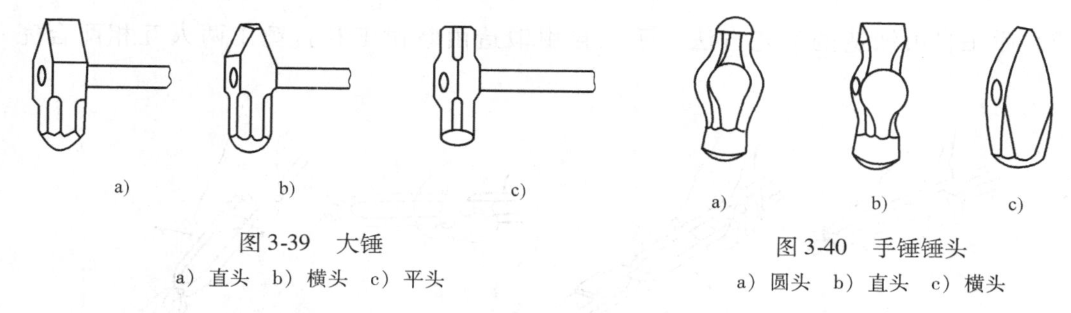

图3-39　大锤

a）直头　b）横头　c）平头

图3-40　手锤锤头

a）圆头　b）直头　c）横头

3）成形工具是指锻造过程中直接与坯料接触并使之变形而达到所要求形状的工具，如图3-41所示冲孔用的冲子、修光外圆面的摔子以及漏盘、型锤等。

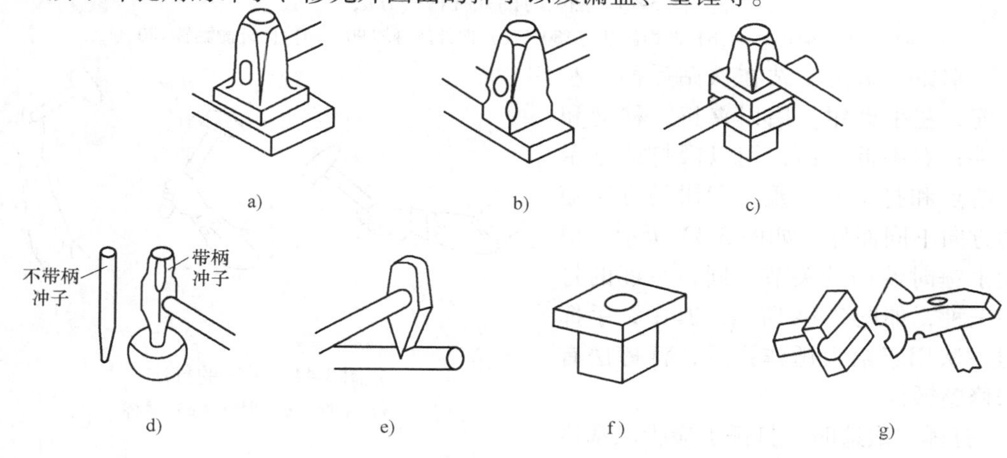

图3-41　成形工具

a）方平锤　b）窄平锤　c）型锤　d）冲子　e）錾子　f）漏盘　g）摔子

4）夹持工具是指用来夹持、翻转和移动坯料的工具，如图3-42所示的钳子。

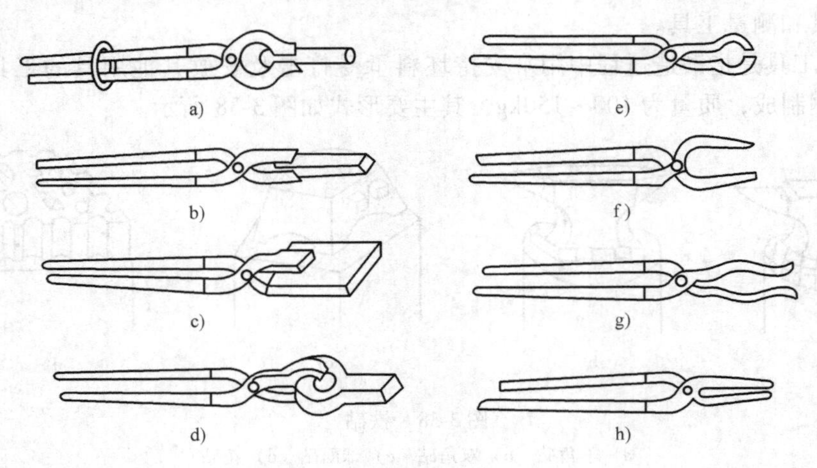

图3-42 夹持工具钳子

a）圆钳子 b）方钳子 c）扁钳子 d）方钩钳子 e）圆钩钳子 f）大尖口钳子 g）小尖口钳子 h）圆尖钳子

5）测量工具是指用来测量坯料和锻件尺寸或形状的工具，如钢直尺、卡钳、样板等。

（2）手工自由锻造的工艺方法 手工自由锻造由掌钳工和打锤工两人互相配合完成。

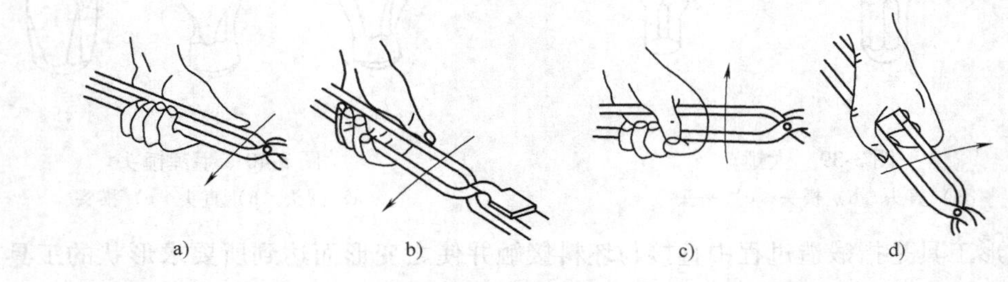

图3-43 翻料时的几种握钳方法

a）向内侧翻转90° b）向内侧翻转180° c）向外侧翻转90° d）向外侧翻转180°

1）掌钳。掌钳工站在铁砧后面，左脚稍向前，左手握钳，用以夹持、移动和翻转工件；右手握手锤，用以锻打或指示大锤的落点和打击的轻重。握钳的方法随翻料的方向不同而异，如图3-43所示。根据挥动手锤时使用的关节不同，手锤的打法分为三种，如图3-44所示。其中，手挥法和肘挥法用于给大锤作指示，臂挥法有时用来修整锻件。

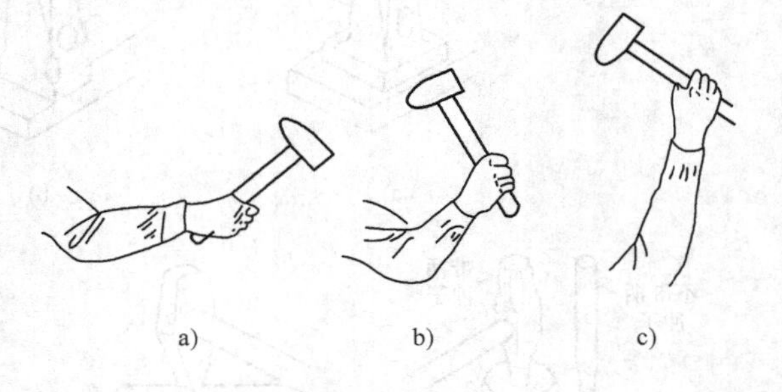

图3-44 手锤的打法

a）手挥 b）肘挥 c）臂挥

2）打锤。锻造时，打锤工应听从掌钳工的指挥，锤打的轻重和落点由手锤指示。大锤的打法有抱打、抡打和横打三种。使用抱打时，在打击坯料的瞬间，能利用坯料对锤的弹力使举锤较为省力；抡打时的打击速度快，锤

击力大；只有当锤击面处于与砧面垂直时，才使用横打法。

4. 机器自由锻造

（1）机器自由锻造的设备 机器自由锻造所用设备有两类：一类是以冲击力使坯料变形的空气锤、蒸汽-空气锤等；另一类是以静压力使坯料变形的水压机、曲柄压力机等。

1）空气锤。空气锤以空气作为传递运动的媒介物，它是生产小型锻件的常用设备。如图3-45所示。空气锤有压缩缸和工作缸。电动机12带动压缩缸9内的活塞运动，将压缩空气经旋阀送入工作缸7的下腔或上腔，驱使上砥铁5或锤头6上、下运动进行打击。通过踏杆1或手柄10操作控制阀8可使锻锤空转、落下部分即锤头（工作活塞、锤杆、上砥铁）上悬、锤头下压、连续打击和单次锻打等多种动作，满足锻造的各种需要。

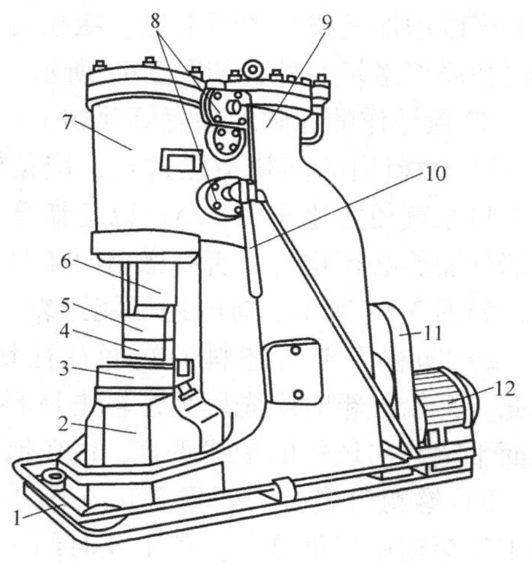

图3-45 空气锤
1—踏杆 2—砧座 3—砧垫
4—下砥铁 5—上砥铁 6—锤头
7—工作缸 8—控制阀 9—压缩缸
10—手柄 11—减速机构 12—电动机

空气锤的吨位用落下部分的质量来表示。锻锤的打击力大约是落下部分质量的100倍左右。空气锤的吨位一般为50～1000kg。

2）蒸汽-空气锤。蒸汽-空气锤是以蒸汽或压缩空气为工作介质驱动锤头上、下运动对坯料进行打击的。图3-46所示为双柱拱式蒸汽-空气锤。它的工作原理是通过操作手柄4控制滑阀，使气体进入气缸的上、下腔并推动活塞上、下运动，达到使锤头上悬、下压、单打或连续打击等动作。蒸汽-空气锤的吨位（也用落下部分的质量来表示）比空气锤大，一般为1～5t。主要用于生产大、中型锻件。

3）水压机。水压机是在静压力下进行工作的，是制造重型锻件的唯一锻造设备。如图3-47所示，水压机的典型结构由三梁（上横梁3、下横梁6、活动横梁4）、四柱（四根立柱5）、两缸（工作缸1、回程缸8）和操纵系统（分配器、操纵手柄）组成。活动横梁和下横梁上各装有上砧9和下砧10，坯料置于下砧上。利用活动横梁的上、下往复运动，实现对坯料施压，使坯料变形。水压机的动能由另设的高压水泵和蓄压器供给。

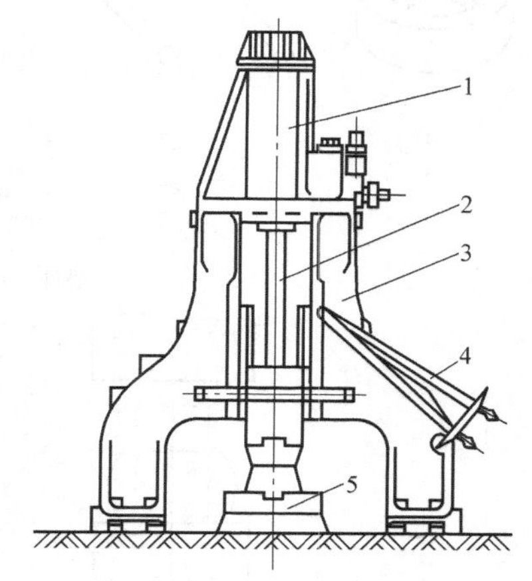

图3-46 蒸汽-空气锤
1—工作气缸 2—落下部分 3—机架
4—操作手柄 5—砧座

水压机的锻造能力以它所能产生的最大压力表示，如2000kN水压机。目前自由锻造水压机吨位可达6～150MN，所能锻造的钢锭质量达1～300t。

（2）机器自由锻造的工具 机器自由锻造的工具与手工自由锻造的工具类似，如夹持工具、测量工具等，但衬垫工具差别较大，如图3-48所示。

5. 自由锻造的基本工序及其操作

自由锻造的基本工序有镦粗、拔长、冲孔、弯曲、扭转、错移和切割，其中前三种应用较多。

（1）镦粗　镦粗是使坯料长度减小、横截面增大的操作，主要用于齿轮坯、法兰盘等饼块状锻件，也可用于冲孔前的准备或作为拔长的准备工序以增加其拔长的锻造比。镦粗可分为完全镦粗和局部镦粗两种，如图3-49所示。

镦粗操作的规则和注意事项如下：

1）镦粗用的坯料不能过长，应使镦粗部分原长与原直径之比小于2.5，以免镦弯；工件镦粗部分加热必须均匀，否则镦粗时工件变形不均匀，如图3-50所示，有时还可能镦裂。

2）镦粗下料时坯料的端面往往切得不平，因此，开始镦粗时应先用手锤轻击坯料端面，使端面平整并与坯料的轴线垂直，以免镦歪。

3）镦粗时锻打力要重且正（图3-51a），否则工件会被镦成细腰形，若不及时纠正，在工件上还会产生夹层，如图3-51b所示；锻打时，锤要打正，且锻打力的方向应与工件轴线一致，否

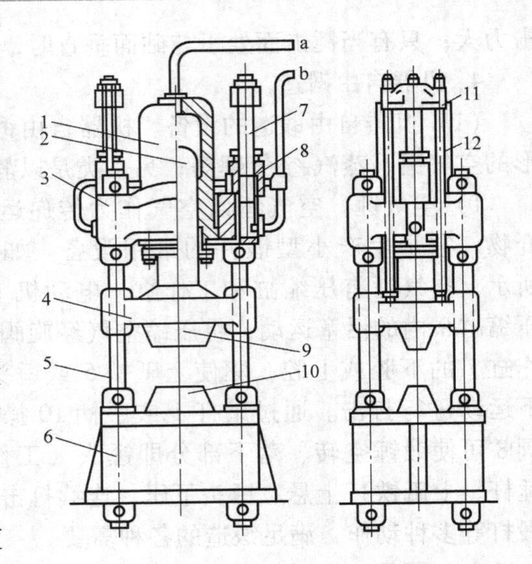

图3-47　水压机

1—工作缸　2—工作柱塞　3—上横梁　4—活动横梁　5—立柱　6—下横梁　7—回程柱塞　8—回程缸　9—上砧　10—下砧　11—回程横梁　12—拉杆

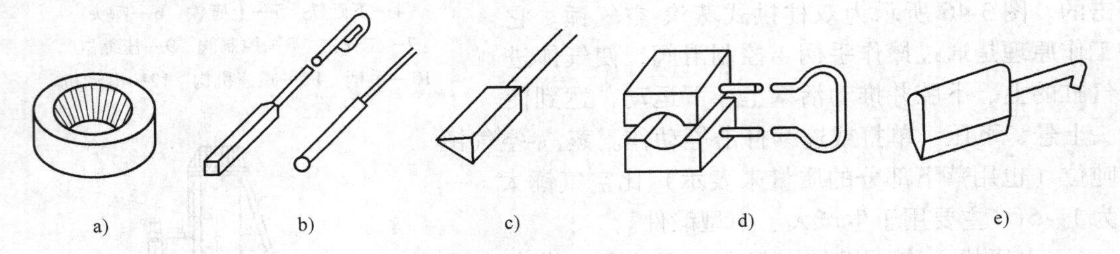

图3-48　机器自由锻造的工具

a）垫环　b）刻模　c）压铁　d）摔子　e）剁刀

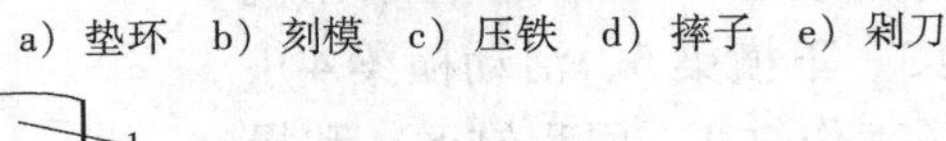

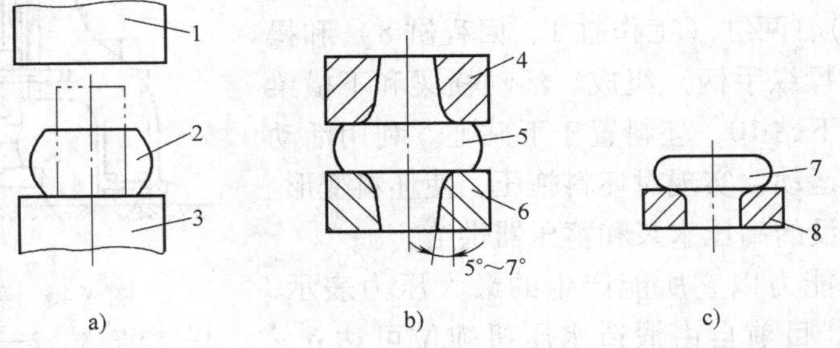

图3-49　镦粗

a）完全镦粗　b）、c）局部镦粗

1—上砧　2、5、7—坯料　3—下砧　4、6、8—漏盘

则工件会被镦歪或镦偏，如图3-51c所示。

（2）拔长　拔长是使坯料长度增大、横截面减小的操作，主要用于轴、拉杆、炮筒等

具有长轴线的锻件。拔长操作的规则和注意事项如下：

1）拔长时工件要放平，锤打要准，力的方向要垂直，以免产生菱形，如图3-52所示。

2）拔长时工件应沿上、下砧的宽度方向送进，每次送进量L应为砧面宽度B的0.3～0.7倍，如图3-53a所示。送进量太大，锻件主要向宽度方向流动，降低延伸效率，如图3-53b所示；送进量太小，容易产生夹层，如图3-53c所示。

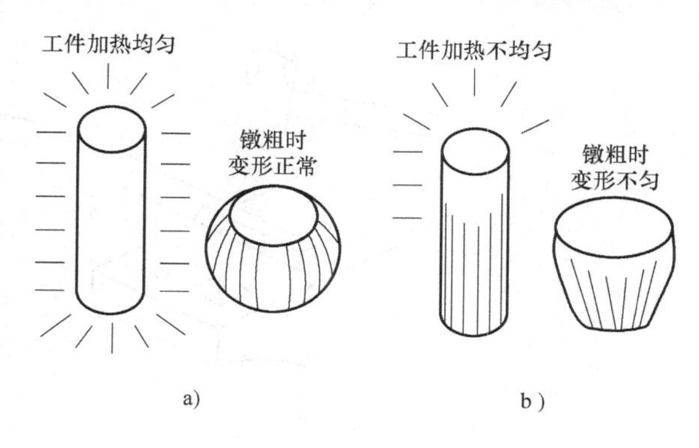

图3-50　坯料加热应均匀

a）正确　b）错误

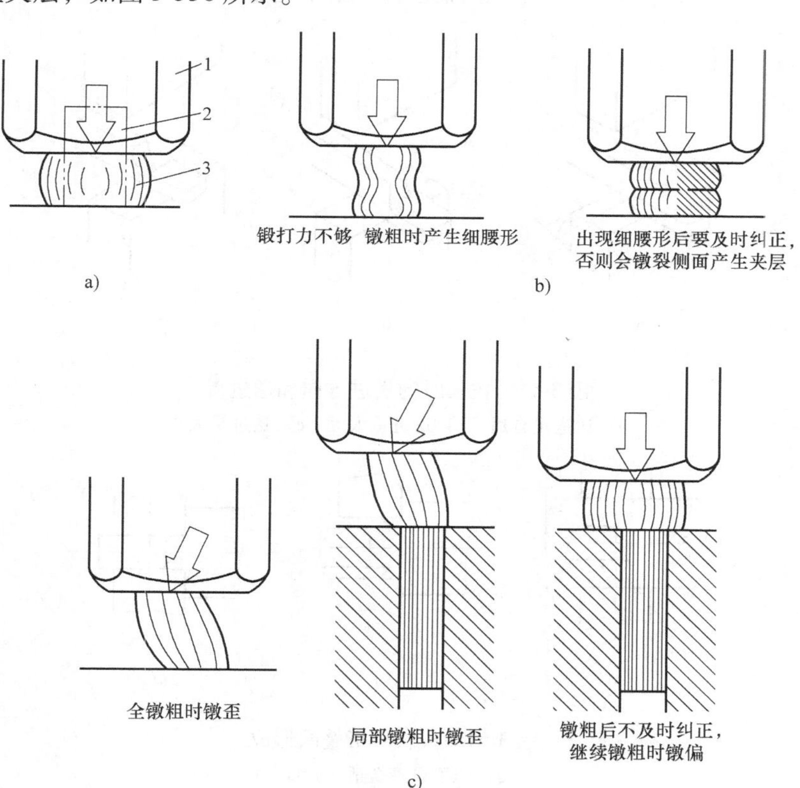

图3-51　镦粗时锻打力要重且正

a）锻打力要重且正　b）锻打力正，但不够重　c）锻打力重，但不正

1—大锤　2—坯料　3—工件

3）单边压下量h应小于送进量L，否则会产生折叠，如图3-54所示。

4）为了保证坯料在拔长过程中各部分的温度及变形均匀，不产生弯曲，需将坯料不断地绕轴线翻转，常用的翻转方法有反复90°翻转和沿螺旋线翻转两种，如图3-55所示。

5）圆形截面坯料的拔长必须先把坯料锻成方形截面，在拔长到边长接近锻件的直径时，再锻成八角形截面，最后滚成圆形，其过程如图3-56所示。

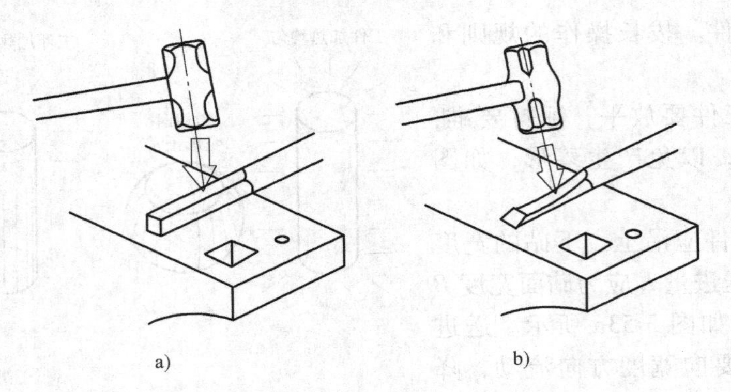

图 3-52　锤打位置要准，力的方向要垂直

a）工件延伸准确　b）延伸产生菱形

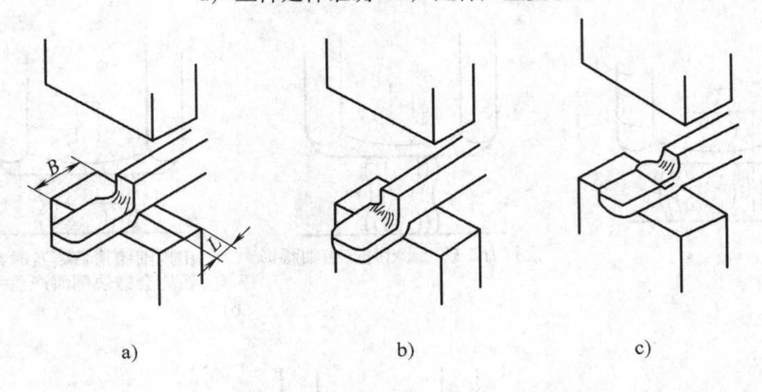

图 3-53　拔长时的送进方向和送进量

a）送进量合适　b）送进量太大　c）送进量太小

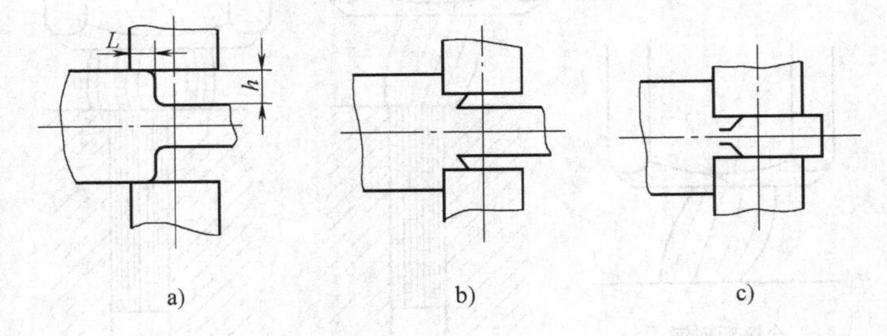

图 3-54　拔长时折叠的形成

a）压下量不合适，$h>L$

b）压下量太大　c）形成折叠

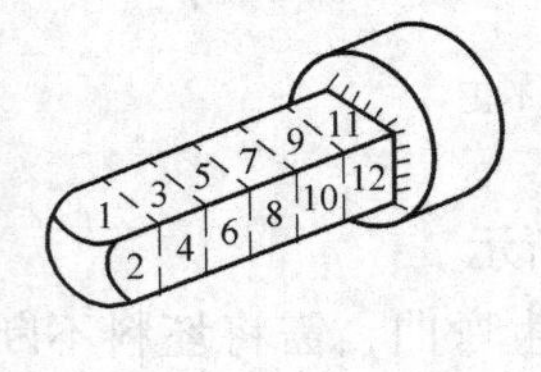

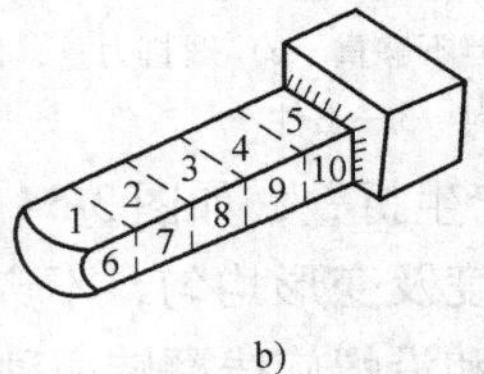

图 3-55　拔长时的翻转方法

a）反复 90° 翻转　b）沿螺旋线翻转

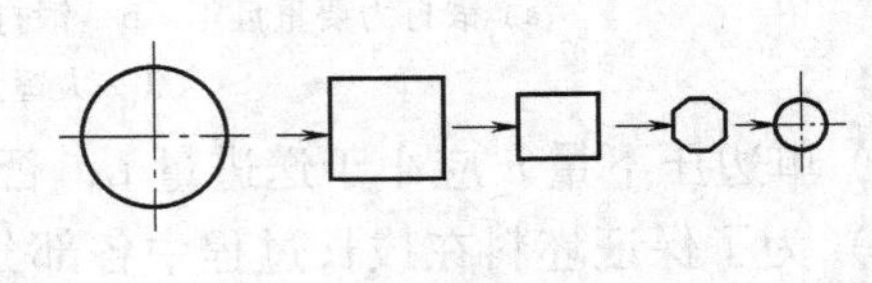

图 3-56　拔长圆形截面时坯料的截面变化过程

6）拔长台阶轴时，应先在截面分界处用压肩摔子压出凹槽，称为压肩。压肩后将一端局部拔长，即可锻出台阶轴，如图 3-57 所示。

7）拔长后的工件表面并不平整，因此，工件的平面需用窄平锤或方平锤修整，圆柱面需用型锤修整，如图 3-58 所示。

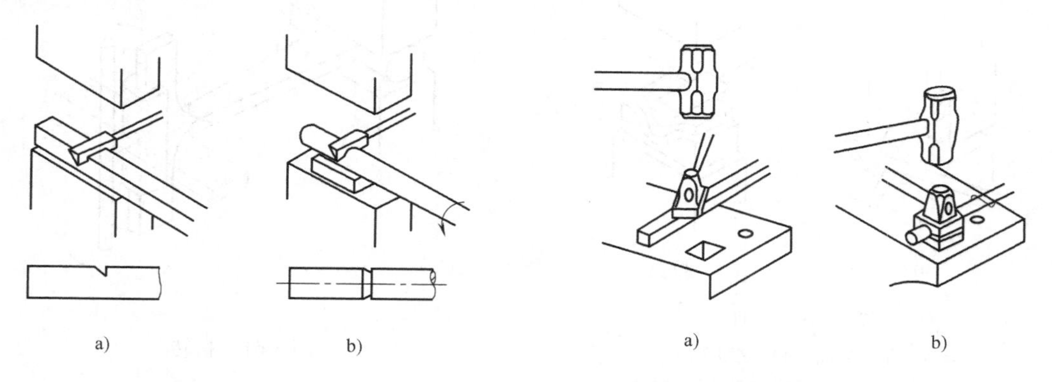

图 3-57　压肩
a）方料的压肩　b）圆料的压肩

图 3-58　拔长后工件表面的修整
a）平面的修整　b）圆柱面的修整

（3）冲孔　冲孔是在坯料上冲出通孔或不通孔的操作，其操作步骤（图 3-59）如下：

1）准备。为了尽量减小冲孔深度并使端面平整，须先将坯料镦粗。

2）试冲。为了保证孔位准确，应先轻轻冲出孔位凹痕（图 3-59a），然后检查孔位是否正确。如有偏差，应再次试冲，加以纠正。

3）冲深。为了便于拔出冲子，先向凹痕内撒少许煤粉（图 3-59b），再继续冲至坯料厚度的 2/3～3/4（图 3-59c）。

4）翻转工件，将孔冲透（图 3-59d）。

（4）弯曲　弯曲是使坯料弯成一定角度或形状的操作，如图 3-60 所示，用于直角尺、弯板、吊钩等的制作。弯曲时，只需将坯料待弯部分加热。

（5）扭转　扭转是将坯料的一部分相对于另一部分绕其轴线旋转一定角度的操作，多用于多拐曲轴

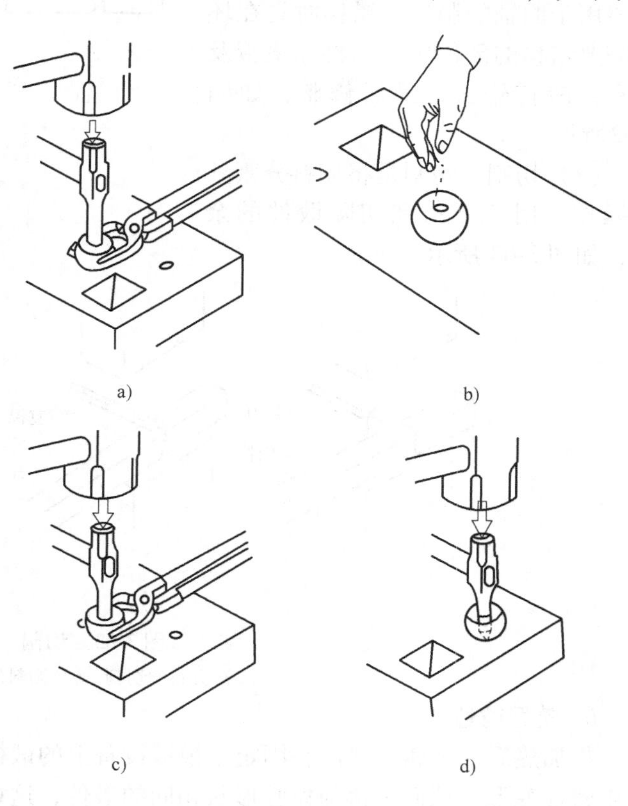

图 3-59　冲孔的步骤
a）放正冲子，试冲　b）冲浅坑，撒煤粉　c）冲至工件厚度的 2/3 深度　d）翻转工件，在铁砧圆孔处冲透

和连杆等，如图 3-61 所示。扭转时坯料受扭部位的温度应高些并均匀热透，扭转后应缓慢冷却，避免产生裂纹。

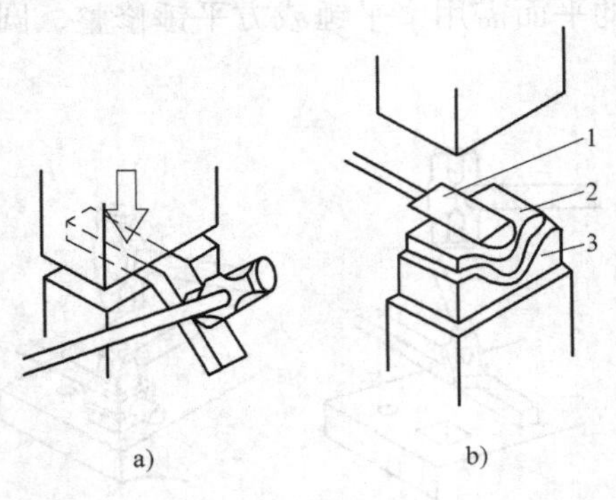

图 3-60 弯曲
a）角度弯曲 b）成形弯曲
1—成形压铁 2—工件 3—成形垫铁

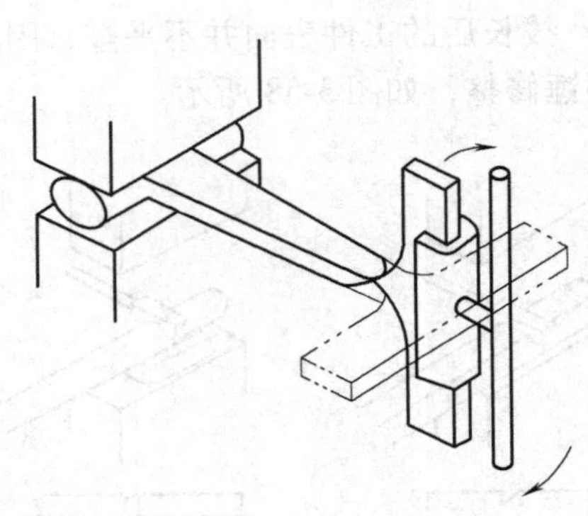

图 3-61 扭转

（6）错移 错移是将坏料的一部分相对于另一部分平移错开的操作，主要用于曲轴的制造。错移时先在坯料需要错移的部位压肩，再加垫板及支承，锻打错开，最后修整，如图 3-62所示。

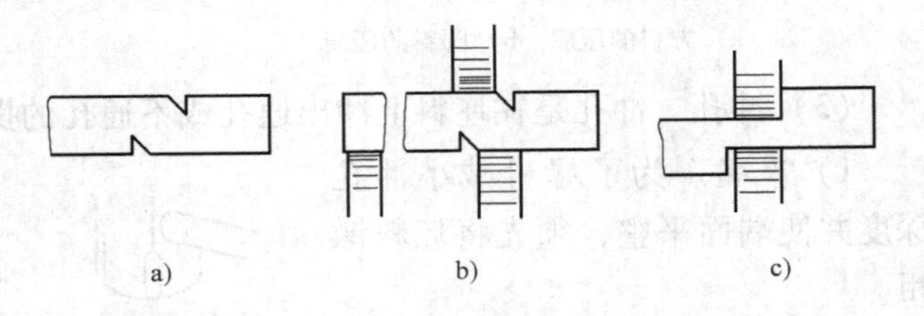

图 3-62 错移
a）压肩 b）锻打 c）修整

（7）切割 切割是将坯料分割开的操作，用于下料和切除锻件的余料，如图 3-63 所示。

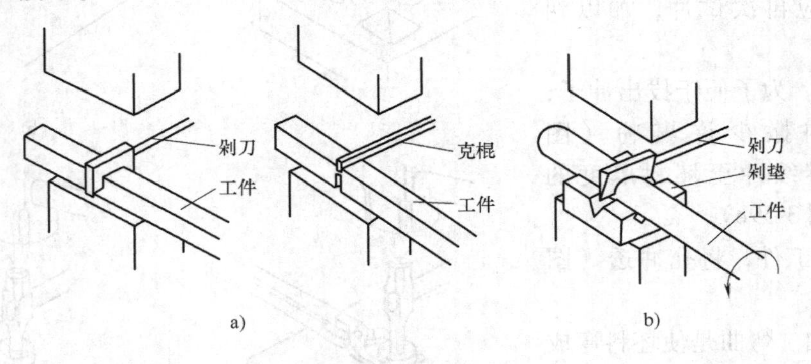

图 3-63 切割
a）方料的切割 b）圆料的切割

6. 模型锻造

将加热后的金属坯料放在固定于模锻设备上的锻模模膛内，施加冲击力或压力，使坯料产生塑性变形，从而获得与模膛形状相同的锻件，这种锻造方法称为模型锻造，简称模锻。

（1）模型锻造的特点 模型锻造与自由锻造相比具有如下特点：

1）有较高的生产率。

2）锻件尺寸精确，加工余量小。

3）可以锻出形状比较复杂的锻件。

4）可节省金属材料，减少切削加工工作量，降低零件的成本。

但是模型锻造使坯料整体受压，同时变形，变形抗力较大，要求使用吨位大而较精密的设备；所用的锻模是贵重的模具钢经复杂加工制成的，成本较高，因此适用于大批量生产；受设备吨位的限制，模锻一般仅限于生产150kg以下的小型锻件。

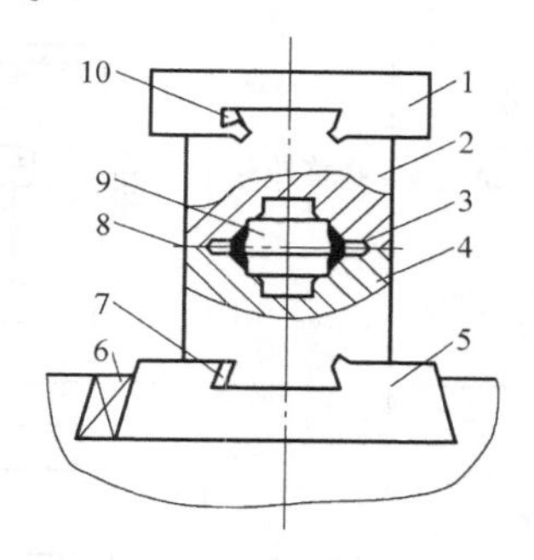

图3-64　锤上模锻

1—锤头　2—上模　3—飞边槽　4—下模　5—模垫　6、7、10—紧固楔铁　8—分模面　9—模膛

（2）模型锻造的设备　模型锻造可在多种设备上进行，如模锻锤、曲柄压力机、平锻机和摩擦压力机等。

（3）锻模　锤上模锻用的锻模是由带燕尾的上模2和下模4组成的，如图3-64所示。下模4用紧固楔铁7固定在模垫5上，上模2通过紧固楔铁10固定在锤头1上，与锤头1一起作上、下往复运动。锻模用专用的热作模具钢制成，它具有良好的热硬性、耐磨性和耐冲击性等特殊的性能，以适应较恶劣的工作条件。

7. 锻工实习示例

以齿轮毛坯的自由锻造为例，说明锻工实习的操作内容，见表3-3。

表3-3　齿轮毛坯的自由锻造工艺过程

锻件名称	齿轮坯	工艺类别	机器自由锻
材料	45钢	设备	65kg空气锤
加热火次	1次	锻造温度范围	1200～800℃
锻件图		坯料图	
$\phi28\pm1.5$　29 ± 1　44 ± 1　$\phi58\pm1$　$\phi92\pm1$		$\phi50$　125	

序号	工序名称	工序简图	使用工具	操作要点
1	镦粗	45	火钳 镦粗漏盘	控制镦粗后的高度为45mm
2	冲孔		火钳 镦粗漏盘 冲子 冲孔漏盘	1. 注意冲子对中 2. 采用双面冲孔，图为工件翻转后将孔冲透的情况

（续）

序号	工序名称	工序简图	使用工具	操作要点
3	修整外圆	φ92±1	火钳 冲子	边轻打边旋转锻件，使外圆消除鼓形并达到 ϕ（92±1）mm
4	修整平面	44±1	火钳 镦粗漏盘	轻打（如端面不平还要边打边转动锻件），使锻件厚度达到（44±1）mm

3.2.2 板料冲压

利用冲模对板料施加压力，使其变形或分离，从而获得具有一定形状和尺寸冲压件的加工方法，称为板料冲压。

1. 板料冲压的特点

1）可冲出形状复杂的零件，材料利用率高。

2）冲压件的尺寸精度高，表面粗糙度值低，互换性好。

3）冲压件的强度高，刚度好，有利于减轻结构的重量。

4）冲压操作简单，工艺过程便于实现机械化、自动化，生产率高。

5）冲模制造复杂，精度要求高，因此在大批量生产时才使用冲压生产来降低成本。

2. 冲压设备

（1）剪床　剪床是用来把板料剪切成需要宽度的条料，以供冲压工序使用。剪床传动系统如图3-65所示。电动机4经带轮5、齿轮10、离合器11使曲轴7转动，曲轴又带动装有上切削刃2的滑块8沿导轨3上、下移动，与装在工作台上的下切削刃1相配合，进行剪切。下料的尺寸由挡铁12控制。制动器6的作用是使上切削刃剪切后停在最高位置上，为下一次剪切做好准备。

（2）冲床　冲床是冲压加工的基本设备。图3-66所示为双柱冲床，电动机11通过减速系统使大带轮4转动，踩下踏板7后，通过拉杆使离合器3闭合，并带动曲轴2旋转，再通过连杆12带动滑块6沿导轨9作上、下往复运动，进行冲压。如果将踏板踩下后立即抬起，滑块在制动器的作用下冲压一次后就停在最高位置上，否则将进行连续冲压。

3. 冲模

冲模是使板料分离或变形不可缺少的工具，它可分为简单模、连续模和复合模三种。在冲床滑块的一次行程中只完成一道工序的模具称为简单模；连续模是把两个或两个以上的简单模安装在一个模板上，在滑块的一次行程内于模具的不同部位上，同时完成两个以上的冲压工序的模具；在滑块的一次行程内，在模具的同一位置完成两个以上的冲压工序的模具称

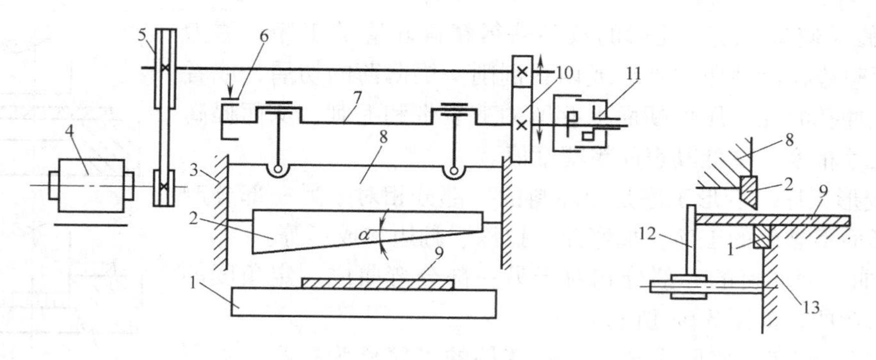

图 3-65　剪床传动系统

1—下切削刃　2—上切削刃　3—导轨　4—电动机　5—带轮　6—制动器　7—曲轴
8—滑块　9—板料　10—齿轮　11—离合器　12—挡铁　13—工作台

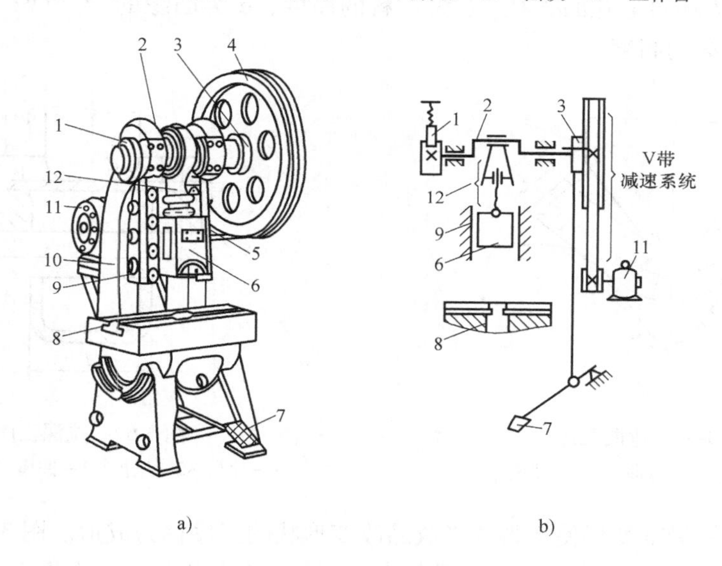

图 3-66　双柱冲床

a）外观图　b）传动系统

1—制动器　2—曲轴　3—离合器　4—带轮　5—V 带　6—滑块
7—踏板　8—工作台　9—导轨　10—床身　11—电动机　12—连杆

为复合模具。

4. 冲压的基本工序

冲压的基本工序可分为分离工序和变形工序两大类。

（1）分离工序　分离工序是将坯料的一部分与另一部分相互分开的工序，如剪切、落料、冲孔、整修等。

1）剪切。剪切是使坯料沿不封闭的轮廓线分离的工序，生产中主要用于下料。

2）落料和冲孔。落料和冲孔都是使坯料沿封闭的轮廓线分离的工序，这两个工序的模具结构与坯料的变形过程都是一样的，只是用途不同而已。落料时冲下的部分是成品，周边是废料；冲孔时冲下的部分是废料，周边是成品，如图 3-67 所示。

3）整修。使落料或冲孔后的成品获得精确轮廓的工序，称为整修。利用整修模沿冲压件外缘或内孔刮削一层薄薄的切屑，或者切掉落料或冲孔时在冲压件断面上存留的剪裂带和毛刺，从而提高冲压件的尺寸精度，降低其表面粗糙度值。

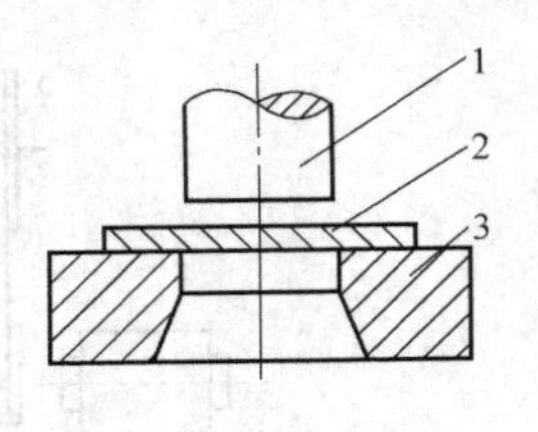

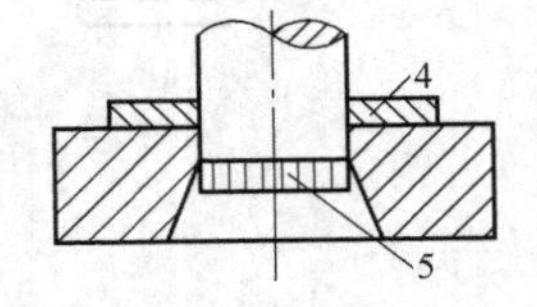

图 3-67 落料和冲孔

1—冲头 2—坯料 3—凹模 4—冲孔产品 5—落料产品

（2）变形工序 变形工序是使坯料的一部分相对于另一部分产生塑性变形而不破裂的工序，如弯曲、拉深、翻边和成形等。

1）弯曲。使坯料的一部分相对于另一部分弯曲成一定角度的工序，称为弯曲，如图 3-68 所示。

2）拉深。使坯料变形成开口空心零件的工序称为拉深，如图 3-69 所示，δ 为拉伸件厚度。

3）翻边。使带孔坯料孔口周围获得凸缘的工序称为翻边，如图 3-70 所示，d_0 为坯料上孔的直径，δ 为坯料的厚度，d 为凸缘的平均直径，h 为凸缘的高度。

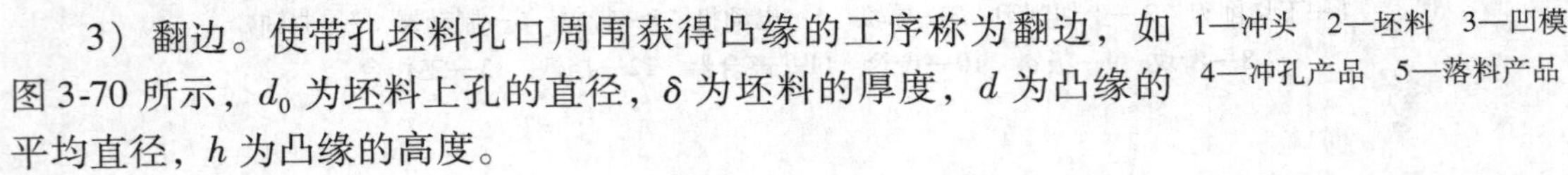

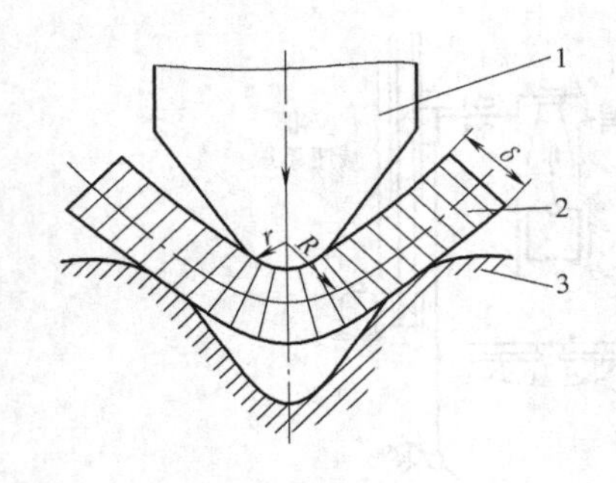

图 3-68 弯曲工序

1—冲头 2—弯曲件 3—凹模

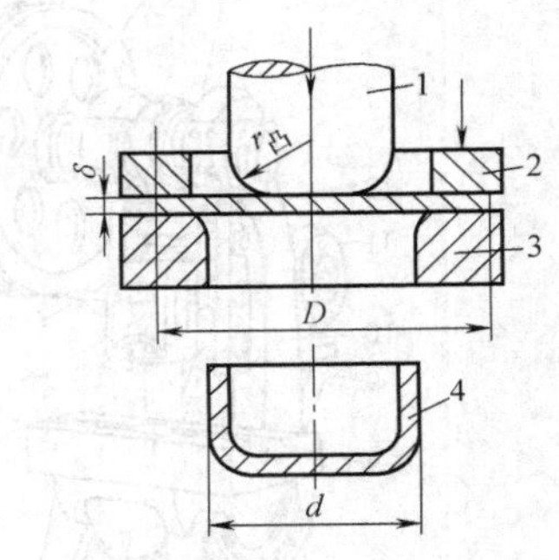

图 3-69 拉深工序

1—冲头 2—压板 3—凹模 4—拉深件

4）成形。利用局部变形使坯料或半成品改变形状的工序称为成形。图 3-71 所示为鼓形容器成形工序。用橡胶芯子来增大半成品的中间部分，在凸模轴向压力作用下，对半成品壁产生均匀的侧压力而成形，其中凹模是可以分开的。

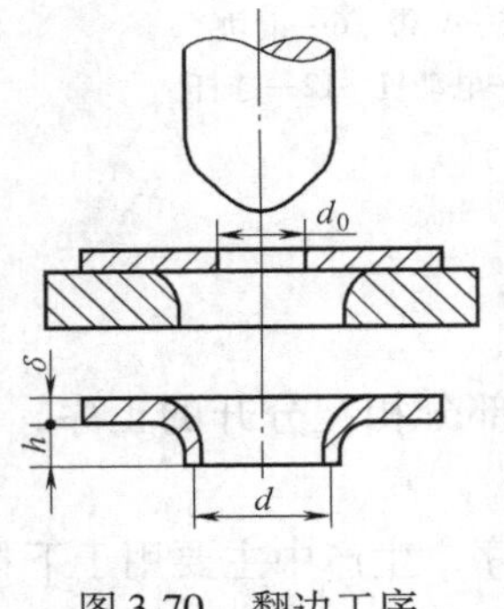

图 3-70 翻边工序

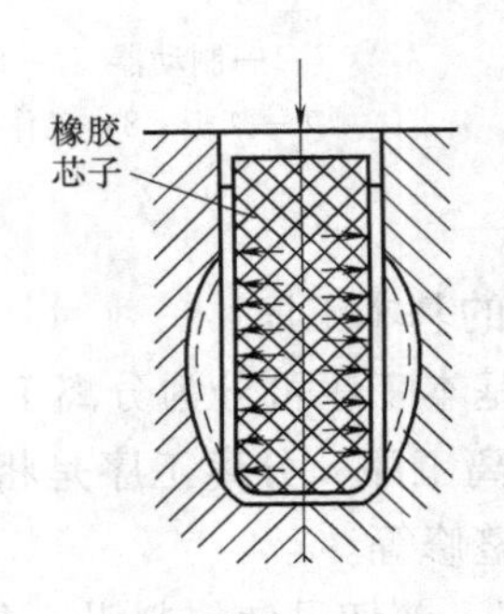

图 3-71 鼓形容器成形工序

3.3 铆工实习

3.3.1 铆工基本知识

铆工是把板材、型材、线材、管材等通过焊接、铆接、螺栓连接等加工方法制作成钢结构的一个金属加工工种。铆工是金属构件施工中的指挥者。按加工工作的内容，铆工又可细分为：放样、号料、下料、成型、制作、校正、安装等工种。

1. 铆工的主要工作内容

铆工能矫正变形较大或复合变形的原材料及一般结构件，能作形体的展开图，计算展开料长；能使用并维护剪床、气割、电焊机等设备；能装配桁架类、梁柱类、箱壳类、箱门类和低中压容器等，并进行全位置定位焊、铆接、螺纹连接，检验尺寸、形状、位置等工作。

2. 铆工安全操作规程

1）工作前仔细检查所使用的各种工具：大小锤、平锤、冲子及其他承受锤击的工具顶部有无毛刺及伤痕，锤把是否有裂纹痕迹，安装是否结实。各种承受锤击的工具顶部严禁在淬火情况下使用。

2）进行铲、剁、铆等工作时，应戴好防护眼镜，不得对着人进行操作。使用风铲在工作间断时必须将铲头取下，以免发生事故。噪声超过规定时，应戴好防护耳塞。

3）工作中，在使用油压机、摩擦压力机、刨边机、剪板机等设备时，应先检查设备运转是否正常，并严格遵守该设备安全操作规程。

4）凿冲钢板时，不准用圆的东西（如铁管子、铁球，铁棒等）做下面的垫铁，以免滚动将人摔伤。

5）用行车翻转工作物时，工作人员必须离开危险区域，所用吊具必须事先认真检查，并必须严格遵守行车起重安全操作规程。

6）使用大锤时，应注意锤头甩落范围。打锤时要瞻前顾后，对面不准站人，防止抡锤时造成危险。

7）加热后的材料要定点存放。搬动时要用滴水试验等方法，视其冷却后方可用手搬动，防止烫伤。

8）用加热炉工作时，要注意周围有无电线或易燃物品。地炉熄灭时应将风门打开，以防爆炸。熄火后要详细检查，避免复燃起火。加热后的材料要定点存放。

9）装铆工件时，若孔不对也不准用手探试，必须用尖顶穿杆找正，然后穿钉。打冲子时，在冲子穿出的方向不准站人。

10）高空作业时，要系好安全带，遵守高空作业的安全规定，并详细检查操作架、跳板的搭设是否牢固。在圆形工件上工作时，必须把下面垫好。有可能滚动时上面不准站人。

11）远距离扔热铆钉时，要注意四周有无交叉作业的其他工人。为防止行人通过，应在工作现场周围设置围栏和警示牌。接铆钉的人要在侧面接。

12）连接压缩空气管（带）时，要先把风门打开，将气管（带）内的脏物吹净后再接。发现堵塞要用铁条透通时，头部必须避开。气管（带）不准从轨道上通过。

13）捻钉及捻缝时，必须戴好防护眼镜；打大锤时，不准戴手套。

14）使用射钉枪时，应先装射钉，后装钉弹。装入钉弹后，不得用手拍打发射管，任何时候都不准对着人体。若临时不需射击，必须立即将钉弹和射钉退出。

3.3.2 放样与号料

1. 放样

所谓放样就是在施工图的基础上，根据产品的结构特点、施工需要等条件，对全部或部分图纸进行工艺处理和必要的展开与计算，最后获得施工所需要的数据、样板和草图。

（1）放样的工作内容

1）检验图纸中的尺寸和有关连接位置是否正确。如有错误，可在实样上显示出来，即刻告知有关技术部门加以修改和纠正。

2）放样过程中，应注意图纸中尺寸的变动和材料代用等问题，以达到检验样板制作的准确性。

3）按实样制作金属结构制造中的号料样板、弯曲及拉伸件内、外卡检验样板和异形件展开号料样板等。

4）对于结构上的零件尺寸，有时在图纸上不易计算准确，往往是近似值或在图纸上不加标注，对这种类型的结构更需放实样，经过放实样，才能得出正确的尺寸和保证各件连接位置的准确。

（2）放样前的准备工作

1）熟悉图纸和工艺文件，明白各项要求，如有不清楚之处，应与技术人员共同研究清楚，并确定放样方法。

2）认真核对零件图样和装配图样的尺寸关系，了解工艺过程、装配公差、加工余量、焊接收缩量等，并弄清所用的材质、规格、配料卡片、材料改代等情况。

3）清整放样地板。地板要求平整、干净，与放样无关的物品勿放在地板上，并测量放样地板的尺寸大小能否满足放样的需要。

4）根据零件的精度、大小、生产批量和使用性质确定制作样板或样杆的材料。

5）准备好放样用的工具和合格的量具。

（3）放样技术要点

1）对于一般需要校对设计尺寸的结构件，应按1:1的比例放样。根据结构件的具体情况可全部放样，也可局部放样，并可用计算法简化放样工作。

2）放样工作中，划线都必须采用几何作图法，划线用石笔要尖细。对于长直线必须用粉线弹出，不允许用钢直尺分段自延长取得，且粉线不可太粗。划线时要先划基准线，再根据基准线划其他轮廓线。

3）放样划线允许偏差规定：相邻两孔中心线极限偏差为±0.5mm；孔中心与样板边缘极限偏差为±1mm 样板冲眼中心与孔中心线距离的极限偏差为±0.3mm；样板的外围尺寸的极限偏差为±1mm。

4）凡重叠放样时，应采用不同颜色、符号把层次轮廓区分清楚。

5）划好实样后，应检查基本尺寸与设计图线是否相符，发现问题应及时修正。

（4）展开放样　展开放样是在结构放样的基础上进行的。多数钢结构在生产过程中需绘出必要的投影图，以获得准确的形状和完整的尺寸，并进行必要的结构性处理，如确定各部分表面的连接位置，求取全部的实长、实形及厚板制件的板厚处理等结构放样之后，再进行展开放样。展开图正确与否直接影响到产品质量和原材料利用率的高低。

将金属板构件的表面全部或局部按它的实际形状和大小依次画在平面上叫做表面展开，简称展开。展开后画出的平面图形称为展开图。作展开图的过程一般叫展开放样。作展开图的方法通常有两种：一是作图法，二是计算法，现场多采用作图法展开。常用表面的分类有：直纹表面，以直线为母线而形成的表面，如柱面、锥面（圆柱、棱柱、圆锥、棱锥），为可展平面；曲纹表面，以曲线为母线而形成的表面，如圆球面、椭球面、圆环面，为不可展表面。

1）利用旋转法求一般位置直线的实长。求形体表面的实际形状或素线实长时，可以采用旋转法求这些表面一般位置直线的实长。一般位置直线的投影特点是在各个投影面的投影都是倾斜的直线，每一个投影都不反映直线的真实长度。

在图3-72的示例中，AB为空间一般位置直线，在V面和H面上的投影都不反映实长。假想通过点A作一根轴线与H面垂直，绕这根轴线转动直线AB，到达与V面平行的位置AB_1。这时水平面投影ab绕点a转动成为ab_1，与OX轴平行，其正面投影$a'b'$中，a'不动，b'沿OX轴方向移动，到达与b_1对正的位置，由于AB_1为正平线，正面投影$a'b_1'$即AB_1直线，也就是直线AB的实际长度。

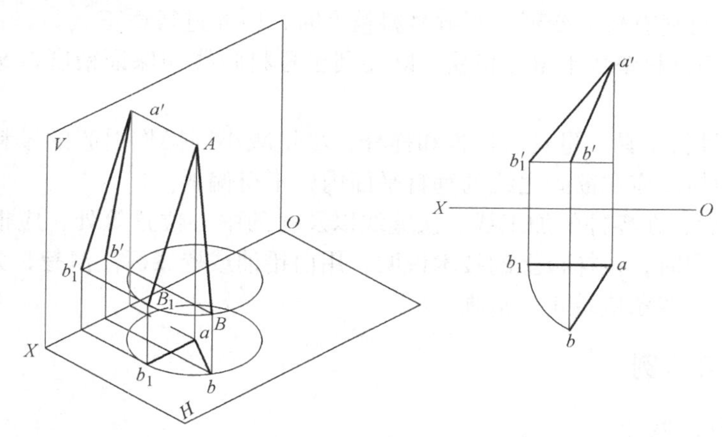

图3-72　利用旋转法求一般位置直线的实长

2）平行线法作展开图。平行线法就是把立体的表面，看作由无数条相互平行的素线组成，只要将每一小平面的真实大小，依次顺序地画在平面上，就得到了立体表面的展开图。棱柱体、圆柱体都可用平行线法展开。

例如用平行线法对图3-73所示的斜口圆管作展开图。

用平行线法作柱体表面的展开，必须画出柱体的两面视图和柱体表面上各平行素线的投影。具体作法如下：

① 按已知尺寸画出主视图和俯视图。

② 8等分俯视图圆周，等分点为点1，2，3，4，5，…，由各等分点向主视图引素线，与上口线交点为1′，2′，3′，4′，5′，…。

③ 延长主视图的下口线作为展开的基准线，将圆周展开在延长线上得点1，2，3，4，5…，1各点。在展开图上，通过各分点向上作垂线，与主视图点1′～5′各向右所引水平线

对应相交，将交点连成光滑曲线，即得展开图。

2. 号料

利用样板、样杆、号料草图及放样得出的数据，在板料或型钢上画出零件真实的轮廓和孔口的真实形状及与之连接构件的位置线、加工线等，并标出加工符号，这一工作过程称为号料。号料通常由手工操作完成。号料的技术要求如下：

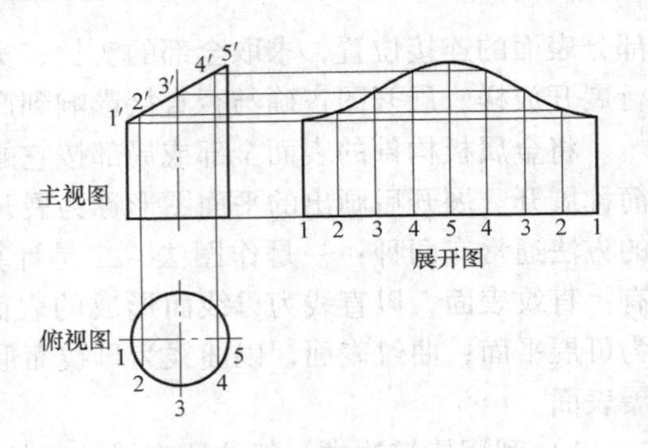

图 3-73 平行线法作斜口圆管展开图

1）熟悉施工图样和产品制造工艺，合理安排各零件号料的先后次序。零件在材料上的排布位置，应符合制造工艺的要求。例如某些需经弯曲加工的零件，要求弯曲线与材料的压延方向垂直；需要在剪床上剪切的零件，其零件位置的排布应保证剪切加工的可能性。

2）根据施工图样，验明样板、样杆、草图及号料数据，核对钢材牌号、规格，保证图样、样板、材料三者的一致。重要产品所用的材料，应有检验合格证书。

3）检查材料有无裂纹、夹层、表面疤痕或厚度不均匀等缺陷，并根据产品的技术要求，酌情处理。当材料有较大变形，影响号料精度时，应先进行矫正。

4）号料前应将材料垫放平整、稳妥，既要利于号料画线和保证精度，又要保证安全和不影响他人工作。

5）正确使用号料工具、量具、样板和样杆，尽量减小因操作引起的号料偏差。例如弹画粉线时，拽起的粉线应在欲画之线的垂直平面内，不得偏斜。

6）号料画线后，在零件的加工线、接缝线以及孔的中心位置等处，应根据加工需要打上契印或样冲眼。同时，按样板上的技术说明，用白铅油或瓷漆标注清楚，为下道工序提供方便。文字、符号、线条应端正、清晰。

3.3.3 铆工实习示例

1. 矩形渐缩管的展开

如图 3-74 所示，形体 *ABCDEFGH* 为一矩形渐缩管，底部出口处于水平位置，上部出口处于倾斜位置。该矩形渐缩管由 *ABFE*、*BCGF*、*CDHG* 和 *DAEH* 共 4 块平面组成。在现有的图形中，没有反映出任何一块平面的实际形状，图中仅反映出 *AB*、*BC*、*CD*、*DA*、*FG*、*EH* 的实长。

分别在主、俯视图上采用旋转法求各边线和对角线的实长，并利用三角形任意两边相交于一点的原理，画出展开图，如图 3-74 所示。

2. 异形管接头的表面展开

如图 3-75 所示，圆方变形管接头可视为由 4 个平面截切一圆台后所形成。为简化作图，用直线代替了截平面与圆角相交的曲线。画展开图时，将视图中的四个圆角分为若干小三角形，用近似方法依次求得其实形。

作图步骤如下：

① 在俯视图上 3 等分圆弧 ad，等分点为点 b、点 c。用旋转法或其他方法，求出视图

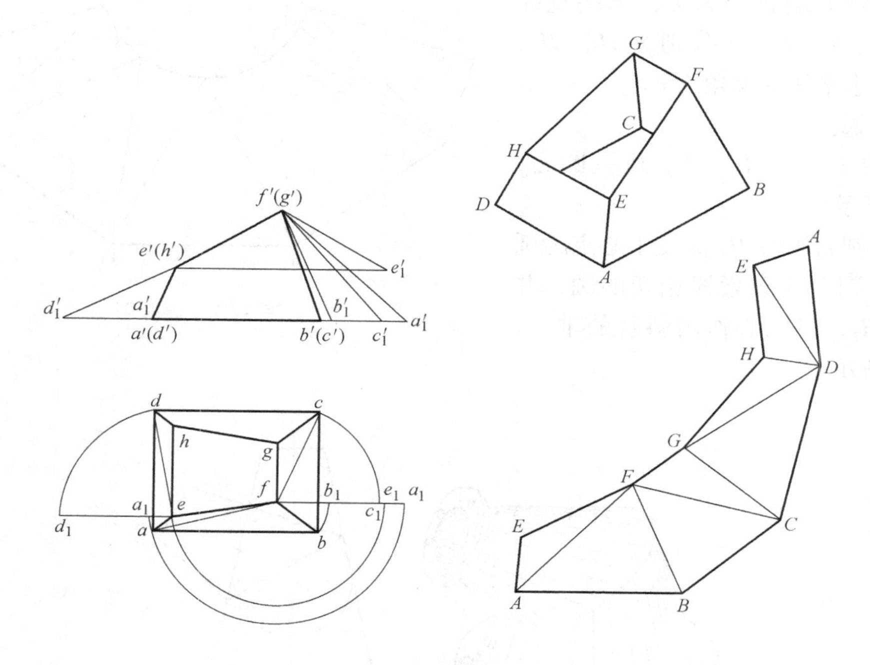

图 3-74　矩形渐缩管的展开

中的一般位置直线 Ⅰ*A*、Ⅰ*B* 的实长，如图 3-76 所示。

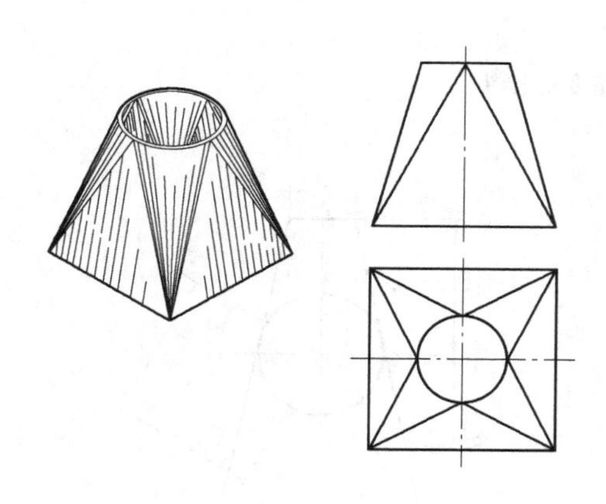

图 3-75　圆方变形管接头

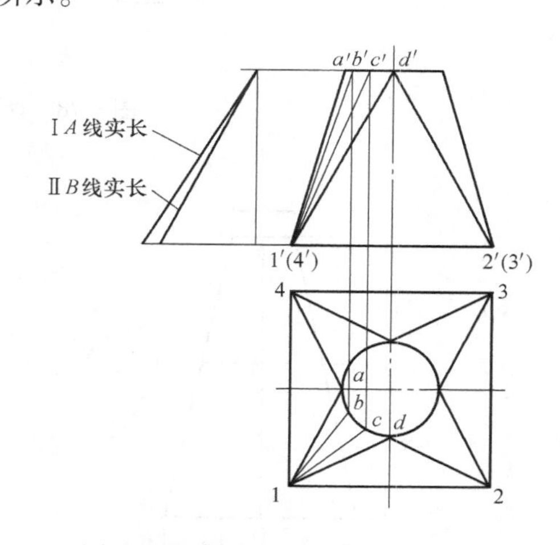

图 3-76　求出一般位置直线的实长

② 依次画出圆角中的各小三角形的实形，如图 3-77 中的△*AB* Ⅰ、△*BC* Ⅰ、△*CD* Ⅰ等。其中 $AB = BC = CD = ab$ 的弦长。

③ 光滑连接 *A*、*B*、*C*、*D* 各点，并对称画出其他部分图形，即得展开图，如图 3-77 所示。

3. 两节渐缩变形接头的展开

图 3-78 所示为两节渐缩变形接头，若将接头中的第二节旋转 90°放置便可组成一个圆台，绘制其表面展开图。作图的要点是在视图中画出两节的交线。

设：圆锥大端直径为 D，小端直径为 d，两节的高度尺寸分别为 H_1、H_2，斜管轴线与水平线的夹角为 α。

作图步骤：

① 按 d、D、H_1、H_2 画一圆台，如图 3-79 所示。

② 以圆台轴线 H_1 高度中心点为圆心，作一与圆台轮廓素线相切的圆，并根据 α 及 H_2，过圆心作出斜管的轴线，如图 3-80 所示。

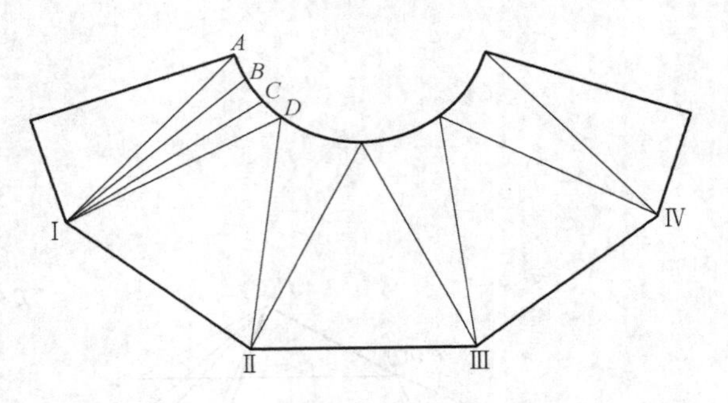

图 3-77 展开图

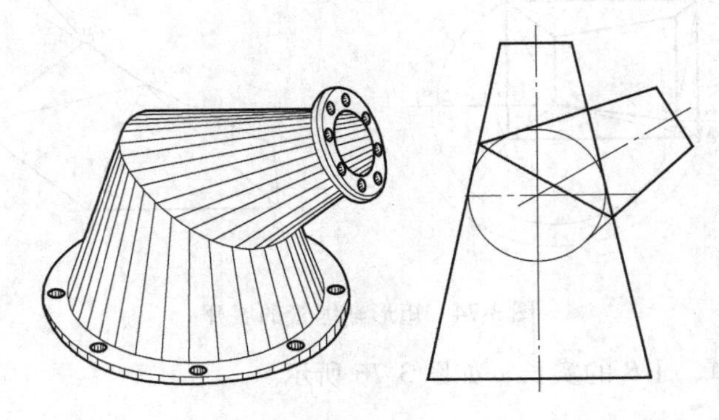

图 3-78 两节渐缩变形接头

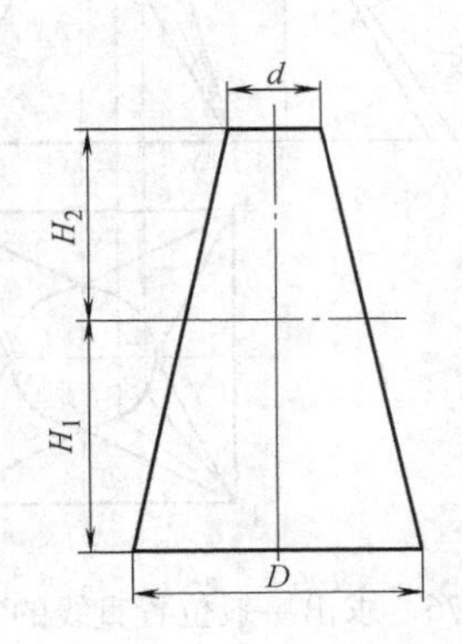

图 3-79 画出圆台

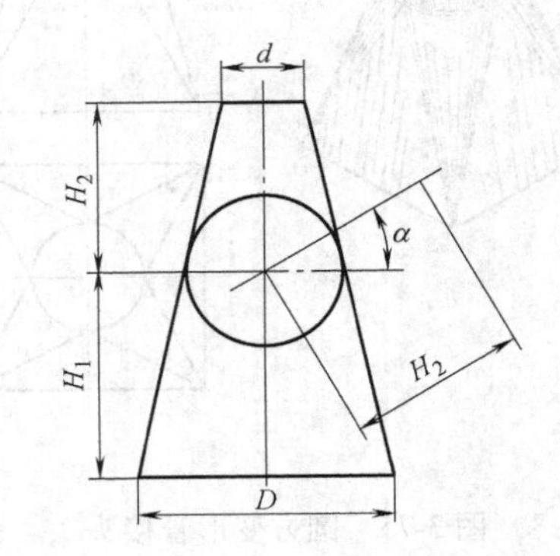

图 3-80 作相切圆

③ 在斜管轴线上端 H_2 处作轴线的垂线，并以轴线为基准，在垂线两侧量取 $d/2$ 后得 a、b 两点。分别过点 a、b 作圆的切线并延长，使之与圆台的轮廓素线相交于点 e、f，连接点 e、f 即得两节的交线，如图 3-81 所示。

④ 延长圆台两轮廓素线，得圆锥锥顶。并将圆锥底圆作等分，如图 3-82 所示。

⑤ 将圆锥展开，同时在展开图中确定交线上各点的位置，连接后如图 3-83 所示。

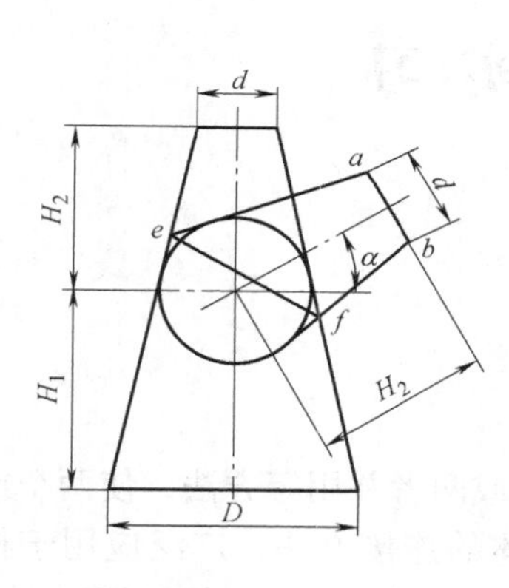

图 3-81 得到两节的交线

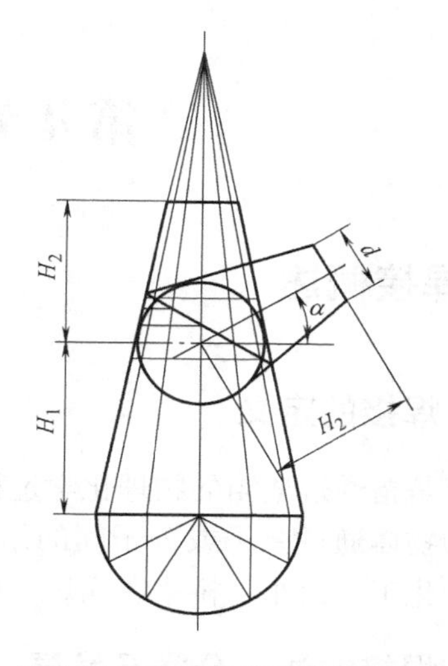

图 3-82 延长轮廓素线得圆锥锥顶，并等分底圆

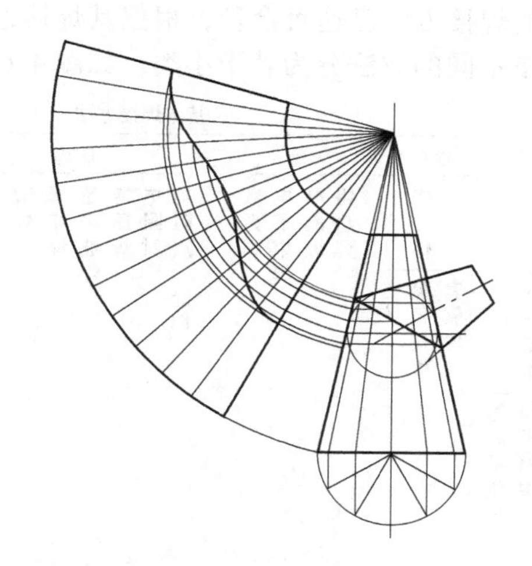

图 3-83 在展开图上画出交点位置，得到展开图

第4章 焊接实习

4.1 焊接概述

4.1.1 焊接的定义

焊接是指通过适当的物理化学过程，如加热、加压或两者并用等方法，使两个或两个以上分离的物体通过原子或分子间的结合力而连接成一体的连接方法，广泛应用于机械、造船、石油化工、汽车、桥梁、锅炉、航空航天、原子能、电子电力、建筑等领域。

4.1.2 焊接方法、分类及发展

1. 焊接方法与分类

目前在工业生产中应用的焊接方法已达百余种，根据其焊接过程和特点可分为熔焊、压焊、钎焊三大类，每大类可按不同的方法分为若干小类，如图4-1所示。

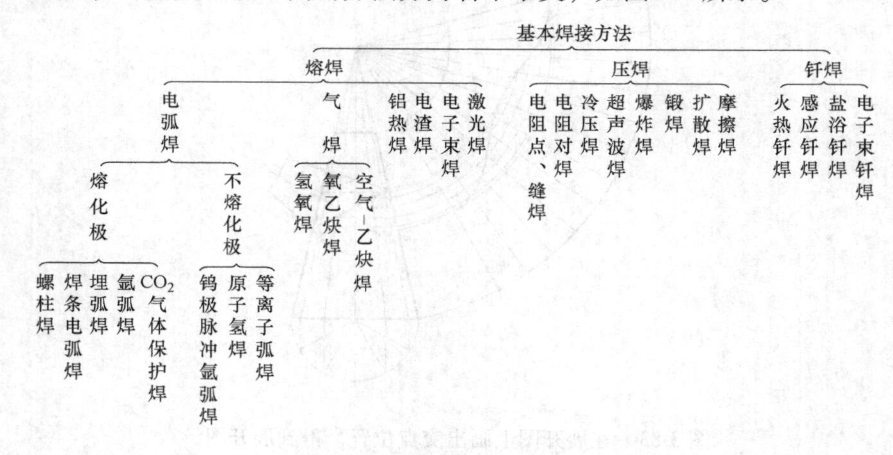

图4-1 焊接方法与分类

1）熔焊是通过将需要连接的两焊件的接合面加热熔化成液体，然后冷却结晶连成一体的焊接方法。

2）压焊是在焊接过程中，对焊件施加一定的压力，同时采取加热或不加热的方式，完成零件连接的焊接方法。

3）钎焊是利用熔点低于被焊金属的钎料，将焊件和钎料加热到钎料熔化，利用钎料润湿母材，填充接头间隙并与母材相互扩散而实现连接的方法。

2. 焊接技术的发展

目前工业生产中广泛应用的焊接方法是19世纪末和20世纪初以及现代科学技术发展的产物。特别是冶金学、金属学以及电工学的发展，奠定了焊接工艺及设备的理论基础；而冶金工业、电力工业和电子工业的进步，则为焊接技术的长远发展提供了有利的物质和技术条

件。电子束焊、激光焊等20余种基本方法和成百种派生方法的相继发明及应用，体现了焊接技术在现代工业中的重要地位。据不完全统计，目前全世界年产量45%的钢和大量有色金属（工业发达国家，焊接用钢量基本达到其钢材总量的60%~70%），都是通过焊接加工形成产品的。特别是焊接技术发展到今天，几乎所有的部门（如机械制造、石油化工、交通能源、冶金、电子、航空航天等）都离不开焊接技术。因此可以这样说，焊接技术的发展水平是衡量一个国家科学技术先进程度的重要标志之一，没有焊接技术的发展，就不会有现代工业和科学技术的今天。

在科学技术飞速发展的当今时代，焊接已经成功地完成了自身的蜕变。焊接已经从一种传统的热加工技艺发展到了集材料、冶金、结构、力学、电子等多门类科学为一体的工程工艺学科。而且，随着相关学科技术的发展和进步，不断有新的知识融合在焊接之中。在人类社会步入21世纪的今天，焊接已经进入了一个崭新的发展阶段。当今世界的许多最新科研成果、前沿技术和高新技术，如计算机、微电子、数字控制、信息处理、工业机器人、激光技术等，已经被广泛地应用于焊接领域，这使得焊接的技术含量得到了空前的提高，并在制造过程中创造了极高的附加值。以西气东输工程项目为例，全长约4300km的输气管道，焊接接头的数量竟达35万个以上，整个管道上焊缝的长度至少15000km。不借助焊接，简直无法想象如何完成这样的工程。

焊接在未来的工业经济中不仅具有广阔的应用空间，而且还将对产品质量、企业的制造能力及其竞争力产生更大的影响。在加入WTO后，作为全球最大的发展中国家和经济活力最强的国家，我国焊接工业的发展充满了机遇和挑战。如何有效地把握机会，迎接挑战，保证今后可持续的健康发展，是我国焊接行业面临的重要课题。

4.1.3 焊接安全操作规程

（1）电弧焊安全操作规程

1）严格遵守焊工安全操作规程，熟练掌握、遵守《焊接作业安全操作规定》。

2）金属焊接作业人员，必须经专业安全技术培训，工作前必须穿好工作服，戴好工作帽、手套，穿好劳保鞋。工作服口袋应盖好，并扣好纽扣。工作时用面罩。

3）起动焊机前检查电焊机和刀开关，外壳接地是否良好。检查焊接导线绝缘是否良好。在潮湿地区工作应穿胶鞋或用干燥木板垫脚。

4）每隔3个月对电焊机进行一次检查，保障设备及性能良好。

5）搬动电焊机要轻，以免损坏其线路及部件。

6）禁止在储有易燃、易爆的场所或仓库附近进行焊接。在可燃物品附近进行焊接时，必须距离10m外，在露天焊接时必须设置挡风装置，以免火星飞溅引起火灾。当风力在5级以上时，不宜在露天焊接。

7）高空焊接时，必须系好安全带，焊接下方须放遮板，以防火星落下引起火灾或灼伤他人。

8）拆卸或修理电焊设备的一次线，一般应由电工进行。必须由焊工自己修理时，应切断电源后才能进行。

9）焊接中停电，应立即关闭电焊机。工作完毕后应立即关闭电焊机，断开电源。

10）焊接时，注意周围人员，以免被电弧光灼伤眼睛。

(2) 气焊、气割安全操作规程

1) 工作前，必须将操作对象和工作场地了解清楚，并提出安全措施，以防发生事故。

2) 使用前须检查乙炔瓶、氧气瓶及软管、阀、仪表是否齐全有效，须连接紧固，不得松动；氧气瓶及其附件、胶管、工具上均不得粘有油污；操作人员必须随身携带专用工具，如扳手、钳子等。

3) 乙炔瓶的压力要保持正常，压力超过 1.5kgf/cm²[⊖]时应停止使用，不得用金属棒等硬物敲击乙炔瓶、氧气瓶。

4) 氧气瓶、乙炔气瓶应分开放置，间距不得少于5m，距离明火不得少于10m。作业点宜备清水，以备及时冷却焊嘴。乙炔瓶、氧气瓶应放在操作地点的上风口，不得放在高压线及任何电线下面。氧气瓶、乙炔瓶严禁在地下滚动或阳光下暴晒，以免爆炸。

5) 气割作业时，应先开乙炔气，再开氧气。焊（割）炬点火前，应用氧气吹风，检查有无风压及堵塞、漏气现象。当焊（割）炬由于高温发生炸鸣时，必须立即关闭乙炔供气阀，将焊（割）炬放入水中冷却，同时也应关闭氧气阀。在作业时，如发现氧气瓶阀门失灵或损坏不能关闭时，应将瓶内的氧气自动逸尽后，再行拆卸修理；严禁将胶皮软管背在背上操作；严禁使用未安装减压器的氧气瓶进行作业。

6) 气焊（割）作业中。当乙炔管发生脱落、破裂、着火时，应先将焊炬或割炬的火焰熄灭，然后停止供气。当氧气管着火时，应立即关闭氧气瓶阀，停止供氧。进入容器内焊割时，点火和熄灭均应在容器外进行。气焊时不要把火焰喷到人身上和胶皮管上。不得拿着有火焰的焊炬和割炬到处行走。

7) 熄灭气焊火焰时，先灭乙炔，后关氧气，以免回火。当发生回火时，应迅速关闭氧气阀和乙炔气阀门，然后采取灭火措施。

8) 发现乙炔瓶因漏气着火燃烧时，应立即把乙炔瓶朝安全方向推倒，并用砂或消防灭火器材扑灭。

9) 乙炔软管、氧气软管不得错装。使用时氧气软管着火时，不得折弯软管断气，应迅速关闭氧气阀门，停止供氧；乙炔软管着火时，应先关熄炬火，可采取折弯前面一段软管的办法来将火熄灭。

10) 作业后，应卸下减压器，拧上气瓶安全帽。将软管卷起捆好，挂在库内干燥处。氧气瓶中的氧气不得全部用完，应保留 0.5kgf/cm² 的剩余压力。

4.2 电弧焊及其焊接设备

电弧焊是利用电弧热源加热焊件实现熔化焊接的方法。焊接过程中电弧把电能转化成热能和机械能，加热焊件，使焊丝或焊条熔化并过渡到焊缝熔池中去，熔池冷却后形成一个完整的焊接接头。电弧焊应用广泛，可以焊接板厚从 0.1mm 以上到数百毫米的金属结构件，在焊接领域中占有十分重要的地位。

4.2.1 电弧焊

电弧是电弧焊接的热源，电弧燃烧的稳定性对焊接质量有重要的影响。

⊖ 1kgf/cm² = 0.098MPa，全书同。

1. 焊接电弧

焊接电弧是一种气体放电现象，如图4-2所示。当电源两端分别与被焊焊件和焊枪相连时，在电场的作用下，电弧阴极产生电子发射，阳极吸收电子，电弧区的中性气体粒子在接收外界能量后电离成正离子和电子，正、负带电粒子相向运动，形成两电极之间的气体空间导电过程，借助电弧将电能转换成热能、机械能和光能。

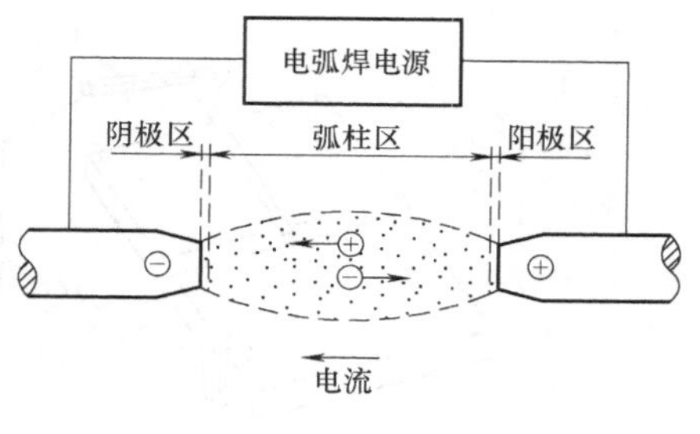

图4-2 焊接电弧

焊接电弧具有以下特点：

1）温度高，电弧弧柱温度范围为5000～30000K。

2）电弧电压低，其范围为10～80V。

3）电弧电流大，其范围为10～1000A。

4）弧光强度高。

2. 电源极性

采用直流电流焊接时，弧焊电源正、负输出端与焊件和焊枪的连接方式，称为极性。当焊件接电源输出正极，焊枪接电源输出负极时，称直流正接或正极性如图4-3a所示；反之，焊件、焊枪分别与电源负、正输出端相连时，则为直流反接或反极性，如图4-3b所示。交流焊接无电源极性问题，如图4-3c所示。

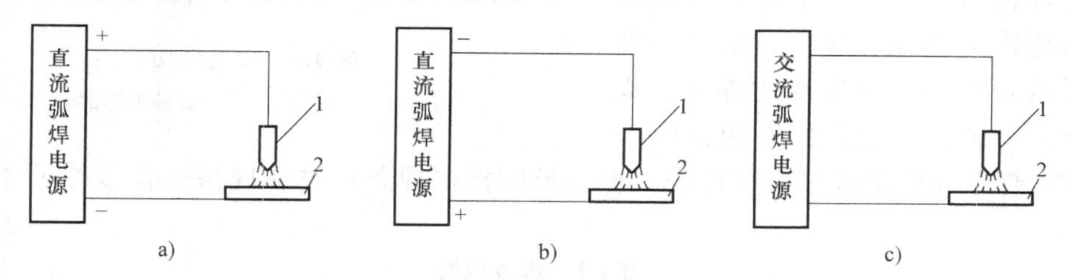

图4-3 焊接电源极性示意图

a）直流反接 b）直流正接 c）交流

1—焊枪 2—焊件

4.2.2 焊条电弧焊

焊条电弧焊是用手工操纵焊条进行焊接的一种焊接方法，应用非常普遍。

1. 焊条电弧焊的原理

焊条电弧焊方法如图4-4所示，焊机电源两输出端通过电缆、焊钳和地线夹头分别与焊条和焊件相连。焊接过程中，产生在焊条和焊件之间的电弧将焊条和焊件局部熔化，受电弧力作用，焊条端部熔化后的熔滴过渡到母材，和熔化的母材熔合一起形成熔池，随着焊工操纵电弧向前移动，熔池金属液逐渐冷却结晶，形成焊缝。

焊条电弧焊使用设备简单，适应性强，可用于焊接板厚1.5 mm以上的各种焊接结构件，并能灵活应用在空间位置不规则的焊缝的焊接，适用于碳钢、低合金钢、不锈钢、铜及铜合金等金属材料的焊接。由于手工操作，焊条电弧焊也存在缺点，如生产率低、产品质量一定程度上取决于焊工操作技术、焊工劳动强度大等，现在多用于焊接单件、小批量产品和

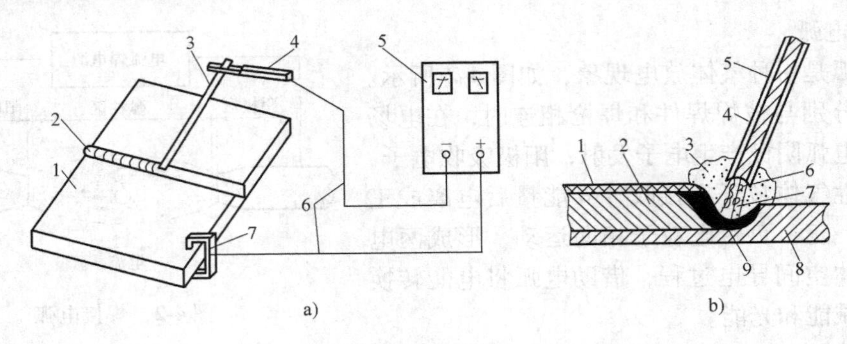

图 4-4 焊条电弧焊

a）焊接连线

1—焊件 2—焊缝 3—焊条 4—焊钳 5—焊接电源 6—电缆 7—地线夹头

b）焊接过程

1—熔渣 2—焊缝 3—保护气体 4—药皮 5—焊芯 6—熔滴 7—电弧 8—母材 9—熔池

难以实现自动化加工的焊缝。

2. 焊条

焊条电弧焊所用的焊接材料是焊条，焊条主要由焊芯和药皮两部分组成，如图 4-5 所示。

焊芯一般是一段具有一定长度及直径的金属丝。焊接时，焊芯有两个功能：一是传导焊接电流，产生电弧；二是焊芯本身熔化作为填充金属，与熔化的母材熔合形成焊缝。我国生产的焊条，基本上以含碳、硫、磷较低的专用钢丝作焊芯制成。焊条规格用焊芯直径代表，焊条长度根据焊条种类和规格，有多种尺寸，见表 4-1。

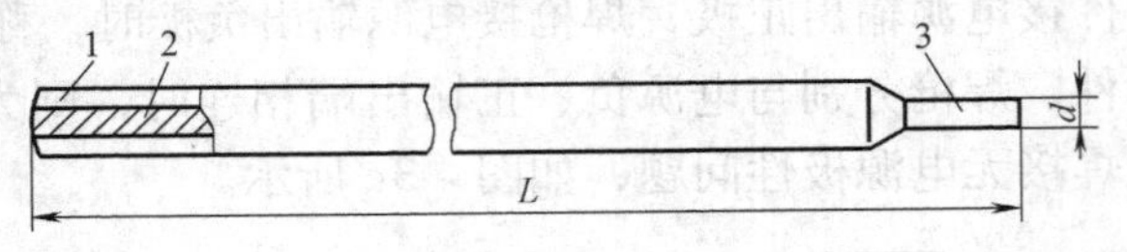

图 4-5 焊条结构

1—药皮 2—焊芯 3—焊条夹持部分

表 4-1 焊条规格

焊芯直径 d/mm	焊条长度 L/mm		
2.0	250	300	
2.5	250	300	
3.2	350	400	450
4.0	350	400	450
5.0	400	450	700
5.8	400	450	700

焊条药皮又称涂料，在焊接过程中起着极为重要的作用。首先，它可以起到保护作用，利用药皮熔化放出的气体和形成的焊渣，起机械隔离空气的作用，防止有害气体侵入熔化金属；其次可以通过焊渣与熔化金属的冶金反应，去除有害杂质，添加有益的合金元素，起到冶金作用，使焊缝获得合乎要求的力学性能；最后，还可以改善焊接工艺性能，使电弧稳定、飞溅小、焊缝成形好、易脱渣和熔敷效率高等。

焊条药皮的组成主要有稳弧剂、造气剂、造渣剂、脱氧剂、合金剂、粘结剂和增塑剂等，其主要成分有矿物类、铁合金、有机物和化工产品。

焊条分为结构钢焊条、耐热钢焊条、不锈钢焊条、铸铁焊条等十大类。根据其药皮组

成，又分为酸性焊条和碱性焊条。酸性焊条电弧稳定，焊缝成形美观，焊条的工艺性能好，可用交流或直流电源施焊，但焊接接头的冲击韧度较低，可用于普通碳钢和低合金钢的焊接；碱性焊条多为低氢型焊条，所得焊缝冲击韧度高，力学性能好，但其电弧稳定性比酸性焊条差，要采用直流电源施焊，反极性接法，多用于重要的结构钢、合金钢的焊接。

3. 焊条电弧焊操作技术

（1）引弧 焊接电弧的建立称为引弧。焊条电弧焊有两种引弧方式：划擦法和直击法。划擦法操作是在焊机电源开启后，将焊条末端对准焊缝，并保持两者的距离在 15mm 以内，依靠手腕的转动，使焊条在焊件表面轻划一下，并立即提起 2 ~ 4mm，电弧引燃，然后开始正常焊接。直击法是在焊机开启后，先将焊条末端对准焊缝，然后稍点一下手腕，使焊条轻轻撞击焊件，随即提起 2 ~ 4mm，就能使电弧引燃，开始焊接。

（2）运条 焊条电弧焊是依靠人手工操作焊条运动实现焊接的，此种操作也称为运条。运条包括控制焊条角度、焊条送进、焊条摆动和焊条前移，如图 4-6 所示。运条技术的具体运用根据焊件材质、接头形式、焊接位置、焊件厚度等因素决定。常见的焊条电弧焊运条方法如图 4-7 所示。其中，直线形运条方法适用于板厚 3 ~ 5mm 的不开坡口对接平焊；锯齿形运条法多用于厚板的焊接；月牙形运条法对熔池加热时间长，容易使熔池中的气体和熔渣浮出，有利于得到高质量焊缝；正三角形运条法适合于不开坡口的对接接头和 T 形接头的立焊；正圆圈形运条法适合于焊接较厚焊件的平焊缝。

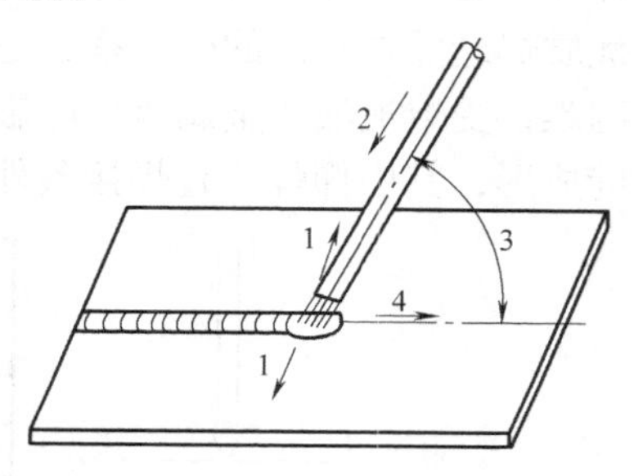

图 4-6 焊条运动和角度控制
1—横向摆动 2—送进 3—焊条与焊件夹角为 70° ~ 80° 4—焊条前移

（3）焊缝的起头、接头和收尾 焊缝的起头是指焊缝起焊时的操作，由于此时焊件温度低、电弧稳定性差，焊缝容易出现气孔、未焊透等缺陷，为避免此现象，应该在引弧后将电弧稍微拉长，对焊件起焊部位进行适当预热，并且多次往复运条，达到所需要的熔深和熔宽后再调到正常的弧长进行焊接。

在完成一条长焊缝焊接时，往往要消耗多根焊条，这里就有前、后焊条更换时焊缝接头的问题。为不影响焊缝成形，保证接头处焊接质量，更换焊条的动作越快越好，并在接头弧坑前约 15 mm 处起弧，然后移到原来弧坑位置进行焊接。

焊缝的收尾是指焊缝结束时的操作。焊条电弧焊一般熄弧时都会留下弧坑，过深的弧坑会导致焊缝收尾处缩孔，产生弧坑应力裂纹。焊缝的收尾操作时，应保持正常的熔池温度，做原地横摆点焊动作，逐渐填满熔池后再将电弧拉向一侧熄灭。此外还有

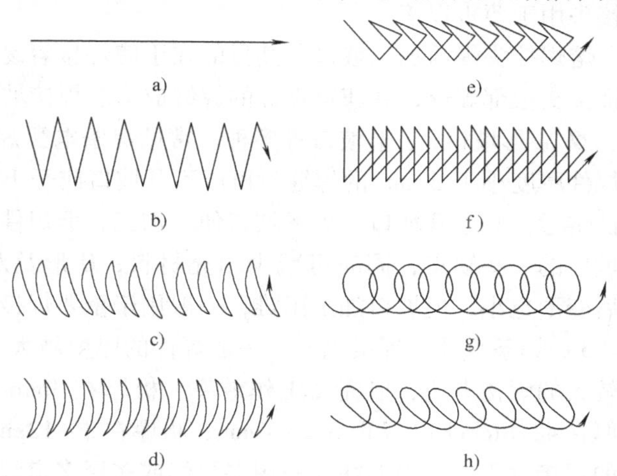

图 4-7 常见焊条电弧焊运条方法
a）直线形 b）锯齿形 c）月牙形 d）反月牙形 e）斜三角形 f）正三角形 g）圆圈形 h）斜圆圈形

三种焊缝收尾的操作方法，即划圈收尾法、反复断弧收尾法和回焊收尾法，也在实践中常用。

（4）焊条电弧焊工艺　选择合适的焊接工艺参数是获得优良焊缝的前提，并直接影响劳动生产率。焊条电弧焊工艺是根据焊接接头形式、焊件材料、板材厚度、焊缝焊接位置等具体情况制订的，包括焊条牌号、焊条直径、电源种类和极性、焊接电流、焊接电压、焊接速度、焊接坡口形式和焊接层数等内容。焊条型号应主要根据焊件材质选择，并参考焊接位置情况决定。电源种类和极性又由焊条牌号而定。焊接电压决定于电弧长度，它与焊接速度对焊缝的成形有重要影响，一般由焊工根据具体情况灵活掌握。

1）焊接位置。在实际生产中，由于焊接结构和焊件移动的限制，焊缝在空间的位置除平焊外，还有立焊、横焊、仰焊，如图 4-8 所示。平焊操作方便，焊缝成形条件好，容易获得优质焊缝并具有高的生产率，是最合适的位置；其他三种又称空间位置焊，焊工操作较平焊困难，受熔池液态金属重力的影响，需要对焊接规范控制并采取一定的操作方法才能保证焊缝成形，其中仰焊位置焊接条件最差，立焊、横焊次之。

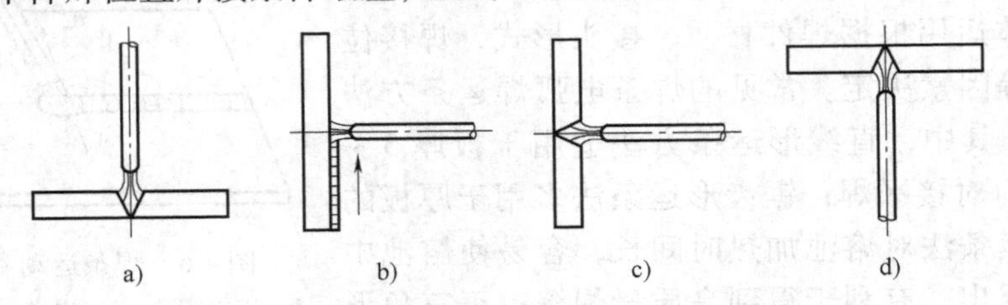

图 4-8　焊缝的空间位置

a）平焊　b）立焊　c）横焊　d）仰焊

2）焊接接头形式和焊接坡口形式。焊接接头是指用焊接的方法连接的接头，它由焊缝、熔合区、热影响区及其邻近的母材组成。根据接头的构造形式不同，焊接接头可分为对接接头、T 形接头、搭接接头、角接接头、卷边接头等 5 种类型。前 4 类如图 4-9 所示，卷边接头用于薄板焊接。

熔焊接头焊前加工坡口，其目的在于使焊接容易进行，电弧能沿板厚熔敷一定的深度，保证接头根部焊透，并获得良好的焊缝成形。焊接坡口形式有 I 形坡口、V 形坡口、U 形坡口、双 V 形坡口、J 形坡口等多种。常见焊条电弧焊接头的坡口形状和尺寸如图 4-9 所示。对焊件厚度小于 6 mm 的焊缝，可以不开坡口或开 I 形坡口；中厚度和大厚度板对接焊，为保证熔透，必须开坡口。V 形坡口便于加工，但焊件焊后易发生变形；X 形坡口可以避免 V 形坡口的一些缺点，同时可减少填充材料；U 形及双 U 形坡口，其焊缝填充金属量更小，焊后变形也小，但坡口加工困难，一般用于重要焊接结构。

3）焊条直径、焊接电流。一般焊件的厚度越大，选用的焊条直径 d 应越大，同时可选择较大的焊接电流，以提高工作效率。板厚在 3mm 以下时，焊条 d 取值小于或等于板厚；板厚在 4 ~ 8mm 时，d 取 3.2 ~ 4mm；板厚在 8 ~ 12mm 时，d 取 4 ~ 5mm。此外，在中厚板焊件的焊接过程中，焊缝往往采用多层焊或多层多道焊完成。低碳钢平焊时，焊条直径 d 和焊接电流 I 的对应关系可按下面的经验公式计算

$$I = kd$$

式中　k——经验系数，取值范围在 30 ~ 50。

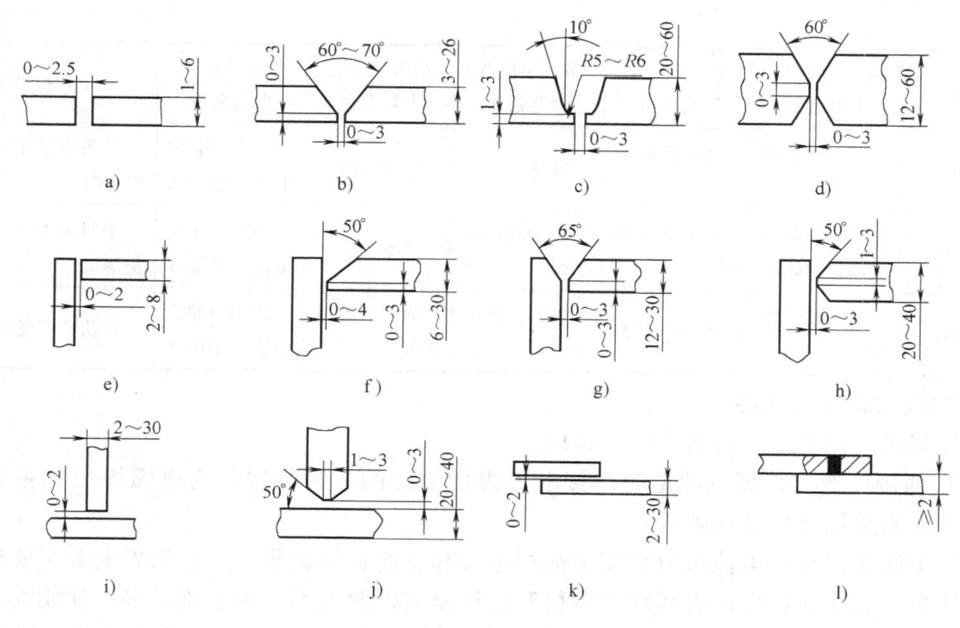

图 4-9 焊条电弧焊接头形式和坡口形式

a）对接接头I形坡口 b）对接接头V形坡口 c）对接接头U形坡口 d）对接接头双V形坡口 e）角接接头I形坡口 f）角接接头单边V形坡口 g）角接接头双边V形坡口 h）角接接头双边K形坡口 i）T形接头T形坡口 j）T形接头双边V形坡口 k）搭接接头（留间隙） l）搭接接头（不留间隙）

当然，焊接电流值的选择还应综合考虑各种具体因素。例如空间位置焊，为保证焊缝成形，应选择较小直径的焊条，焊接电流比平焊位置小；在使用碱性焊条时，为减少焊接飞溅，可适当降低焊接电流值。

4.2.3 焊接设备

焊接设备包括熔焊、压焊和钎焊所使用的焊机和专用设备，这里主要介绍电弧焊用设备即电弧焊机。

1. 电弧焊机分类

电弧焊机按焊接方法可分为焊条电弧焊机、埋弧焊机、CO_2 气体保护焊机、钨极氩弧焊机、熔化极氩弧焊机和等离子弧焊机；按焊接自动化程度可分为手工电弧焊机、半自动电弧焊机和自动电弧焊机。我国电焊机型号由7个字位编制而成，其中不用字位省略。表4-2为电弧焊机型号示例。

表 4-2 电弧焊机型号示例

电焊机型号	第一字位及大类名称	第二字位及大类名称	第三字位及大类名称	第四字位及大类名称	第五字位及大类名称	电焊机类型
BX1-300	B—交流弧焊电源	X—下降特性	省略	1—动铁心式	300—额定电流，单位A	焊条电弧焊用弧焊变压器
ZX5-400	Z—整流弧焊电源	X—下降特性	省略	5—晶闸管式	400—额定电流，单位A	焊条电弧焊用弧焊整流器

（续）

电焊机型号	第一字位及大类名称	第二字位及大类名称	第三字位及大类名称	第四字位及大类名称	第五字位及大类名称	电焊机类型
ZX7-315	Z—整流弧焊电源	X—下降特性	省略	7—逆变式	315—额定电流，单位A	焊条电弧焊用弧焊整流器
NBC-300	N—熔化极气体保护焊机	B—半自动焊	C—CO_2 保护焊	省略	300—额定电流，单位A	半自动 CO_2 气体保护焊机
MZ-1000	M—埋弧焊机	Z—自动焊	省略，焊车式	省略，变速送丝	1000—额定电流，单位A	自动交流埋弧焊机

2. 焊机的组成及功能

电弧焊机可以由一个或数个部分组成。

（1）弧焊电源　弧焊电源是对焊接电弧提供电能的一种装置，为电弧焊机的主要组成部分，能够直接用于焊条电弧焊。

弧焊电源根据输出电流可分成交流弧焊电源和直流弧焊电源。交流弧焊电源主要种类是弧焊变压器。直流弧焊电源有弧焊发电机和弧焊整流器两大类。由于用材多，耗能大，弧焊发电机现已很少生产和使用。弧焊整流器主要品种有硅整流式、晶闸管整流式和逆变电源式。其中逆变电源具有体积小、质量轻、高效节能、优良的工艺性能等优点，目前发展最快。

（2）送丝系统　送丝系统是在熔化极自动焊和半自动焊中提供焊丝自动送进的装置。为满足大范围的均匀调速和对送丝速度的快速响应，一般采用直流伺服电动机驱动。送丝系统有推丝式和拉丝式两种送丝方式，如图4-10所示。

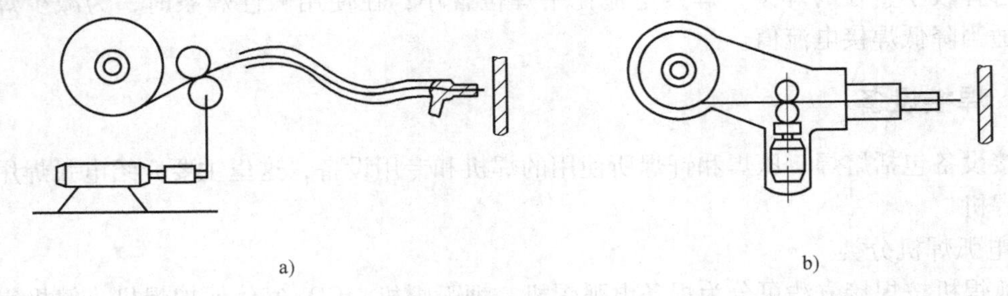

图4-10　熔化极半自动焊送丝方式

a）推丝式　b）拉丝式

（3）行走机构　行走机构是使焊接机头和焊件之间产生一定速度的相对运动，以完成自动焊接过程的机械装置。若行走机构是为焊接某些特定的焊缝或结构件而设计的，则其焊机称为专用焊接机，如埋弧堆焊机、管-板专用钨极氩弧焊机等。通用的自动焊机可广泛用于各种结构的对接、角接、环焊缝和圆筒纵缝的焊接，在埋弧焊方法中最为常见，其行走机构有小车式、门架式、悬臂式三类，如图4-11所示。

（4）控制系统　控制系统是实现熔化极自动电弧焊焊接参数自动调节和焊接程序自动控制的电气装置。为了获得稳定的焊接过程，需要合理选择焊接规范参数，如电流、电压及焊接速度等，并且保证参数在焊接过程中稳定。在实际生产中往往会发生焊件与焊枪之间距离波动、送丝阻力变化等干扰，引起弧长的变化，造成焊接参数不稳定。

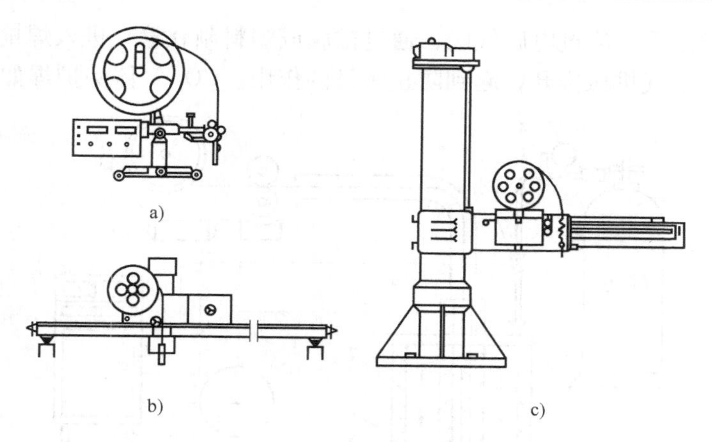

图4-11 常见行走机构形式

a）小车式 b）门架式 c）悬臂式

焊条电弧焊是利用焊工眼睛、耳朵、大脑、手配合，适时调整弧长的，电弧焊自动调节系统则应用闭环控制系统进行调节，如图4-12所示。目前常用的自控系统有电弧电压反馈调节器和焊接电流反馈调节器。

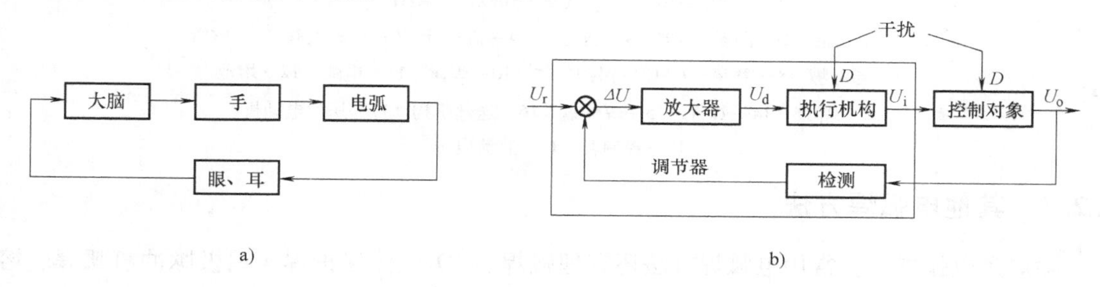

图4-12 电弧焊调节系统

a）焊条电弧焊的人工调节系统 b）闭环调节系统

焊接程序自动控制是指以合理的次序使自动弧焊机各个工作部件进入特定的工作状态。其工作内容主要是在焊接引弧和熄弧过程中，对控制对象包括弧焊电源、送丝机构、行走机构、电磁气阀、引弧器、焊接工装夹具的状态和参数进行控制。图4-13所示为气体保护自动电弧焊的典型程序循环图。

（5）送气系统 送气系统用在气体保护焊中，一般包括储气瓶、减压表、流量计、电磁气阀、软管。气体保护焊常用气体为氩气和CO_2。氩气瓶内装高压氩气，满瓶压力为15.2MPa；CO_2气瓶灌入的是液态CO_2，在室温下，瓶内剩余空间被汽化的CO_2充满，饱和压力达到5MPa以上。

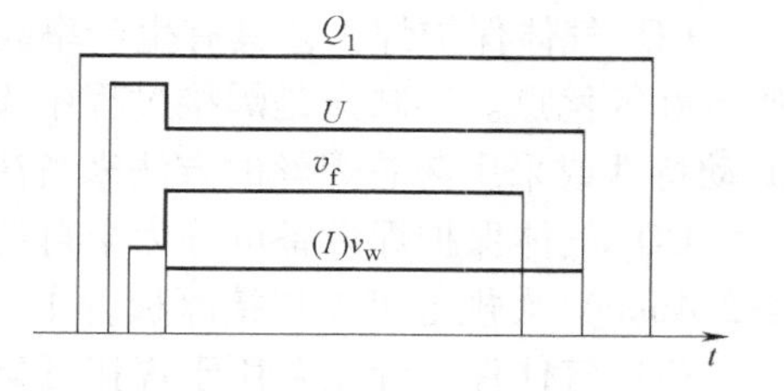

图4-13 熔化极气体保护自动焊程序循环图

Q_1—保护气体流量 U—电弧电压 I—焊接电流 v_f—送丝速度 v_w—焊接速度

减压表用以减压和调节保护气体压力。流量计是标定和调节保护气体流量，两者联合使用，使最终焊枪输出的气体符合焊接规范要求。电磁气阀是控制和保护气体通断的元件，有交流驱动和直流驱动两种。

气体从气瓶减压输出后，流过电磁气阀，通过橡胶或塑料制软管，进入焊枪，最后由喷嘴输出，把电弧区域的空气机械排开，起到防止污染的作用。CO_2 气体保护焊如图 4-14 所示。

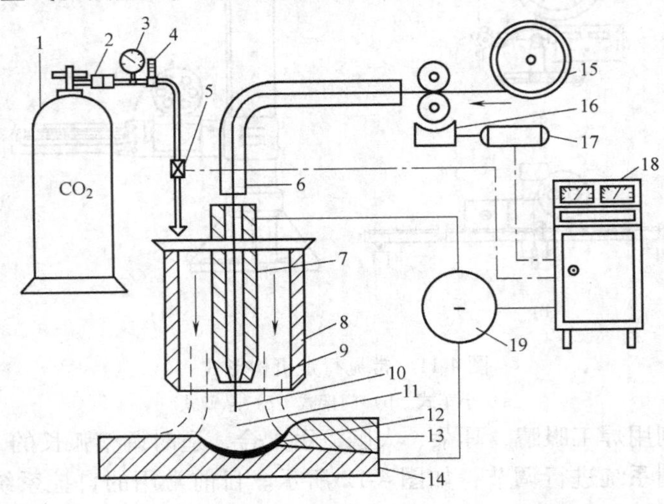

图 4-14　CO_2 气体保护焊示意图

1—CO_2 气瓶　2—干燥预热器　3—压力表　4—流量计　5—电磁气阀　6—软管　7—导电嘴　8—喷嘴　9—CO_2 保护气体　10—焊丝　11—电弧　12—熔池　13—焊缝　14—焊件　15—焊丝盘　16—送丝机构　17—送丝电动机　18—控制箱　19—直流电源

4.2.4　其他电弧焊方法

除焊条电弧焊外，常用电弧焊方法还有埋弧焊、CO_2气体保护焊、钨极脉冲氩弧焊、熔化极氩弧焊和等离子弧焊。

1. CO_2 气体保护焊

CO_2 气体保护焊是一种用 CO_2 气体作为保护气的熔化极气体电弧焊方法。其工作原理如图 4-14 所示，弧焊电源采用直流电源，电极的一端与焊件相连，另一端通过导电嘴将电馈送给焊丝，这样焊丝端部与焊件熔池之间建立电弧，焊丝在送丝机滚轮驱动下不断送进，焊件和焊丝在电弧热作用下熔化并最后形成焊缝。

CO_2 气体保护焊工艺具有生产率高、焊接成本低、适用范围广、低氢型焊接方法、焊缝质量好等优点。其缺点是焊接过程中飞溅较大，焊缝成形不够美观，目前人们正通过改善电源动特性或采用药芯焊丝的方法来解决此问题。

CO_2 气体保护焊设备可分为半自动焊和自动焊两种类型，其工艺适用范围广，粗丝（$\phi \geqslant 2.4$mm）大规范可以焊接厚板，中、细丝用于焊接中厚板、薄板及全位置焊缝。

CO_2 气体保护焊主要用于焊接低碳钢及低合金高强钢，也可用于焊接耐热钢和不锈钢，可进行自动焊及半自动焊，目前广泛用于汽车、轨道客车制造、船舶制造、航空航天、石油化工机械制造等诸多领域。

2. 氩弧焊

以惰性气体氩气作保护气的电弧焊方法有钨极氩弧焊和熔化极氩弧焊两种。

（1）钨极氩弧焊　钨极氩弧焊是以钨棒作为电弧的一极的电弧焊方法，钨棒在电弧焊中是不熔化的，故又称不熔化极氩弧焊，简称 TIG 焊。焊接过程中可以用从旁送丝的方式为焊缝填充金属，也可以不加填丝；可以焊条电弧焊也可以进行自动焊；它可以使用直流、交流和脉冲电流进行焊接。钨极氩弧焊的工作原理如图 4-15 所示。

由于被惰性气体隔离，焊接区的熔化金属不会受到空气的有害作用，所以钨极氩弧焊可用于焊接易氧化的有色金属，如铝、镁及其合金，也用于不锈钢、铜合金以及其他难熔金属的焊接。因其电弧非常稳定，钨极氩弧焊还可以用于焊薄板及全位置焊缝。钨极氩弧焊在航空航天、原子能、石油化工、电站锅炉等行业应用较多。

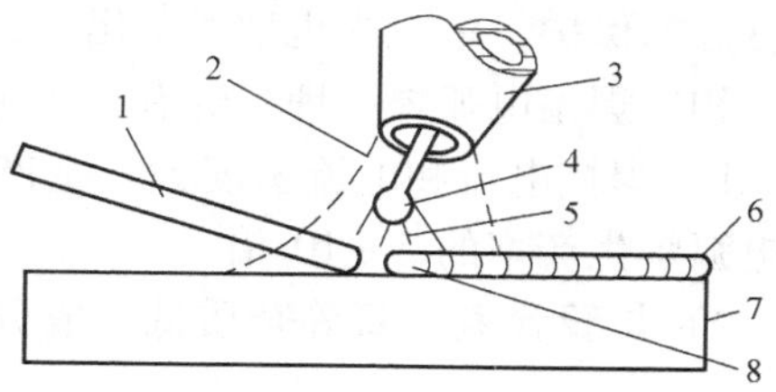

图 4-15 钨极氩弧焊示意图

1—填充焊丝 2—保护气体 3—喷嘴 4—钨极 5—电弧 6—焊缝 7—焊件 8—熔池

钨极氩弧焊的缺点是钨棒的电流负载能力有限，焊接电流和电流密度比熔化极弧焊低，焊缝熔深浅，焊接速度低，厚板焊接要采用多道焊和加填充焊丝，生产率受到影响。

（2）熔化极氩弧焊 熔化极氩弧焊又称 MIG 焊，用焊丝本身作电极，相比钨极氩弧焊而言，电流及电流密度大大提高，因而母材熔深大，焊丝熔敷速度快，提高了生产率，特别适用于中等和厚板铝及铝合金、铜及铜合金、不锈钢以及钛合金焊接。脉冲熔化极氩弧焊用于碳钢的全位置焊。

（3）氩弧焊操作要点

1）焊前清理。焊前用角向磨光机将坡口面及坡口两侧 10～15mm 范围内打磨至露出金属光泽，用圆锉、砂布清理锈蚀及毛刺，如有必要可用丙酮清洗坡口表面及焊丝。

2）焊丝选用原则。手工钨极氩弧焊打底所选用的焊丝，除应满足力学性能要求外，还应具有良好的可操作性，并且不易产生缺陷。H08Mn2SiA 焊丝打底焊缝的抗拉强度均比其原焊丝 H08A 较高；H08A 焊丝打底容易产生气孔，且焊缝成形差，故必须使焊缝材料保持适当的 Mn/Si 比值，该比值越高，焊缝金属的韧性越好。

3）氩弧焊操作过程。

① 焊接前应先备好氩气瓶，瓶上装好氩气流量计，然后将气管与焊机背面板上的进气孔接好，连接处要紧密以防漏气。

② 将氩弧焊枪、气接头、电缆快速接头、控制接头分别与焊机相应插座连接好。工件通过焊接地线与“+”接线栓连接。

③ 将焊机的电源线接好，并检查接地是否可靠。

④ 接好电源后，根据焊接需要选择交流氩弧焊或直流氩弧焊，并将线路切换开关和控制切换开关搬到交流（AC）挡或直流（DC）挡。注意：两开关必须同步使用。

⑤ 将焊接方式切换开关置于“氩弧”位置。

⑥ 打开氩气瓶和流量计，将试气开关拨至“试气”位置，此时气体从焊枪中流出，调好气流后，再将试气与焊接开关拨至“焊接”位置。

⑦ 焊接电流的大小，可用电流调节手轮调节，顺时针旋转电流减小，逆时针旋转电流增大。电流调节范围可通过电流大小转换开关来限定。

⑧ 选择合适的钨棒及对应的卡头，再将钨棒磨成合适的锥度，并装在焊枪内，上述工作完成后按动焊枪上的开关即可进行焊接。

3. 埋弧焊

埋弧焊电弧产生于堆敷了一层的焊剂下的焊丝与焊件之间，受到熔化的焊剂、熔渣以及金属蒸气形成的气泡壁包围。气泡壁是一层液体熔渣薄膜，外层有未熔化的焊剂，电弧区得到良好的保护，电弧光也散发不出去，故被称为埋弧焊，如图 4-16 所示。

相比焊条电弧焊，埋弧焊有三个主要优点：

1）焊接电流和电流密度大，生产率高，是焊条电弧焊生产率的 5 ~10 倍。

2）焊缝含氮、氧等杂质低，成分稳定，质量好。

3）自动化水平高，没有弧光辐射，工人劳动条件较好。

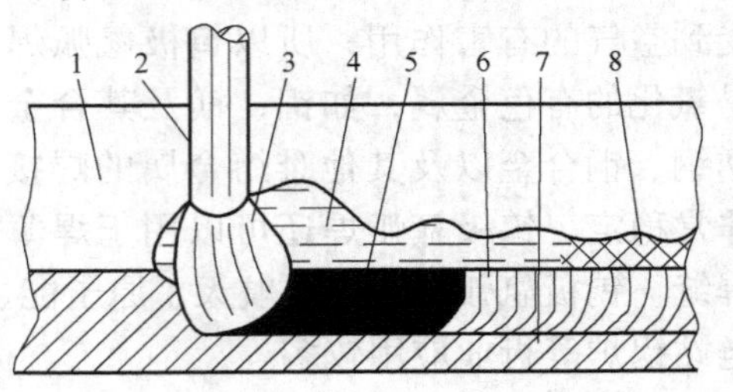

图 4-16　埋弧焊示意图

1—焊剂　2—焊丝　3—电弧　4—熔渣　5—熔池　6—焊缝　7—焊件　8—渣壳

埋弧焊的局限在于受到焊剂敷设限制，不能用在空间位置焊缝的焊接。由于埋弧焊焊剂的成分主要是 MnO 和 SiO_2 等金属及非金属氧化物，不适合焊铝、钛等易氧化的金属及其合金。另外，薄板、短及不规则的焊缝一般不采用埋弧焊。

可用埋弧焊方法焊接的材料有碳素结构钢、低合金钢、不锈钢、耐热钢、镍基合金和铜合金等。埋弧焊在中、厚板对接、角接接头有广泛应用，厚度为 14mm 以下的板材对接可以不开坡口。埋弧焊也可用于合金材料的堆焊上。

4. 等离子弧焊

等离子弧是一种压缩电弧，通过焊枪特殊设计将钨电极缩入焊枪喷嘴内部，在喷嘴中通以等离子气，强迫电弧通过喷嘴的孔道，借助水冷喷嘴的外部拘束条件，利用机械压缩作用、热收缩作用和电磁收缩作用，使电弧的弧柱横截面受到限制，产生温度达 24000 ~50000K 高能量密度的压缩电弧。等离子弧按电源供电方式不同，分为三种形式：

（1）非转移型等离子弧　如图 4-17a 所示，钨极接电源负极，喷嘴接正极，而焊件不参与导电。电弧是在电极和喷嘴之间产生的。

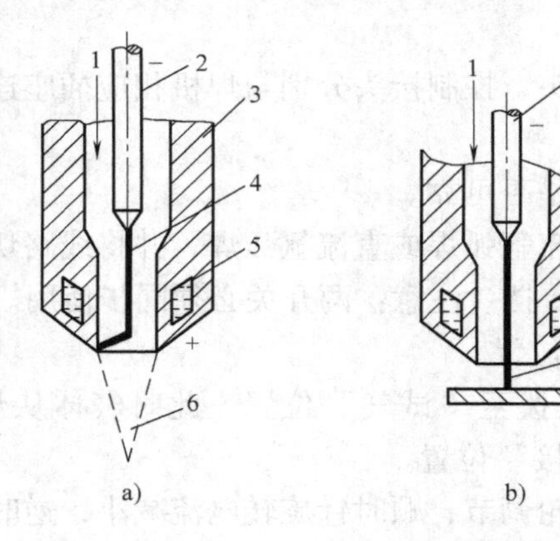

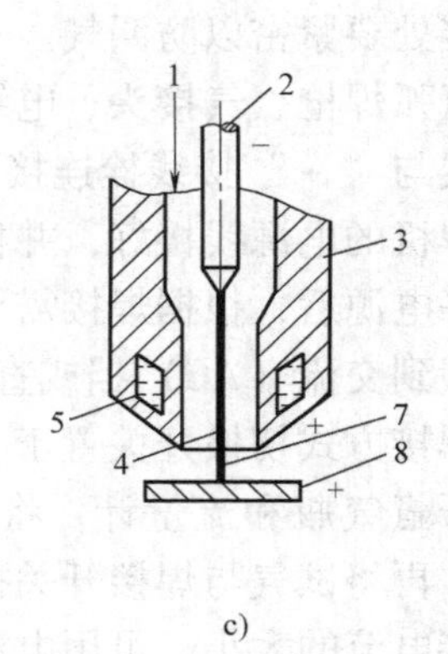

图 4-17　等离子弧的形式

a）非转移型　b）转移型　c）联合型

1—离子气　2—钨极　3—喷嘴　4—非转移弧　5—冷却水　6—弧焰　7—转移弧　8—焊件

（2）转移型等离子弧　如图4-17b所示，钨极接电源负极，焊件接正极，等离子弧在钨极与焊件之间产生。

（3）联合型（又称混合型）等离子弧　如图4-17c所示，这种弧是转移弧和非转移同时存在，需要两个电源独立供电。钨极接两个电源的负极，喷嘴及焊件分别接各个电源的正极。

等离子弧焊接在焊接领域有多方面的应用。等离子弧焊接可用于从超薄材料到中厚板材的焊接，一般离子气和保护气采用氩气、氦气等惰性气体，可以用于低碳钢、低合金钢、不锈钢、铜、镍合金及活性金属的焊接。等离子弧也可用于各种金属和非金属材料的切割。粉末等离子弧堆焊可用于零件制造和修复时堆焊硬质耐磨合金。

4.3　其他焊接方法

除了电弧焊以外，气焊、电阻焊、电渣焊、高能密束焊及钎焊等焊接方法在金属材料连接作业中也有着重要的应用。

4.3.1　气焊与气割

1. 气焊

气焊是利用气体火焰加热并熔化母体材料和焊丝的焊接方法。与电弧焊相比，其优点如下：

①　气焊不需要电源，设备简单。

②　气体火焰温度比较低，熔池容易控制，易实现单面焊双面成形，并可以焊接很薄的焊件。

③　在焊接铸铁、铝及铝合金、铜及铜合金时焊缝质量好。

气焊也存在热量分散、接头变形大、不易自动化、生产率低、焊缝组织粗大、性能较差等缺陷。

气焊常用于薄板的低碳钢、低合金钢、不锈钢的对接、端接，以及在熔点较低的铜、铝及其合金的焊接。此外，它也比较适合焊接需要预热和缓冷的工具钢、铸铁。

气焊主要采用氧乙炔火焰，在两者的混合比不同时，可得到以下3种不同性质的火焰：

（1）中性焰　如图4-18a所示，当氧气与乙炔的混合比为1～1.2时，燃烧充分，燃烧过后无剩余氧或乙炔，热量集中，温度可达3050～3150℃。中性焰由焰心、内焰、外焰三部分组成，焰心呈亮白色圆锥体，温度较低；内焰呈暗紫色，温度最高，适用于焊接；外焰颜色从淡紫色逐渐向橙黄色变化，温度下降，热量分散。中性焰应用最广，低碳钢、中碳钢、铸铁、低合金钢、不锈钢、紫铜、锡青铜、铝及铝合金、镁合金等气焊都使用中性焰。

（2）碳化焰　如图4-18b所示，当氧气与乙炔的混合比小于1时，部分乙炔未燃烧，焰心较长，呈蓝白色，温度最高达2700～3000℃。由于过剩的乙炔分解碳粒和氢气，有还原性，焊缝含氢增加，焊低碳钢时有渗碳现象，适用于气焊高碳钢、铸铁、高速钢、硬质合金、铝青铜等。

（3）氧化焰　如图4-18c所示，当氧气与乙炔的混合比大于1.2时，燃烧过后的气体仍有过剩的氧气，焰心短而尖，内焰区氧化反应剧烈，火焰挺直发出“嘶嘶”声，温度可达

3100～3300℃。由于火焰具有氧化性，焊接碳钢易产生气体，并出现熔池沸腾现象，氧化焰很少用于焊接。轻微氧化的氧化焰适用于气焊普通黄铜、锰黄铜、镀锌铁皮等。

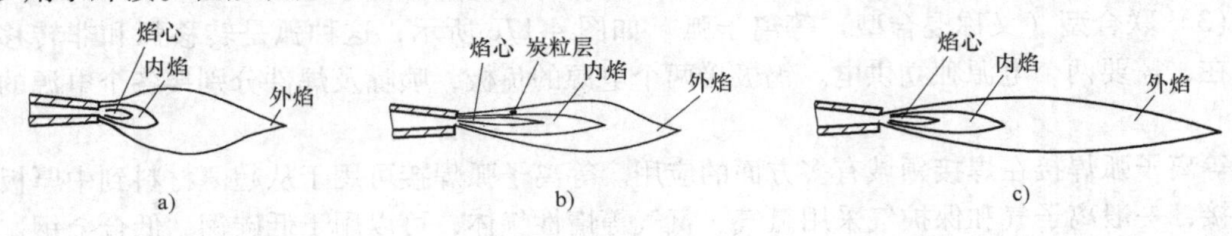

图 4-18　氧乙炔火焰形态

a）中性焰　b）碳化焰　c）氧化焰

2. 气割

氧气切割简称气割，它是利用气体火焰的热能将工件切割处预热到一定温度，然后通以高速切割氧气流，使金属燃烧（剧烈氧化）并放出热量实现切割的方法。常用氧乙炔焰作为气体火焰进行切割，也称氧乙炔气割。

进行气割的金属必须具备下列条件：金属的燃点低于本身的熔点；金属氧化物的熔点低于金属本身的熔点；金属的导热性低。满足上述条件的低碳钢、中碳钢、低合金钢等都可以使用气割；而不锈钢、铸铁、铝、铜等不能使用气割。

气割设备与气焊基本相同，只需把焊炬换成割炬即可。割炬与焊炬相比，增加了输送切割氧气的管道和调节阀。割炬喷嘴有两条通道，中间为切割氧气出口，周围是氧乙炔混合气出口。

4.3.2　电阻焊

电阻焊是将焊件组合后通过电极施加压力，利用电流通过焊件的接触面及临近区域产生的电阻热将其加热到熔化或塑性状态，使之形成金属结合的方法。根据接头形式，电阻焊可分成定位焊、缝焊、凸焊和对焊四种，如图 4-19 所示。

与其他焊接方法相比，电阻焊具有一些优点：

① 不需要填充金属，冶金过程简单，焊接应力及应变小，接头质量高。

② 操作简单，易实现机械化和自动化，生产率高。

其缺点是接头质量难以用无损探伤方法检验，焊接设备较复杂，一次性投资较高。电阻定位焊用于低碳钢、普通低合金钢、不锈钢、钛及合金材料焊接时可以获得优良的焊接接头。电阻焊目前广泛应用于汽车、拖拉机、航空航天、电子技术、家用电器、轻工业等行业。

1. 定位焊

定位焊方法如图 4-19a 所示，将焊件装配成搭接形式，用电极将焊件夹紧并通以电流，在电阻热作用下，电极之间焊件接触处被加热熔化形成焊点。焊件的连接可以由多个焊点实现。定位焊大量应用在厚度小于 3mm 且不要求气密的薄板冲压件、轧制件接头，如汽车车身焊装、电器箱板组焊。一个定位焊过程主要由预压—焊接—维持—休止 4 个阶段组成，如图 4-20a 所示。

2. 缝焊

缝焊工作原理与定位焊相同，但用滚轮电极代替了定位焊的圆柱状电极，滚轮电极施压于焊件并旋转，使焊件相对运动，在连续或断续通电下，形成一个个熔核相互重叠的密封焊缝，如图 4-19b 所示。其焊接循环如图 4-20b 所示。缝焊一般应用在有密封性要求的接头制造上，适用材料板厚为 0.1 ~ 2mm，如汽车油箱、暖气片、罐头盒的生产。

3. 凸焊

电加热后突起点被压塌，形成焊接点的电阻焊方法称为凸焊，如图 4-19c 所示。突起点可以是凸点、凸环或环形锐边等形式。凸焊焊接循环与定位焊一样，如图 4-20c 所示。凸焊主要应用于低碳钢、低合金钢冲压件的焊接。另外，螺母与板焊接、线材交叉焊也多采用凸焊的方法。

4. 对焊

对焊方法主要用于断面直径小于 250mm 的丝材、棒材、板条和厚壁管材的连接。其工作原理如图 4-19d 所示，将两焊件端部相对放置，加压使其端面紧密接触，通电后利用电阻热加热焊件接触面至塑性状态，然后迅速施加大的顶锻力完成焊接。电阻对焊的焊接循环如图 4-20d 所示，特点是在焊接后期施加了比预压大的顶锻力。

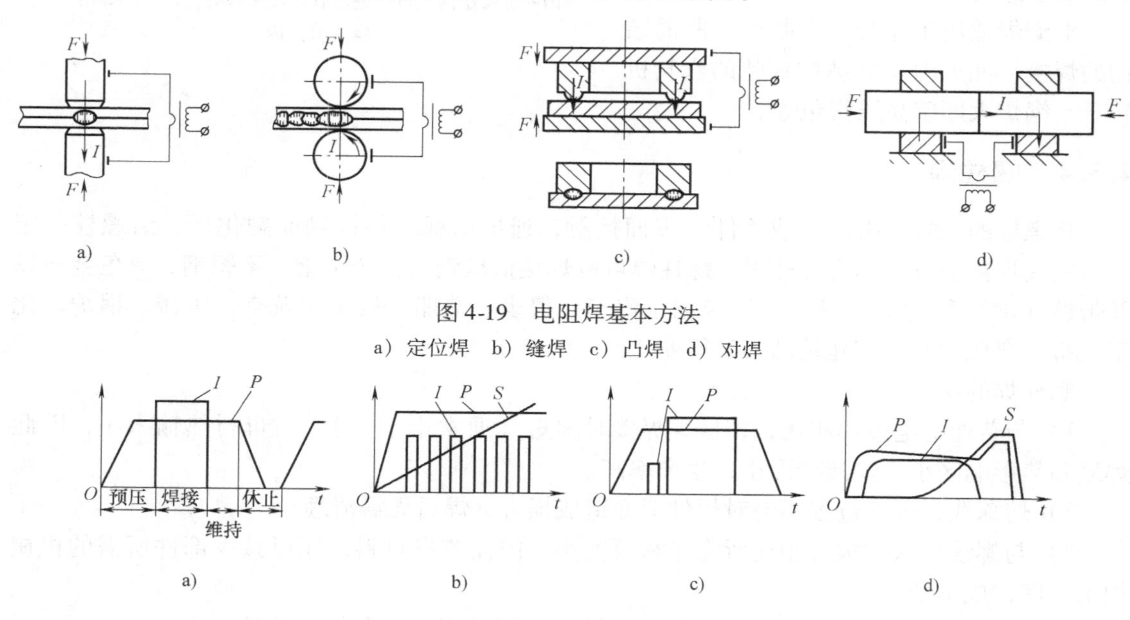

图 4-19　电阻焊基本方法

a）定位焊　b）缝焊　c）凸焊　d）对焊

图 4-20　电阻焊焊接循环

a）定位焊　b）缝焊　c）凸焊　d）对焊

I—电流　P—压力　S—位移

4.3.3 电渣焊

电渣焊是一种利用电流通过液体熔渣所产生的电阻热加热熔化填充金属和母材，以实现金属焊接的熔化焊接方法。如图 4-21 所示，被焊两焊件垂直放置，中间留有 20 ~ 40mm 间隙，电流流过焊丝与焊件之间熔化的焊剂形成的渣池，其电阻热又加热熔化焊丝和焊件边缘，在渣池下部形成金属熔池。在焊接过程中，焊丝以一定速度熔化，金属熔池和渣池逐渐上升，远离热源的底部液体金属则渐渐冷却凝固，结晶形成焊缝。同时，渣池保护金属熔池不被空气污染，水冷成形滑块与焊件端面构成空腔挡住熔池和渣池，保证熔池金属凝固成形。

电渣焊与其他熔化焊接方法相比，有以下特点：

1）适用于垂直或接近垂直的位置焊接，此时不易产生气孔和夹渣，焊缝成形条件最好。

2）壁厚的较大焊件能一次焊接完成，生产率高，与开坡口的电弧焊相比，节省焊接材料。

3）由于渣池对焊件有预热作用，焊接含碳量高的金属时冷裂倾向小，但焊缝组织晶粒粗大，易造成接头韧性变差。一般焊后应进行正火和回火热处理。

电渣焊适用于厚板、大断面、曲面结构的焊接，如火力发电站数百吨的汽轮机转子、锅炉大厚壁高压汽包等。

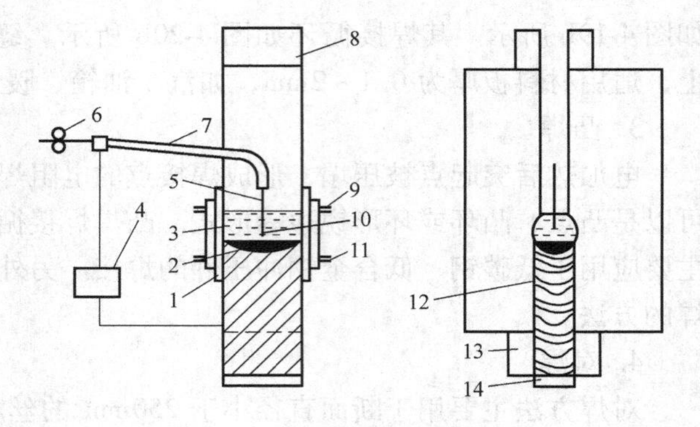

图 4-21　电渣焊过程示意图

1—水冷成形滑块　2—金属熔池　3—渣池　4—焊接电源　5—焊丝　6—送丝轮　7—导电杆　8—引出板　9—出水管　10—金属熔滴　11—进水管　12—焊缝　13—起焊槽　14—引弧板

4.3.4　螺柱焊

将螺柱的一端与板件（或管件）表面接触，通电引弧，待接触面融化后，给螺柱一定压力完成焊接的方法称为螺柱焊。螺柱焊可以焊接低碳钢、低合金钢、不锈钢、有色金属以及带镀（涂）层的金属等，广泛应用于汽车、仪表、造船、机车、航空、机械、锅炉、化工设备、变压器及大型建筑结构等行业。

螺柱焊的特点：

1）与普通的电弧焊相比，螺柱焊焊接时间短（通常小于1s），对母材热输入小，因此焊缝和热影响区小，焊接变形小，生产率高。

2）熔深浅，焊接过程不会对焊件背面造成损害，焊后无需清理。

3）与螺纹拧入的螺柱相比所需母材厚度小，因而节省材料，还可减少部件所需的机械加工工序，成本低。

4）易将螺柱与薄件连接，且焊接带（镀）涂层的焊件时易保证质量。

5）与其他焊接方法相比，可使紧固件之间的间距达到最小，对于需防渗漏的螺柱连接，可用以保证密封性要求。

6）与焊条电弧焊相比，所用设备轻便且便于操作，焊接过程简单。

7）易于全位置焊接。

8）对于易淬硬金属，容易在焊缝和热影响区形成淬硬组织，接头延展性较差。

4.3.5　摩擦焊

摩擦焊是在压力作用下，待焊界面通过相对运动进行摩擦时，界面及其附近温度升高，材料的变形抗力下降，塑性提高，界面的氧化膜破碎，并且伴随着产生材料塑性变形与流动，最终通过界面上的扩散及再结晶而实现连接的固态焊接方法。目前，摩擦焊已在各种工具、轴瓦、阀门、石油钻杆、电机与电力设备、工程机械、交通运输工具以及航空、航天设备制造等各方面获得了越来越广泛的应用。

1. 摩擦焊的原理

摩擦焊是在压力作用下，待焊界面通过相对运动进行摩擦，机械能转变为热能。对于给定的材料，在足够的摩擦压力和足够的相对运动速度条件下，被焊材料的温度不断上升。随着摩擦过程的进行，焊件产生一定的塑性变形量，在适当时刻停止焊件间的相对运动，同时施加较大的顶锻力并维持一定的时间，即可实现材料间的固相连接。

2. 摩擦焊与其他焊接方法相比具有以下特点

1）接头质量高且延展性好。

2）适合异种材料的连接。一般来说，凡是可以进行锻造的金属材料都可以进行摩擦焊接。摩擦焊还可以焊接非金属材料，甚至曾通过普通车床成功地对木材进行焊接。

3）生产率高、质量稳定。曾经有过用摩擦焊焊接200万件汽车后桥无一废品的记录。

4）对非圆形截面焊接较困难，设备复杂；对盘状薄件和薄壁管件，由于不易夹持固定，施焊也很困难。

5）焊机的一次性投资较大，大批量生产时才能降低生产成本。

4.3.6 电子束焊

电子束焊是以会聚的高速电子束轰击焊件接缝处产生的热能进行焊接的方法。电子束焊时，电子的产生、加速和会聚成束是由电子枪完成的。电子束焊接原理如图4-22所示，阴极10在加热后发射电子，在强电场的作用下电子加速从阴极向阳极运动，通常在发射极到阳极之间加上30～150kV的高电压，电子以很高的速度穿过阳极孔，并在磁偏转线圈会聚作用下聚焦于焊件，电子束3的动能转换成热能后，使焊件熔化焊接。为了减小电子束流的散射及能量损失，电子枪7内要保持10Pa以上的真空度。

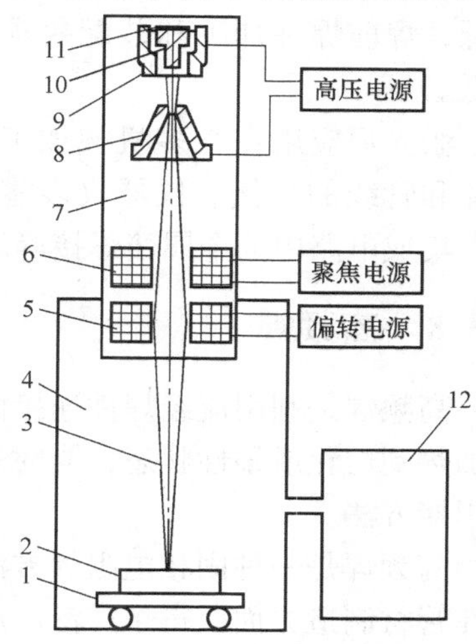

图4-22 电子束焊接示意图

1—焊接台 2—焊件 3—电子束 4—真空室 5—偏转线圈 6—聚焦线圈 7—电子枪 8—阳极 9—聚束极 10—阴极 11—灯丝 12—真空泵系统

电子束焊按被焊焊件所处环境的真空度可分成三种，即真空电子束焊（10～10Pa）、低真空电子束焊（10～25Pa）和非真空电子束焊（不设真空室）。

电子束焊与电弧焊相比，其主要特点是：

1）功率密度大。焊缝熔深大，熔宽小，既可以进行很薄材料（0.1mm）的精密焊接，又可以用在很厚（最厚达300mm）构件的焊接。

2）焊缝金属纯度高，所有用其他焊接方法能进行熔化焊的金属及合金都可以用电子束焊接。此外，电子束焊还能用于异种金属、易氧化金属及难熔金属的焊接。

3）设备较为昂贵，焊件接头加工和装配要求高。另外，电子束焊时应对操作人员加以防护，避免受到X射线的伤害。

电子束焊接已经广泛应用于很多领域，如汽车制造中的齿轮组合体、核能工业的反应堆壳体、航空航天部门的飞机起落架等。

4.3.7 激光焊

激光焊是利用大功率相干单色光子流聚集而成的激光束为热源进行焊接的方法。激光的产生是利用了原子受激辐射的原理，当粒子（原子、分子等）吸收外来能量时，从低能级跃升至高能级，此时若受到外来一定频率的光子的激励，又跃迁到相应的低能级，同时发出一个和外来光子完全相同的光子。如果利用装置（激光器）使这种受激辐射产生的光子去激励其他粒子，将导致光放大作用，产生更多的光子，在聚光器的作用下，最终形成一束单色的、方向一致和亮度极高的激光输出。再通过光学聚焦系统，可以使焦点上的激光能量密度达到极高程度，然后以此激光用于焊接。激光焊接装置如图 4-23 所示。

激光焊和电子束焊同属高能密束焊范畴，与一般焊接方法相比有以下优点：

1）激光功率密度高，加热范围小（<1mm），焊接速度高，焊接应力和变形小。

2）可以焊接一般焊接方法难以焊接的材料，实现异种金属的焊接，甚至用于一些非金属材料的焊接。

3）激光可以通过光学系统在空间传播相当长距离而衰减很小，能进行远距离施焊或对难接近部位焊接。

4）相对电子束焊而言，激光焊不需要真空室，激光不受电磁场的影响。

激光焊的缺点是焊机价格较贵，激光的电光转换效率低，焊前焊件加工和装配要求高，焊接厚度比电子束焊低。

激光焊应用在很多机械加工作业中，如电子器件的壳体和管线的焊接、仪器仪表零件的连接、金属薄板对接、集成电路中的金属箔焊接等。

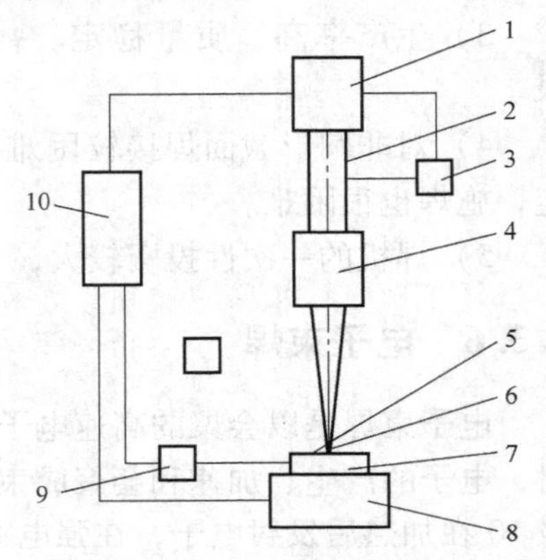

图 4-23 激光焊接装置示意图

1—激光发生器 2—激光光束 3—信号器 4—光学系统 5—观测瞄准系统 6—辅助能源 7—焊件 8—工作台 9—控制系统 10—控制系统

4.3.8 高频焊

高频焊是利用流经焊件连接面的高频电流所产生的电阻热作为热源，使焊件待焊区表层被加热到熔化或塑性状态，同时通过施加（或不加）顶锻力，使焊件达到金属间结合的一种焊接方法。

高频焊是一种固相电阻焊方法（除高频熔焊外），是一种专业化较强的焊接方法，它主要在管材制造方面获得了广泛的应用，除能制造各种材料的有缝管、异型管、散热片管、螺旋散热片管、电缆套管等管材外，还能生产各种断面的型材或双金属和一些机械产品，如汽车轮圈、汽车车厢板、工具钢与碳钢组成的双金属锯条等。

4.3.9 扩散焊

扩散焊是借助温度、压力、时间及真空等条件实现金属键结合，其过程首先是界面局部接触塑性变形，促使氧化膜破碎分解，当达到净面接触时，为原子间扩散创造了条件，同时界面上的氧化物被溶解吸收，继而再结晶组织生长，晶界移动，有时出现联生晶及金属键化合物，构成牢固于一体的焊接接头。

扩散焊分为真空和非真空两大类。其中，非真空扩散焊需用溶剂或气体保护，应用较广和效果最好的是真空扩散焊。

真空扩散焊的特点有：

1）不需填充材料和溶剂（对于某些难于互熔的材料有时加中间过渡层）。

2）接头中无重熔的铸态组织，很少改变原材料的物理、化学特性。

3）能焊非金属和异种金属材料，可制造多层复合材料。

4）可进行结构复杂的面与面、多点多线、很薄和大厚度结构的焊接。

5）焊件只有界面微观变形，残余应力小，焊后不需加工、整形和清理，是精密件理想的焊接方法。

6）可实现自动化焊接，劳动条件很好。

7）表面制备要求高，焊接和辅助时间长。扩散焊目前已实现560多组异种材料的焊接。

采用局部真空措施焊成的巨型工件可长达50m，重75t。例如用533个焊件焊成的一个巨大的轰炸机部件；在宇宙飞船构件的制造中，焊接发动机的喷管、蜂窝壁板；飞机制造中的反推力装置、蒙皮、起落架、钛合金空心叶片、轮盘、桨毂；在化工设备制造中，制成高3m、直径1.8m的部件；在原子能设备制造中，制成水冷反应堆燃料元件；在冶金工业中生产复合板；在机械制造中应用更为广泛。此外，利用钛合金超塑性的成形扩散焊已得到成功的应用。

4.3.10 钎焊

钎焊是利用比被焊材料熔点低的金属作钎料，经过加热使钎料熔化，靠毛细管作用将钎料吸入到接头接触面的间隙内，润湿被焊金属表面，使液相与固相之间相互扩散而形成钎焊接头的焊接方法。

钎焊材料包括钎料和钎剂。钎料是钎焊用的填充材料，在钎焊温度下具有良好的湿润性，能充分填充接头间隙，能与焊件材料发生一定的溶解、扩散作用，保证和焊件形成牢固的结合。在钎料的液相线温度高于450℃时，接头强度高，称为硬钎焊；低于450℃时，接头强度低，称为软钎焊。钎料按化学成分可分为锡基、铅基、锌基、银基、铜基、镍基、铝基、镓基等多种。

钎剂的主要作用是去除钎焊件和液态钎料表面的氧化膜，保护母材和钎料在钎焊过程中不被进一步氧化，并改善钎料对焊件表面的湿润性。钎剂种类很多，软钎剂有氯化锌溶液、氯化锌氯化铵溶液、盐酸、松香等，硬钎剂有硼砂、硼酸、氯化物等。

根据热源和加热方法的不同，钎焊也可分为：火焰钎焊、感应钎焊、炉中钎焊、浸渍钎焊、电阻钎焊等。

钎焊具有以下优点：

1）钎焊时由于加热温度低，对焊件材料的性能影响较小，焊接的应力变形比较小。

2）可以用于焊接碳钢、不锈钢、高合金钢、铝、铜等金属材料，也可以用于连接异种金属、金属与非金属。

3）可以一次完成多个焊件的钎焊，生产率高。

钎焊的缺点是接头的强度一般比较低，耐热能力较差，适于焊接承受载荷不大和常温下工作的接头。另外，钎焊之前对焊件表面的清理和装配要求比较高。

4.4 焊接检验

迅速发展的现代焊接技术，已能在很大程度上保证其产品的质量，但由于焊接接头为性能不均匀体，应力分布又复杂，制造过程中作不到绝对的不产生焊接缺陷，更不能排除产品在役运行中出现新缺陷。因而为获得可靠的焊接结构（件）还必须走第二条途径，即采用和发展合理而先进的焊接检验技术。

4.4.1 常见焊接缺陷

1. 焊接变形

焊件焊后一般都会产生变形，如果变形量超过允许值，就会影响使用。焊接变形的几个例子如图 4-24 所示，产生的主要原因是焊件存在不均匀的局部加热和冷却。因为焊接时，焊件仅在局部区域被加热到高温，离焊缝越近，温度越高，膨胀也越大。但是，加热区域的金属因受到周围温度较低的金属阻止，不能自由膨胀，而冷却时又由于周围金属的牵制不能自由地收缩。结果这部分加热的金属存在拉应力，而其他部分的金属则存在与之平衡的压应力。当这些应力超过金属的屈服强度时，将产生焊接变形；当超过金属的强度极限时，则会出现裂纹。

2. 焊缝的外部缺陷

（1）焊缝增强过高　如图 4-25 所示，当焊接坡口的角度开得太小或焊接电流过小时，均会出现这种现象。焊件焊缝的危险平面已从 *M-M* 平面过渡到熔合区的 *N-N* 平面，由于应力集中易发生破坏，因此，为提高压力容器的疲劳寿命，要求将焊缝的增强高铲平。

（2）焊缝过凹　如图 4-26 所示，因焊缝工作截面的减小而使接头处的强度降低。

（3）焊缝咬边　在焊件上沿焊缝边缘所形成的凹陷称为咬边，如图 4-27 所示。它不仅减少了接头工作截面，而且在咬边处造成严重的应力集中。

（4）焊瘤　熔化金属流到熔池边缘未熔化的焊件上，堆积形成焊瘤，它与焊件没有熔合，如图 4-28 所示。焊瘤对静载强度无影响，但会引起应力集中，使动载强度降低。

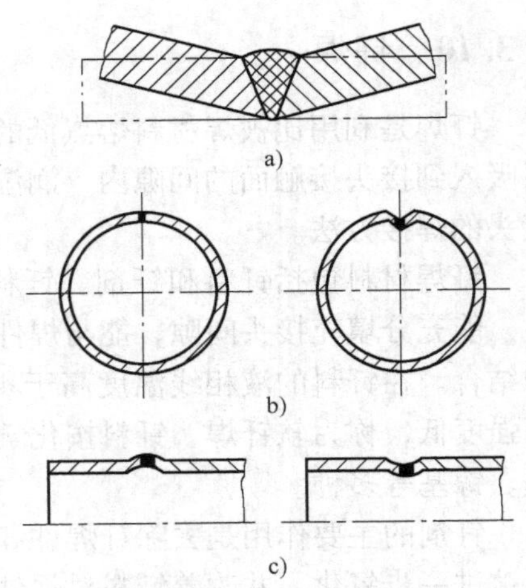

图 4-24　焊接变形示意图

a）V 形坡口焊缝变形　b）筒体纵向焊缝变形　c）筒体环形焊缝变形

（5）烧穿　如图 4-29 所示，烧穿是指部分熔化金属从焊缝反面漏出，甚至烧穿成洞，它使接头强度下降。

以上五种缺陷存在于焊缝的外表，肉眼就能发现，并可及时补焊。如果操作熟练，一般是可以避免的。

3. 焊缝的内部缺陷

（1）未焊透　未焊透是指焊件与焊缝金属或焊缝层间局部未熔合的一种缺陷。未焊透减弱了焊缝工作截面，造成严重的应力集中，大大降低接头强度，往往成为焊缝开裂的根源。

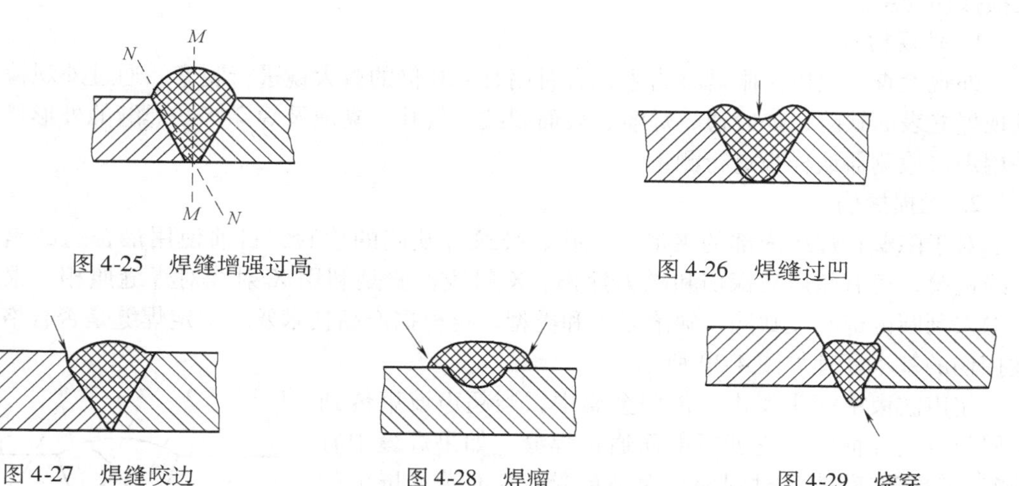

图4-25　焊缝增强过高

图4-26　焊缝过凹

图4-27　焊缝咬边

图4-28　焊瘤

图4-29　烧穿

（2）夹渣　焊缝中夹有非金属熔渣，即称夹渣。夹渣减少了焊缝工作截面，造成应力集中，会降低焊缝强度和冲击韧度。

（3）气孔　焊缝金属在高温时，吸收了过多的气体（如 H_2）或由于熔池内部冶金反应产生的气体（如 CO），在熔池冷却凝固时来不及排出，而在焊缝内部或表面形成孔穴，即为气孔。气孔的存在减少了焊缝有效工作截面，降低接头的机械强度。若有穿透性或连续性气孔存在，会严重影响焊件的密封性。

（4）裂纹　焊接过程中或焊接以后，在焊接接头区域内所出现的金属局部破裂称为裂纹。裂纹可能产生在焊缝上，也可能产生在焊缝两侧的热影响区。有时产生在金属表面，有时产生在金属内部。通常按照裂纹产生的机理不同，可分为热裂纹和冷裂纹两类。

1）热裂纹。热裂纹是在焊缝金属中由液态到固态的结晶过程中产生的，大多产生在焊缝金属中。其产生原因主要是焊缝中存在低熔点物质（如 FeS，熔点 1193℃），它削弱了晶粒间的联系，当受到较大的焊接应力作用时，就容易在晶粒之间引起破裂。焊件及焊条内含 S、Cu 等杂质多时，就容易产生热裂纹。热裂纹有沿晶界分布的特征。当裂纹贯穿表面与外界相通时，则具有明显的氧化倾向。

2）冷裂纹。冷裂纹是在焊后冷却过程中产生的，大多产生在基体金属或基体金属与焊缝交界的熔合线上。其产生的主要原因是热影响区或焊缝内形成了淬火组织，在高应力作用下，引起晶粒内部的破裂。焊接含碳量较高或合金元素较多的易淬火钢材时，最容易产生冷裂纹。焊缝中熔入过多的氢，也会引起冷裂纹。

裂纹是最危险的一种缺陷，它除了减少承载截面之外，还会产生严重的应力集中，在使用中裂纹会逐渐扩大，最后可能导致构件的破坏。所以焊接结构中一般不允许存在这种缺陷，一经发现须铲去重焊。

4.4.2　焊接质量检验

对焊接接头进行必要的检验是保证焊接质量的重要措施。因此，焊件焊完后应根据产品技术要求对焊缝进行相应的检验，凡不符合技术要求所允许的缺陷，需及时进行返修。焊接质量的检验包括外观检查、无损探伤和力学性能试验三个方面。这三者是互相补充的，而以无损探伤为主。

1. 外观检查

外观检查一般以肉眼观察为主，有时用5～20倍的放大镜进行观察。通过外观检查，可发现焊缝表面缺陷，如咬边、焊瘤、表面裂纹、气孔、夹渣及焊穿等。焊缝的外形尺寸还可采用焊口检测器或样板进行测量。

2. 无损探伤

对于隐藏在焊缝内部的夹渣、气孔、裂纹等缺陷的检验，目前使用最普遍的是采用X射线检验，还有超声波探伤和磁力探伤。X射线检验是利用X射线对焊缝照相，根据底片影像来判断内部有无缺陷、缺陷多少和类型。再根据产品技术要求评定焊缝是否合格。超声波探伤的基本原理如图4-30所示。

超声波束由探头发出，传到金属中，当超声波束传到金属与空气界面时，它就折射而通过焊缝。如果焊缝中有缺陷，超声波束就反射到探头而被接受，这时荧光屏上就出现了反射波。根据这些反射波与正常波比较、鉴别，就可以确定缺陷的大小及位置。超声波探伤比X光照相简便得多，因而得到广泛应用。但超声波探伤往往只能凭操作经验作出判断，而且不能留下检验根据。

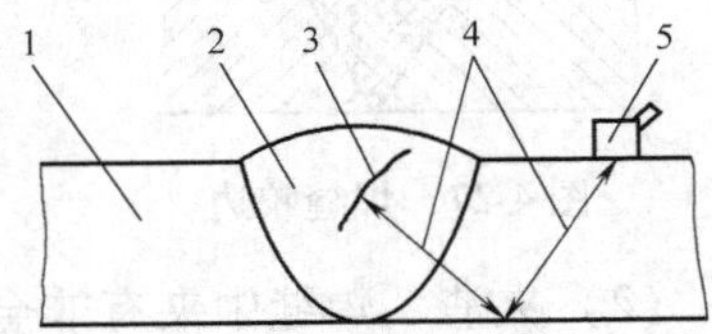

图4-30　超声波探伤原理示意图
1—焊件　2—焊缝　3—缺陷
4—超声波束　5—探头

对于离焊缝表面不深的内部缺陷和表面极微小的裂纹，还可采用磁力探伤。

3. 水压试验和气压试验

对于要求密封性的受压容器，须进行水压试验和或气压试验，以检查焊缝的密封性和承压能力。其方法是向容器内注入1.25～1.5倍工作压力的清水或等于工作压力的气体（多数用空气），停留一定的时间，然后观察容器内的压力下降情况，并在外部观察有无渗漏现象，根据这些可评定焊缝是否合格。

4. 焊接试验样板的力学性能试验

无损探伤可以发现焊缝内在的缺陷，但不能说明焊缝热影响区的金属的力学性能如何，因此有时对焊接接头要作拉力、冲击、弯曲等试验。这些试验由试验样板完成。所用试验样板最好与圆筒纵缝一起焊成，以保证施工条件一致。然后将试验样板进行力学性能试验。实际生产中，一般只对新钢种的焊接接头进行这方面的试验。

4.5　焊接实习示例及操作要领

4.5.1　焊条电弧焊对接平焊的操作练习

1）备料。划线，用剪切或气割方法下料，校直钢板。

2）坡口准备。钢板厚4～6mm，可采用I形坡口双面焊，接口必须平整。

3）焊前清理。清除铁锈、油污等。

4）放置焊件。将两板水平放置，对齐，留1~2mm间隙，如图4-31所示。

5）点固。用焊条点固，固定两焊件的相对位置，点固后除渣。如焊件较长，可每隔30mm左右点固一次，如图4-32所示。

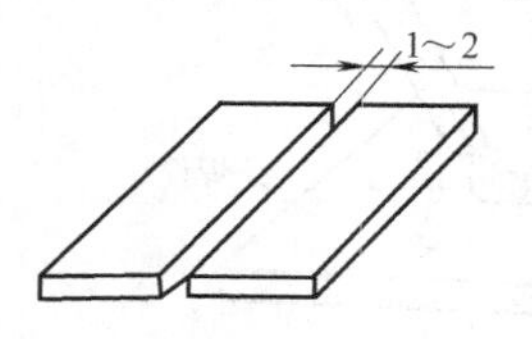

图4-31　对接平焊时焊件的放置

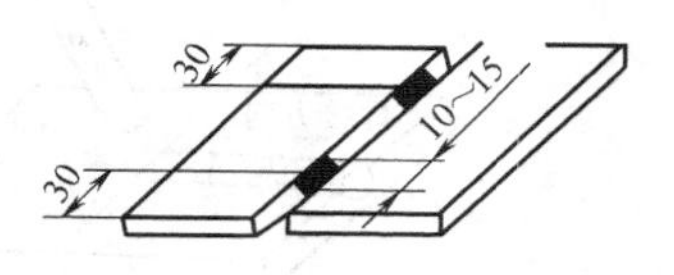

图4-32　焊件点固

6）焊接

①　选择合适的焊接参数。

②　先焊点固面的反面，使熔深大于板厚的一半，焊后除渣，如图4-33所示。

③　翻转焊件，焊另一面。注意事项同上。

7）焊后清理。用小锤、钢丝刷等工具把焊件表面清理干净。

8）检验。用外观方法检查焊缝质量，若有缺陷，应尽可能修补。

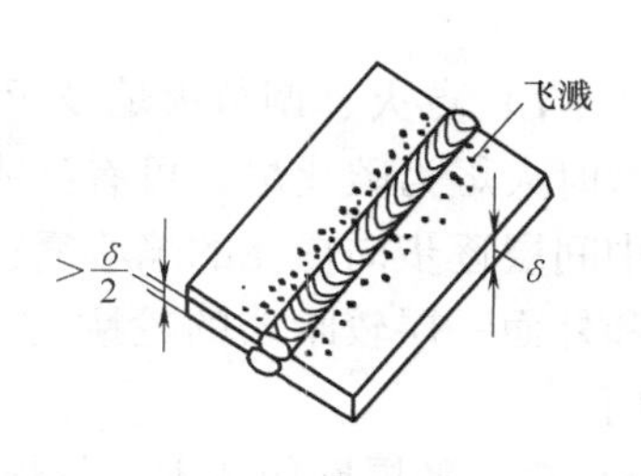

图4-33　焊接

4.5.2　焊工实习操作要领

1. 焊条电弧焊操作要点

（1）引弧要领　引弧就是使焊条和焊件之间产生稳定的电弧。引弧时，首先将焊条末端与焊件表面接触形成短路，然后迅速将焊条向上提起2~4mm的距离，电弧即引燃。引弧方法有两种，即敲击法和摩擦法，如图4-34所示。

（2）运条要领　初学者练习时，关键是掌握好焊条角度、运条基本动作、保持合适的电弧长度和均匀的焊接速度，如图4-35所示。

（3）焊缝收尾　焊缝的收尾动作不仅是熄弧，还要填满弧坑。一般收尾动作有以下几种：

1）划圈收尾法。焊条移至焊缝终点，作圆圈运动，直到填满弧坑再拉断电弧。此法适用厚板收尾。

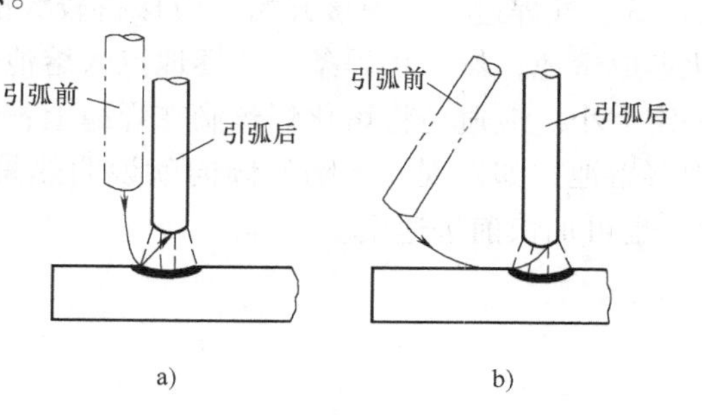

图4-34　引弧方法

a）敲击法　b）摩擦法

2）反复断弧收尾法。焊条移至焊缝终点时，在弧坑处反复熄弧、引弧数次，直到填满弧坑为止。此法一般适用于薄板收尾。

3）回焊收尾法。焊条移至焊缝收尾处即停住，并且改变焊条角度回焊一小段。此法适用于碱性焊条。

2. 气焊操作要点

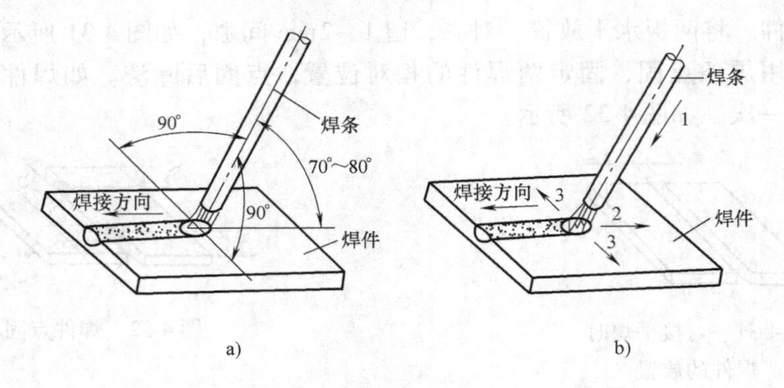

图 4-35　运条要领

a）平焊的焊条角度　b）运条基本动作

1）点火、调节火焰及灭火　点火时先微开氧气阀门，然后开大乙炔阀门，点燃火焰，这时火焰为碳化焰，可看到明显的三层轮廓，然后开大氧气阀门，火焰开始变短，淡白色的中间层逐步向白亮的焰心靠拢，调到刚好两层重合在一起。整个火焰只剩下中间白亮的焰心和外面一层较暗淡的轮廓时，即是所要求的中性焰。灭火时应先关乙炔阀门，后关氧气阀门。

2）平焊操作技术　气焊一般用右手握炬，左手握焊丝，两手互相配合，沿焊缝向左或向右移动焊接。在焊接薄焊件时多采用向左移动焊炬；在焊接厚焊件时，向右移焊炬具有热量集中、熔池较深、火焰能更好地保护焊缝等优点。焊嘴与焊丝轴线的投影应与焊缝重合。焊炬与焊缝间夹角越大，热量就越集中。正常焊接时夹角一般保持 30°～50°，还应使火焰的焰心距熔池液面约 2～4mm，如图 4-36 所示。

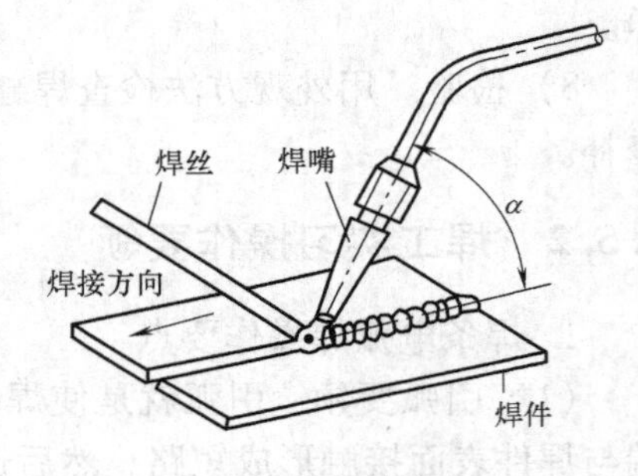

图 4-36　焊炬角度

3）气焊过程　焊接开始，应保持较大的角使焊件熔化形成熔池，然后将焊条有节奏地点入熔池熔化，并使焊炬沿焊缝向前移动，始终保持熔池一定大小。应避免将熔化焊丝滴在焊缝上，形成熔合不好的焊缝。为了减少烧穿，必须注意观察熔池，如发现有下陷的倾向就说明热量过多，应及时将火焰暂时离远或减小焊炬倾角 α，也可加快前进速度。

第 5 章　普通机械加工实习

5.1　切削加工基础知识

金属切削加工是使用刀具（或磨具）切除毛坯上多余的金属层，使其成为合格的机械零件的工艺方法。为了加工出合格的机械零件，切削加工的任务常常是实现一些精度指标，这些精度指标包括尺寸精度、几何精度和表面精度。

在机床上进行工件的切削加工，称为机械加工，简称为机加工。常用的机械加工方法有车、铣、刨、钻、磨等，如图 5-1 所示。这些机械加工方法虽然不同，但它们有着共同的性质和规律。

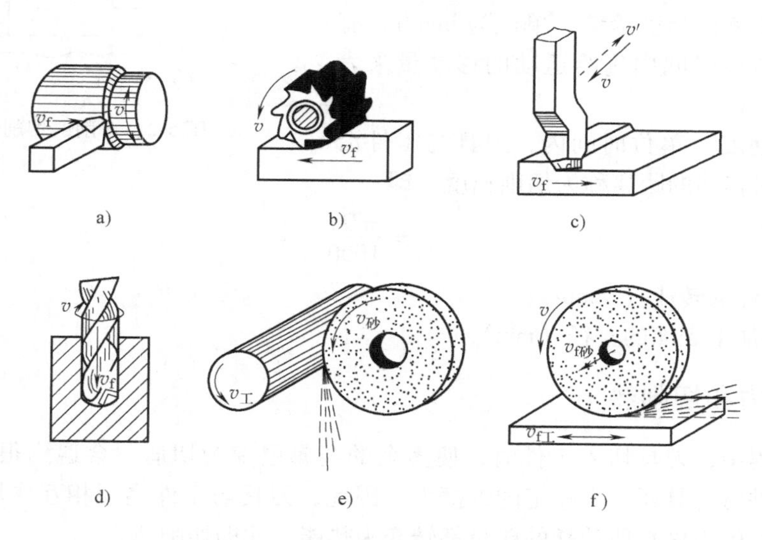

图 5-1　常用的机械加工方法

a）车外圆　b）铣平面　c）刨平面　d）钻孔　e）磨外圆　f）磨平面

5.1.1　切削运动和切削用量

1. 切削运动

切削过程中，刀具和工件之间的相对运动称为切削运动。各种加工方法的切削运动都可分解为两种基本运动。

（1）主运动

主运动是切除金属的基本运动。其特点是在切削过程中速度最高，消耗动力最大。

（2）进给运动

进给运动是使新的金属层不断投入切削，从而形成完整加工表面的运动。其特点是在切削过程中速度低，消耗动力少。

因此，各种金属切削机床都必须具备这两种运动的传动机构，切削时必须相互配合，才能完成所需形面的切削加工。例如车削外圆面时，工件旋转是主运动，同时车刀沿轴向作直线进给运动，才能车出所需要的圆柱体表面，如图 5-1a 所示。切削加工中，主运动只有一个，而进给运动可能是一个或几个。

2. 切削用量

切削用量是指背吃刀量 a_P，进给量 f 和切削速度 v_c。现以车削外圆时的切削用量为例加以说明，如图 5-2 所示。

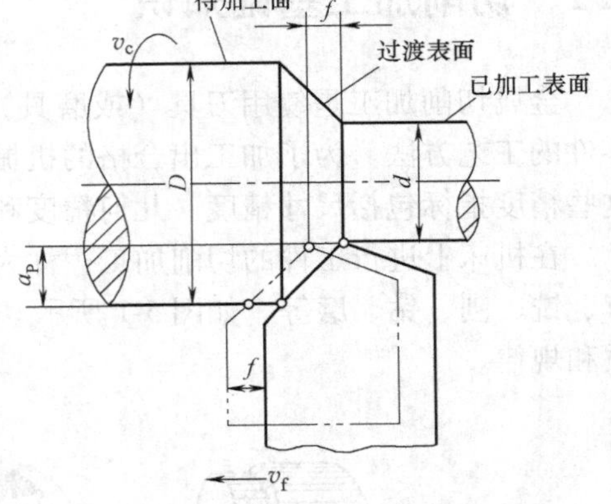

图 5-2 车削的切削用量

（1）背吃刀量 待加工表面与已加工表面之间的垂直距离称为背吃刀量。即

$$a_P = \frac{D - d}{2}$$

式中 D——待加工表面直径（mm）；

d——已加工表面直径（mm）。

（2）进给量 工件每转一周，刀具沿进给运动方向移动的距离称为进给量，单位为 mm/r。有时进给量也用单位时间内进给运动的移动量来表示，单位为 mm/min。

（3）切削速度 单位时间内，刀具与工件沿主运动方向相对移动的距离称为切削速度，即

$$v_c = \frac{\pi D n}{1000}$$

式中 n——工件的转速（r/min）；

D——待加工表面的直径（mm）。

5.1.2 切削力和切削热

在切削过程中，刀具切入工件时，使多余的金属层变为切屑，会遇到很大的阻力，同时，切屑和工件对刀具还产生一定的摩擦力。因此，刀具与工件之间相互作用着很大的力，此即切削力。切削力做功所消耗的能量都转变为热能，此即切削热。

切削力太大，会使机床、刀具和工件产生弹性变形，致使工件的加工精度下降。所以，要获得较高的加工精度，一般将切削加工分为粗加工和精加工两个步骤。粗加工时，用较大的切削深度和进给量，把大部分金属余量切除。精加工时，切削深度和进给量都很小，切削力较小，就不会明显影响工件的加工精度。

切削热会使工件和刀具膨胀，也会影响工件的加工精度。当切削刃的温度太高时，还会降低刀具材料的硬度，明显缩短刀具的使用寿命。所以在加工钢件时都要使用切削液来加强润滑和冷却，以减少切削热的不良影响。

常用的切削液有水类和油类两种，其中水类切削液有较强的冷却和清洗作用，油类切削液则有良好的润滑作用。

5.2　车工实习

车削加工是在车床上利用车刀或钻头、铰刀、丝锥、滚花刀等刀具对工件进行切削加工的方法，是机械加工中最常用的一种加工方法。

5.2.1　车工安全操作规程

1）要穿好工作服，扎紧袖口，纽扣要齐全，女同学的长发或辫子必须塞入帽子中，严禁戴手套操作。

2）操作时要检查各紧固件是否有松动现象，各手柄位置是否正确，操作是否灵活。

3）要检查油标、油孔、油线是否完整正常，各滑动部件是否清洁有油。

4）开车前应该将小刀架调整到合适位置，以免小刀架导轨碰到卡盘而发生人身和设备事故。

5）纵向或横向自动进给时，严禁床鞍或中滑板超过极限位置，以防滑板脱落或碰撞卡盘。

6）工件和刀具必须装夹牢固，防止飞出伤人。卡盘扳手用完后必须及时取下，否则不得开动车床，不准用手去制动转动着的卡盘。

7）设备转动时严禁变速及用手触摸工件、卡盘、装拆刀具、测量工件，清除切屑要用铁钩或毛刷，不得用手拉。

8）变速必须停车床，以防损坏车床。

9）车刀磨损后，要及时刃磨，否则会增加车床负荷，损坏工件，甚至损坏车床。

10）加工中有必要采用切削液时，结束后要及时擦干并注油防锈。

11）严禁非本岗位人员操作设备。

12）操作结束后，要清理现场，清除切屑，擦拭车床，加注润滑油，关闭电源。

5.2.2　车削的工艺范围及工艺特点

1. 车削的工艺范围

车削常用来加工零件上的回转表面，其工艺范围见表 5-1。

表 5-1　车削工艺范围

车外圆	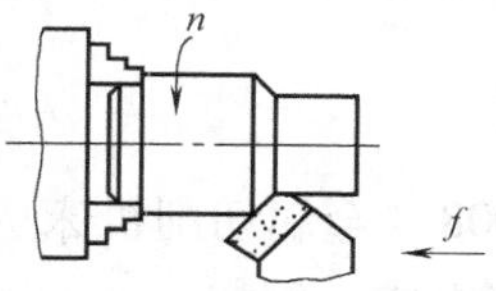 n f	车成形面	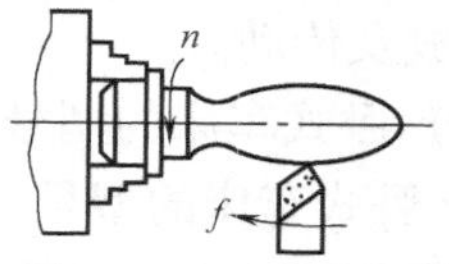 n f
车端面	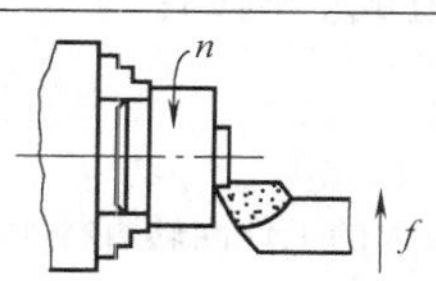 n f	车螺纹	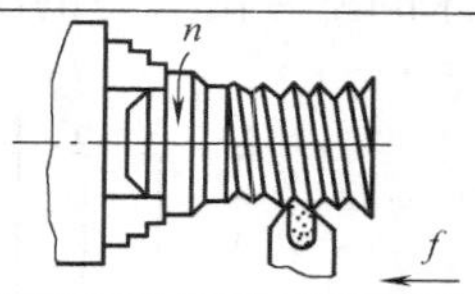 n f
车圆锥面	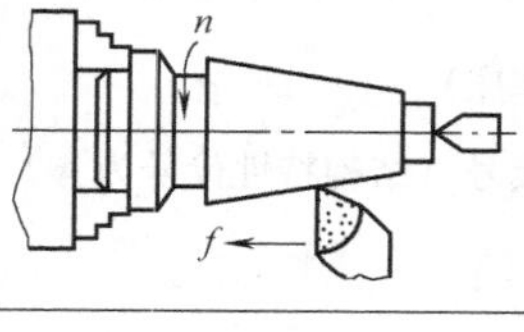 n f	车槽与切断	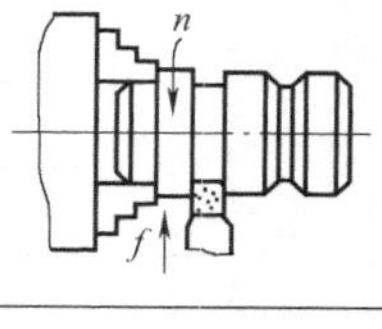 n f

（续）

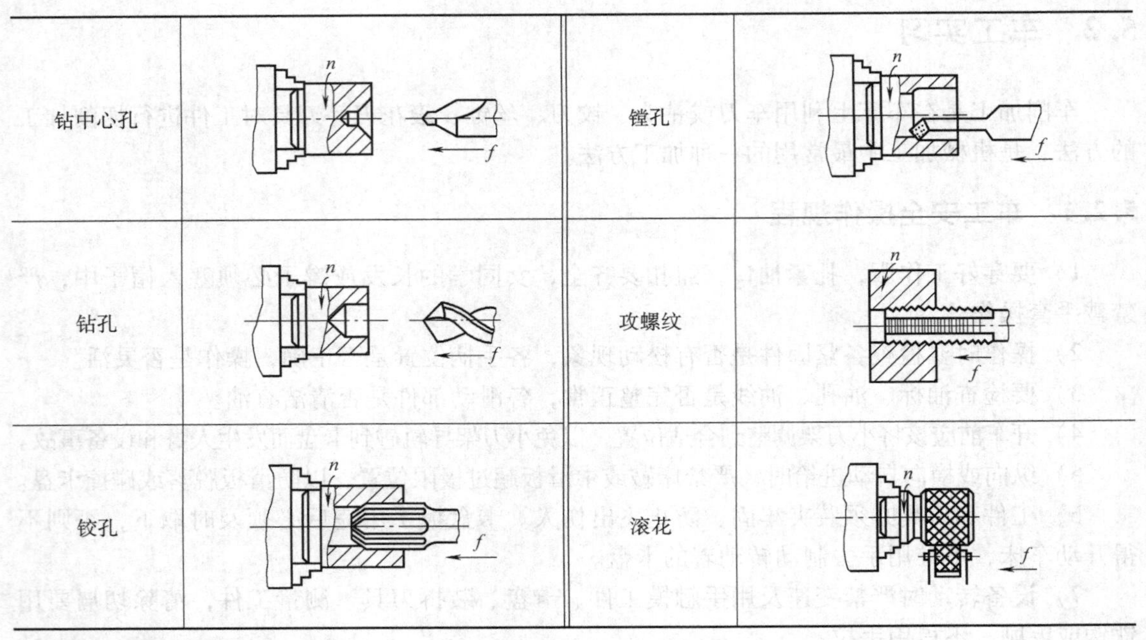

2. 车削的工艺特点

车削与其他加工方法相比有以下特点：

1）轴、盘、套类等零件各表面之间的位置精度要求容易达到，如各表面之间的同轴度要求、端面与轴线的垂直度以及各端面之间的平行度要求等。

2）一般情况下，切削过程比较平稳，可以采用较大的切削用量，以提高生产率。

3）刀具简单，因此制造、刃磨和使用都比较方便，有利于提高加工质量和生产率。

4）车削的加工尺寸公差等级一般可达 IT6 ~ IT11 级，表面粗糙度值可达 Ra12.5 ~ 0.8μm。

5.2.3 卧式车床

车床的种类很多，但最常用的是卧式车床。下面以 CA6140 车床为例讲解其型号编制、结构组成及传动。

（1）卧式车床的型号、规格和技术性能

1）卧式车床的型号。国家标准 GB/T 15375—2008《金属切削机床　型号编制方法》规定，机床的型号由大写的汉语拼音字母和阿拉伯数字组成。例如：

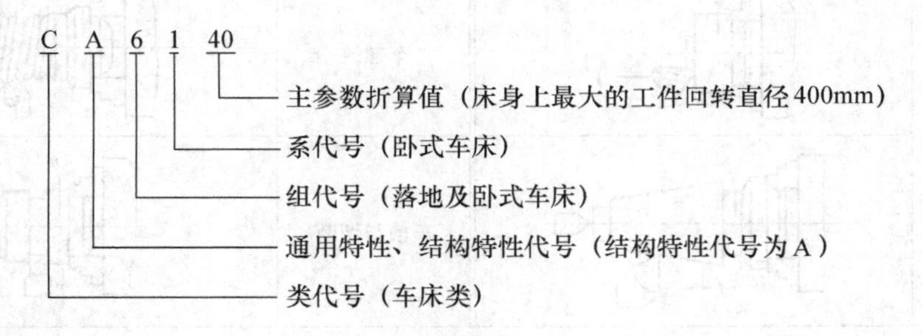

类代号：《金属切削机床　型号编制方法》规定金属切削机床共分为 11 大类，其中，C 为车床代号，读“车”音。同理，X 为铣床代号，B 为刨床代号，M 为磨床代号等。

通用特性及结构特性代号：机床的通用特性代号表示机床的一些技术特征，如 M 表示精密，K 表示数控，G 表示高精度等。机床的结构特征及其代号用以表示其结构上的改进或差异。如 CA6140 型卧式车床的型号中，A 是结构特性代号，表示它与 C6140 型卧式车床的主参数相同，但在结构上有所不同。结构特性代号是汉语拼音字母中除 I 和 O 以及通用特性代号所用过的字母以外的其他字母。

主参数折算值：车床的主参数表示床身上工件的最大回转直径，其数值等于主参数折算值除以折算系数（普通卧式车床折算系数为 1/10，立式车床为 1/100）。例如，CA6140 型车床能加工工件的最大的回转直径为 40mm ÷（1/10）=400mm。

2）卧式车床的主参数规格　卧式车床的主参数规格分别为：250mm、320mm、400mm、500mm、630mm、800mm、1000mm、1250mm 等。

3）卧式车床的主要技术性能　以 CA6140 型卧式车床为例，其主要技术性能为：

① 床身最大工件回转直径为 400mm。

② 最大加工工件长度为：750mm、1000mm、1500mm、2000mm。

③ 最大车削长度为：650mm、900mm、1400mm、1900mm。

④ 刀架上最大工件回转直径为 210mm。

⑤ 主轴内孔直径为 48mm。

⑥ 主轴内孔前端锥度为莫氏锥度 6 号。

⑦ 尾座顶尖套内孔锥度为莫氏锥度 6 号。

⑧ 主轴转速范围为：正转 24 级，10～1400r/min；反转 12 级，14～1600r/min。

⑨ 螺纹加工范围为：米制螺纹 44 种，1～192mm；寸制螺纹 20 种，2～24 牙/in；模数螺纹 39 种，0.25mm～48mm；径节螺纹 37 种，1～96 牙/in。

⑩ 主电动机额定功率为 7.5kW，额定转速为 1450r/min。

⑪ 快速电动机额定功率为 3.7kW，额定转速为 2600r/min。

⑫ 机床轮廓尺寸（长×宽×高）为 2670mm×1000mm×1190mm。

⑬ 机床净重为 2000kg。

（2）CA6140 型卧式车床的组成部分及其作用　CA6140 型卧式车床的外观如图 5-3 所示，它主要由以下几部分组成。

1）床身。床身是用来支承和连接车床各个部件的。床身上面有供刀架和尾座移动的导轨。床身由前、后床腿支承并固定在地基上。左床腿内有主电动机等电气控制设备；右床腿内有切削液循环设备。

2）主轴箱。主轴箱用来支承主轴，并使其作各种速度的旋转运动。主轴前端有外螺纹，用以连接卡盘、拨盘等附件。主轴内有锥孔，用以安装顶尖。主轴是空心结构，以便装夹细长棒料和用顶杆卸下顶尖。主轴后端装有传动齿轮，能将运动经过交换齿轮传给进给箱，为进给运动提供动力。

3）交换齿轮箱。交换齿轮箱用于将主轴的转动传给进给箱。更换挂轮箱内的齿轮并与进给箱配合，可车削各种不同螺距的螺纹。

4）进给箱。进给箱是进给运动的变速机构。主轴经过交换齿轮传来的运动，通过变速

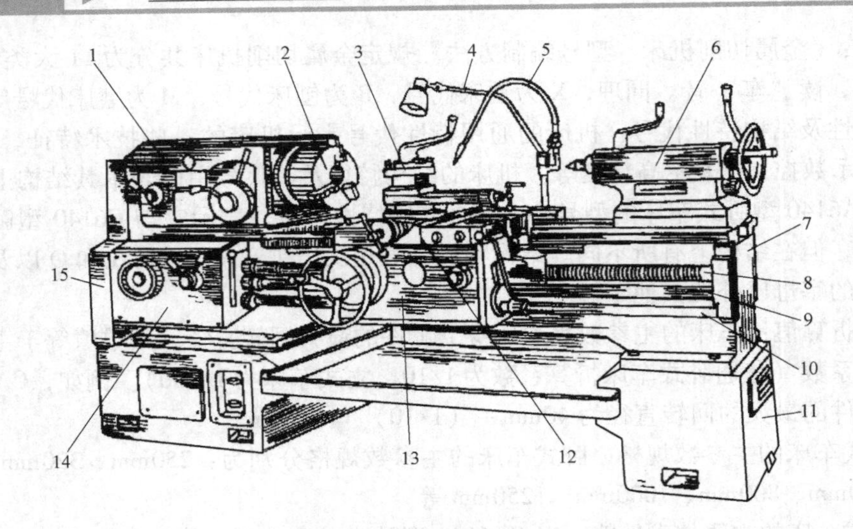

图 5-3 CA6140 型卧式车床外形图

1—主轴箱 2—卡盘 3—刀架 4—照明灯 5—切削液软管 6—尾座 7—床身 8—丝杠 9—光杠 10—操纵杠 11—床腿 12—床鞍 13—溜板箱 14—进给箱 15—交换齿轮箱

机构传给光杠或丝杠，获得各种不同的进给量和螺距，从而改变刀具的进给速度。

5）溜板箱。溜板箱与刀架相连，它是进给运动的分向机构，可将光杠传来的运动转换为机动纵向或横向进给运动，或者将丝杠传来的运动转换为螺纹进给运动。手动进给由手轮控制。

6）光杠和丝杠。光杠和丝杠的作用是将进给箱的运动传给溜板箱。自动进给时使用光杠；车削螺纹时使用丝杠。手动进给时，光杠和丝杠都可以不用。

7）操纵杠。操纵杠是在溜板箱进给移动过程中，传递操纵把手的控制动作，用于控制主轴的起动、变向和停止。

8）滑板。如图 5-4 所示，滑板分为中、小滑板，滑板上面有转盘和刀架。小滑板手柄与小滑板内部的丝杠连接，摇动此手柄时，小滑板就会纵向进或退。中滑板手柄装在中滑板内部的丝杠上，摇动此手柄，中滑板就会横向进或退。中滑板和小滑板上均有刻度盘，刻度盘的作用是为了在车削工件时能准确移动车刀以控制切削深度。刻度盘每转过一格，车刀所移动的距离等于滑板丝杠螺距除以刻度盘圆周上等分的格数。

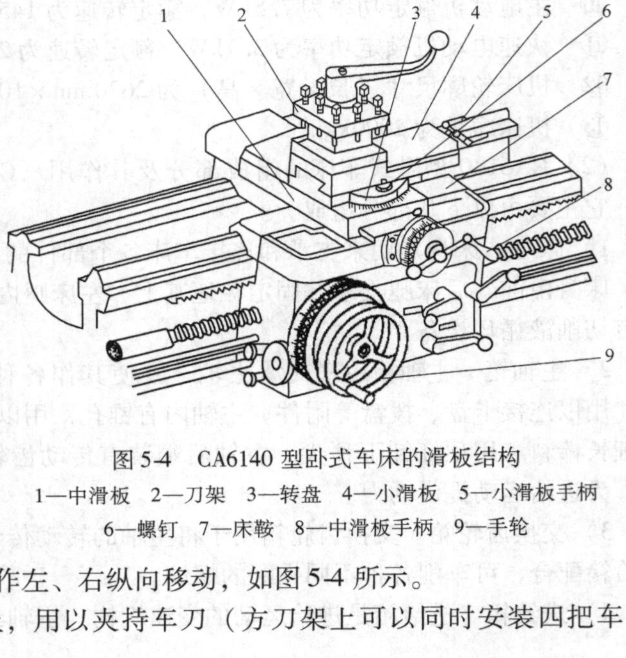

图 5-4 CA6140 型卧式车床的滑板结构

1—中滑板 2—刀架 3—转盘 4—小滑板 5—小滑板手柄 6—螺钉 7—床鞍 8—中滑板手柄 9—手轮

9）床鞍。床鞍与床面导轨配合，摇动手轮 9 可以使整个滑板部分作左、右纵向移动，如图 5-4 所示。

10）刀架。刀架固定于小滑板上，用以夹持车刀（方刀架上可以同时安装四把车刀。

刀架上有锁紧手柄，松开锁紧手柄即可转动方刀架以选择车刀及其刀杆工作角度。车削加工时，必须旋紧手柄以固定刀架。

11）尾座。尾座用来安放顶尖以支持较长的工件，也可以安装钻头、铰刀等刀具。它可以沿床身导轨移动。尾座的结构如图 5-5 所示。

① 套筒左端有锥孔，用于安装顶尖或锥柄刀具。通过转动手轮可使套筒在座体缩进或伸出，通过锁紧手柄可以固定套筒位置。将套筒退到最后位置时，即可卸出顶尖或刀具。

② 尾座体与底座相连，当松开固定螺钉后，就可以通过调节螺钉调整尾座体及其安装物在床身上的横向位置。

③ 底座通过导槽直接安装在床身导轨上，可沿导轨移动。

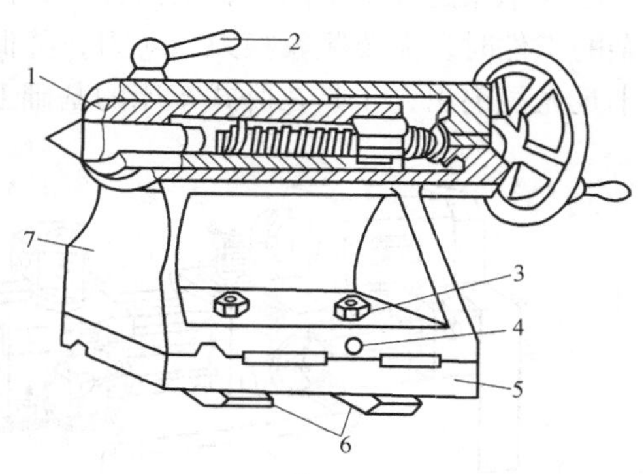

图 5-5　卧式车床的尾座结构
1—套筒　2—套筒锁紧手柄　3—固定螺钉
4—调节螺钉　5—底座　6—压板　7—座体

除以上主要零件外，车床上还有将电能转变为机械能的电动机、润滑液和切削液循环系统、各种开关和操作手柄，以及照明灯、切削液供应等附件。

（3）CA6140 型卧式车床的传动系统

1）传动路线。CA6140 型卧式车床的传动路线图如图 5-6 所示。

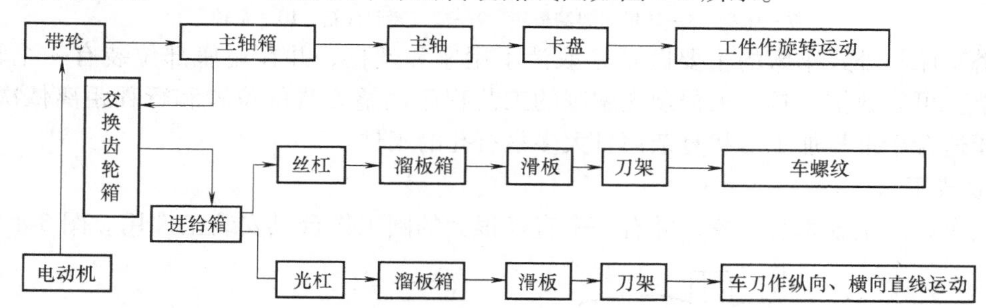

图 5-6　CA6140 型卧式车床的传动路线图

2）传动系统分类。CA6140 型卧式车床的传动系统分为主运动传动系统和进给运动传动系统。

① 主运动传动系统。主运动传动系统是由电动机到主轴之间的传动系统。通过主运动传动系统，主轴可获得 24 种正转转速（10 ~ 1400r/min）和 12 种反转转速（14 ~ 1600r/min）。

② 进给运动传动系统。车刀的进给速度是由主轴转速传递而来的。主轴的转速一定，通过进给箱中的变速机构可使光杠获得 64 种不同的转速，再通过溜板箱就能使车刀获得 64 种不同的纵向或横向进给量。另外，进给箱中的变速机构还可使丝杠获得不同的转速，根据配换交换齿轮及手柄位置的不同，可加工出 44 种标准螺距的米制螺纹、20 种标准螺距的寸制螺纹、39 种标准螺距的模数螺纹和 37 种标准螺距的径节螺纹。

5.2.4 其他车床

1. 转塔车床

卧式车床的加工范围广，灵活性大，但其方刀架最多只能装4把刀具，在加工形状较为复杂的工件时，需要频繁换刀、对刀，降低了生产率。特别是在批量生产中，卧式车床的这种不足尤显突出，于是在卧式车床的基础上发展出了转塔车床，如图5-7所示。

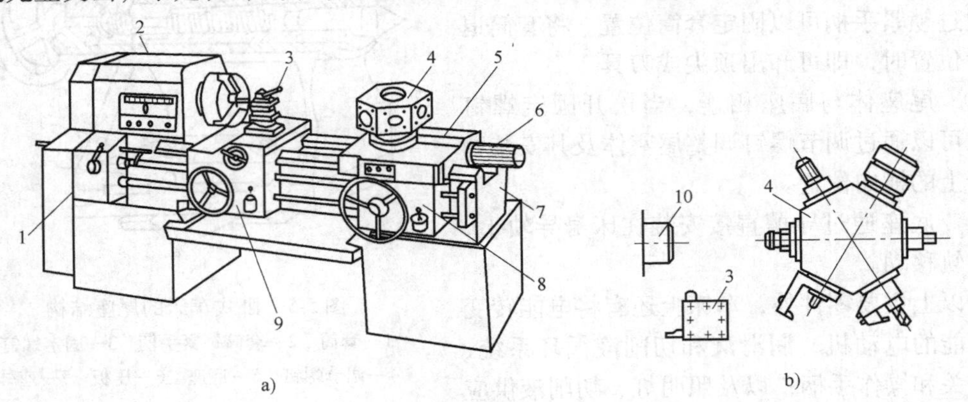

图5-7 转塔车床

a）转塔车床外形图 b）部件图

1—进给箱 2—主轴箱 3—横刀架 4—转塔刀架 5—床鞍 6—定程装置

7—床身 8—转塔刀架溜板箱 9—横刀架溜板箱 10—主轴

转塔车床与卧式车床的主要区别是取消了尾座和丝杠，并在尾座部位装有一个转塔刀架，刀架上可装数把刀具，根据预先编制的工艺程序调整刀具的位置和行程距离依次加工。转塔车床适合于批量加工形状复杂而且大多是有孔的工件。

2. 立式车床

立式车床的主轴垂直布置，并有一个直径很大的圆工作台供安装工件用。图5-8所示是

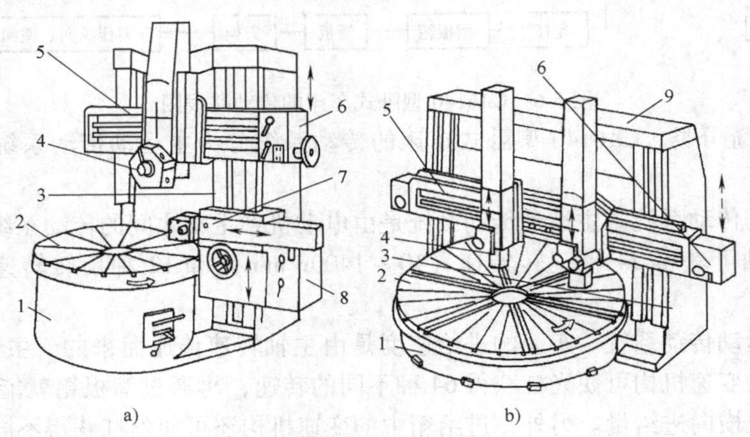

图5-8 立式车床

a）单柱立式车床 b）双柱立式车床

1—底座 2—工作台 3—立柱 4—垂直刀架 5—横梁 6—垂直刀架进给箱

7—侧刀架 8—侧刀架进给箱 9—顶梁

立式车床，工作台2装在底座1上，工件装夹在工作台上，并随其一起旋转，此运动是主运动。进给运动由垂直刀架4和侧刀架7实现，侧刀架7可在立柱3的导轨上作垂直进给，还可以沿刀架滑座导轨作横向进给，垂直刀架4可在横梁5的导轨上移动作横向进给，也可以沿其刀架滑座导轨作纵向进给。

立式车床主要用于加工径向尺寸大而轴向尺寸相对较小，且形状比较复杂的大型或重型工件。

3. 马鞍车床

马鞍车床与卧式车床的区别在于，其靠近主轴箱一端装有一段形似马鞍的可卸导轨，如图5-9所示。卸去导轨可使加工工件的直径增大，从而扩大加工工件直径的范围。但由于马鞍经常装卸，其加工精度、刚度都有所下降，因此这种车床主要用在设备较少的小工厂及修理车间。

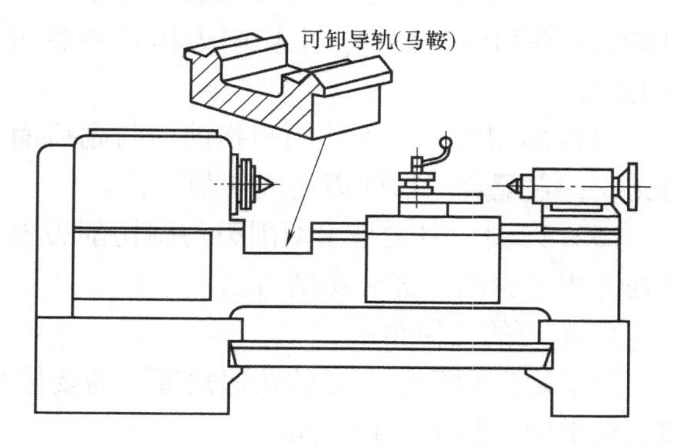

图5-9 马鞍车床

5.2.5 车刀

1. 车刀的种类及用途

车刀的种类很多，按其用途和结构不同可分为外圆车刀、内孔车刀、端面车刀、切断刀、螺纹车刀和成形车刀，如图5-10a ~ f所示，其用途如图5-10g所示。

（1）90°车刀（偏刀） 90°车刀用于车削工件的外圆、台阶和端面。

（2）45°车刀（弯头刀） 45°车刀用于车削工件的外圆、端面和倒角。

（3）切断刀 切断刀用于切断工件或在工件上切槽。

（4）内孔车刀 内孔车刀用于车削工件的内孔。

（5）螺纹车刀 螺纹车刀用于车削螺纹。

（6）圆头车刀 圆头车刀用于车削圆角、圆槽或成形面。

2. 车刀的组成

车刀由刀头和刀柄组成。刀头用来切削，故又称切削部分；刀柄是用来将车刀夹固在刀架上的部分。车刀的切削部分由三面、两刃、一尖组成，如图5-11所示。

（1）前刀面（前面） 前刀面是指刀具上切屑流过的表面。

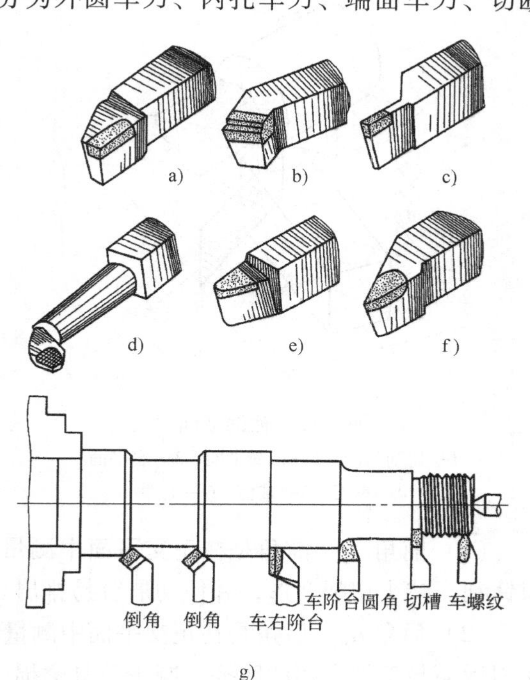

图5-10 常用车刀及其用途

a）90°车刀 b）45°车刀 c）切断刀 d）内孔车刀 e）圆头车刀 f）螺纹车刀 g）车刀的用途

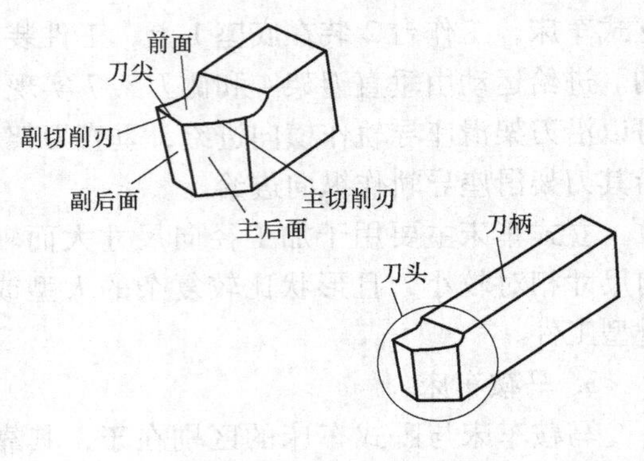

图 5-11　车刀的组成

（2）后刀面（后面）　后刀面是指与工件上切削中产生的表面相对的表面。后刀面又分为主后面和副后面。

（3）主切削刃　主切削刃指前面与主后面的交线。在切削过程中，主切削刃担负主要切削工作。

（4）副切削刃　副切削刃指前面与副后面的交线，它配合主切削刃完成切削工作。

（5）刀尖　刀尖是主切削刃与副切削刃连接处的相当少的一部分切削刃。

3. 车刀的几何角度

为了确定和测量车刀的几何角度，需要假想以下三个辅助平面为基准：基面、切削平面和正交平面，如图 5-12 所示。

基面是指通过主切削刃上的选定点，平行或垂直于刀具在制造、刃磨及测量时适于安装或定位的一个平面，一般来说其方位要垂直于主运动方向。

切削平面是指通过主切削刃上的选定点，与主切削刃相切并垂直于基面的平面。

正交平面是指通过主切削刃上的选定点，且同时垂直于基面和切削平面的平面。

车刀切削部分共有 5 个主要角度，如图 5-13 所示。

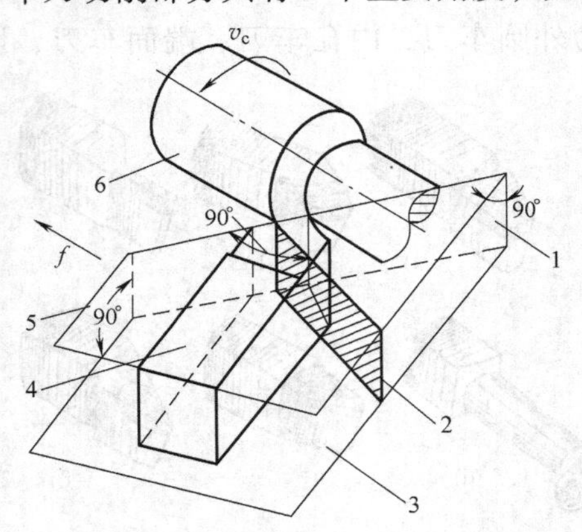

图 5-12　辅助平面

1—切削平面　2—正交平面　3—底平面

4—车刀　5—基面　6—工件

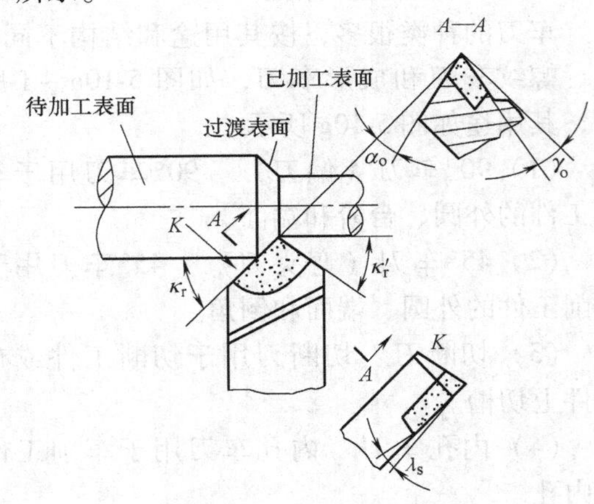

图 5-13　车刀的主要角度

（1）前角 γ_o　前角是在正交平面中测量的前面与基面之间的夹角。其作用是使车刀刃口锋利，减小切削变形，并使切屑容易排出。

（2）后角 α_o　后角是在正交平面中测量的后面与切削平面之间的夹角。其作用是减少车刀后面与工件之间的摩擦，减少刀具磨损。

（3）主偏角 κ_r　主偏角是在基面中测量的主切削刃与假定进给方向之间的夹角。其作用是改变主切削刃和刀头的受力和散热情况。

（4）副偏角 κ_r'　副偏角是在基面中测量的副切削刃与假定进给方向之间的夹角。其作用是减小副切削刃与工件已加工表面之间的摩擦。

（5）刃倾角 λ_s　刃倾角是在切削平面中测量的主切削刃与基面之间的夹角。其作用是控制切屑的排出方向。

4. 车刀的材料

（1）对车刀材料的基本要求　车刀在切削工件时，其切削部分要受到高温、高压和摩擦的作用，因此，车刀材料必须满足以下基本性能要求：

1）硬度高，耐磨性好。车刀要顺利地从工件上切除车削余量，其硬度必须高于工件硬度，要求车刀材料的常温硬度要在60HRC以上，硬度越高，耐磨性越好。

2）有足够的强度和韧性。为承受切削过程中产生的切削力和冲击力，车刀材料应具有足够的强度和韧性，才能避免脆裂和崩刃。

（2）耐热性好。耐热性好的车刀材料能在高温时保持比较高的强度、硬度和耐磨性，因此可以承受较高的切削温度，即意味着可以适应较大的切削用量。

（3）车刀切削部分的材料　目前常用的车刀切削部分材料有高速钢和硬质合金两种。

高速钢是含有钨、铬、钒等合金元素较多的合金工具钢，经热处理后其硬度可达62～65HRC，当切削温度不超过500～600℃时，仍能保持良好的切削性能。其允许切削速度一般为0.4～0.5m/s。高速钢车刀刃磨后切削刃锋利，常用于精加工。

硬质合金是由碳化钨（WC）、碳化钛（TiC）、和钴（Co）等材料利用粉末冶金的方法制成的，它具有很高的硬度（89～90HRA，相当于74～82HRC）和耐热性（耐热温度为850～1000℃），因此可以进行高速切削，其允许切削速度高达3～5m/s。使用这种车刀，可以加大切削用量，进行高速强力切削，生产率大大提高。但硬质合金的韧性很差，很脆，不易承受冲击和振动，且易崩刃，所以大部分都在制成刀片后，将其焊接在45钢刀杆上或采用机械夹固的方式夹持在刀杆上，以提高其使用寿命。

5. 车刀的刃磨

车刀用钝后必须刃磨，以恢复其原来的形状和合理的几何角度。刃磨方法有机械刃磨和手工刃磨，其中手工刃磨车刀是车工的基本功之一。

（1）砂轮的选择　刃磨车刀是在砂轮机上进行的，常用的磨刀砂轮有白色氧化铝砂轮和绿色碳化硅砂轮两种。白色氧化铝砂轮韧性好，比较锋利，但磨粒硬度稍低，用来刃磨高速钢车刀；绿色碳化硅砂轮磨粒硬度高，切削性能好，但较脆，用来刃磨硬质合金车刀。粗磨时宜用小粒度号（如F36或F60）的砂轮，精磨宜用较大粒度号（如F80或F120）的砂轮。

（2）刃磨的步骤　手工刃磨车刀的步骤和姿势如图5-14所示。

1）磨主后面。按主偏角大小使刀柄向左偏斜，并将刀头向上翘，使主后面自下而上慢慢地接触砂轮。

2）磨副后面。按副偏角大小使刀柄向右偏斜，并将刀头向上翘，使副后面自下而上慢慢地接触砂轮。

3）磨前面。先将刀柄尾部下倾，再按前角大小倾斜前面，使主切削刃与刀柄底部平行或倾斜一定角度，再使前面自下而上慢慢地接触砂轮。

4）磨刀尖圆弧。刀尖向上翘，使过渡刃有后角，为防止圆弧刃过大，需轻靠或轻摆刃磨。

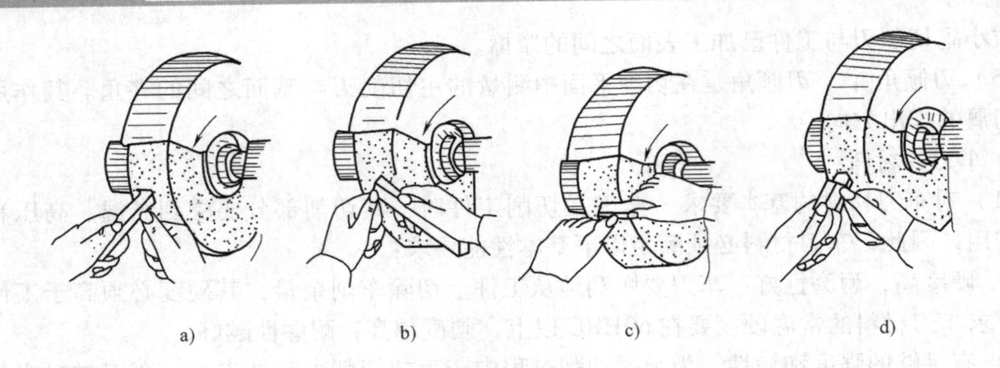

图 5-14 车刀的手工刃磨

a）磨主后面 b）磨副后面 c）磨前面 d）磨刀尖圆弧

5）研磨。经过刃磨的车刀，用磨石加少量润滑油对切削刃进行研磨，直到车刀表面光洁看不出痕迹为止。这样可以使切削刃锋利，增加刀具的使用寿命。车刀用钝后也可用磨石修磨。

（3）刃磨车刀时的注意事项

1）操作者不要站在砂轮的正面，以防磨屑飞入眼睛或万一砂轮碎裂飞出伤人。磨刀时最好戴防护镜。

2）双手握稳车刀，用力均匀，并使受磨面轻贴砂轮。切勿用力过猛，以免挤碎砂轮，造成事故。

3）刃磨时车刀要在砂轮上左右移动，使砂轮磨耗均匀，不出沟槽。不要使用砂轮两面进行刃磨。

4）刃磨高速钢车刀时应经常将车刀在水中冷却，以免车刀升温过高而退火软化；但刃磨硬质合金车刀时，刀头不能入水冷却，以防因急冷而产生裂纹。

5.2.6 刀具与工件的安装

1. 刀具的安装

车刀使用时必须正确安装，具体要求如下：

1）车刀伸出刀架部分不能太长，否则切削时刀杆刚度减弱，容易产生振动，影响加工表面的质量，甚至会使车刀损坏。一般以不超过刀杆厚度的两倍为宜，如图 5-15a 所示。

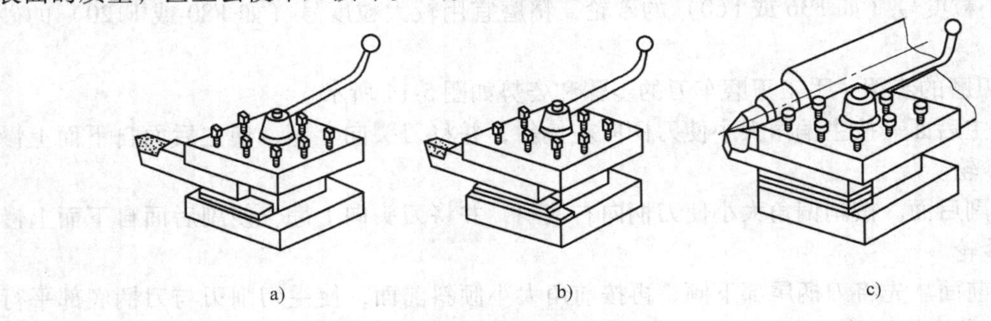

图 5-15 车刀的安装

a）伸出太长 b）垫刀片不整齐 c）合适

2）车刀刀尖应对准工件中心，若刀尖高于工件中心，会使车刀的实际后角减小，车刀后面与工件之间摩擦增大；若刀尖低于工件中心，会使车刀的实际前角减小，切削不顺利。刀尖对准工件中心的方法有：根据尾座顶尖高度进行调整，如图5-16所示；根据车床主轴中心高度用钢直尺测量装刀，如图5-17所示；把车刀靠近工件端面，目测车刀刀尖的高度，然后紧固车刀，试车端面，再根据端面的中心进行调整。

图5-16　根据尾座顶尖高度调整刀尖

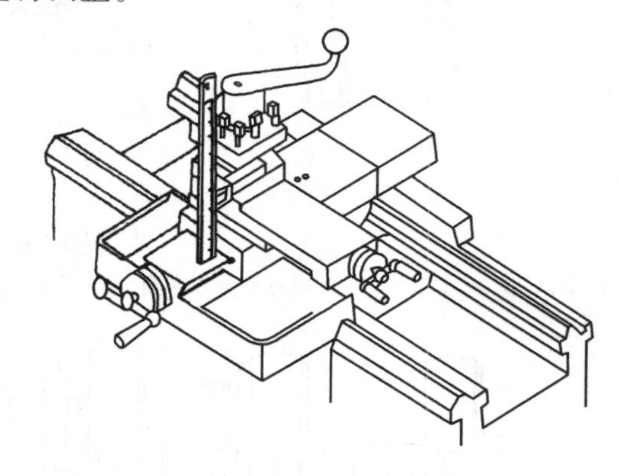

图5-17　用钢直尺测量主轴中心高度

3）车刀刀柄轴线应与工件轴线垂直，否则会使主偏角和副偏角的数值发生变化。

4）调整车刀时，刀柄下面的垫片要平整洁净，垫片要与刀架对齐，且数量不宜太多，以防产生振动，如图5-15b所示。图5-15c所示为合适的车刀安装。

5）车刀的位置调整完毕，要紧固刀架螺钉，一般用两个螺钉，并交替拧紧。

2. 工件的安装

安装工件的基本要求是定位准确、夹紧可靠。定位准确就是工件在机床或夹具中必须有一个正确的位置，即被加工表面的轴线须与车床主轴中心线重合。夹紧可靠就是工件夹紧后能够承受切削力，不改变定位并保证安全，且夹紧力适度以防工件变形，保证加工工件质量。

根据工件的形状、大小和加工数量不同，工件的安装可以采用不同的方法，如用自定心卡盘安装、用单动卡盘安装、用花盘安装、用顶尖安装和用心轴安装等。

（1）用自定心卡盘安装工件　自定心卡盘是车床上应用最广的一种通用夹具，适合于安装短棒或盘类工件，其构造如图5-18所示。当用卡盘扳手转动小锥齿轮时，与它相啮合的大锥齿轮随之转动，大锥齿轮背面的平面螺纹则带动三个卡爪同时等速地向中心靠拢或退出，以夹紧或松开工件。用自定心卡盘安装工件，可使工件中心与车床主轴中心线自动对中，自动对中的准确度为0.05～0.15mm。

自定心卡盘一般配备两套卡爪：一套正爪，一套反爪。当工件直径较小时，工件置于三个卡爪之间装夹；当工件孔径较大时，可将三个卡爪伸入工件内孔中，利用卡爪的径向张力装夹盘状、套状或环状工件；当工件直径较大，用正爪不便装夹时，可用反爪进行装夹；当工件长度大于4倍直径时，应在工件右端用车床上的尾座顶尖支承，如图5-19所示。

用自定心卡盘安装工件时，应先将工件置于三个卡爪中找正，轻轻夹紧，然后开动机床使主轴低速旋转，检查工件有无歪斜偏摆，并做好记号。若有偏摆，停车后用锤子轻敲校

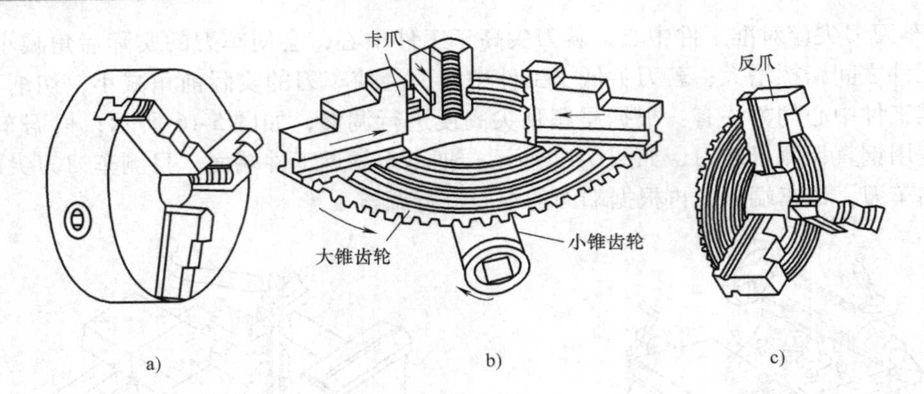

图 5-18 自定心卡盘

a）自定心卡盘外形图 b）自定心卡盘传动原理图 c）反爪自定心卡盘

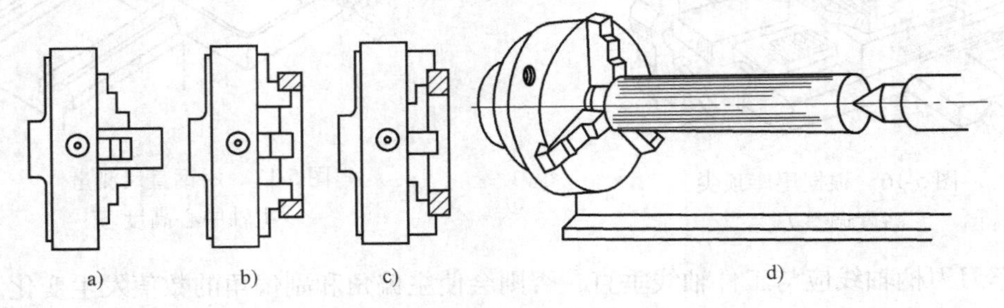

图 5-19 用自定心卡盘装夹工件的方法

a）正爪装夹外圆面 b）正爪装夹内圆面 c）反爪装夹 d）与顶尖配合装夹

正，然后夹紧工件，并及时取下卡盘扳手，将车刀移至车削行程最右端，调整好主轴转速和切削用量后，才可开动车床。

（2）用单动卡盘安装工件 单动卡盘的外形如图 5-20 所示。它有四个卡爪，每个卡爪的背面有半瓣内螺纹与一螺杆相啮合，螺杆端部有一方孔，用来安插卡盘扳手。当用卡盘扳手转动某一螺杆时，就能驱动该卡爪作向心或离心的移动，以夹紧或松开工件。因此，用单动卡盘可安装截面为方形、长方形、椭圆以及其他不规则形状的工件，可车偏心轴和偏心孔。此外，由于单动卡盘的夹紧力比自定心卡盘大，所以也常用来装夹较大直径的圆截面工件。单动卡盘可全部用正爪或反爪装夹工件，也可用一个或两个反爪而其余仍用正爪装夹工件，如图 5-21 所示。

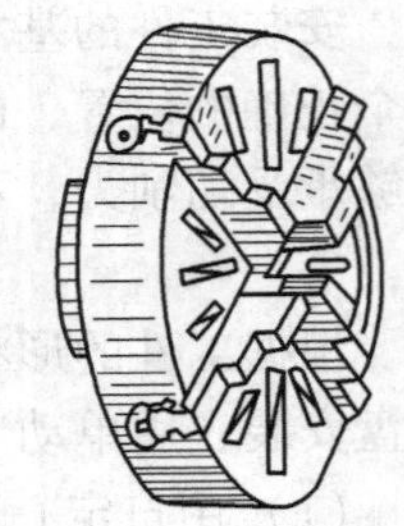

图 5-20 单动卡盘

由于四个卡爪不是同步移动，而是各由一个螺杆单独调整和传动，不能自动定心，因此安装工件时要仔细找正，以使加工面的轴线对准主轴旋转中心线。用划针按工件内、外圆表面或预先划出的加工线找正，定位精度为 0.2～0.5mm；用百分表按工件的精加工表面找正，可达到 0.01～0.02mm 的定位精度，如图 5-22 所示。

按划线找正工件的方法为：

1）使划针靠近工件上划出的加工线。

2）先找正端面。慢慢转动卡盘，在离针尖最近的工件端面上用锤子轻轻敲击，使各处距离相等。

3）再找正中心。转动卡盘，将离开针尖最远处的一个卡爪松开，拧紧其对面的一个卡

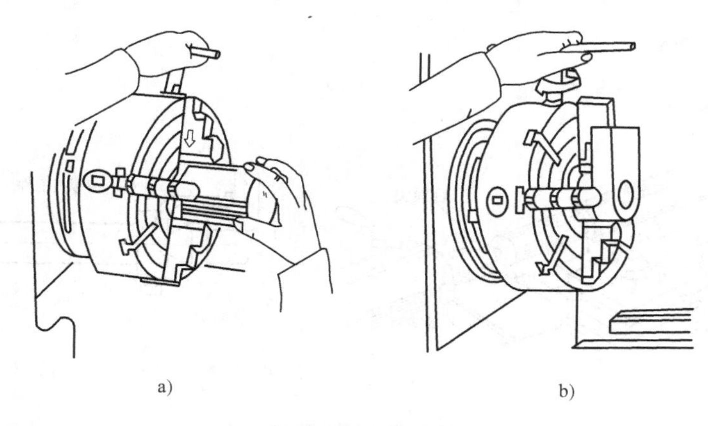

a)　　　　b)

图5-21　单动卡盘安装工件
a）正爪安装工件　b）正、反爪混用安装工件

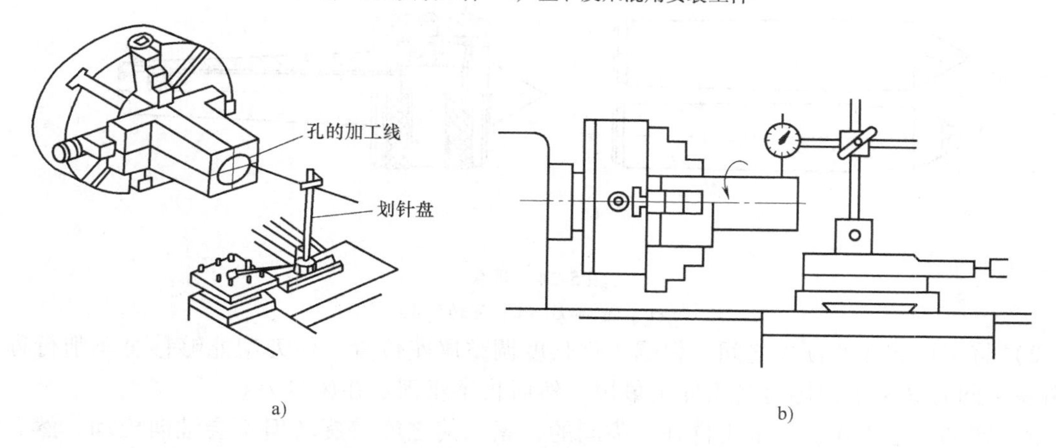

a)　　　　b)

图5-22　四爪单动卡盘安装工件时的找正
a）用划针盘找正　b）用百分表找正

爪。反复调整几次，直至找正为止。

需要注意的是，当工件各部位加工余量不均匀，应着重找正余量少的部位，否则容易使工件报废；应边找正边夹紧工件。为了防止找正时工件掉落，可在车床导轨面上放一块木板，并用尾座回转顶尖通过辅助工具顶住工件。

（3）用双顶尖安装工件　有些工件在加工过程中需要多次装夹，要求有同一定位基准，这时可在工件两端钻出中心孔，采用前、后两个顶尖安装工件。前顶尖装在主轴上，通过卡箍和拨盘带动工件与主轴一起旋转，后顶尖装在尾座上随之旋转，如图5-23a所示。也可以用圆钢料车一个前顶尖，装在卡盘上以代替拨盘，通过鸡心夹头带动工件旋转，如图5-23b所示。

顶尖有固定顶尖和回转顶尖两种，如图5-24所示。低速切削或精加工时使用固定顶尖为宜。高速切削时，为防止摩擦发热过高而烧坏顶尖或顶尖孔，宜采用回转顶尖。但回转顶尖工作精度不如固定顶尖，故常在粗加工或半精加工时使用回转顶尖。

用双顶尖安装工件的步骤，如图5-25所示：

1）在工件的左端安装卡箍，先用手稍微拧紧卡箍螺钉。

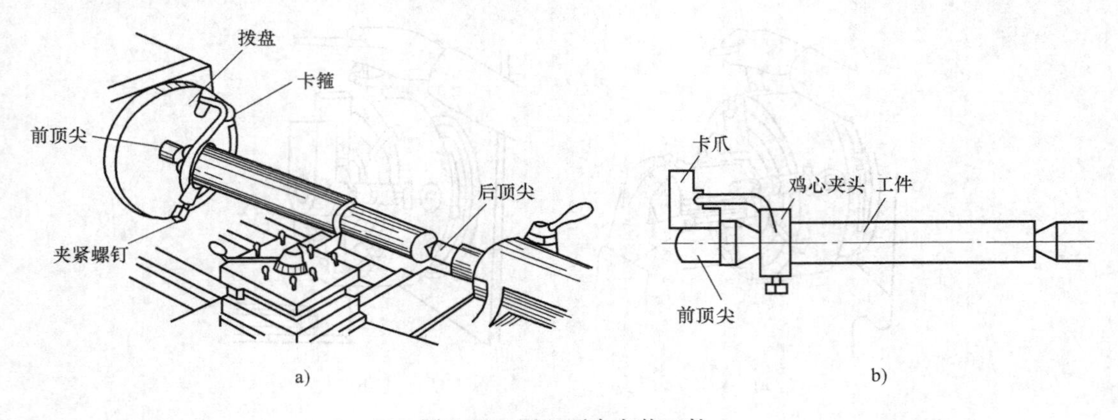

图 5-23 用双顶尖安装工件

a）借助卡箍和拨盘 b）借助鸡心夹头和卡盘

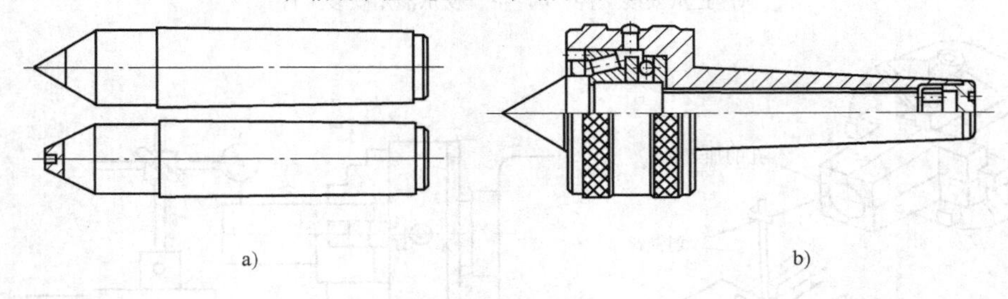

图 5-24 顶尖

a）固定顶尖 b）回转顶尖

2）将工件装在两顶尖之间，根据工件长度调整尾座位置，使刀架能够移至车削行程的最右端，同时又尽量使尾座套筒伸出最短，然后将尾座固定在床身上。

3）转动尾座手轮，调节工件在顶尖间的松紧，使之能够旋转但不会轴向松动，然后锁紧尾座套筒。

4）将刀架移至车削行程的最左端，用手转动拨盘及卡箍，检查是否会与刀架相碰撞。

5）拧紧卡箍螺钉。

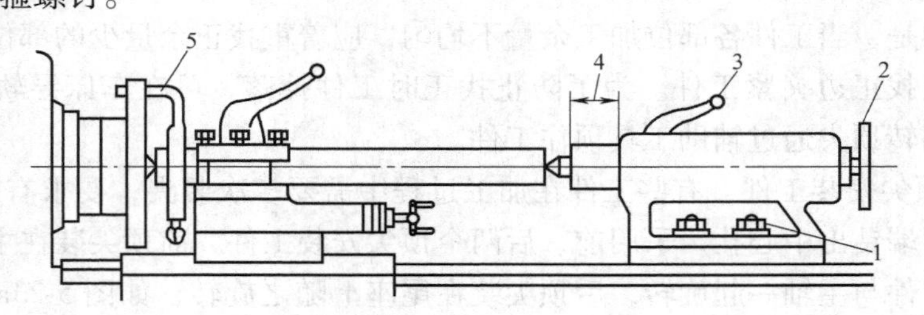

图 5-25 用双顶尖安装工件的步骤

1—固定尾座螺钉 2—调节工件与顶尖间的松紧 3—锁紧套筒

4—调整套筒伸出长度 5—拧紧卡箍螺钉

（4）用心轴安装工件 对盘套类工件的加工，当要求保证内、外圆柱面的同轴度、两端面的平行度及端面与孔轴线的垂直度时，需要先将孔进行精加工后套在心轴上，再把心轴安装在前、后顶尖之间进行外圆和端面的加工。

心轴的种类很多，常用的有锥度心轴、圆柱心轴和可胀心轴。

锥度心轴的锥度为 1∶2000～1∶5000，如图 5-26 所示。工件压入后，靠摩擦力与心轴固紧。锥度心轴对中准确，装卸方便，但不能承受过大的力矩。

圆柱心轴如图 5-27 所示，工件装入圆柱心轴后需加上垫圈，用螺母锁紧。其夹紧力大，可用于较大直径盘类工件的加工。圆柱心轴外圆与孔配合有一定间隙，对中性较锥度心轴差。

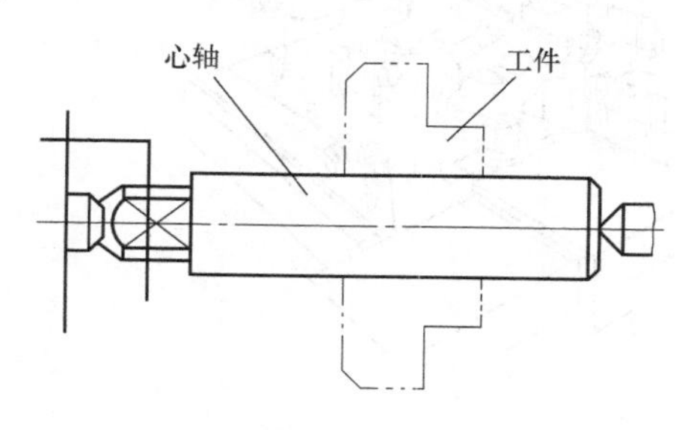

图 5-26 锥度心轴

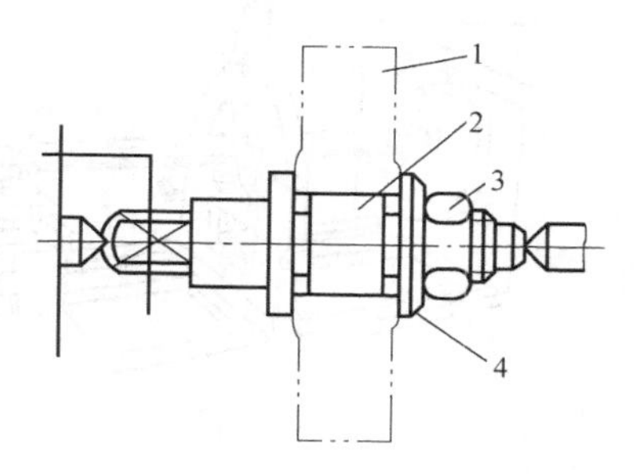

图 5-27 圆柱心轴
1—工件 2—心轴 3—螺母 4—垫圈

可胀心轴如图 5-28 所示，工件装在可胀锥套上，拧紧螺母 3，使锥套沿心轴锥体向左移动而引起直径增大，即可胀紧工件。

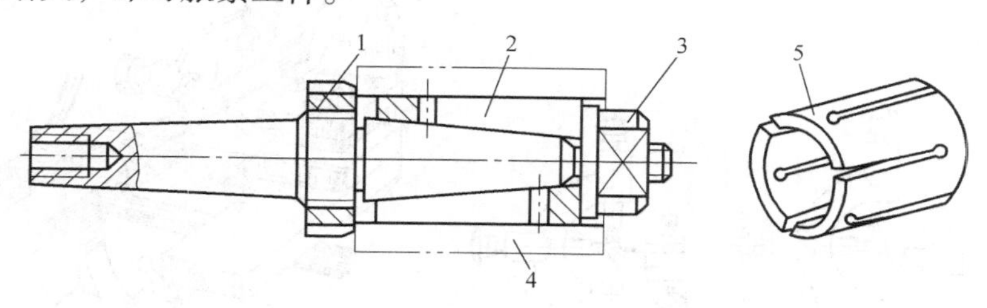

图 5-28 可胀心轴
1—螺母 2—可胀锥套 3—螺母 4—工件 5—可胀锥套外形

（5）中心架与跟刀架 在车削细长轴时，由于刚度差，加工过程中容易产生振动，并且常会出现两头细中间粗的腰鼓形，因此须采用中心架或跟刀架作为附加支承。

中心架固定在车床导轨上，主要用于提高细长轴或悬臂安装工件的支承刚度。安装中心架之前先要在工件上车出中心架支承凹槽，槽的宽度略大于支承爪，槽的直径比工件最终尺寸大一个精加工余量。车细长轴时，中心架装在工件中段；车一端夹持的悬臂工件的端面或钻中心孔，或车较长的套筒类工件的内孔时，中心架装在工件悬臂端附近，如图 5-29 所示。在调整中心架三个支承爪的中心位置时，应先调整下面两个爪，然后把盖子盖好固定，最后调整上面的一个爪。车削时，支承爪与工件接触处应经常加润滑油，注意其松紧要适量，以防工件被拉毛及因摩擦发热。

跟刀架固定在床鞍上，跟着车刀一起移动，主要用作精车、半精车细长轴（长径比为 30～70）的辅助支承，以防止由于径向切削力而使工件产生弯曲变形。车削时，先在工件端部车好一段外圆，然后使跟刀架支承爪与其接触并调整至松紧合适。工作时支承处要加润滑油。跟刀架一般有两个支承爪，一个从车刀的对面抵住工件，另一个从上向下压住工件；有的跟刀架有三个爪，三爪跟刀架夹持工件稳固，工件上、下、左、右的变形均受到限制，不易发生振动，如图 5-30 所示。

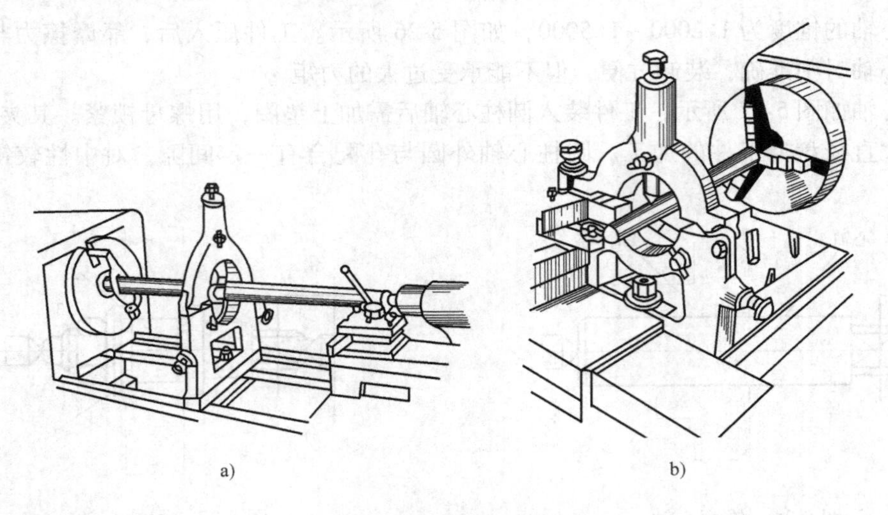

图 5-29　中心架的使用

a）车细长轴　b）车端面

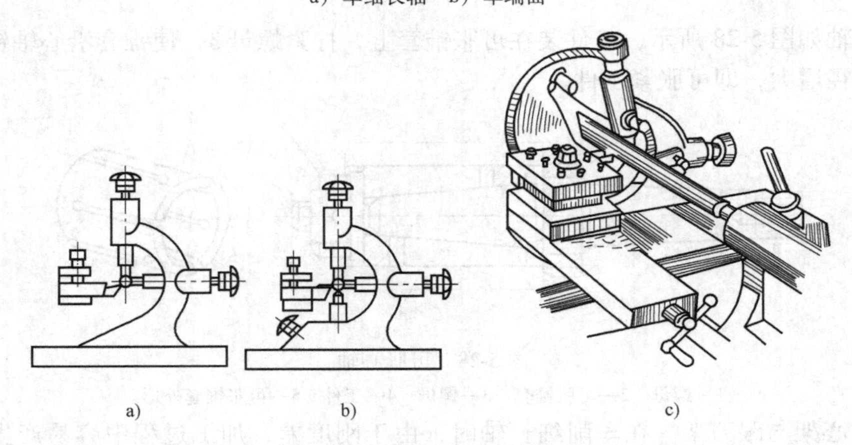

图 5-30　跟刀架及使用

a）两爪跟刀架　b）三爪跟刀架　c）跟刀架的使用

5.2.7　车削基本操作

1. 车外圆

将工件车削成圆柱形外表面的方法称为车外圆。车外圆是车削中最基本和最常用的加工方法。车外圆步骤如下：

（1）工件的装夹　在车床上车外圆时，工件的装夹应注意以下几点：

1）形状不规则、尺寸较大的毛坯工件，应当采用单动卡盘装夹。

2）刚度较好、加工要求不太高的中小型工件，应当采用自定心卡盘装夹。

3）对于在车外圆后，尚需铣、磨等加工的较细长的轴或丝杠，应当采用两顶尖装夹，并配合拨盘和鸡心夹头安装。

4）对于比较重的长轴类工件，车削外圆时应采用一端用卡盘夹紧，另一端用顶尖的装夹方式。

5）对于要求外圆车削时与已加工的内孔同轴度要好、工件长度较小的工件，可以采用心轴定位夹紧的方式。

6）对于车削长径比大于20的细长轴，切削余量较大，或需调头加工时，应采用中心架安装工件。

7）对于切削余量较小的精车加工，以及不允许调头加工的细长轴，应采用跟刀架。

（2）车刀的选择与安装　影响车削加工质量的因素很多，其中车刀的正确选择与安装是影响车削加工质量的主要因素之一。

1）外圆车刀的选择。外圆加工时，根据工件尺寸精度和表面粗糙度要求不同，每次切削中的加工余量不同，可将车削分为粗车和精车。粗车和精车使用的车刀不同：

粗车时，加工精度和表面粗糙度要求较低，加工余量大，切削温度高，切削力大，要求车刀应具备强度高、散热条件好的性能，保证其在背吃刀量和进给量大的条件下，具有足够的寿命。此时，一般选用尖刀（主、副切削刃之间夹角较小）或弯头刀。

精车时，加工精度和表面粗糙度要求高，加工余量小，因此，对车刀的要求是切削刃锋利、光洁。

精车分为高速精车和低速精车两种方式。高速精车时切削速度 $v_c > 120m/min$，进给量小，$f < 0.2mm/r$，故应采用硬质合金刀头；低速精车时切削速度 $v_c < 5m/min$，进给量 f 可达4mm/r，故应采用高速钢宽刃刀头。

2）外圆车刀的安装。要车削出工件需要的加工精度和表面粗糙度，还应当保证车刀安装位置的正确，否则安装误差将导致车刀几何角度的变化，影响加工效果。在外圆车削中，车刀的安装应注意以下几点：

①　车刀伸出刀架的长度要适当。

②　控制车刀刀尖的高度。根据经验，粗车外圆时，常将车刀刀尖装得比工件中心线稍高一些；精车外圆时，将车刀刀尖装得比工件中心线稍低一些。至于稍高或稍低的数值要根据被加工工件的直径大小来决定。但是，无论装高或装低，一般均不能超过工件直径的1%。如果经验不足，应尽量将车刀刀尖装得与工件中心对正。

③　控制装刀垫片的数量。

④　正确紧固刀架螺栓。

（3）切削用量的选择　切削用量选择的是否恰当，对工件的加工表面质量、刀具寿命和生产率都有很大的影响。一般情况下应尽量先考虑增大背吃刀量 a_p，其次是进给量 f，最后是切削速度 v_c。

1）背吃刀量 a_p 的选择。背吃刀量的数值直接影响加工精度和生产率。背吃刀量选择过大，切削力的增加会引起振动，如果超过机床和刀具的工作能力，就会影响车床和车刀的使用寿命，甚至达到损坏的程度。背吃刀量选择过小，本来可以一次进给加工完的工件切削余量，结果分几次进给完成，降低了生产率。

粗车时，因为对工件的加工精度和表面粗糙度要求不高，故应尽可能增大背吃刀量，以求尽快车去多余的金属层。尤其是铸件和锻件毛坯，表面很不平整，常常附有型砂或氧化皮，它们的硬度很高，所以粗车第一刀时，应尽量取大的背吃刀量，将冷硬层一刀车去。这样，一方面可以减小对刀具的冲击；另一方面由于刀尖切进工件里层，避免了刀尖与冷硬表面层的接触，从而减小刀尖的磨损，提高刀具寿命。

精车时背吃刀量应小些，一般选 0.2 ~ 0.5mm，这样可以使切屑容易变形，减小切削力，有利于降低工件的表面粗糙度值，提高其尺寸精度。

2）进给量 f 的选择。背吃刀量确定以后，进给量 f 应适当地选取大一些。进给量的大小受到机床和刀具刚度、工件精度和表面粗糙度要求的限制。进给量 f 过大，可能引起机床最薄弱的环节损坏、刀片碎裂、工件弯曲、加工表面粗糙度值增高等。

粗车时，工件加工表面粗糙度要求不高，选取进给量时着重考虑机床、刀具和工件的刚性。用硬质合金车刀粗车外圆和端面时的进给量可以参考表 5-2 选用。

表 5-2 硬质合金车刀粗车外圆和端面时的进给量

车刀刀杆尺寸 $\frac{B}{mm}\times\frac{H}{mm}$	工件直径/mm	背吃刀量 a_p/mm				
		3	5	8	12	12 以上
		进给量 f/（mm/r）				
16×25	20	0.3 ~ 0.4	—	—	—	—
	40	0.4 ~ 0.5	0.3 ~ 0.4	—	—	—
	60	0.5 ~ 0.7	0.4 ~ 0.6	0.3 ~ 0.5	—	—
	100	0.6 ~ 0.9	0.5 ~ 0.7	0.5 ~ 0.6	0.4 ~ 0.5	—
	400	0.8 ~ 1.2	0.7 ~ 1.0	0.6 ~ 0.8	0.5 ~ 0.6	—
20×30 25×25	20	0.3 ~ 0.4	—	—	—	—
	40	0.4 ~ 0.5	0.3 ~ 0.4	—	—	—
	60	0.6 ~ 0.7	0.5 ~ 0.7	0.4 ~ 0.6	—	—
	100	0.8 ~ 1.0	0.7 ~ 0.9	0.5 ~ 0.7	0.4 ~ 0.7	—
	600	1.2 ~ 1.4	1.0 ~ 1.2	0.8 ~ 1.0	0.6 ~ 0.9	0.4 ~ 0.6
25×40	60	0.6 ~ 0.9	0.5 ~ 0.8	0.4 ~ 0.7	—	—
	100	0.8 ~ 1.2	0.7 ~ 1.1	0.6 ~ 0.9	0.5 ~ 0.8	—
	1000	1.2 ~ 1.5	1.1 ~ 1.5	0.9 ~ 1.2	0.8 ~ 1.0	0.7 ~ 0.8
30×45	500	1.1 ~ 1.4	1.1 ~ 1.4	1.0 ~ 1.2	0.8 ~ 1.2	0.7 ~ 1.1
46×60	2500	1.3 ~ 2.0	1.3 ~ 1.8	1.2 ~ 1.6	1.2 ~ 1.5	1.0 ~ 1.5

精车时，切削余量很小，不必考虑刚度，主要考虑加工表面的表面粗糙度要求。进给量可参考表 5-3 选取。

表 5-3 按表面粗糙度值选择进给量的参考数值

刀具	表面粗糙度值 Ra/μm	工件材料	κ_r'/（°）	切削速度 v_c/（m/min）	刀尖圆弧半径 r_ε/mm		
					0.5	1.0	2.0
					进给量 f/（mm/r）		
$\kappa_r'>0$ 的车刀	Ra12.5	钢 铸铁	5	不限制	—	1.0 ~ 1.1	1.3 ~ 1.5
			10		—	0.8 ~ 0.9	1.0 ~ 1.1
			15		—	0.7 ~ 0.8	0.9 ~ 1.0
	Ra6.3	钢 铸铁	5	不限制	—	0.55 ~ 0.7	0.7 ~ 0.85
			10 ~ 15		—	0.45 ~ 0.6	0.6 ~ 0.7

（续）

刀具	表面粗糙度值 Ra/μm	工件材料	κ_r'/（°）	切削速度 v_c/(m/min)	刀尖圆弧半径 r_ε/mm 0.5	1.0	2.0
					进给量 f/（mm/r）		
$\kappa_r'>0$ 的车刀	Ra3.2	钢	5	<50	0.22~0.30	0.25~0.35	0.30~0.45
				50~100	0.23~0.35	0.35~0.40	0.40~0.55
				>100	0.35~0.40	0.40~0.50	0.50~0.60
			10~15	<50	0.18~0.25	0.25~0.30	0.30~0.45
				50~100	0.25~0.30	0.30~0.35	0.35~0.55
				>100	0.30~0.35	0.35~0.40	0.50~0.55
		铸铁	5	不限制	—	0.30~0.50	0.45~0.65
			10~15			0.25~0.40	0.50~0.55
	Ra1.6	钢	≥5	30~50	—	0.11~0.15	0.14~0.22
				50~80	—	0.14~0.20	0.17~0.25
				80~100	—	0.16~0.25	0.23~0.35
				100~130	—	0.20~0.30	0.25~0.39
				>130	—	0.25~0.30	0.35~0.39
		铸铁	≥5	不限制	—	0.15~0.25	0.20~0.35
	Ra0.8	钢	≥5	100~110	—	0.12~0.18	0.14~0.17
				110~130	—	0.13~0.18	0.17~0.23
				>130	—	0.17~0.20	0.21~0.27
$\kappa_r'=0$ 的车刀	Ra12.5	钢	0	不限制	5.0 以下		
	Ra6.3	铸铁					
	Ra3.2	钢	0	≥50	5.0 以下		
		铸铁		不限制			
	Ra1.6 Ra0.8	钢	0	≥100	4.0~5.0		
	Ra1.6	铸铁	0	不限制	5.0		

进给量修正系数（适用于 $\kappa_r'>0$ 的刀具）

工件材料的抗拉强度 σ_b/MPa	50 以下	50~70	70~90	90~100
修正系数 K_f	0.7	0.75	1.0	1.25

3）切削速度 v_c 的选择。切削速度 v_c 的大小是根据车刀材料及几何形状、几何角度、工件材料、进给量和背吃刀量、切削液使用情况、车床动力和刚度以及车削过程的实际情况综合决定的。一般地说，对于高速钢车刀，如果切下来的切屑是蓝色的，表明切削速度是合适的；如果车削时出现火花，说明切削速度太高；如果切屑是白色的，说明切削速度还可以进一步提高。切削速度的选择方法有以下两种：

① 用计算法选择切削速度。切削速度可按下式计算

$$v_c = \frac{\pi D n}{1000 \times 60}$$

式中 v_c——切削速度（m/s）；

D——工件直径（mm）；

n——主轴转速（r/min）。

② 用图表法选择切削速度。CA6140 型卧式车床的主轴箱上、备有速度选择标牌。在已经知道工件直径的情况下，可以从标牌上根据主轴转速查出切削速度，也可以根据切削速度查出主轴转速。

（4）外圆车削的操作方法

1）测量毛坯尺寸，确定粗车、半精车和精车的背吃刀量。粗车后需调质或正火的工件，应考虑热处理变形对工件的影响，留出 1.5～2.5mm 的余量。

2）合理安装工件、车刀，调整好主轴转速。

3）开动机床，摇动床鞍、中滑板手柄，使刀尖与工件右端面外圆表面轻轻接触，如图 5-31a 所示。

4）摇动床鞍手柄，使车刀向右退离工件，一般距离工件 3～5mm，如图 5-31b 所示。

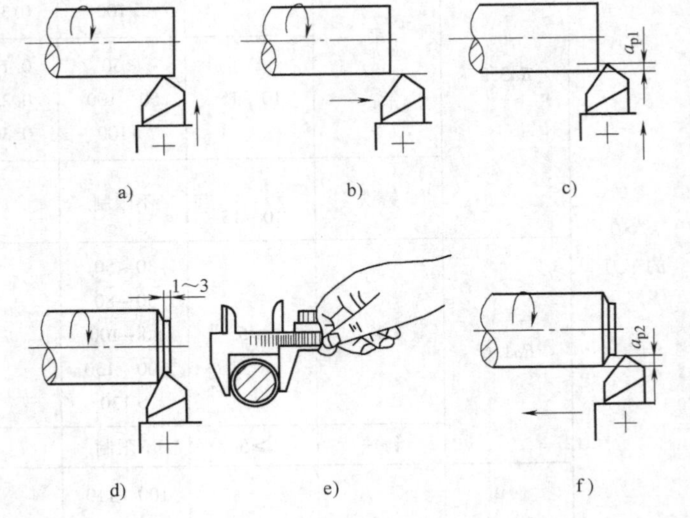

图 5-31 外圆车削的步骤

5）横向进刀一个较小的距离 a_{p1}，如图 5-31c 所示。

6）纵向车削 1～3mm，摇动床鞍手柄，退出车刀，停车测量工件直径（中滑板不要退回，如必要退出时，应记住其刻度），如图 5-31d、e 所示。

7）根据中滑板的刻度调整背吃刀量至 a_{p2}，自动进给，车出外圆，如图 5-31f 所示。

8）当车削到所需长度时应停止进给，退出车刀，然后停机。注意不能先停机后退刀，否则会造成车刀崩刃。

（5）车外圆时常见的质量问题、产生原因及预防方法 车外圆时常见的质量问题、产生原因及预防方法见表 5-4。

2. 车端面

表 5-4 车外圆时常见的质量问题、产生原因及预防方法

常见质量问题	产生原因	预防方法
工件上存在残留表面	加工余量选择过小；工件校直效果差，仍残留弯曲；顶尖装夹时，中心孔位置不正；卡盘装夹时，工件轴线与卡盘轴线存在同轴度误差	毛坯在加工前，要预先测量加工余量是否足够，如果发现不足，应停止加工，更换合格毛坯或半成品后再进行车削
尺寸不合格	看错图样，开机时粗心大意出现错误；看错尺寸或刻度，测量不正确	开机前看懂图样；试车 2～3mm 长度，细心测量后再进行车削；加工完毕，等工件冷却至室温后再测量；测量时正确选择量具

（续）

常见质量问题	产生原因	预防方法
几何误差超差	可能是机床精度不足，主轴轴线与尾座顶尖轴线不重合，车床导轨与主轴轴线不平行，主轴轴承间隙过大或者顶尖孔和顶尖几何形状不规则	经常检查机床主轴精度、主轴与尾座顶尖的同轴度误差以及主轴与导轨的平等度误差，并及时消除产生误差的隐患
表面粗糙度达不到要求	刀具几何形状不正确，切削用量选择的不合适，切削刃变钝后没有及时刃磨，或者由于主轴轴承磨损及振动	保持切削刃锋利，刀具安装正确；选择合理的刀具几何角度和最佳切削用量

对工件端面进行车削的方法称为车端面。车端面步骤如下：

（1）端面车刀的选择与安装　端面车削时，常用偏刀或弯头车刀。偏刀按其切削刃的方向不同，又分为右偏刀（图 5-32a）和左偏刀（图 5-32b）。图 5-33 所示为用 45°弯头刀加工端面的情况。45°弯头刀适用于切削有端面、带倒角的外圆工件，可以一次装夹后，用一把刀具同时完成外圆、端面和倒角的车削，节省辅助时间，提高生产率。用 45°弯头刀车削端面，是用主切削刃进行车削，与外圆车削时不是一个部位。45°弯头刀的刀尖角比偏刀大，因此强度好，散热也好，而且可以在车端面的同时车削出工件倒角。但是，45°弯刀不能车清台阶根部，因此，不能加工带台阶的端面。

偏刀适用于车削带有台阶的外圆表面和端面，因为它的主偏角大，车外圆时产生的径向切削力小，不易使工件发生弯曲，但其散热条件不好。用偏刀车端面，一般适用于同时需要车端面和台阶面的工件，通过一次装夹工件，既能进行端面车削，又能将台阶面同时切削完毕。

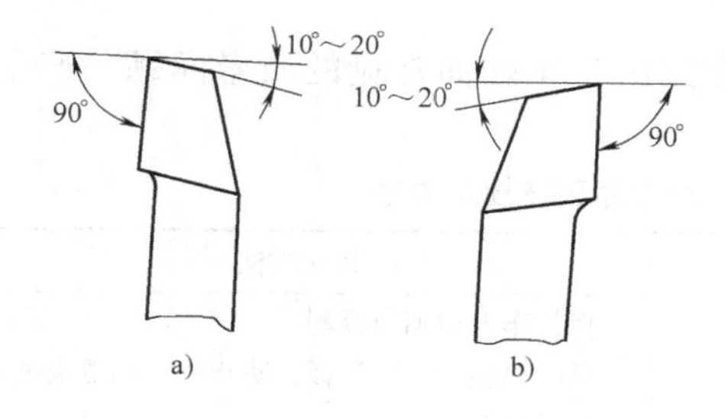

图 5-32　偏刀
a）右偏刀　b）左偏刀

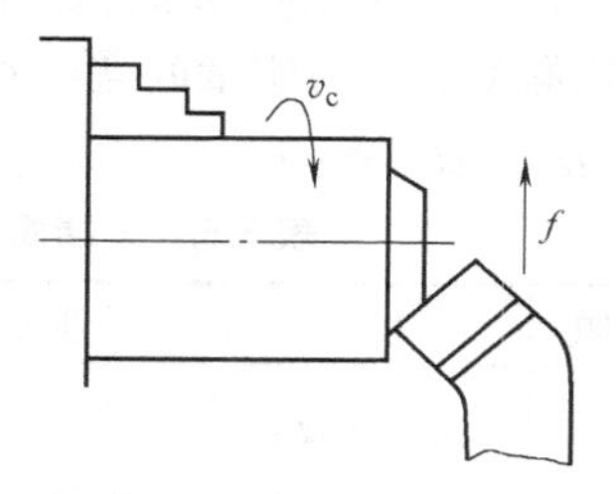

图 5-33　用 45°弯头刀车端面

在安装端面车刀时，刀尖都必须准确地对准工件的中心。因为刀尖高于（或低于）工件中心，不仅仅会引起车刀实际工作前角和后角的改变，而且不可能车出全部端面，在工件中心附近将会留下一个小圆凸台切不下来。

（2）工件的装夹　车端面时，应先将工件装夹在卡盘上。装夹时工件伸出卡盘的长度应当短些。如果伸出过多，车端面时工件刚度不好，而且容易引起振动，造成打刀，这时应当在端面附近加中心架作支承，以便改善切削条件。

工件装好后，先轻轻夹住，再用划针盘对工件的外圆和端面进行找正。将划针针尖靠近工件端面后，用手使卡盘旋转，并观察端面与针尖之间的距离是否均匀，如果距离有变化，说明工件安装不正，可用铜锤或硬木块轻敲工件端面进行找正，也可以在刀架上装夹硬木棒或软钢棒，使其顶在工件端面上，用手使卡盘旋转，进行校正工件，直到工件装正为止，然后将工件牢固夹紧。开动车床前必须检查工件是否已经牢固地夹紧，防止由于装夹不可靠，而影响切削效果。

（3）确定切削用量　虽然车端面与车外圆相比有其特殊之处，但从选择切削用量的要求来看却是一致的：既要求提高加工质量和生产率，又要提高刀具寿命，降低刀具消耗。所以在选择切削用量时，也应当尽量优先考虑增大背吃刀量 a_P。

1）背吃刀量 a_P。粗车时，$a_P=2\sim5$mm；精车时，$a_P=0.1\sim1$mm。

2）进给量 f。进给量 f 的确定原则基本和背吃刀量 a_P 的确定原则相同。一般情况下，粗车时 $f=0.3\sim0.7$mm/r；精车时 $f=0.1\sim0.2$mm/r。

3）切削速度 v_c。车端面时的切削速度是随着工件直径的减小而逐渐减小的，但是计算切削速度时，要按最大外圆直径计算，计算方法和车外圆时的计算方法相同。

（4）端面车削的特点　端面车削与外圆车削相比，虽然有许多相同点，但还是有区别的：外圆车削的进给方向是工件的轴线方向，而车端面时的进给方向是工件的径向方向。在车外圆时，一次进给过程中工件直径是固定不变的，因此主轴转速确定后，切削速度是不变的；而车端面时，一次进给过程中工件直径是变化的，因此虽然在切削过程中主轴转速没变，而切削速度却随着直径的变化而变化。

端面车削要求端面必须保持平整、光洁，平面度好。车端面很少单独进行，几乎总是和外圆车削同时存在的。而车外圆或车台阶时均以端面作为长度尺寸的测量基准。在用顶尖作支承安装工件时，也必须先车端面，然后才能钻中心孔，所以车端面的应用很广泛，车削台阶轴就是车外圆和车端面的综合操作。

（5）车端面常见的质量问题、产生原因及预防方法　车端面常见的质量问题、产生原因及预防方法见表5-5。

表5-5　车端面常见的质量问题、产生原因及预防方法

常见质量问题	产生原因	预防方法
端面不平	车刀不锋利 小滑板太松或刀架没有压紧	保持车刀切削刃锋利 随时调整中、小滑板，防止中、小滑板过松 压紧刀架
工件端面与中心线不垂直	端面内孔（或外圆）不是在同一次装夹中加工	尽量将工作端面和内孔（或外圆）在一次装夹中加工完毕

3. 车台阶

车削台阶处的外圆和端面的方法称为车台阶。

台阶的车削方法跟车外圆相似，但在车削时需要兼顾外圆的尺寸精度和台阶长度的要求。对于相邻两圆柱体直径差较小（<5mm）的台阶，一般用一次进给车出，为保证台阶面与工件中心线垂直，应用90°偏刀车削，装刀时应使主切削刃与工件中心线垂直；对于相邻两圆柱体直径差较大（>5mm）的台阶，一般采用分层切削方法，用几次进给来完成台阶的车削。在最后一次纵向进给完成后，用手摇动中滑板手柄，把车刀慢慢地均匀退出，使台阶与外圆垂直，装刀时应使主切削刃与工件中心线成90°或大于90°，如图5-34所示。

控制台阶长度的方法有多种，如用大滑板刻度盘来控制（一般卧式车床一格等于1mm，其车削长度误差在 0.3mm 左右）；单件生产时也可用钢直尺度量、刀尖划线的方法来控制，如图 5-35a 所示；成批生产时用样板控制，如图 5-35b 所示。

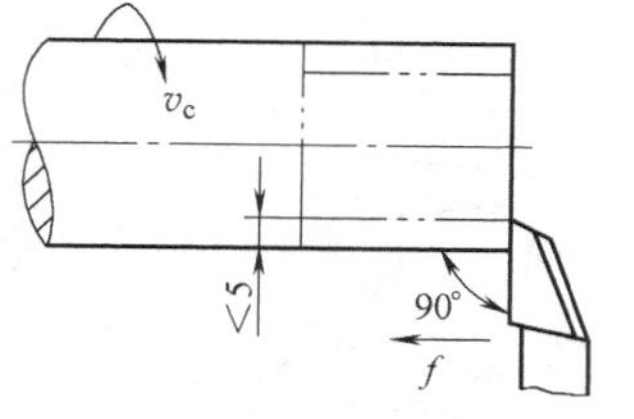

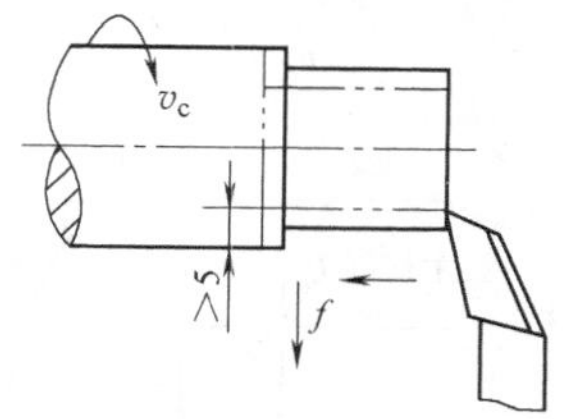

图 5-34 车台阶

a）一次进给 b）多次进给

车台阶的步骤为：

1）在卡盘上装夹工件，找正外圆、端面并夹紧。

2）按要求装夹车刀，调整合理的转速和进给量。

3）车第一级外圆，试切削 3mm 长，停机测量外径。

4）根据测量的外径尺寸，调整背吃刀量，留精车余量 1～2mm。

5）合上进给手柄，纵向车削，当车刀接近台阶时，脱开进给手柄，用手摇动床鞍进给，直到车刀接触台阶。

6）摇动中滑板手柄，使中滑板以均匀速度沿台阶端面向外摇出车刀。

7）车多台阶轴按上述方法依次车削各级外圆。

8）测量台阶的长度，根据测量的长度尺寸与图样尺寸要求，调整背吃刀量。

9）合上进给手柄，横向车削端面，确定长度尺寸至合格。

10）停机，检验长度尺寸。

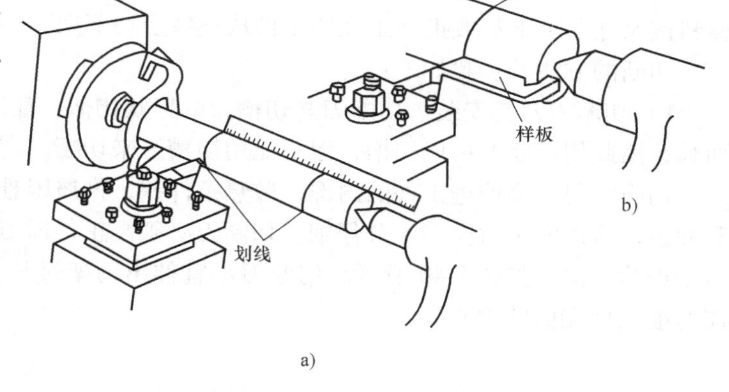

图 5-35 台阶位置的确定

a）单件生产时 b）成批生产时

4. 切槽与切断

（1）切槽 切槽是指在工件表面上车削沟槽的方法。根据沟槽在工件表面的位置可分为外槽、内槽和端面槽，如图 5-36 所示。

切槽的方法及步骤如下：

1）切槽刀及其安装。如图 5-37 所示，切槽刀有一条主切削刃和一个主偏角、两条副切削刃和两个副偏角。安装时刀尖应与工件中心线等高，主切削刃平行于工件中心线，两副偏角相等。

2）切槽的方法。切内、外槽时刀具横向进给，切端面槽时刀具纵向进给。切槽如同左、右偏刀同时车削左、右两端面。对于宽度在 5mm 以下的窄槽，可采用主切削刃的宽度等于槽宽的切槽刀，在一次横向进给中切出；对于宽度在 5mm 以上的宽槽，应采用

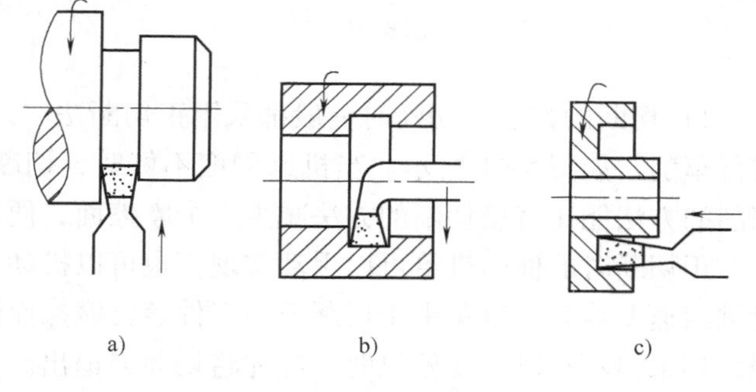

图 5-36 切槽的形状

a）切外槽 b）切内槽 c）切端面槽

先分段横向粗车，在最后一次横向切削后，再进行纵向精车的加工方法，如图 5-38 所示。

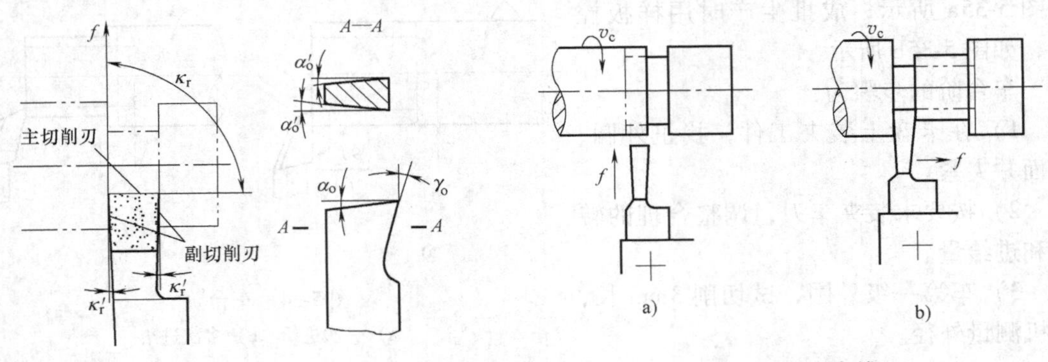

图 5-37 切槽刀及其安装

图 5-38 切宽槽
a）横向粗车 b）精车

（2）切断 把坯料或工件分成两段或若干段的车削方法，称为切断。切断主要用于圆棒料按尺寸要求下料或把加工完的工件从坯料上切下来。

切断的方法及步骤如下：

1）切断刀及其安装。切断刀与切槽刀的形状相似，如图 5-39 所示。但切断刀的刀头窄而长，因此用切断刀可以切槽，但不能用切槽刀来切断。

切断时刀头要伸进工件的内部，散热条件差，排屑困难，又由于其强度低，经不起振动和冲击，所以安装时应当十分仔细。切断刀必须装正，即刀具轴线应垂直于工件中心线或平行于进给方向，如图 5-40 所示。切断刀不宜伸出刀架过长，防止发生振动。切断刀的刀尖应对准工件端面的中心。

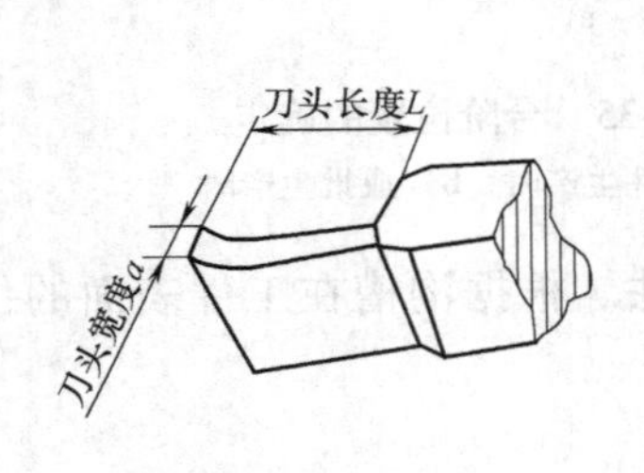

图 5-39 切断刀

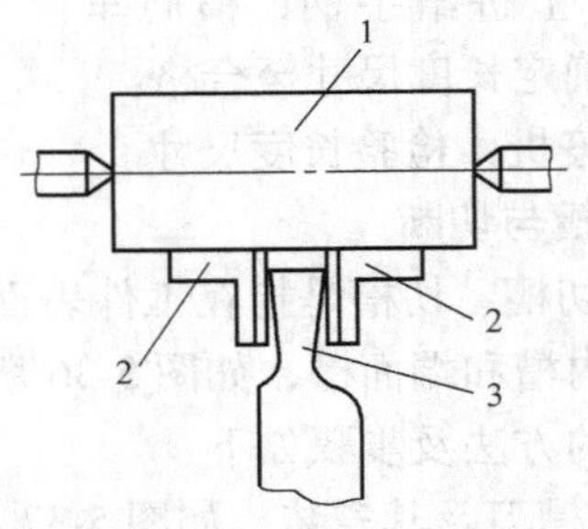

图 5-40 安装切断刀的方法
1—工件 2—直角尺 3—切断刀

2）切断的方法。切断时一般都采用正切断法，即工作时主轴正向旋转，刀具横向进给进行车削，如图 5-41 所示。当机床刚度不好时，切断过程应当采用分段切削的方法。分段切削的方法能比直接切断的方法减少一个摩擦面，便于排屑和减小振动，如图 5-42 所示。

正切断时的横向进给可以手动实现，也可以机动实现，利用手动进给切断时，应注意保持进给速度均匀，以免由于切断刀与工件表面摩擦而使工件表面产生硬化层，使刀具迅速磨损。如果迫不得已需要停机时，应先将切断刀退出。

当切断不规则表面的工件时，在切断前应当用外圆车刀把工件先车圆，或尽量减少切断刀的进给量，以免发生“啃刀”现象而损坏刀尖和刀头。

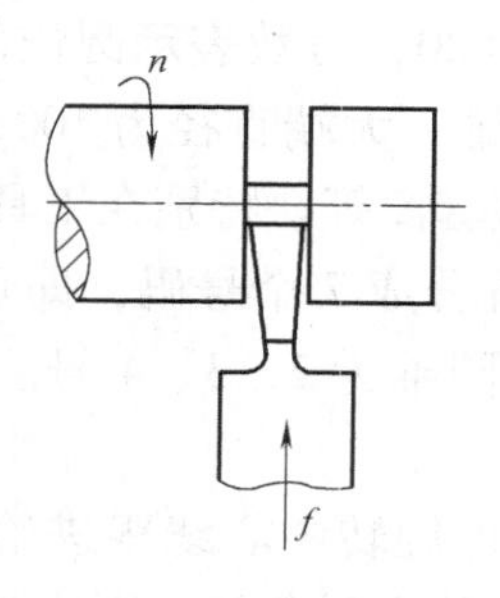

图5-41　正切断法

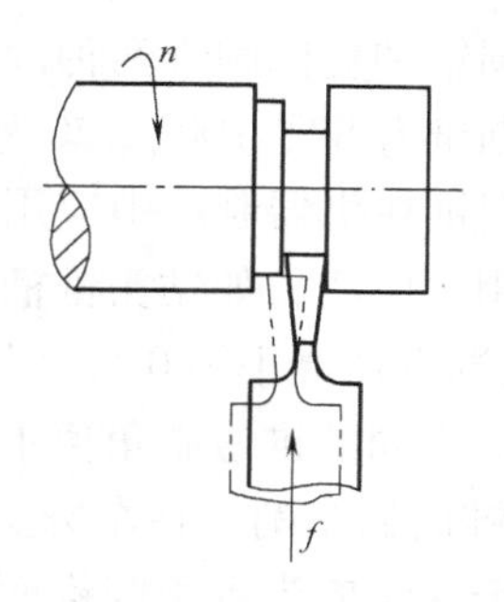

图5-42　分段切断法

当切断由顶尖支承的细工件或重而大的工件时，不应完全切断，应当在接近切断时将工件卸下来敲断，并注意保护工件加工表面。

3）切削用量的选择。切断工件时，切断刀的背吃刀量。就是切断刀刀头的宽度。若工件直径较大，而工件材料的硬度较高时，应当选择宽一些的切断刀，以提高切断刀的强度；反之则选择窄一些的切断刀。一般情况下，切断刀刀头的宽度在2~6mm范围内为好。由于切断刀的头部较窄，强度比其他车刀低，因而应当适当地减小进给量。进给量应当根据工件和刀具的材料来决定。通常情况下，用高速钢切断刀切断钢料时，可选择$f=0.1\sim0.3$mm/r。用高速钢切断刀切断钢料时，可选切削速度$v_c=15\sim30$m/min，而切断铸铁工件时，可选择切削速度$v_c=15\sim20$m/min。

5. 车圆锥面

将工件车削成圆锥表面的方法称为车圆锥面。在机器和工具中，很多地方采用圆锥面作为配合表面，如车床主轴孔与顶尖的配合、尾座套筒锥孔与顶尖的配合、带锥柄的钻头、铰刀与锥套的配合等。圆锥表面配合具有配合紧密、拆装方便、经过多次拆装仍能保证准确定心的特点。

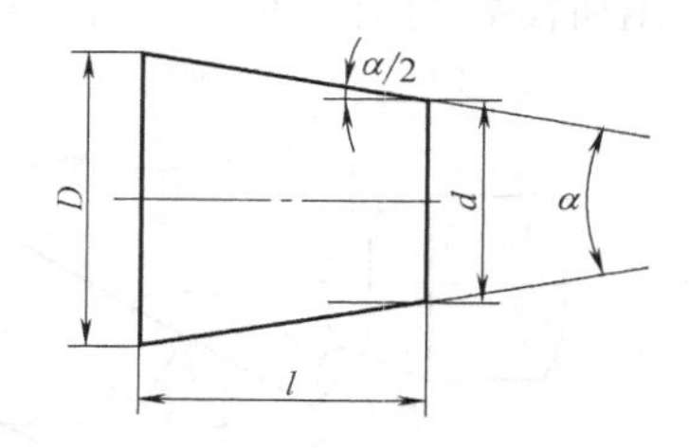

图5-43　圆锥体的主要尺寸

（1）圆锥表面　圆锥表面是由一段与中心线成一定角度的母线，绕该中心线旋转一周所形成的表面。如图5-43所示，圆锥体大端直径D与小端直径d之差与轴向长度之比称为锥度，用C表示；大端半径与小端半径之差与轴向长度之比称为斜度，用S表示，即

$$C=\frac{D-d}{l}=2\tan\frac{\alpha}{2}$$

$$S=\frac{D-d}{2l}=\tan\frac{\alpha}{2}$$

式中　D——圆锥体大端直径（mm）；

d——圆锥体小端直径（mm）；

l——锥面轴向长度（mm）；

α——圆锥的锥角；

$\alpha/2$——圆锥半角（圆锥斜角）。

车圆锥面时往往需要转动小滑板的角度，所以必须计算出圆锥半角$\alpha/2$。

为了降低生产成本和使用方便，常用的工具、刀具圆锥的锥度都已标准化。常用的标准圆锥有米制圆锥和莫氏圆锥两种。米制圆锥的锥度固定为1∶20，号数表示圆锥的大端直径。常用的米制圆锥有80、100、120号等。例如100号米制圆锥，大端直径为100mm，锥度为1∶20。莫氏圆锥在机器制造中应用很广，如车床主轴、尾座套筒等。特别在工具专业中，莫氏圆锥的使用更广泛，如钻头锥柄、铰刀锥柄等。莫氏圆锥分成7个号码，即0、1、2、3、4、5、6，大端直径最小为0号，最大为6号。常用的莫氏圆锥为2、3、4号。莫氏圆锥的主要缺点是：不同的锥号斜角值不同，给加工带来麻烦。

（2）圆锥面的车削　在车床上车削圆锥面，必须使工件旋转中心线跟进给方向成一定的夹角，这个夹角应当等于圆锥面的斜角。如果图样上没有给出斜角值，则应当根据已知条件求出该值。在常用锥体中，米制圆锥 $K=1:20$，则圆锥半角（$\alpha/2$）等于1°25′56″；莫氏锥度可根据号数查出斜角值。求出斜角值以后，就可以使工件旋转中心线和车刀进给方向成 $\alpha/2$ 夹角，车出所需要的圆锥面。

车圆锥面的方法主要有转动小滑板法、偏移尾座法、靠模法以及宽刃车刀车削法。

1）转动小滑板法车圆锥面。根据工件的圆锥半角 $\alpha/2$，将小滑板转过 $\alpha/2$ 角度并将其紧固，然后摇动小滑板进给手柄，使车刀沿圆锥面的素线移动，即可车出所需要的圆锥面，如图5-44所示。这种方法操作简单可靠，可加工任意锥角的内、外圆锥表面，但由于小滑板的行程比较短，所以只可车削较短的圆锥体表面，而且只能手动进给。

2）偏移尾座法车圆锥面。根据工件的圆锥半角 $\alpha/2$，将尾座顶尖偏移一定距离 S，使工件旋转中心线与车床主轴中心线的交角等于圆锥半角 $\alpha/2$，然后车刀纵向机动进给，即可车出所需要的圆锥面，如图5-45所示。

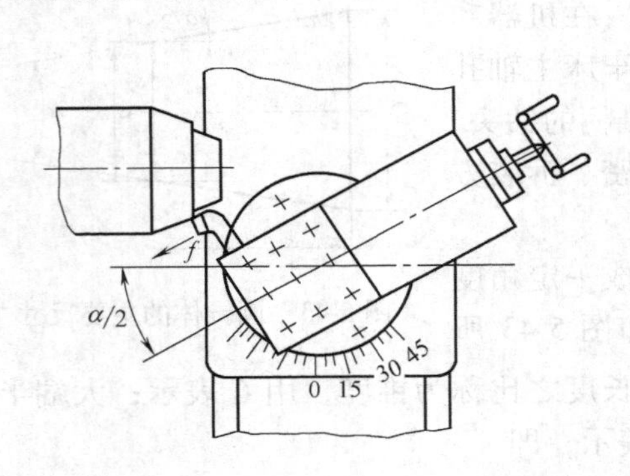

图5-44　转动小滑板法车圆锥面

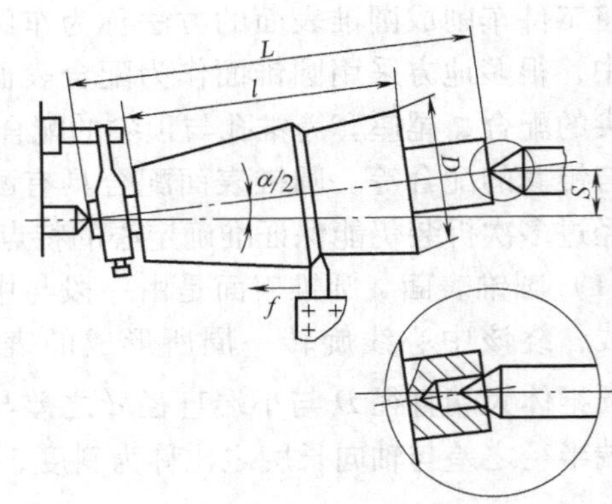

图5-45　偏移尾座法车圆锥面

尾座偏移量不仅与工件上待车的圆锥锥面轴向长度 l 有关，而且还与两顶尖的距离 L 有关

$$S=\frac{D-d}{2l}L=L\tan\frac{\alpha}{2}$$

这种加工方法可以纵向机动进给，能车削轴向长度较长、加工精度要求不高的圆锥面，但受尾座偏移量的限制，不能车削锥度很大的工件，尾座偏移量的调整也比较费时间。

3）靠模法车圆锥面。用靠模法车圆锥面，必须配制专用的锥度靠模。如图5-46所示，将锥度靠模的底座1固定在车床的床鞍上，靠模体5与靠模底座通过燕尾槽滑动配合。靠模体上装有锥度靠板2，它可以在靠模体上转动，将锥度靠板2转至与工件中心线成一个圆锥

半角 $\alpha/2$ 的角度后，固定锥度靠板两端的螺钉7，滑块4与车床中滑板丝杠3连接，可沿锥度靠板2自由滑动。当需要车锥面时，用螺钉11通过挂脚8、调节螺母9以及拉杆10，把靠模体5固定在车床床身上，螺钉6用于调节靠模板的斜度。当床鞍作纵向进给时，滑块沿着锥度靠板斜面滑动。由于丝杠与中滑板上的螺母相连，故床鞍纵向进给时，中滑板沿着锥度靠板的斜度作横向进给，车刀的合成运动轨迹形成了圆锥面的母线，进而车出圆锥面。

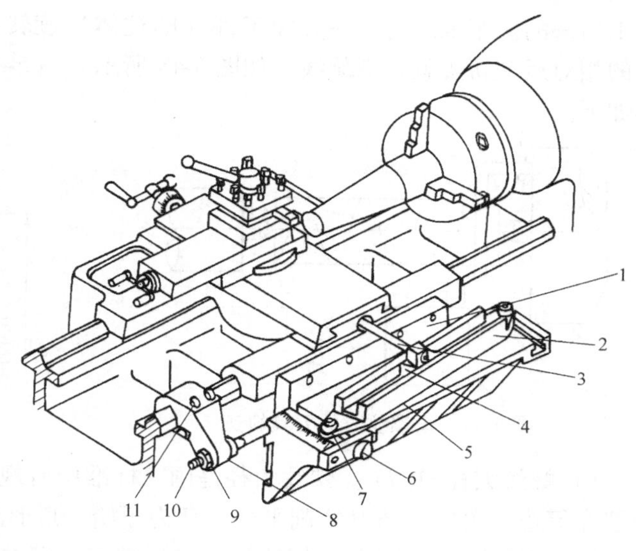

图5-46　靠模法车圆锥面

1—底座　2—锥度靠板　3—丝杠　4—滑块　5—靠模体　6、7、11—螺钉　8—挂脚　9—调节螺母　10—拉杆

用靠模法车圆锥面具有调整锥度方便、准确、可自动进给、锥面质量高等优点，但靠模装置的角度调节范围较小，一般不超过12°，适用于车削精度要求较高、锥体长度较长、批量又较大的圆锥体内、外表面。

4）宽刃车刀车圆锥面。如图5-47所示，宽刃车刀车削圆锥面时，车刀只作横向进给而不作纵向进给。切削刃要平直，其长度要大于待车圆锥面的母线，切削刃与主轴中心线的夹角应等于圆锥半角 $\alpha/2$。这种方法车削圆锥面要求车床有良好的刚度，否则容易引起振动，影响加工精度。此法适用于车削轴向长度较短的圆锥面。

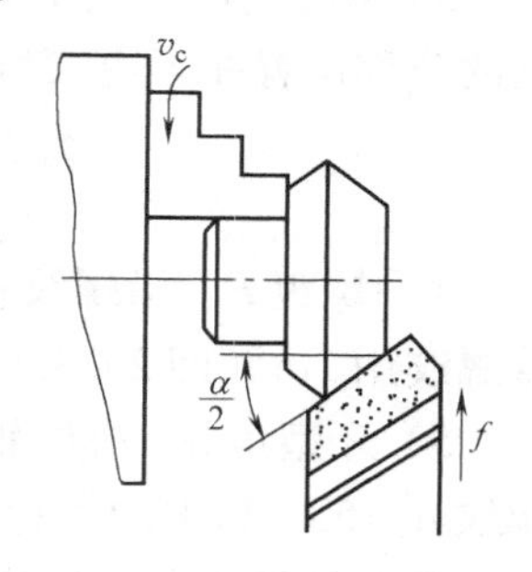

图5-47　宽刃车刀车圆锥面

（3）车圆锥面时的常见质量问题、产生原因及预防方法　车圆锥面时的常见质量问题、产生原因及预防方法见表5-6。

6. 车螺纹

将工件表面车削成螺纹的方法称为车螺纹。螺纹是最常用的连接件和传动结构。螺纹按牙型分为普通螺纹、矩形螺纹和梯形螺纹等，每种螺纹又有单线和多线、左旋和右旋之分。

表5-6　车圆锥面时的常见质量问题、产生原因及预防方法

常见质量问题	产生原因	预防方法
锥度不准确	小滑板转动角度不准确 尾座偏移量不准确 小滑板和尾座调整正确后紧固螺母没固紧而移动	仔细计算小滑板转动角度和方向，反复试车找正 重新计算和调整尾座偏移量 将紧固螺母固紧
圆锥母线不直	车刀刀尖没有对准工件中心线	装刀时对准工件中心线
表面粗糙度值大	转动小滑板车削时，手动进给不均匀	手动进给时用力尽量均匀，或将小滑板改成机动进给

（1）螺纹的基本知识　螺纹是在一根圆柱轴（或圆柱孔）上用车刀沿螺旋线形的轨迹

加工出来的。车螺纹时，一方面工件（圆柱体）旋转，一方面车刀沿轴向进给，车刀对工件的相对运动轨迹就是螺旋线，如图 5-48 所示。图 5-49 所示为普通螺纹各部分的代号，分述如下。

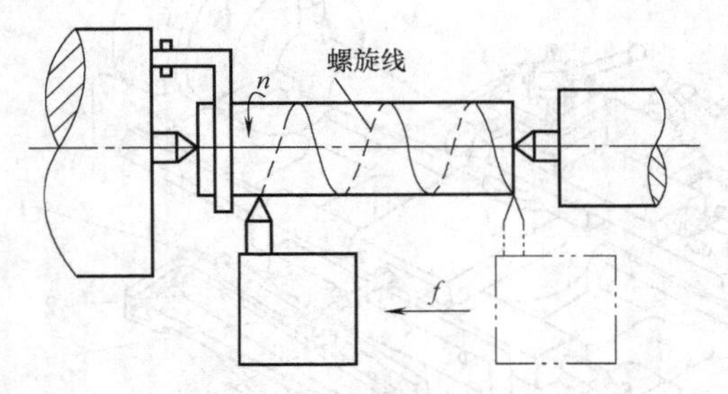

图 5-48 车螺纹时的刀具轨迹

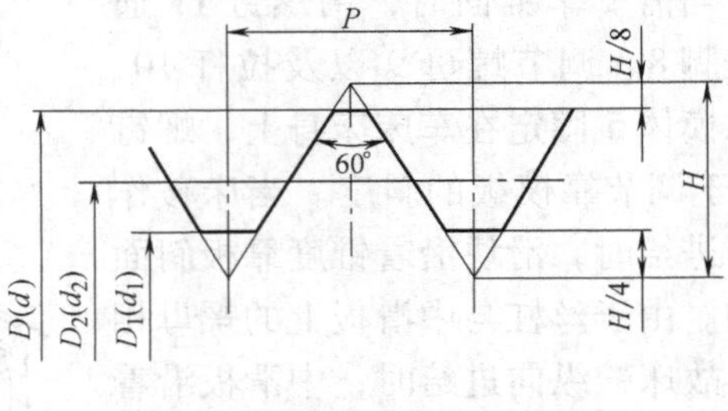

图 5-49 普通螺纹各部分的代号

1）螺纹大径 $D(d)$。螺纹大径是国家标准中所规定的内（外）螺纹公称直径，其公称位置在等边三角形上部 $H/8$ 削平处（H 为原始三角形高度）。

2）螺纹中径 $D_2(d_2)$。螺纹牙宽与牙槽宽相等的假想圆柱体的直径，它的公称位置在等边三角形高的 $H/2$ 处。螺纹中径与螺纹外径的关系为

$$D_2 = D - 0.649P$$

$$d_2 = d - 0.649P$$

3）螺纹小径 $D_1(d_1)$。与内螺纹牙顶或外螺纹牙底相接的圆柱体直径称为螺纹小径，它的公称位置在等边三角形下部 $H/4$ 削平处。螺纹小径与螺纹大径之间的关系为

$$D_1 = D - 1.0825P$$

$$d_1 = d - 1.0825P$$

4）螺距 P。沿螺纹轴线方向上相邻两牙间对应点的距离。普通螺纹的螺距单位为 mm；管螺纹用 1in（即 25.4mm）上的牙数 n 表示。

5）牙型角 α。螺纹轴向剖面上相邻两牙侧面的夹角称为牙型角。普通螺纹 $\alpha = 60°$，管螺纹 $\alpha = 55°$（NPT 标准为 60°）。

普通螺纹用尺寸标注形式注在内、外螺纹的大径上，其标注的具体项目和格式如下：

[螺纹代号] [公称直径] × [Ph 导程 P 螺距] [旋向] – [中径公差带代号] [顶径公差带代号] – [旋合长度代号]

普通螺纹的螺纹代号用字母“M”表示。

普通粗牙螺纹不必标注螺距，普通细牙螺纹必须标注螺距。公称直径、导程和螺距数值的单位为 mm。

右旋螺纹不必标注，左旋螺纹应标注字母“LH”。

中径公差带代号和顶径公差带代号由表示公差等级的数字和字母组成。大写字母代表内螺纹，小写字母代表外螺纹。顶径是指外螺纹的大径和内螺纹的小径，若两组公差带相同，则只写一组。表示内、外螺纹旋合时，内螺纹公差带在前，外螺纹公差带在后，中间用“/”分开。在特定情况下，中等公差精度螺纹不注公差带代号（内螺纹：5H，公称直径小于和等于 1.4mm 时；6H，公称直径大于和等于 1.6mm 时。外螺纹：5h，公称直径小于和等于 1.4mm 时；6h，公称直径大于和等于 1.6mm 时）。

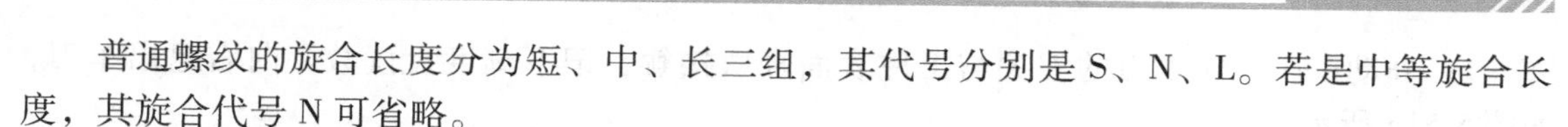

普通螺纹的旋合长度分为短、中、长三组，其代号分别是S、N、L。若是中等旋合长度，其旋合代号N可省略。

如普通螺纹标注：M10；M12-6H；M16×1.5LH-5g6g-S等。

管螺纹标注的具体项目及格式如下：

55°密封管螺纹代号：[螺纹特征代号] [尺寸代号] [旋向代号]

55°非螺纹密封管螺纹代号：[螺纹特征代号] [尺寸代号] [公差等级代号] – [旋向代号]

55°密封螺纹又分为：与圆柱内螺纹相配合的圆锥外螺纹，其特征代号是R_1；与圆锥内螺纹相配合的圆锥外螺纹，其特征代号为R_2；圆锥内螺纹，特征代号是R_c；圆柱内螺纹，特征代号是R_p。旋向代号只注左旋“LH”。

55°非螺纹密封管螺纹的特征代号是G。它的公差等级代号分A、B两个精度等级。外螺纹需注明，内螺纹不注此项代号。右旋螺纹不注旋向代号，左旋螺纹标“LH”。

如55°密封管螺纹标注：G3/4；$R_1$1/2LH等。

（2）螺纹车刀及其安装

1）螺纹车刀。螺纹车刀的几何形状特点是它的切削部分形状应与螺纹轴向剖面的形状相符。因此，车普通螺纹时，车刀的尖角应等于螺纹牙型角60°，车管螺纹时，车刀的尖角为55°。

螺纹车刀刀头的材料一般为高速钢和硬质合金两种。高速钢制成的螺纹车刀，刃磨比较方便，容易得到锋利的刃口，而且韧性较好，刀尖不易崩裂，因此常用来加工弹塑性材料（钢类）的螺纹；硬质合金制成的螺纹车刀，韧性差，刃磨时容易崩裂，车削时经不起冲击，所以在低速车削中很少采用，多用于高速或中速强力切削加工批量较大的螺纹。

2）螺纹车刀的安装。螺纹车刀安装的正确与否，对螺纹精度有很大的影响。若车刀安装得有偏差，即使车刀刀尖角刃磨得十分准确，加工出来的螺纹牙型也会产生误差。因此安装螺纹车刀时应当注意以下几点：

① 刀尖必须对准工件的中心，否则螺纹牙型会产生误差。

② 安装车刀时，必须使用螺纹样板，如图5-50所示，找正刀尖角的位置，保证车刀刀尖的角平分线与工件中心线垂直，以防螺纹牙型左右不对称，产生螺纹向一边倒的现象。

③ 车刀刀杆不宜伸出过长，垫刀片的片数应尽量少些（不超过3片），以免引起振动，影响螺纹加工质量。

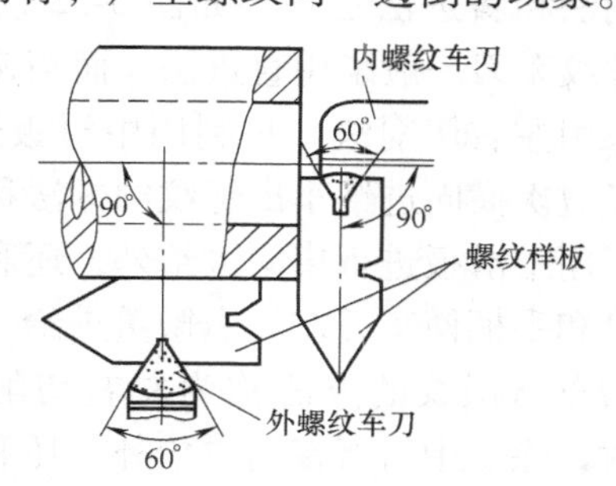

图5-50 用螺纹样板对刀

（3）车螺纹的方法和步骤

1）选择并安装螺纹车刀。根据待切削螺纹的基本要素、材料、切削速度等，选择合适的车刀，并正确安装。

2）调整车床。为了在车床上车出螺距符合要求的螺纹，车削时必须保证工件（主轴）转动一周，车刀纵向移动一个螺距或导程（单线螺纹为螺距，多线螺纹为导程），因此在车螺纹开始前，必须先调整车床，即根据待切削螺纹的螺距大小查找车床铭牌，选定进给箱手柄位置，脱开光杠进给机构，改由丝杠传动。

3）查表确定螺纹牙型高度，确定进给次数和各次横向进给量（开始几次进给的横向进给量可大些，以后逐步减少）。

4）开动车床，使车刀的刀尖与工件表面轻微接触，记下刻度盘读数，向右退出车刀，如图 5-51a 所示。

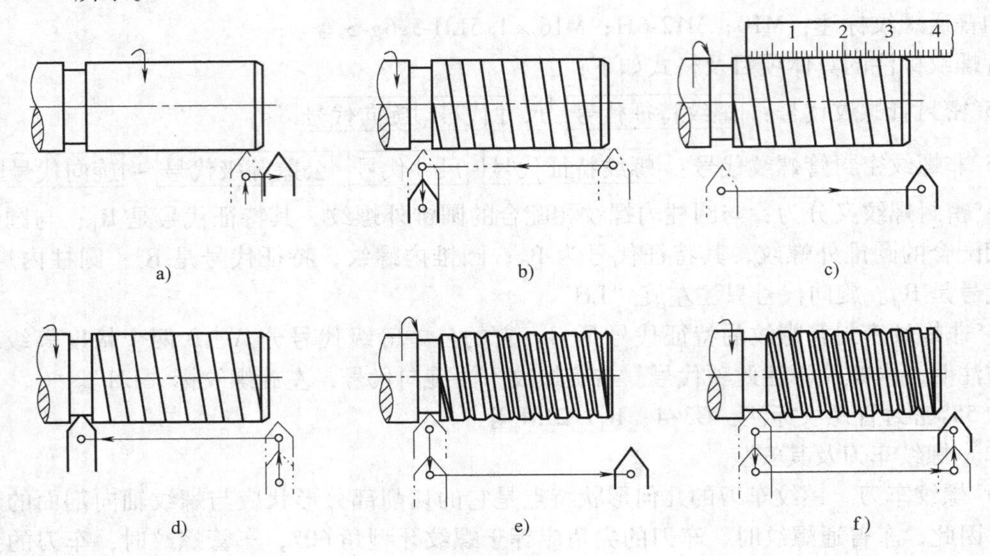

图 5-51　外螺纹的车削过程

5）合上车床的对开螺母，在工件表面上车出一条浅螺旋线，横向退出车刀，停机，如图 5-51b 所示。

6）反向起动车床使车刀退到工件右端，停机，用钢直尺检查螺距是否符合要求，如图 5-51c 所示。

7）利用刻度盘调整背吃刀量，起动车床切削，如图 5-51d 所示。

8）车刀将至行程终点时做好退刀停机准备，先快速退出车刀，然后停机，反向起动车床使刀架退回，如图 5-51e 所示。

9）再次横向进给，继续切削，按图 5-51f 所示路线循环。

车削普通螺纹的进给方法有直进法、左右切削法和斜进法三种，如图 5-52 所示。硬质合金螺纹车刀一般采用直进法，而高速钢螺纹车刀多采用左右切削法。只利用中滑板进行横向进给，经数次横向进给车出螺纹的方法称为直进法；除了用中滑板进行横向进给外，还利用小滑板刻度盘和手柄使车刀左、右微量进给，经重复多次进给车出螺纹的方法称为左右切削法；粗车螺纹时，除了中滑板横向进给外，还利用小滑板使车刀向一个方向微量进给的方法称为斜进法。左右切削法和斜进法车螺纹时，由于车刀只有单刃参与切削，所以不容易扎刀。

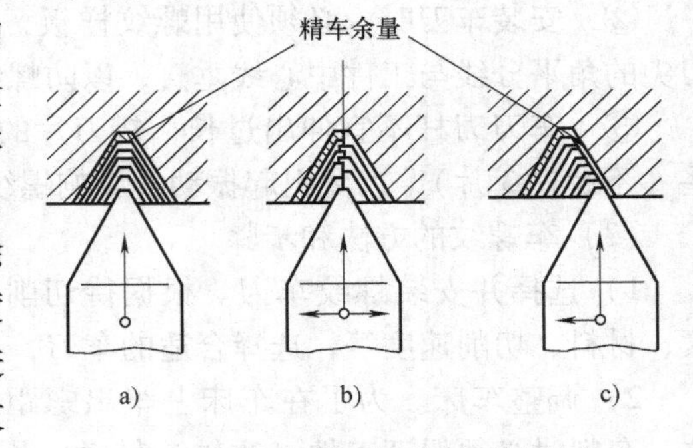

图 5-52　车削普通螺纹的进给方法
a）直进法　b）左右切削法
c）斜进法

（4）螺纹的测量　螺纹的测量主要是测量螺距、牙型角和螺纹中径。依据螺纹的公差等级、生产批量和设备条件的不同，普通螺纹的测量方法主要有以下几种：

1）螺距是由车床的运动关系来保证的，所以用钢直尺测量即可。

2）牙型角　是由车刀的刀尖以及正确的安装方法来保证的，一般用样板测量，也可用螺纹样板同时测量螺距和牙型角，如图 5-53 所示。

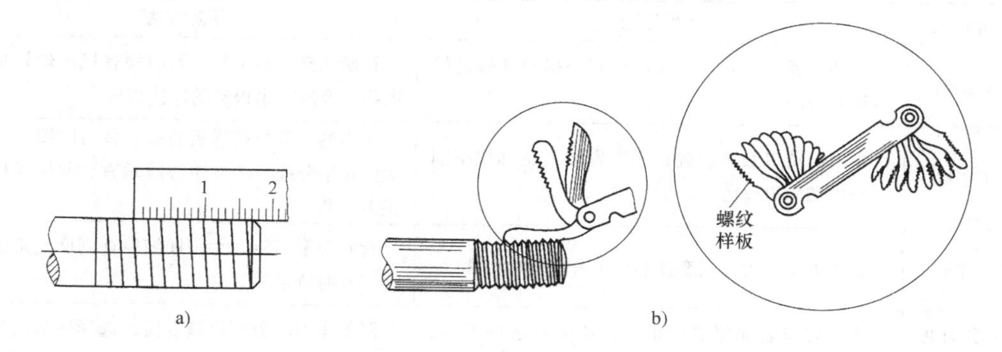

图 5-53　螺距和牙型角的测量

a）用钢直尺测量　b）用螺纹样板测量

3）螺纹中径常用螺纹千分尺测量，如图 5-54 所示。

在大批量生产中，多用螺纹量规综合测量，如图 5-55 所示。

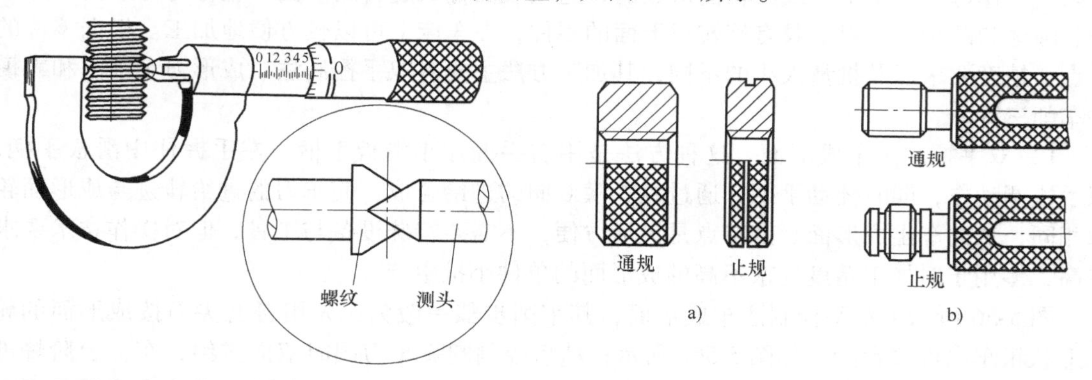

图 5-54　用螺纹千分尺测量螺纹中径

图 5-55　螺纹量规

a）螺纹环规（测外螺纹）　b）螺纹塞规（测内螺纹）

（5）“乱扣”及避免方法　车螺纹需要经过车刀反复多次进给来完成。如果第二次进给时车刀刀尖不正对着前一刀车出的螺纹槽，而存在偏左或偏右现象时，会将螺纹车乱，这种现象称为“乱扣”。产生“乱扣”的原因有两个：一是丝杠螺距不是工件螺距的整倍数；二是车螺纹过程中车刀与工件的相对位置发生变化。丝杠螺距不是工件螺距的整倍数时，丝杠转一转时工件并不能转过整数转，所以车完第一刀，车刀退离工件后，如果抬起开合螺母，摇动大滑板至起始位置时，车刀刀尖必然不在原来的螺纹槽内，就会产生“乱扣”现象，使螺纹报废。因此，在车螺纹时应首先计算一下，是否会产生“乱扣”现象，如果出现“乱扣”现象，必须采用倒顺车法来退刀，即当中滑板把车刀退离螺旋槽后，立即反向起动车床，使大滑板反向移动到原始位置。由于开合螺母和丝杠始终是啮合着的，可避免产生“乱扣”现象。另外，在螺纹加工中因刀具损坏需要换刀时，或者工件重新装夹过，此时螺纹与车刀相对位置发生变化，必须在按下开合螺母后，用小滑板重新对刀，使刀尖准确地落在螺纹槽内，再继续加工，否则会产生“乱扣”而造成废品。

（6）车螺纹时的常见质量问题、产生原因及预防方法　车螺纹时的常见质量问题、产生原因及预防方法见表5-7。

表5-7　车螺纹时的常见质量问题、产生原因及预防方法

常见质量问题	产生原因	预防方法
螺距不正确	手柄位置不正确，机床丝杠有磨损或某些连接机构有松动	正确选择手柄位置，及时检查机床丝杠是否磨损，及时拧紧松动的连接机构
牙型不正确	车刀尖角刃磨不正确，车刀安装不正确或车削过程中切削刃损伤	车刀的刀尖要用样板检查，装刀时要保持刀尖的角平分线与工件中心线垂直，并用样板找正刀尖角
中径不正确	背吃刀量太大，刻度盘不准，未能及时测量	背吃刀量不能太大，仔细检查刻度盘是否松动，及时测量
螺纹表面粗糙	车刀刃口表面粗糙度值高，切削液选择不当，精加工余量过大	降低车刀的表面粗糙度值，选择适当的精车余量、切削速度和切削液

7. 车削成形面和滚花

（1）车成形面　用成形加工方法进行的车削称为车成形面。在机器上有些零件的表面是以曲线作母线，绕中心线旋转而形成的，这些表面称为旋转成形面，也称为特形面，如手柄、圆球和凸轮等。对于具有旋转成形面的零件，在车床上可以较方便地加工。根据零件的特点、精度要求以及批量大小的不同，其加工方法主要有双手控制法、成形刀车削法和靠模法车削三种。

1）双手控制法车成形面。这种方法是用右手握住小滑板手柄，左手握住中滑板手柄，双手协调动作，同时摇动手柄，通过纵、横双向的进给合成，使车刀的进给轨迹与成形面轮廓相同，从而车出成形面。其特点是灵活方便，不需要特殊设备与工具，但对操作技术要求较高，多用于对加工精度要求不高的成形面的单件小批生产。

图5-56所示为双手控制法车成形面，其车削步骤一般为：先用普通尖刀按成形面的轮廓形状粗车出许多台阶，如图5-56a所示；然后控制圆弧车刀同时双向进给，车去台阶峰部并使之基本成形，如图5-56b所示；最后用样板检验，如图5-56c所示。形状合格后还需在车床起动状态下用锉刀修整并用砂布打磨，直至符合要求。

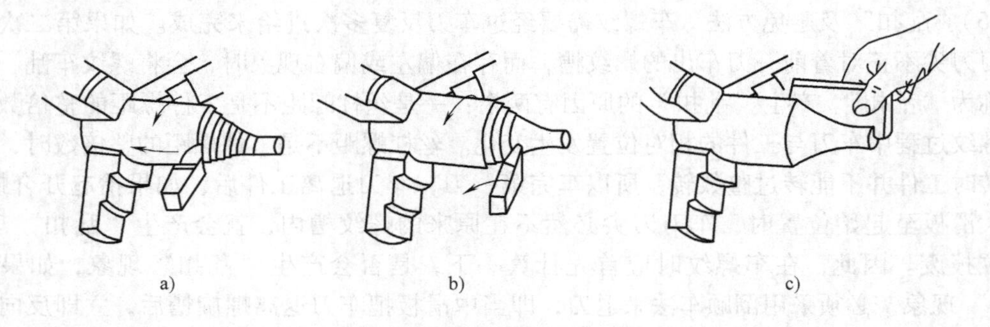

图5-56　双手控制法车成形面

a）粗车成形面　b）双向进给车成形面　c）成形面检验

2）用成形刀车成形面。用成形刀（也称样板刀）车成形面，如图5-57所示。成形刀切削刃形状要刃磨成与工件待车成形面的母线轮廓相同。用成形刀车成形面只需横向进给即可

车出所需的成形面。由于切削刃与工件接触线较长，容易引起振动，因此要采用较低的切削速度、较小的进给量以及合适的切削液。这种方法车成形面生产率较高，适合于成批生产。

3）靠模法车成形面。靠模法车成形面的原理与靠模法车圆锥面相似，只要把锥度靠板换成带有所需曲线的靠模板即可。图5-58所示为用靠模板车成形面。

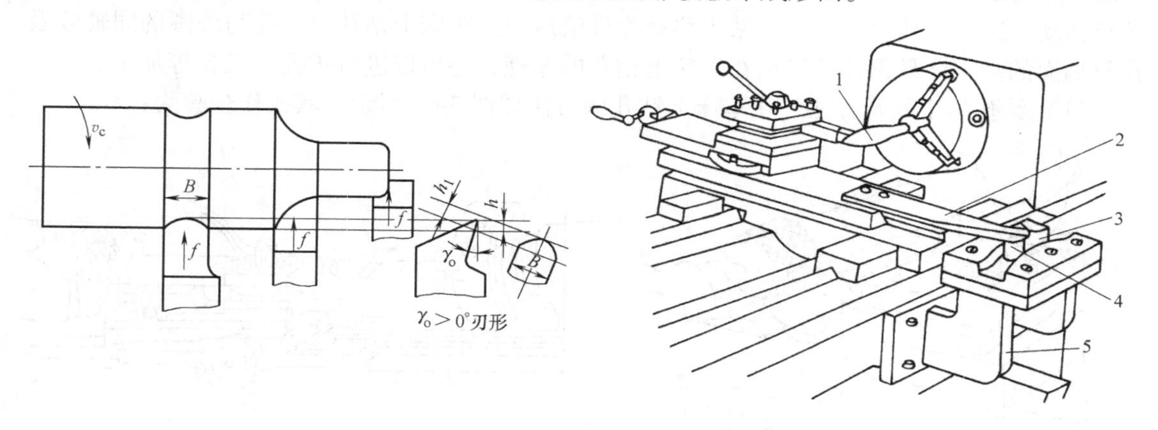

图5-57 用成形刀车成形面

图5-58 用靠模板车成形面

1—工件 2—拉杆 3—靠模板 4—滚柱 5—靠模支架

（2）滚花 用滚花刀在工件表面上滚压出直纹或网纹的方法称为滚花。工具和机器的手柄部分，为了增加摩擦力和使零件表面美观，常在其表面上滚出各种不同的花纹，如千分尺的套管、滚花手柄和螺母等，这些花纹一般是在车床上用滚花刀滚压而成。

1）花纹的种类。花纹有直纹、斜纹和网纹三种。它的粗细由节距 t（两花纹线之间的距离）决定，t=1.2～1.6mm 是粗纹，t=0.8mm 是中纹，t=0.6mm 是细纹。当工件直径或宽度大时选粗纹，反之选细纹。

2）滚花刀的种类。滚花刀有单轮、双轮和六轮三种，如图5-59所示。单轮滚花刀滚直纹或斜纹，双轮滚花刀滚网纹，六轮滚花刀是把网纹节距不同的三组滚花刀装在同一刀杆上，使用时可根据需要选用粗、中、细不同的花纹节距。

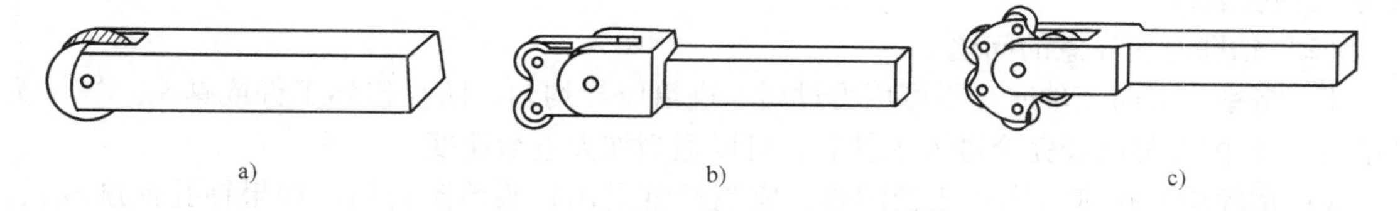

图5-59 滚花刀

a）单轮滚花刀 b）双轮滚花刀 c）六轮滚花刀

3）滚花的方法。滚花的实质是用滚花刀对工件表面挤压，使其表面产生塑性变形而形成花纹，滚花后的外径比滚花前增大（0.25～0.5）t，因此，滚花前必须把工件滚花部分的直径车小（0.25～0.5）t。

装夹滚花刀时，应使滚花刀中心线与工件中心线等高，滚花刀滚轮圆周表面与工件表面平行，如图5-60所示；滚花时应选择较低的切削速度，一般 v_c=7～15m/min，用较大的径向压力进刀，使工件表面刻出较深的花纹。滚花刀一般要来回滚压1～2次，直到花纹凸出高度符合要求为止。

8. 钻孔

用钻头在工件上加工孔的方法称为钻孔。钻孔可以在钻床或车床上进行。在车床上钻孔与在钻床上钻孔其切削运动是不同的。在钻床上钻孔时，工件不动，钻头旋转并移动，钻头的旋转是主运动，钻头沿轴向的移动是进给运动；而在车床上钻孔时，工件旋转，钻头不旋转只移动，工件旋转为主运动，钻头移动为进给运动。车床上钻孔时，孔与外圆的同轴度及孔与端面的垂直度易保证。应用在车床上钻孔的原理，还可以进行扩孔、铰孔等加工。

(1) 钻孔的步骤及方法　在车床上钻孔的方法如图 5-61 所示，其操作步骤为：

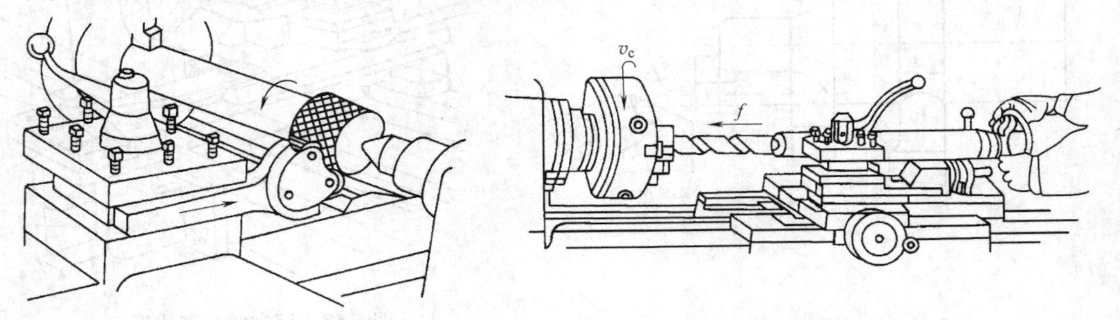

图 5-60　滚花的方法

图 5-61　在车床上钻孔

1) 车平工件端面。钻孔前，应先将工件端面车平，并用中心钻钻出中心孔作为钻头的定位孔，定出中心，以防孔钻偏。

2) 安装钻头。锥柄的麻花钻可直接装在车床尾座套筒内；直柄的麻花钻，则要装在带有锥柄的钻夹头内，再把钻夹头的锥柄装在车床尾座套筒锥孔内。钻头和钻夹头的锥柄，一般都采用莫氏圆锥。如果钻头锥柄是莫氏 3 号圆锥，而车床尾座套筒锥孔是莫氏 4 号圆锥，只要加一只莫氏 4 号钻套，即可装入尾座套筒的锥孔内。

3) 调整尾座位置。移动尾座至钻头能进给到的所需长度而套筒伸出的距离又较短，然后将尾座位置固定。

4) 开动车床，开始钻削。开动车床后，用手均匀地转动尾座手轮进行钻削，就能钻出要求的内孔表面。

(2) 钻孔时应注意的问题

1) 将钻头引向工件时，不可用力过猛，进给应当均匀，防止损坏工件或钻头。当钻头的两个主切削刃都已经完全进入工件后，可以适当加大进给速度。

2) 钻较深的孔时，排屑比较困难，应当经常退出钻头清除切屑。如果钻孔深度较长，且为通孔时，可在钻出大于 1/2 内孔深度时，将工件调头再钻，直至钻通。这种方法能改善排屑条件，但必须注意钻孔时的偏斜，加工精度要求高时不能用这种方法。

3) 钻削钢料时，必须加充分的切削液，以免钻头发热；钻削铸铁时，可不加切削液；钻削有色金属时，可适当加煤油冷却（但镁合金除外）。

4) 当钻头接近钻通工件时，必须减慢进给速度，防止使钻头退火或损坏。

5) 钻不通孔时，应牢记钻削深度，如车床尾座无刻度时，应先记住手柄的位置，根据尾座丝杠的螺距，来确定尾座手柄的进给圈数。

6) 钻削到要求的孔深时，应当将钻头退出后再停机，防止切屑夹住钻头或使钻头折断。

（3）钻孔时常见的问题、产生原因及预防方法　钻孔时常见的问题、产生原因及预防方法见表5-8。

表5-8　钻孔时常见的问题、产生原因及预防方法

常见问题	产生原因	防止方法
孔钻偏斜	工件装斜、端面不平、工件端面与中心线不垂直、钻头主切削刃不对称、钻小孔时钻头细、刚度不足	钻削前找正工件；工件端面要车平；刃磨钻头时保证两主切削刃对称；钻削较深的小直径孔时，先用短钻头钻削一定深度后，再换长钻头钻削
孔径钻大	选错钻头直径、钻头晃动、钻头中心线与主轴中心线有同轴度误差或者钻头两主切削刃不对称	正确选择钻头直径；开始钻孔时，可用挡块支承钻头头部，防止钻头晃动。尾座中心线与车床主轴要同轴；钻头刃磨应正确，保证两主切削刃对称
孔钻深	操作时粗心大意	开始钻孔前看清图样尺寸，操作时精神要集中

9. 镗孔（车内孔）

镗孔是对已有孔的毛坯进行内孔加工的一种方法，其加工范围很广，可进行粗加工，也可进行精加工。镗孔的公差等级可达到IT7～IT11级，表面粗糙度值为$Ra0.8 \sim 6.3\mu m$。

镗孔时，工件的旋转是主运动，镗孔刀的运动是进给运动。加工出的孔和内沟槽都属于回转体结构，但是镗内孔时刀杆受孔径的限制，排屑、散热和观察都比车外圆困难。

（1）内孔车刀　内孔车刀又称为镗孔刀，分为通孔车刀、不通孔车刀和内沟槽车刀三种。通孔车刀的主偏角一般为45°～75°，副偏角为20°～45°，适用于加工通孔；不通孔车刀的主偏角大于90°，刀尖位于刀杆的最前端，刀尖到刀杆背面的距离应小于内孔半径，否则将无法进行镗削，用于加工不通孔或台阶孔。内沟槽车刀用于镗削各种内沟槽，刀头宽度应根据内沟槽宽度选用。

内孔车刀的选择依据有：

1）在满足加工且不与孔壁相碰的条件下，尽可能选择粗而结实的刀杆，以保证加工时具有足够的刚度和强度。

2）内孔车刀的刀杆不宜过长，刀杆工作部分的长度比所加工的内孔深度长3～5mm即可，这样可以减少振动。

3）内孔车刀的几何角度基本和外圆车刀相同，只是后角可略大些。但在精加工时，应选择正刃倾角和合理的断屑槽，以控制切屑流出的方向，并保证排屑顺利，避免切屑划伤已加工表面。

（2）镗孔的操作要点

1）内孔车刀的安装。安装内孔车刀时应使车刀伸出刀架的长度尽量小，以免振动；刀尖应对准工件中心，但精车时可略高于中心，以免车刀受力时下弯而产生扎刀现象；粗车时车刀刀尖可略低于工件中心，以增大前角，使切削顺利。如果刀杆本身过长，可在刀杆下面与方刀架之间加垫块支承刀杆，以减少振动。

2）工件的安装。装夹有内孔的毛坯时，应根据外圆和内孔进行找正，使壁厚加工余量均匀。如果外圆已经精车，则应在外圆上垫一层铜皮再装夹，以防损伤工件表面。

3）选择切削用量和调整机床。车内孔时的切削用量应比车外圆时适当小一些，这是因为镗孔时刀杆细，刀头散热体积小，又不能加注切削液。

4）粗镗内孔。粗镗内孔时应先试车，调整背吃刀量，而后自动进给切削。试车方法与车外圆时相类似。例如车不通孔，应在刀杆上做出记号，控制镗孔深度，如图 5-62 所示。调整背吃刀量时，应注意使车刀横向进退方向与车外圆时相反。

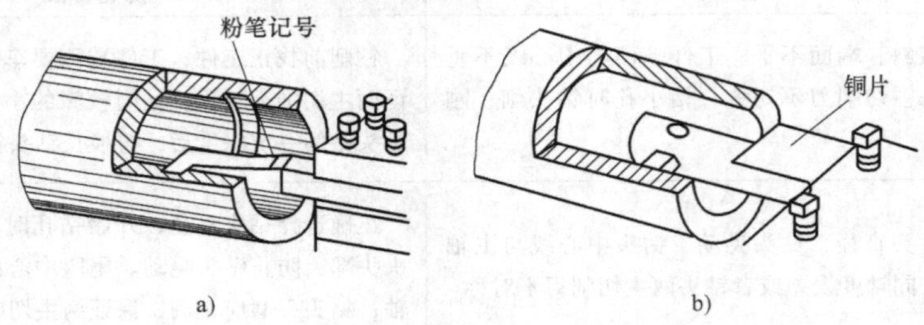

图 5-62 控制镗孔深度的方法

5）精镗内孔。精镗内孔时背吃刀量和进给量应更小。调整背吃刀量时应利用刻度盘，并用游标卡尺检查工件孔径。若孔径已接近最后尺寸，应以很小的背吃刀量重复切削几次，以减小内孔的表面粗糙度值和消除锥度。

6）车内沟槽。车内沟槽与车外沟槽的方法相同，车窄内沟槽可以选择刀头宽度等于槽宽的内沟槽车刀，一次车出；车很宽的内沟槽可用普通内孔车刀车凹槽，再用内沟槽车刀把两个内台阶车成垂直面。内沟槽车削应在半精车以后精车以前进行，沟槽的深度可利用中滑板刻度来控制。

（3）镗孔时的常见问题

1）尺寸精度达不到要求。尺寸精度达不到要求是指加工出的孔径大于或小于图样上要求的尺寸。孔径大的原因是：测量时出差错或镗孔时没有及时测量；车刀安装有问题，车削时刀杆与孔壁相碰，造成车刀扎入工件将里面的孔径镗大；刀尖产生刀瘤伸出刀尖，增大孔径以及小刀架定位不准。孔径小则是由于刀具磨损，刀架定位不准，或者车刀没有夹紧，在车削中产生让刀所致。

2）几何精度达不到要求。车出的内孔呈多边形、锥形或椭圆形，这是由于机床齿轮啮合过紧、主轴和轴承有误差或主轴中心线与机床导轨不平行等，应当及时调整机床精度。车出的内孔与端面不垂直，原因是中滑板导轨与主轴中心线不垂直，应当及时调整机床。

3）表面粗糙度值达不到要求。表面粗糙度值达不到要求的原因，除了与车外圆时相同的原因以外，还有一个排屑问题。内孔表面往往被切屑拉毛，因此应当用具有足够压力的切削液或压缩空气及时冲走切屑。

5.2.8 车工实习示例

1. 工艺小锤锤柄加工示例

各院校金工实习时，常以工艺小锤的锤柄加工作为车工实习的主要内容。现对工艺小锤锤柄加工工艺过程介绍如下：

（1）工艺小锤锤柄零件图 图 5-63 所示为工艺小锤锤柄的零件图。从图中可以看到，该工件结构简单，公差要求也不高，适合初学者练习使用。

（2）工艺小锤锤柄加工过程 工艺小锤锤柄毛坯是材料为普通碳素结构钢 Q235 的

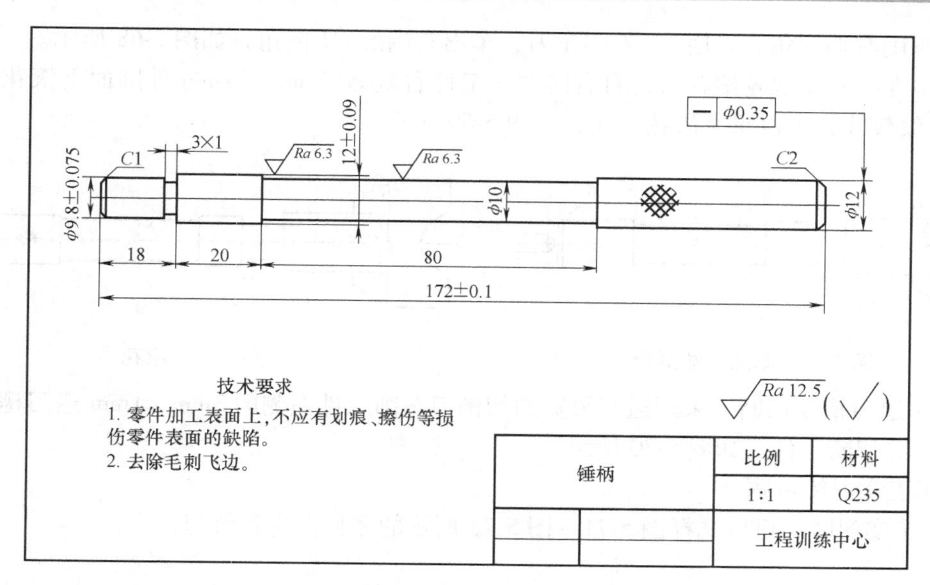

图 5-63　工艺小锤锤柄零件图

ϕ14mm 圆钢，通过初级下料后，供车工实习使用。其加工工艺过程如下：

1）钻中心孔。用自定心卡盘夹紧工件，工件在卡爪外伸出长度 20～25mm，用外圆车刀车平右端面后，在车床尾座上安装中心孔钻并钻中心孔，如图 5-64 所示。

2）车外圆。采用一夹一顶的装夹方法，保证工件在卡爪外伸出长度 200～205mm。使用外圆车刀，自右向左分别对工件的外圆进行粗、精加工，如图 5-65 所示。首先，粗车外圆至 ϕ12. 5mm，保证长度为 175mm。然后，精车外圆至 ϕ12mm，保证公差及长度 175mm。

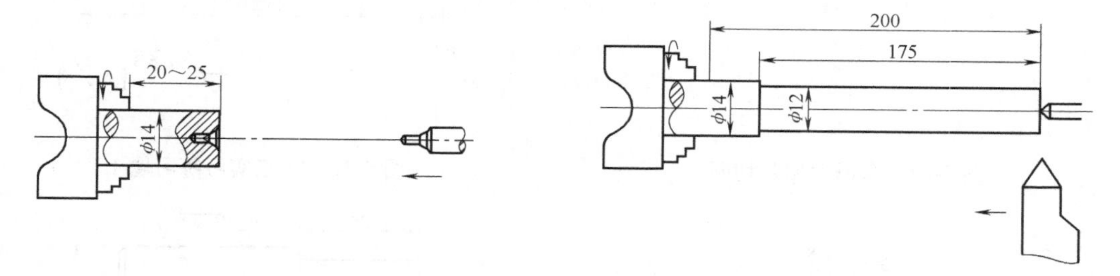

图 5-64　钻中心孔　　　　图 5-65　车外圆

3）分段划线。用 60°尖刀，以工件右端面为基准，划分各轴段长度：54mm、80mm、20mm、18mm，如图 5-66 所示。

4）车削中部轴段。如图 5-67 所示，车削中部轴段 ϕ10mm × 80mm、ϕ9. 8mm × 18mm，并保证公差。

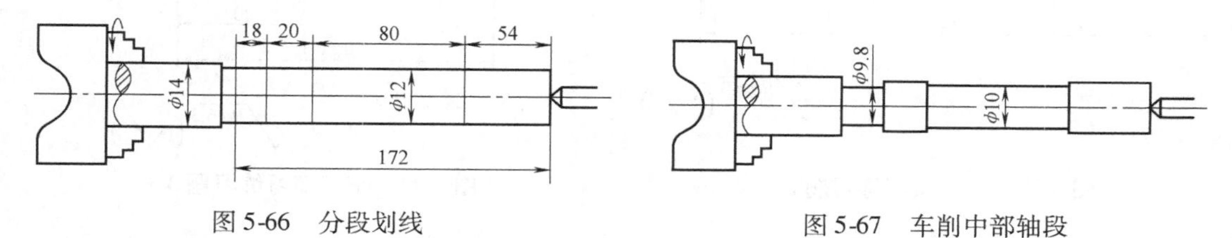

图 5-66　分段划线　　　　图 5-67　车削中部轴段

5）车削右端倒角。采用45°外圆车刀，车出右端的 $C2$ 倒角，如图5-68所示。

6）滚花。采用双轮滚花刀，自右向左在工件右端 ϕ12mm × 54mm 外圆面上滚花，若一次滚花花纹较浅，可以重复滚花一次，如图5-69所示。

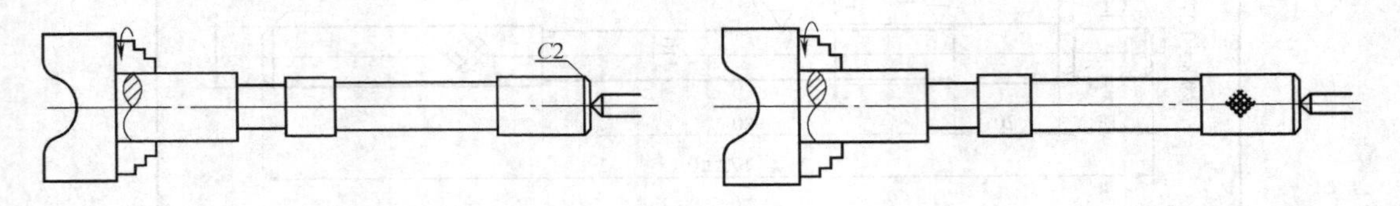

图5-68　车削右端倒角　　图5-69　滚花

7）车退刀槽及切断。采用适当刃宽的切槽刀车削工件左侧的3mm × 1mm 退刀槽、左端 $C1$ 倒角，并切断工件，如图5-70所示。

2. 车工实习练习题

在车工实习时，可以选择图5-71～图5-73所示的零件图进行练习。

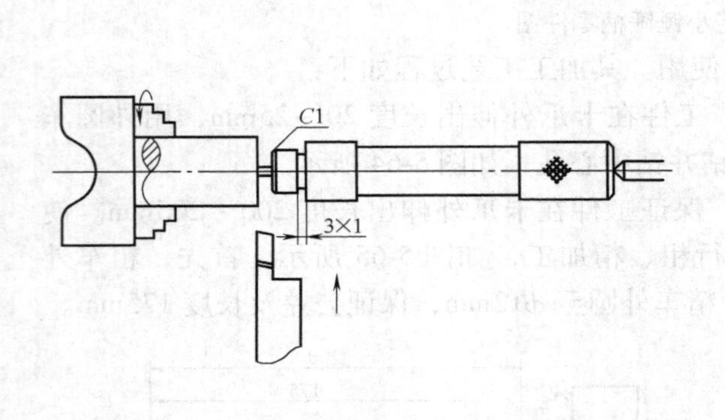

图5-70　车退刀槽及切断

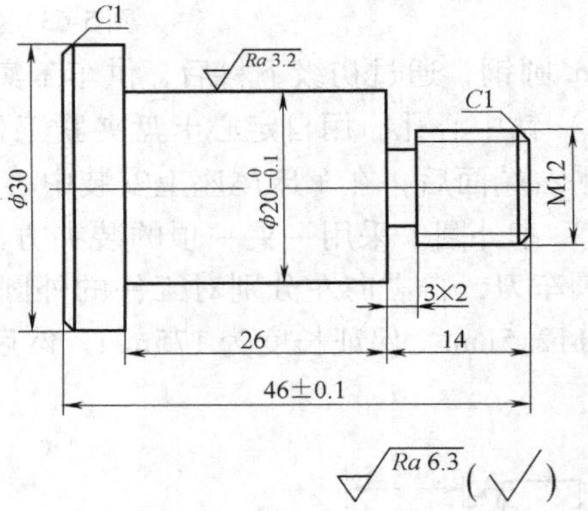

图5-71　车工实习练习题1

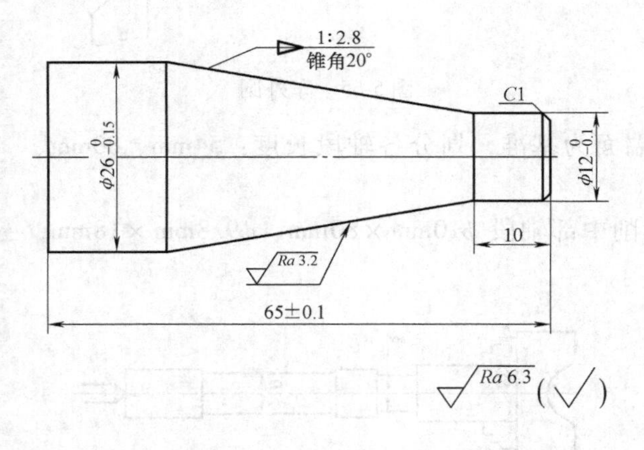

图5-72　车工实习练习题2

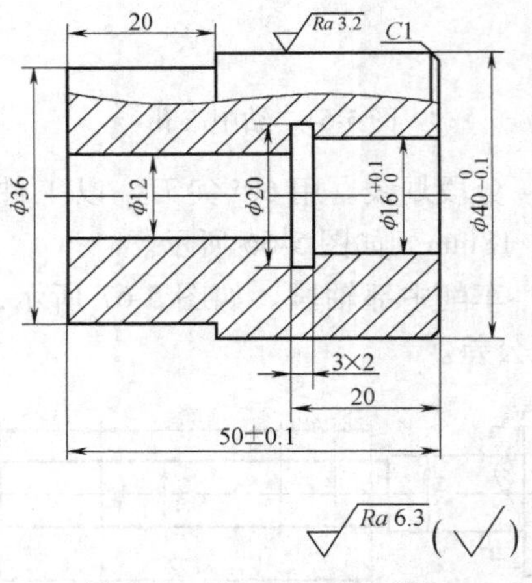

图5-73　车工实习练习题3

5.3　铣工实习

5.3.1　铣削的工艺范围及工艺特点

铣削是以铣刀旋转主运动，工件或铣刀作进给运动，在铣床上对各种表面进行加工的方法。铣削在机械零件切削和工具生产中占相当大的比重，仅次于车削。由于铣刀为多刃刀具，故铣削生产率高；每个刀齿一圈中只切削一次，刀齿散热较好；铣削中每个铣刀刀齿逐渐切入和切出，形成断续切削，加工中会因此而产生冲击和振动，而冲击、振动、热应力均对刀具寿命及工件表面质量产生影响。铣削可达到的精度一般为 IT7 ~ IT9 级，可达到的表面粗糙度值为 $Ra1.6 \sim 6.3\mu m$。铣削的适应范围很广，可以加工各种零件的平面、台阶面、沟槽、成形表面、型孔表面、螺旋表面等。常见的铣削如图 5-74 所示。

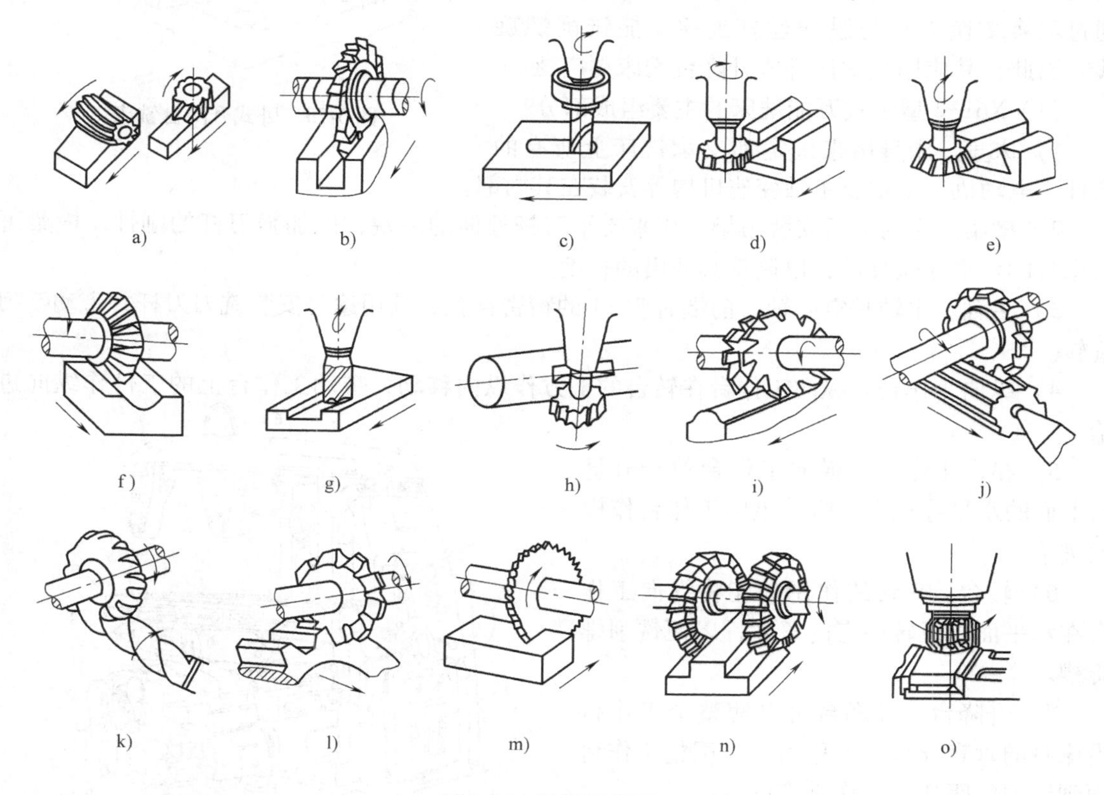

图 5-74　铣削示意图

a）铣平面　b）铣沟槽　c）铣封闭槽　d）铣 T 形槽　e）铣燕尾槽　f）铣角度槽
g）铣敞开槽　h）铣月牙键槽　i）铣凸形台　j）铣花键轴　k）铣钻头沟槽
l）铣齿轮　m）切断　n）组合铣刀铣台阶　o）面铣刀铣平面

5.3.2　铣床

铣床的种类很多，主要有升降台铣床、工作台不升降铣床、龙门铣床和工具铣床等。此外还有仿形铣床、仪表铣床和各种专用铣床。其中比较常用的是卧式升降台铣床和立式升降台铣床。

1. 卧式升降台铣床

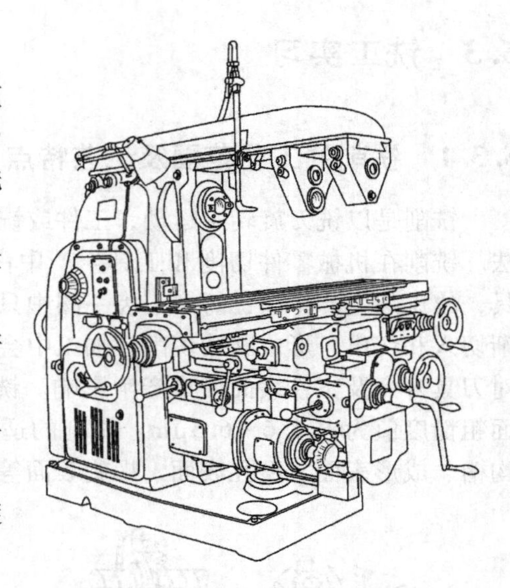

图 5-75 卧式升降台铣床

卧式升降台铣床如图 5-75 所示，它是铣床中应用最多的一种，其主要特点是主轴中心线与工作台面平行。因其主轴处于横卧位置，所以称为卧式铣床。铣削时，铣刀安装在主轴上或与主轴连接的刀轴上，随主轴作旋转运动；工件装夹在夹具或工作台面上，随工作台作纵向、横向或垂向直线运动。

卧式万能铣床（简称万能铣床），如图 5-76 所示，它与卧式升降台铣床的主要区别是纵向工作台与横向工作台之间有转台，能让纵向工作台在水平面内转 ±45°。这样，在工作台面上安装分度头后，通过配换交换齿轮与纵向丝杠连接，能铣削螺旋线。因此，其应用范围比卧式升降台铣床更广泛。

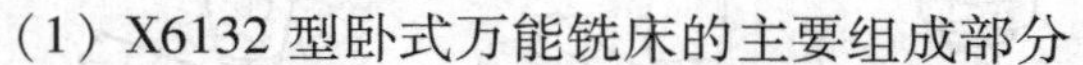

(1) X6132 型卧式万能铣床的主要组成部分

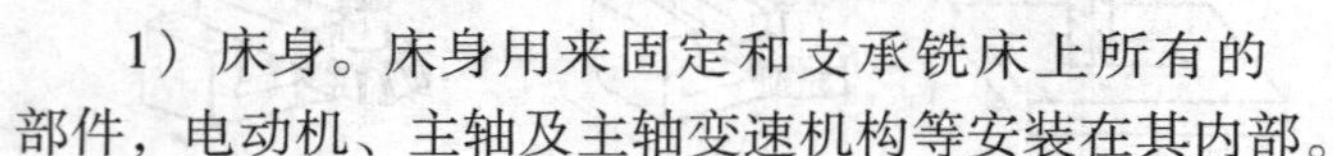

1）床身。床身用来固定和支承铣床上所有的部件，电动机、主轴及主轴变速机构等安装在其内部。

2）横梁。它的上面安装吊架，用来支承刀杆外伸的一端，以加强刀杆的刚性。横梁可沿床身的水平导轨移动，以调整其伸出的长度。

3）主轴。主轴是空心轴，前端有 7∶24 的精密锥孔，其用途是安装铣刀刀杆并带动铣刀旋转。

4）纵向工作台。纵向工作台在转台的上方作纵向移动，带动工作台上的工件作纵向进给。

5）横向工作台。横向工作台位于升降台上面的水平导轨上，带动纵向工作台作横向进给。

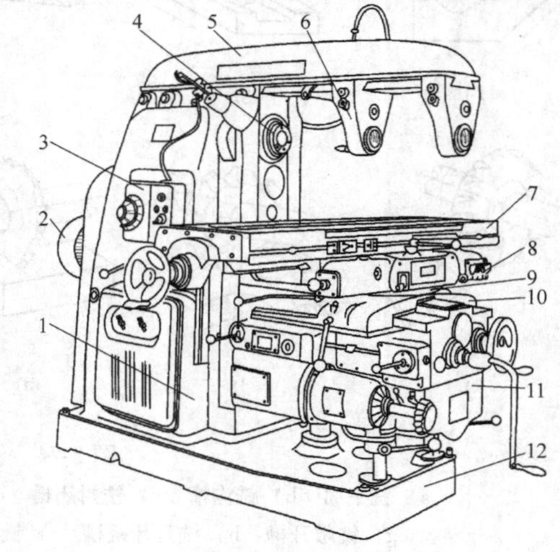

图 5-76 卧式万能铣床

1—床身 2—电动机 3—变速机构 4—主轴 5—横梁 6—吊架 7—纵向工作台 8—电源按钮 9—转台 10—横向工作台 11—升降台 12—底座

6）转台。转台的作用是能将纵向工作台在水平面内扳转一定的角度，以便铣削螺旋槽。

7）升降台。升降台可以使整个工作台沿床身的垂直导轨上下移动，以调整工作台面到铣刀的距离，并作垂直进给。

(2) X6132 型万能卧式铣床的调整及手柄的使用

1）主轴转速的调整。将主轴变速手柄向下并同时向左扳动，再转动数码盘，可以得到从 30 ~ 1500r/min 的 18 种不同转速。注意：变速时一定要停机，且在主轴停止旋转之后进行。

2）进给量的调整。先将进给量数码盘手轮向外拉出，再将数码盘手轮转动到所需要的进给量数值，将手柄向内推，可使工作台在纵向、横向和垂直方向分别得到 23.5 ~ 1180mm/min 的 18 种不同的进给量。注意：垂直进给量只是数码盘上所列数值的 1/2。

3）手动进给操作。操作者面对机床，顺时针摇动工作台左端的纵向手动手轮，工作台向右移动；逆时针摇动，工作台向左移动。顺时针摇动横向手动手轮，工作台向前移动；逆时针摇动，工作台向后移动。顺时针摇动升降手动手柄，工作台上升；逆时针摇动，工作台下降。

4）自动进给手柄的使用。在主轴旋转的状态下，向右扳动纵向自动手柄，工作台向右自动进给；向左扳动，工作台向左自动进给；中间是停止位。向前推横向自动手柄，工作台沿横向向前进给；向后拉手柄，工作台向后进给。向上拉升降自动手柄，工作台向上进给；向下推升降自动手柄，工作台向下进给。在某一方向自动进给状态下，按下快速进给按钮，即可使工作台沿该方向快速移动。注意：快速进给只在工件表面一次进给完毕之后的空程退刀时使用。

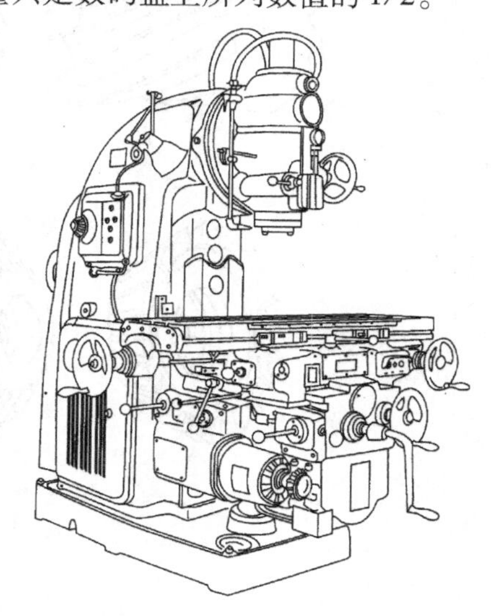

图 5-77　立式升降台铣床

2. 立式升降台铣床

立式升降台铣床如图 5-77 所示，它与卧式升降台铣床的区别在于其主轴中心线与工作台面垂直。

X5030 型立式铣床的主要组成部分与 X6132 型卧式万能铣床基本相同，除主轴所处位置不同外，主要区别是装夹铣刀的主轴与工作台面垂直。立式铣床安装主轴部分称为铣头，铣头与床身的结构分为整体的和由两部分结合而成的两种。铣头与床身结构由两部分结合而成的立式铣床，可以使主轴左右倾斜一定的角度，用来加工带有角度的斜面工件。X5030 型立式铣床的调整及手柄的使用与 X6132 型卧式铣床相同。

5.3.3　铣刀

1. 铣刀的分类

铣刀是一种多刃刀具，其刀齿分布在圆柱铣刀的外圆柱表面或面铣刀的端面上。铣刀的种类很多，按其安装方法可分为带孔铣刀和带柄铣刀两大类。如图 5-78 所示，采用孔装夹的铣刀称为带孔铣刀，一般用于卧式铣床；采用柄部装夹的铣刀称为带柄铣刀，多用于立式铣床，如图 5-79 所示。

（1）带孔铣刀　常用的带孔铣刀有圆柱铣刀、圆盘铣刀、角度铣刀、成形铣刀等。带孔铣刀的刀齿形状和尺寸应适应所加工的工件形状和尺寸。

1）圆柱铣刀的刀齿分布在圆柱表面上，通常分为直齿和斜齿两种，主要用圆周刃铣削中小型平面。

2）圆盘铣刀如三面刃铣刀、锯片铣刀等，主要用于加工不同宽度的沟槽及小平面、小台阶面等。锯片铣刀也属于圆盘铣刀，用于铣窄槽或切断材料。

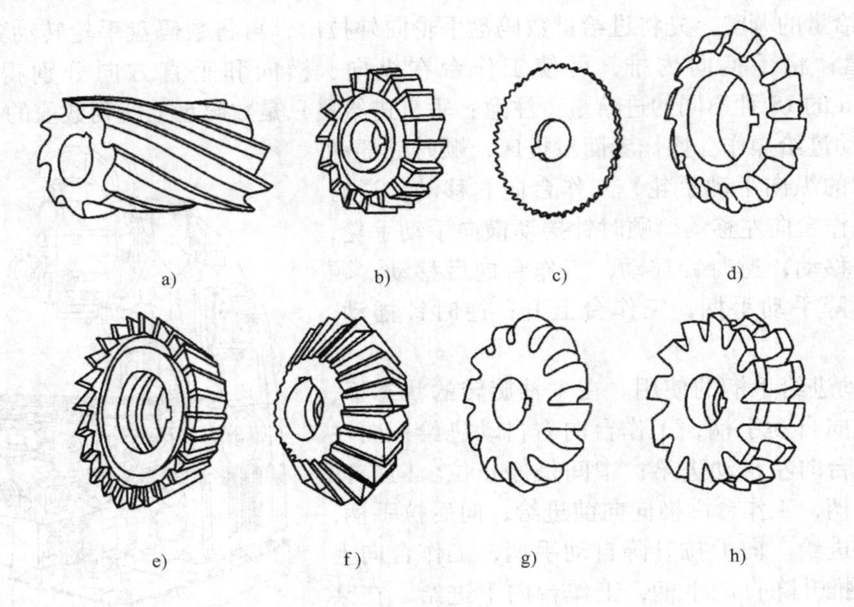

图 5-78 带孔铣刀

a）圆柱铣刀 b）三面刃铣刀 c）锯片铣刀 d）模数铣刀
e）单角铣刀 f）双角铣刀 g）凹圆弧铣刀 h）凸圆弧铣刀

3）角度铣刀具有各种不同的角度，用于加工各种角度槽及斜面等。

4）成形铣刀的切削刃呈凸圆弧、凹圆弧、齿槽形等形状，主要用于加工与切削刃形状相对应的成形面。

（2）带柄铣刀 常用的带柄铣刀有立铣刀、键槽铣刀、T 形槽铣刀和镶齿面铣刀等，其共同特点是都有供夹持用的刀柄。

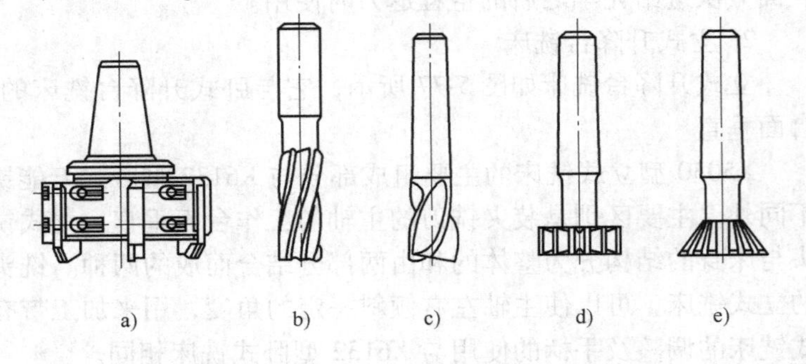

图 5-79 带柄铣刀

a）镶齿面铣刀 b）立铣刀 c）键槽铣刀
d）T 形槽铣刀 e）燕尾槽铣刀

1）立铣刀多用于加工沟槽、小平面、台阶面等。立铣刀有直柄和锥柄两种，直柄立铣刀的直径较小，一般小于 20mm；直径较大的为锥柄，大直径的锥柄铣刀多为镶齿式。

2）键槽铣刀用于加工键槽。

3）T 形槽铣刀用于加工 T 形槽。

4）镶齿面铣刀用于加工较大的平面，其刀齿主要分布在刀体端面上，还有部分分布在刀体周边，一般是刀齿上装有硬质合金刀片，可以进行高速铣削，以提高效率。

2. 铣刀的安装

（1）带孔铣刀的安装 圆柱铣刀属于带孔铣刀，其结构如图 5-80a 所示。刀杆上先套上几个套筒垫圈，装上键，再套上铣刀，如图 5-80b 所示；在铣刀外边的刀杆上，再套上几个套筒后拧上压紧螺母，如图 5-80c 所示；装上吊架，拧紧吊架紧固螺钉，轴承孔内加润滑油，如图 5-80d 所示；初步拧紧螺母，并开机观察铣刀是否装正，装正后用力拧紧螺母，如图 5-80e 所示。

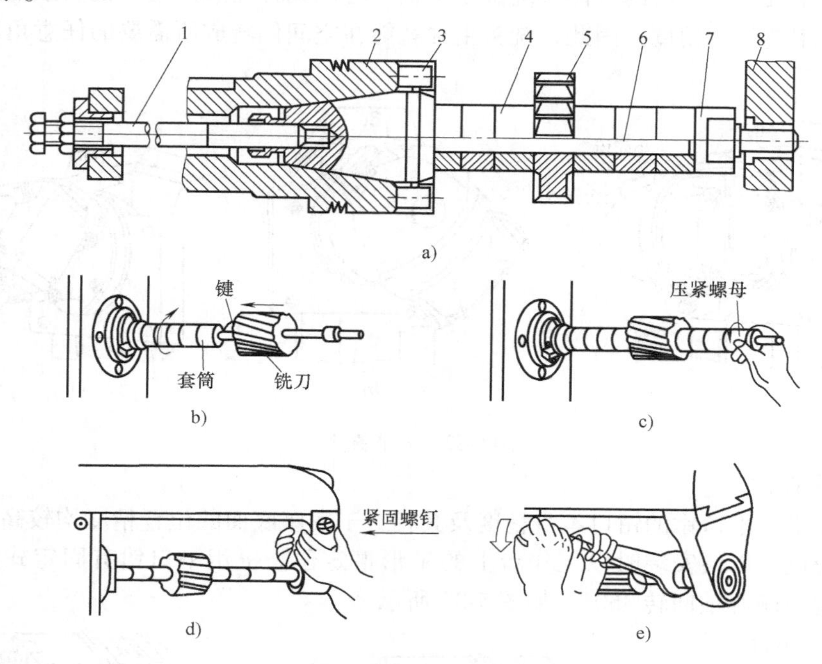

图 5-80　带孔铣刀的安装

1—拉杆　2—主轴　3—端面键　4—套筒　5—铣刀　6—刀杆　7—螺母　8—吊架

（2）带柄铣刀的安装

1）锥柄立铣刀的安装。如果锥柄立铣刀的锥柄尺寸与主轴孔内锥尺寸相同，则可直接装入铣床主轴中并用拉杆 1 将铣刀拉紧；如果铣刀锥柄尺寸与主轴孔内锥尺寸不同，则根据铣刀锥柄的大小，选择合适的变锥套 2，将配合表面擦净，然后用拉杆把铣刀及变锥套一起拉紧在主轴上，如图 5-81a 所示。

2）直柄立铣刀的安装。如图 5-81b 所示，这类铣刀多用弹簧夹头安装。铣刀的直柄插入弹簧套 5 的孔中。用螺母 4 压弹簧套 5 的端面，使弹簧套的外锥面受压而缩小孔径，即可将铣刀夹紧。弹簧套有三个开口，故受力时能收缩。弹簧套有多种孔径，以适应各种尺寸的立铣刀。

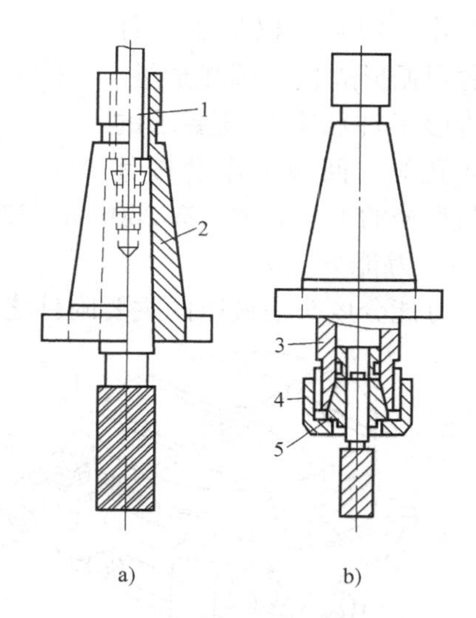

图 5-81　带柄铣刀的安装

a）锥柄立铣刀的安装

b）直柄立铣刀的安装

1—拉杆　2—变锥套　3—夹头体　4—螺母　5—弹簧套

5.3.4　铣床附件

1. 万能铣头

在卧式铣床上装上万能铣头，不仅能完成各种立铣的工作，而且还可以根据铣削的需要，把铣头主轴扳成任意角度。

万能铣头的底座用螺栓固定在铣床的垂直导轨上。铣床主轴的运动通过铣头内的两对锥齿轮传到铣头主轴上。铣头的本体可绕铣床主轴中心线偏转任意角度。铣头主轴的壳体还能在铣头本体上偏转任意角度。因此，铣头主轴就能在空间偏转成所需要的任意角度，如图5-82所示。

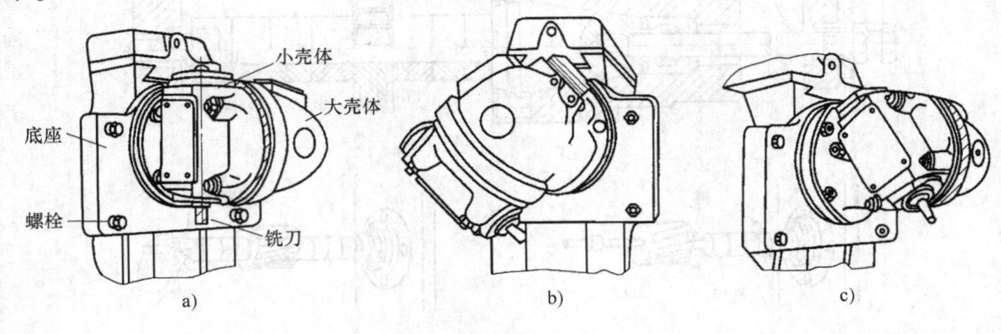

图5-82　万能铣头

2. 机用平口钳

铣床所用机用平口钳的钳口本身精度及其相对于底座底面的位置精度均较高。底座下面还有两个定位键，以便安装时以工作台上的T形槽定位。机用平口钳有固定式和回转式两种，后者可绕底座心轴回转360°，如图5-83所示。

3. 回转工作台

如图5-84所示，回转工作台除了能带动它上面的工件一起旋转外，还可完成分度工作。用它可以加工工件上的圆弧形周边、圆弧形槽、多边形工件和有分度要求的槽或孔等。回转工作台按其外圆直径的大小分类，有200mm、320mm、400mm和500mm等几种规格。

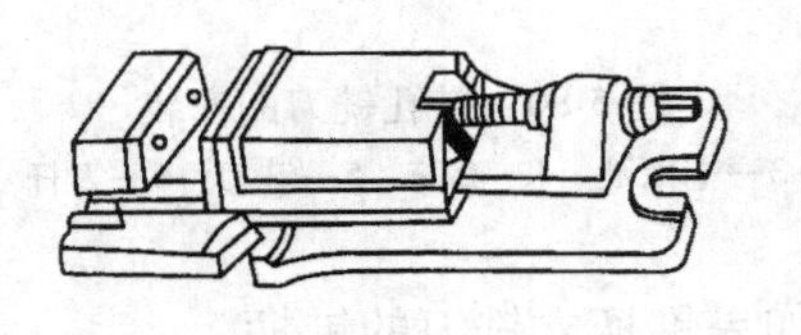

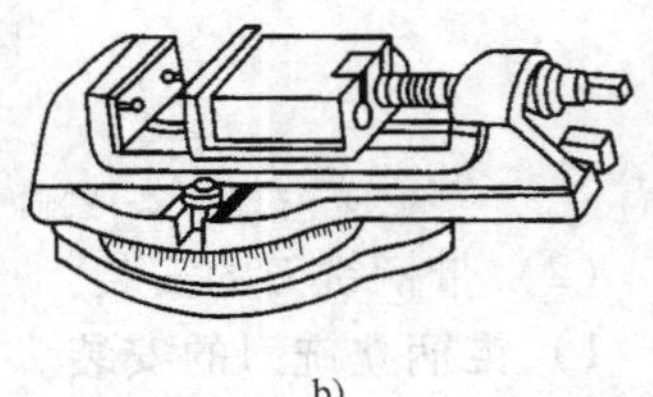

图5-83　机用平口钳
a）固定式　b）回转式

4. 万能分度头

万能分度头是铣床的主要附件之一，其外形如图5-85所示。它由底座、转动体、主轴

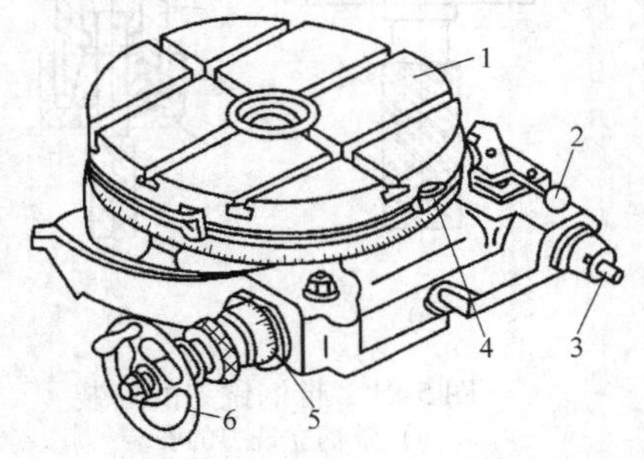

图5-84　回转工作台
1—回转工作台　2—离合器手柄　3—传动轴
4—挡铁　5—偏心环　6—手轮

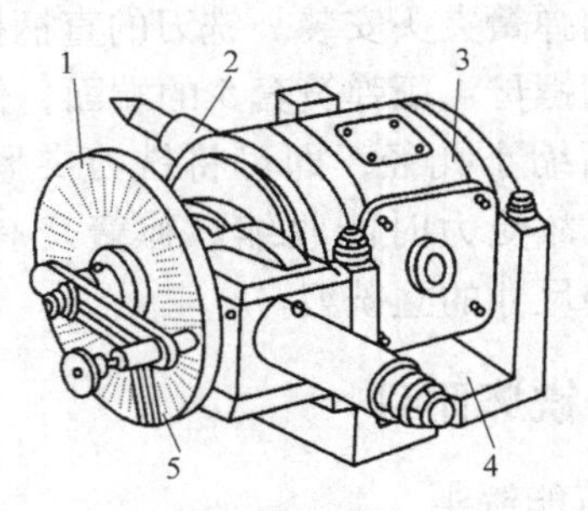

图5-85　万能分度头
1—分度盘　2—主轴　3—转动体
4—底座　5—扇形叉

和分度盘等组成。工作时，底座下面的导向键与纵向工作台中间的 T 形槽相配合，并用螺栓将其底座紧固在工作台上。分度头主轴前端可安装卡盘装夹工件；也可安装顶尖，并与另加到工作台上的尾座顶尖一起支承工件。

（1）传动关系　图 5-86 所示为万能分度头传动示意图，其中蜗杆与蜗轮的传动比为 1:40。也就是说，分度手柄通过一对传动比为 1:1 的直齿轮（注意，图中一对螺旋齿轮此时不起作用）带动蜗杆转动一周时，蜗轮只带动主轴转过 1/40 圈。若已知工件在整个圆周上的等分数目为 z，则每分一个等份则要求分度头主轴转 $1/z$ 圈。这时，分度手柄所要转的圈数即可由下列比例关系推得

$$1:40=\frac{1}{z}:n$$

即

$$n=\frac{40}{z}$$

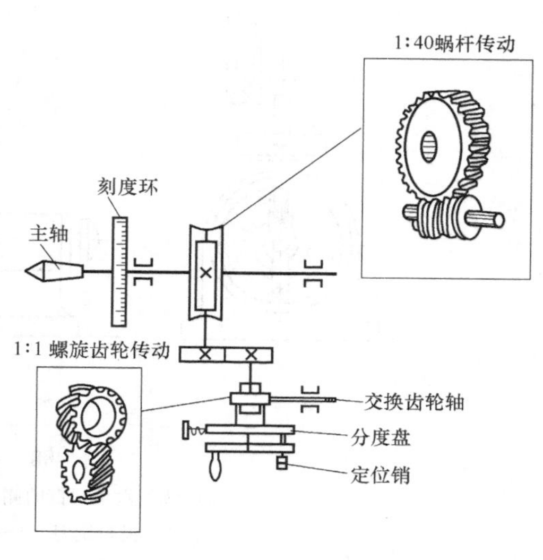

图 5-86　万能分度头传动示意图

式中　n——分度手柄转动的圈数；

z——工件等分数。

（2）分度方法　利用分度头进行分度的方法很多，这里只介绍最常用的简单分度法。这种分度法可直接利用公式 $n=\frac{40}{z}$。例如，铣齿数 z 为 38 的齿轮，每铣一齿后分度手柄需要转的圈数为

$$n=\frac{40}{z}=\frac{40}{38}=1\frac{1}{19}\text{圈}$$

也就是说，每铣一齿后分度手柄需转过 1 整圈又 1/19 圈。其中，1/19 圈可通过分度盘控制。

分度盘如图 5-87 所示。分度头一般备有两块分度盘，每块分度盘的两面分别有许多同心圆圈，各圆圈上钻有数目不同的孔距相等的不通小孔。

第一块分度盘正面各圈孔数依次为：24、25、28、30、34、37；反面依次为：38、39、41、42、43。

第二块分度盘正面各圈孔数依次为：46、47、49、51、53、54；反面依次为：57、58、59、62、66。

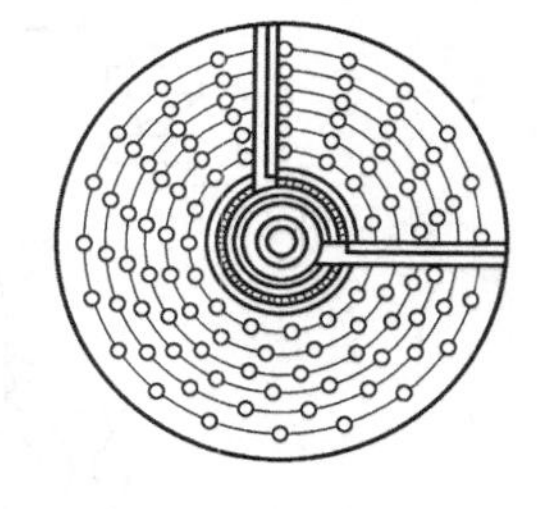

图 5-87　分度盘

分度时，将分度手柄上的定位销调整到孔数为 19 的倍数的孔圈上，即调整在孔数为 38 的孔圈上。这时，分度手柄转过 1 圈后，再在孔数为 38 的孔圈上转过 2 个孔距，即 1/19 圈。为确保每次分度手柄转过的孔距数准确无误，可调整分度盘上的扇形叉的夹角，使之正好等于 2 个孔距。这样，每次分度手柄所转圈数的真分数部分可扳转扇形叉，由其夹角保证。

（3）铣分度件　图5-88a所示为铣削六角螺钉头的侧面，图5-88b所示为铣削直齿圆柱齿轮。

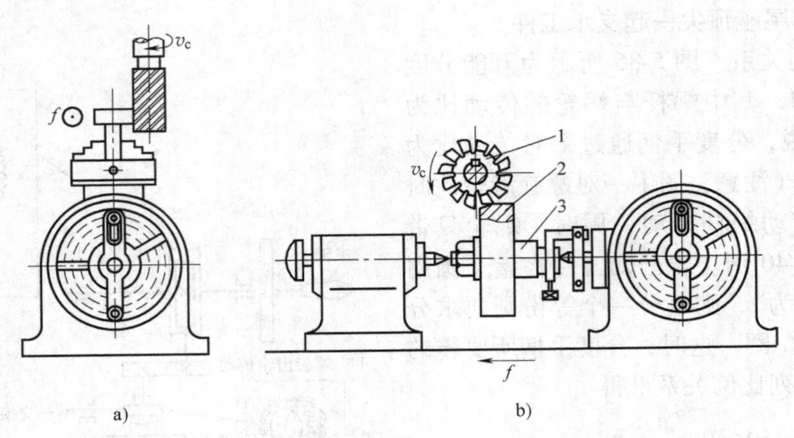

图5-88　铣分度件示例

a）铣削六角螺钉的侧面　b）铣削直齿圆柱齿轮

1—齿轮铣刀　2—齿轮坯　3—圆柱心轴

5.3.5　铣削基本操作

1. 铣平面

（1）铣水平面　铣水平面可用周铣法或端铣法，并应优先采用端铣法。但在很多场合，如在卧式铣床上铣水平面，也常用周铣法。铣水平面的步骤如下：

1）起动铣床使铣刀旋转，升高工作台，使工件和铣刀稍微接触，记下刻度盘读数，如图5-89a所示。

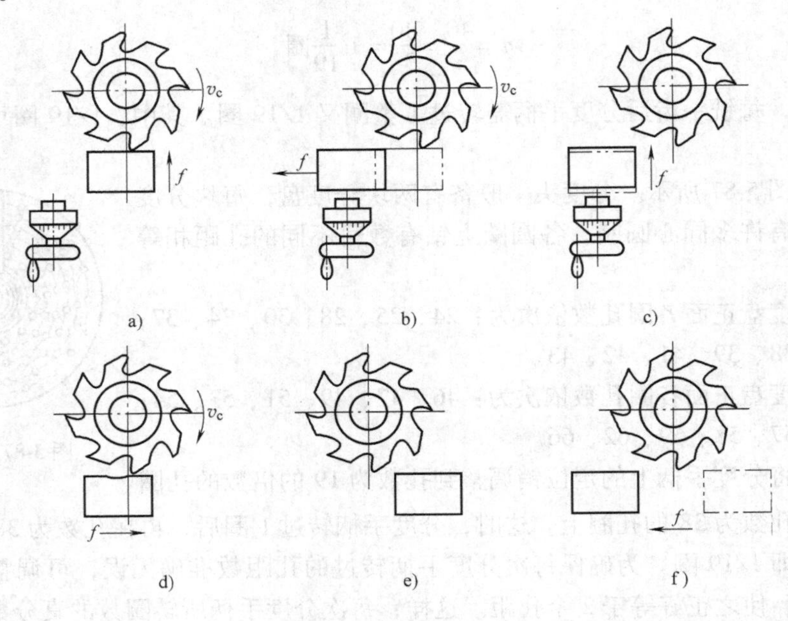

图5-89　铣水平面

2）纵向退出工件，停机，如图 5-89b 所示。

3）利用刻度盘调整侧吃刀量（沿垂直于铣刀中心线方向测量的切削层尺寸），使工作台升高到规定的位置，如图 5-89c 所示。

4）起动铣床后先手动进给，当工件被稍微切入后，可改为自动进给，如图 5-89d 所示。

5）铣完一刀后停机，如图 5-89e 所示。

6）退回工作台，测量工件尺寸，并观察表面粗糙度，重复铣削到规定要求，如图 5-89f 所示。

（2）铣斜面　铣斜面可以用图 5-90 所示的倾斜工件法铣斜面，也可用如图 5-91 所示的倾斜铣刀中心线法铣斜面。此外，还可用角度铣刀铣斜面。铣斜面的这些方法，可视实际情况灵活选用。

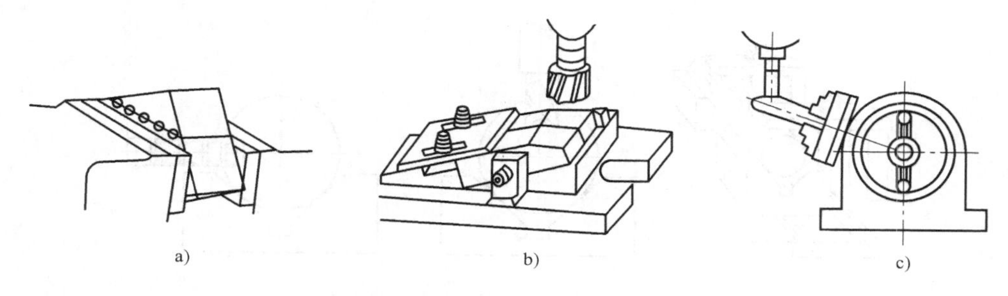

图 5-90　倾斜工件法铣斜面

a）平口钳斜夹工件　b）压板及垫块斜夹工件　c）用分度头斜夹工件

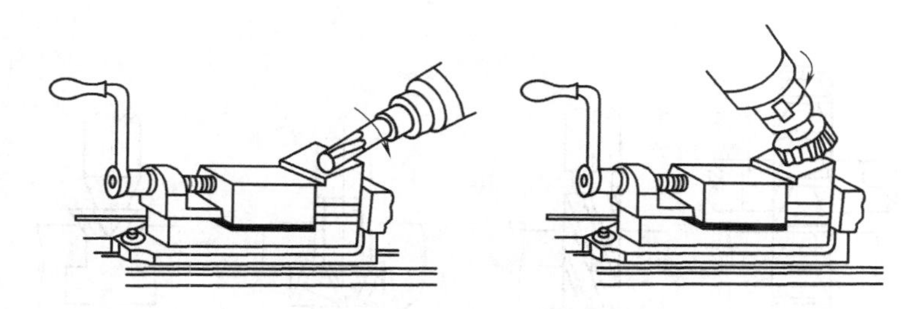

图 5-91　倾斜铣刀中心线法铣斜面

2. 铣沟槽

（1）铣键槽　键槽有敞开式键槽、封闭式键槽两种。敞开式键槽一般用三面刃盘铣刀在卧式铣床上加工；封闭式键槽一般在立式铣床上用键槽铣刀或立铣刀加工。批量大时用键槽铣床加工。

1）用机用平口钳装夹，在立式铣床上用键槽铣刀铣封闭式键槽，如图 5-92 所示，适用于单件生产。

2）批量生产时，在键槽铣床上利用抱钳装夹工件，用键槽铣刀铣封闭式键槽，如图 5-93 所示。

3）用 V 形块和压板装夹，在立式铣床上铣封闭式键槽，如图 5-94 所示。

（2）铣 T 形槽

1）T 形槽的铣削步骤如下：

①　在立式铣床上用立铣刀或在卧式铣床上用三面刃盘铣刀铣出直角槽，如图 5-95a 所示。

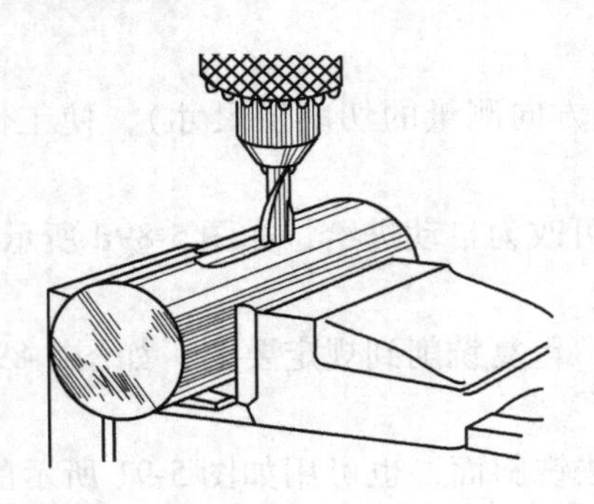

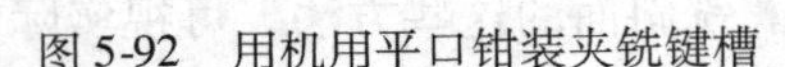
图 5-92　用机用平口钳装夹铣键槽

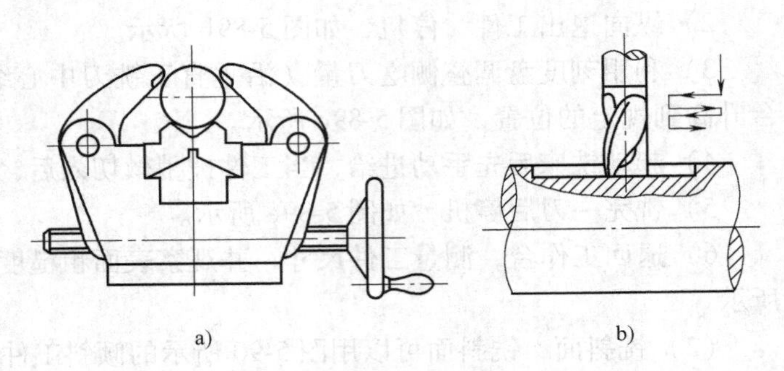

图 5-93　用抱钳装夹工件铣封闭式键槽

a）用抱钳装夹工件　b）铣削加工路径

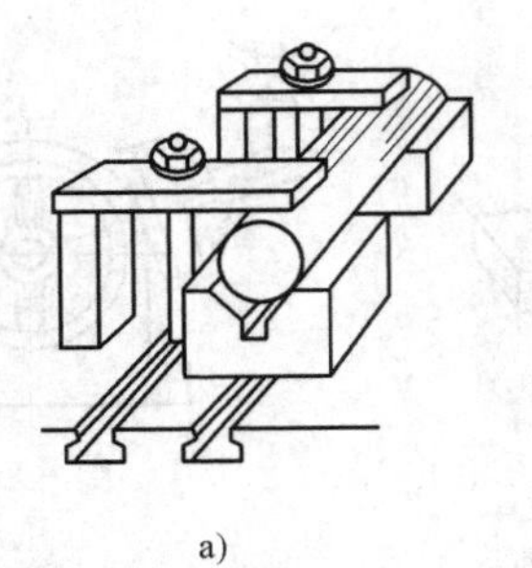

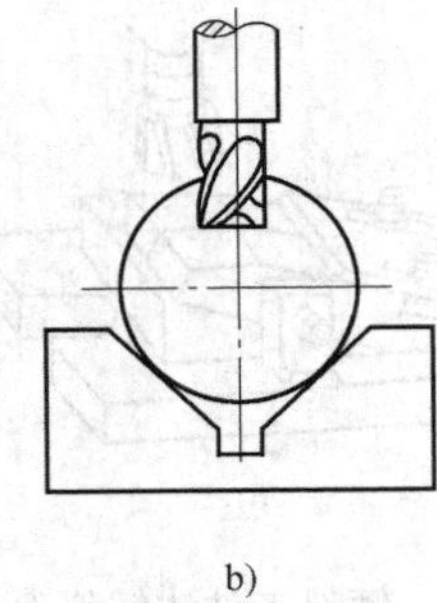

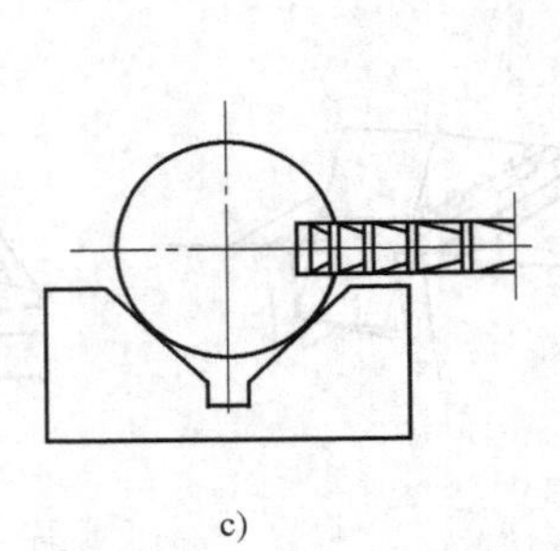

图 5-94　用 V 形块和压板装夹铣键槽

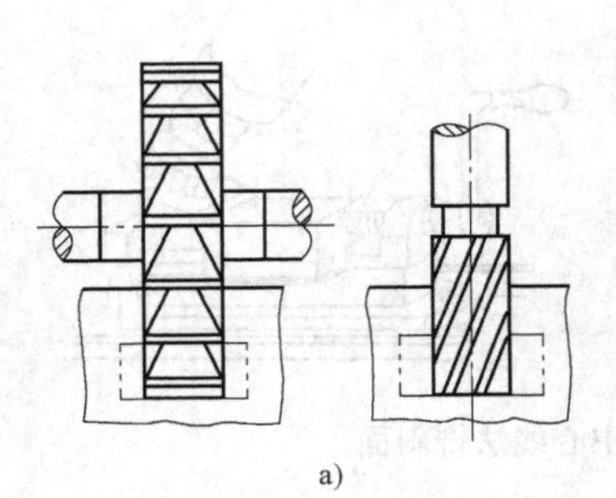

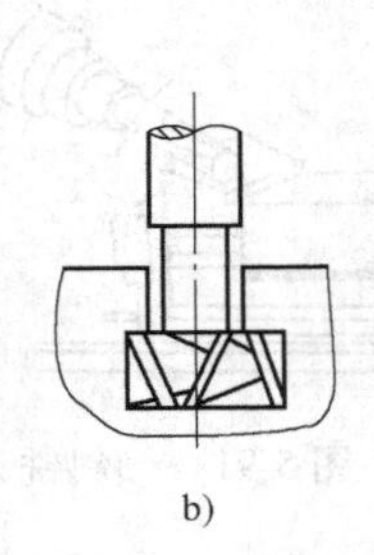

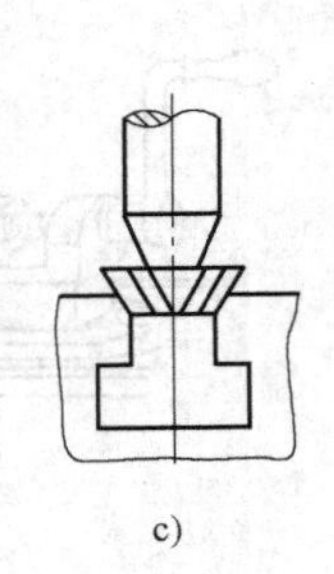

图 5-95　T 形槽的加工

a）铣直角槽　b）铣底槽　c）倒角

②　在立式铣床上用铣刀铣出底槽，如图 5-95b 所示。

③　用倒角铣刀倒角，如图 5-95c 所示。

2）铣 T 形槽的操作要点如下：

① T 形槽的铣削条件差，排屑困难，因此加工过程中要经常清除切屑，以防阻塞，否则造成铣刀折断。

②　由于排屑不畅，切削热量不易散发，铣刀容易发热而失去切削能力，所以铣削过程要使用足够的切削液。

③　T 形槽铣刀的颈部直径较小，强度较差，受到过大的切削力时容易折断，因此应选取较小的切削用量。

5.3.6　铣工实习示例

铣削图 5-96 所示的长方体工件，铣削步骤见表 5-9。

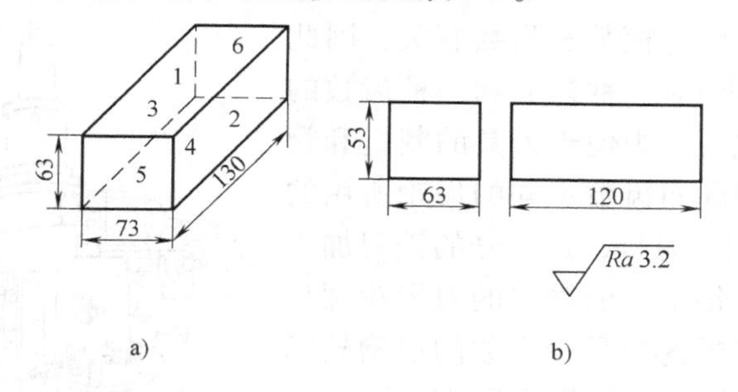

图 5-96　长方体工件
a）毛坯　b）工件

表 5-9　长方体工件的铣削步骤

序号	加工内容	加工简图	刀具
1	把工件装夹在铣床工作台上的机用平口钳上，并找正，安装铣刀并调整铣床	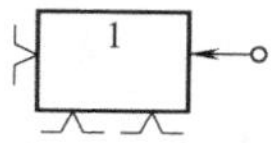	
2	选择面积最大的平面 1 铣削至尺寸 58.5mm	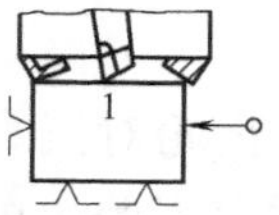	
3	活动钳口上加圆棒，以保证面 1 紧贴固定钳口，铣平面 2、3 至两面间距为 64mm	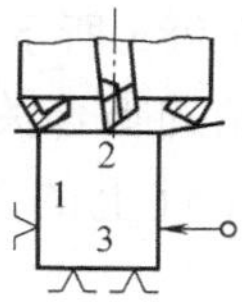	
4	已加工的平面 1、3 要与垫铁和固定钳口贴合，铣平面 4 与平面 1 间的尺寸为 54mm	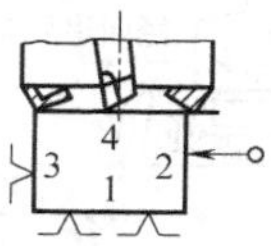	ϕ80mm 硬质合金镶齿面铣刀
5	平面 1 紧贴钳口，活动钳口加圆棒，铣平面 5 时要找正垂直度，转 180°，铣平面 6 与平面 5 间距为 121mm	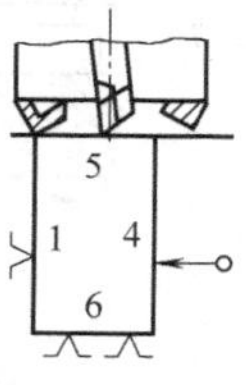	
6	按以上加工步骤依次加工各面至尺寸要求，并符合图样中的表面粗糙度要求		

5.3.7　齿轮齿形加工简介

齿轮齿形加工方法有成形法和展成法两类。铣齿属于成形法，插齿和滚齿属于展成法。

1. 铣齿

铣齿是用与被切齿轮齿槽形状相符的成形铣刀切出齿形的方法。铣削时，在卧式铣床上用分度头和心轴水平装夹工件，用齿轮铣刀（又称模数铣刀）进行铣削。铣完一个齿槽后，将工件退出进行分度，再铣下一个齿槽，直到铣完所有齿槽为止。

由于齿轮齿槽的形状与模数和齿数有关，因此要铣出准确的齿形，必须对一种模数和一种齿数的齿轮制造一把特定的铣刀。为便于刀具的制造和管理，一般把铣削模数相同而齿数不同的齿轮所用的铣刀制成 8 把，分为 8 个刀号，每个号的铣刀加工一定齿数范围的齿轮，每个号的铣刀的刀齿轮廓只与该号铣刀对应齿数范围内的最少齿数的齿槽轮廓一致，对其他齿数的齿轮，只能获得近似齿形。

铣齿的特点是：设备简单，刀具费用少，生产率低；但加工出的齿轮精度低，只能达到 IT9 ~ IT11 级。铣齿多用于修配或单件生产中制造某些转速低、精度要求不高的齿轮。

2. 插齿

插齿加工是在插齿机上进行，插齿机如图 5-97 所示。

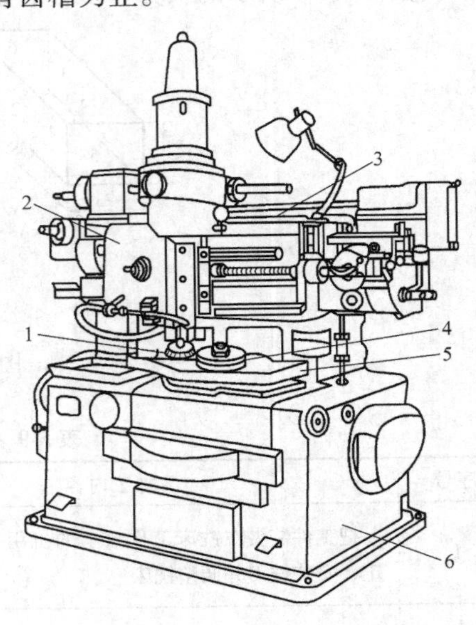

图 5-97 插齿机

1—插齿刀 2—刀架 3—横梁
4—工件 5—工作台 6—床身

插齿过程相当于一对齿轮对滚。插齿刀的形状与齿轮类似，只是在轮齿上刃磨出前、后角，使其具有锋利的切削刃。如图 5-98a 所示，插齿时，插齿刀一边作上、下往复运动，一边与被切齿坯之间强制保持一对齿轮的啮合关系，即插齿刀转过一个齿，被切齿坯也转过相当于一个齿的角度，从而逐渐切去工件上的多余材料并获得所需要的齿形。插齿原理如图 5-98b 所示。

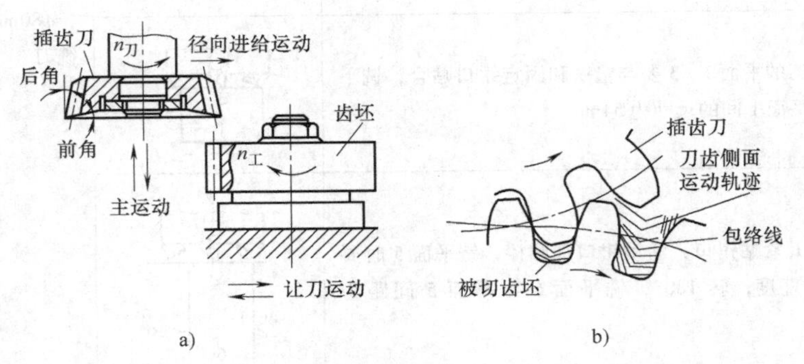

图 5-98 插齿运动及原理

a）插齿中的运动 b）插齿原理

插齿需要以下 5 个运动：

（1）主运动 插齿刀的上、下往复直线运动为主运动。

（2）分齿运动 插齿刀与被切齿坯之间强制保持一对齿轮啮合关系的运动为分齿运动。

（3）圆周进给运动 在分齿运动中，插齿刀的旋转运动为圆周进给运动。插齿刀每往复一次在自身分度圆上转过的弧长称为圆周进给量。

（4）径向进给运动　在插齿开始阶段，插齿刀沿被切齿坯半径方向的移动，以及逐渐切至齿全深的运动为径向进给运动。插齿刀每上、下往复一次沿齿坯径向移动的距离称为径向进给量。

（5）让刀运动　为避免刀具回程时与工件表面摩擦，工作台带动工件在插齿刀回程时让开插齿刀，在插齿刀工作行程时又恢复原位的短距离的往复移动为让刀运动。

插齿除可以加工一般的直齿圆柱齿轮外，尤其适宜加工双联齿轮、多联齿轮和内齿轮，其加工精度为 IT7 ~ IT8 级，齿轮表面粗糙度值为 $Ra1.6\mu m$。插齿适用于各种批量的生产。

3. 滚齿

滚齿加工在滚齿机上进行，滚齿机如图 5-99 所示。

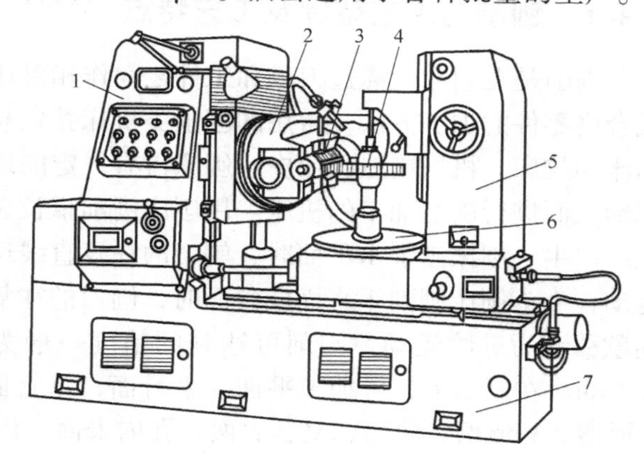

图 5-99　滚齿机

1—立柱　2—刀架　3—滚刀　4—工件　5—支承架　6—工作台　7—床身

滚齿过程可近似看作是齿条与齿轮的啮合。滚刀的刀齿排列在螺旋线上，在轴向或垂直于螺旋线的方向开出若干槽，磨出切削刃，即形成一排排齿条，如图 5-100a 所示。当滚刀旋转时，一方面一排切削刃由上而下进行切削，另一方面又相当于齿条连续向前移动。只要滚刀与齿坯的转速之间能严格保持齿条齿轮啮合的运动关系，再加上滚刀沿齿宽方向的垂直进给运动，即可在齿坯上切出所需要的齿形，滚齿原理如图 5-100b 所示。滚齿时，为保证滚刀刀齿的运动方向（即螺旋齿的切线方向）与齿轮的轮齿方向一致，滚刀的中心线必须转过一定的角度。

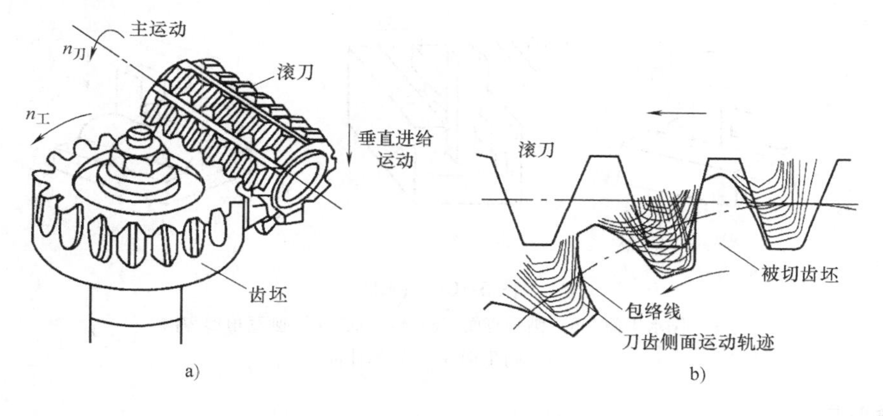

图 5-100　滚刀及滚齿原理

a）滚刀与工件　b）滚齿原理

滚齿需要以下 3 个运动：

（1）主运动　滚刀的旋转运动为主运动。

（2）分齿运动　滚刀与被切齿轮之间强制保持齿条齿轮啮合关系的运动为分齿运动。

（3）垂直进给运动　滚刀沿被切齿坯轴向移动逐渐切出全齿宽的运动为垂直进给运动。

被切齿坯每转一转，滚刀沿齿坯轴向移动的距离称为垂直进给量。

滚齿除可以加工直齿、斜齿圆柱齿轮外，还能加工蜗轮和链轮等，其加工精度为 IT7 ~ IT8 级，齿轮表面粗糙度值为 Ra1. 6 ~ 3. 2μm。滚齿适用于各种批量的齿轮生产。

5. 4 刨工实习

5. 4. 1 刨削的工艺范围及工艺特点

刨削是在刨床上通过刀具和工件之间作相对切削运动来改变毛坯的尺寸和形状，使它变成合格零件的加工方法。常用的刨削类机床按结构特征可分为四类：牛头刨床、龙门刨床、插床和拉床。机械制造行业中，刨床占有一定的地位。刨床是用刨刀对工件的平面、沟槽或成形表面进行刨削加工的机床。用刨床刨削窄长表面时具有较高的效率，它适用于中小批量生产。牛头刨床刨削水平面时，刨刀的往复直线运动为主运动，工件的横向间歇移动为进给运动；牛头刨床刨削垂直面或斜面时，刨刀的往复直线运动为主运动，刨刀的垂向或斜向的间歇移动为进给运动。刨削可达到的精度一般为 IT7 ~ IT9 级，表面粗糙度值为 Ra1. 6 ~ 6. 3μm。在刨床上，可加工平面、平行面、垂直面、台阶面、直角形沟槽、斜面、燕尾槽、T 形槽、V 形槽、曲面、复合表面、孔内表面、齿条及齿轮等，如图 5-101 所示。

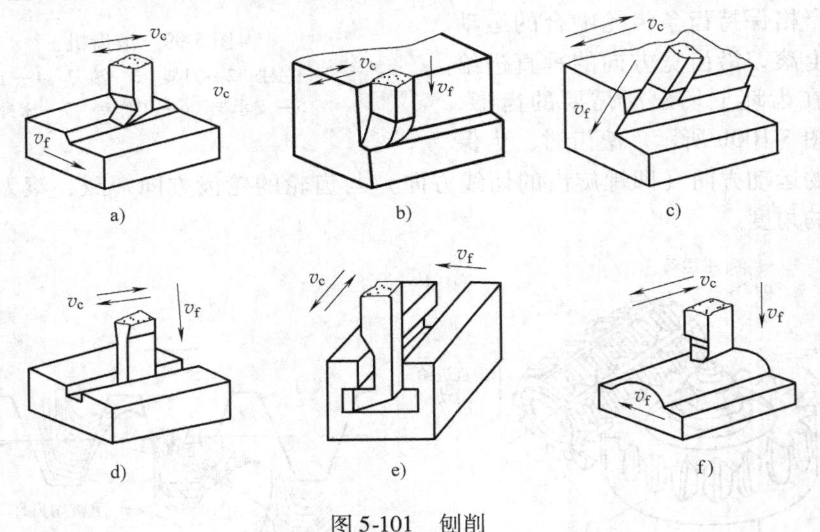

图 5-101 刨削

a）刨水平面 b）刨垂直面 c）刨斜面 d）刨直角形沟槽 e）刨 T 形槽 f）刨曲面

5. 4. 2 刨床

1. 牛头刨床

（1）牛头刨床的特点 牛头刨床是刨床类机床中应用最广、保有量最大的一种。B6050 型牛头刨床由滑枕带着刀架作直线往复运动，适用于刨削长度不超过 650mm 的中小型工件。牛头刨床的特点是调整方便，但由于是单刃切削，而且切削速度低，回程时不工作，所以生产率低，适用于单件小批量生产。刨削精度一般为 IT7 ~ IT9 级，表面粗糙度值为 Ra3. 2 ~

6.3μm。

（2）牛头刨床的组成部分及作用　牛头刨床的结构如图5-102所示，一般由床身、滑枕、底座、横梁、工作台和刀架等部件组成。

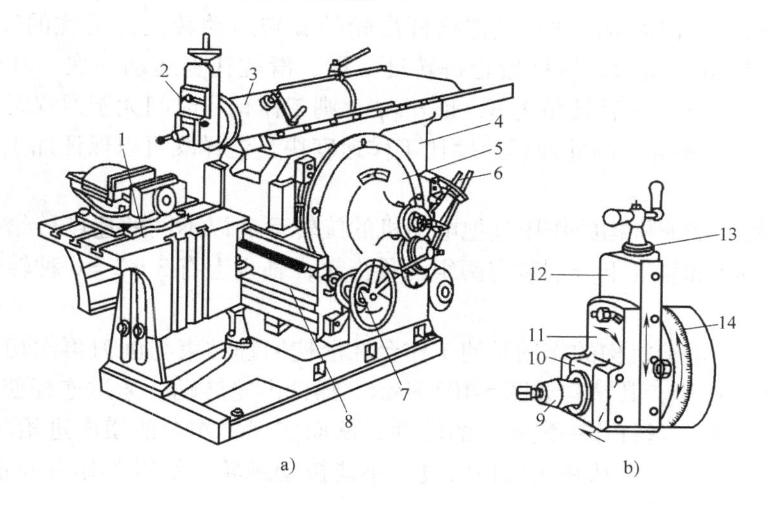

图5-102　B6065型牛头刨床
a）外形　b）刀架
1—工作台　2—刀架部件　3—滑枕　4—床身　5—摆杆机构　6—变速机构　7—进刀机构　8—横梁
9—刀架　10—抬刀板　11—刀座　12—滑板　13—刻度盘　14—转盘

1）床身。床身主要用来支承和连接机床各部件，其顶面的燕尾形导轨供滑枕作往复运动。床身内部有齿轮变速机构和摆杆机构，可用于改变滑枕的往复运动速度和行程长短。

2）滑枕。滑枕主要用来带动刨刀作往复直线运动（即主运动），前端装有刀架。其内部装有丝杠螺母传动装置，可用于改变滑枕的往复行程位置。

3）刀架。如图5-102b所示，刀架主要用来夹持刨刀。松开刀架上的手柄，滑板可以沿转盘14上的导轨带动刨刀作上下移动；松开转盘上两端的螺母，扳转一定的角度，可以加工斜面以及燕尾形工件。抬刀板10可以绕刀座11的轴转动，刨刀回程时，可绕轴自由上抬，减少刀具与工件的摩擦。

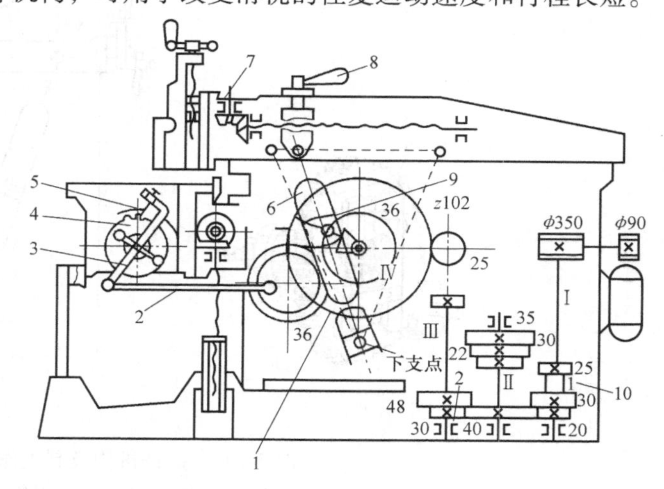

图5-103　B6065型牛头刨床传动系统图
1—摆杆机构　2—连杆　3—摇杆　4—棘轮　5—棘爪
6—摆杆　7—行程控制调整方榫　8—滑枕锁紧手柄
9—滑块　10—变速机构

4）工作台和横梁。横梁8安装在床身前部的垂直导轨上，能够上、下移动。工作台1安装在横梁的水平导轨上，能够水平移动。工作台主要用来安装工件。工作台面上有T形槽，可穿入螺栓头装夹工件或夹具。工作台可随横梁上、下调整，也可随横梁作横向间歇移动，这种移动称为进给运动。

（3）牛头刨床的传动系统　B6065 型牛头刨床的传动系统如图 5-103 所示，其中包括以下几部分机构。

1）摆杆机构。摆杆机构的作用是把摇杆齿轮的旋转运动转变为滑枕的往复直线运动，其工作原理如图 5-104a 所示。摇杆齿轮每转动一周，滑枕往复运动一次。其中，摇杆滑块在工作行程的转角为 α，回程转角为 β，且 $\alpha > \beta$，则工作行程时间大于回程时间，但工作行程和回程的行程长度相等，因此回程速度比工作速度快。这样既可以保证加工质量，又可以提高生产率。

2）变速机构。变速机构的作用是把电动机的旋转运动以不同的速度传给摇杆齿轮，如图 5-103 所示，轴Ⅰ和轴Ⅱ上分别装有两组滑移齿轮，轴Ⅲ上有 $3 \times 2 = 6$ 种转速传给摇杆齿轮 $z102$。

3）进给机构。进给机构的作用是使工作台在滑枕回程结束与刨刀再次切入工件之前的瞬间，作间歇横向进给，其结构如图 5-103 所示。摇杆齿轮转动，通过连杆使棘爪摆动。棘爪摆动时，拨动棘轮，丝杠作一定角度的转动，从而实现工作台的横向进给。棘爪返回时，由于其后面为一斜面，只能从棘轮齿顶滑过，不能拨动棘轮，所以工作台静止不动。这样，就实现了工作台的间歇横向进给。

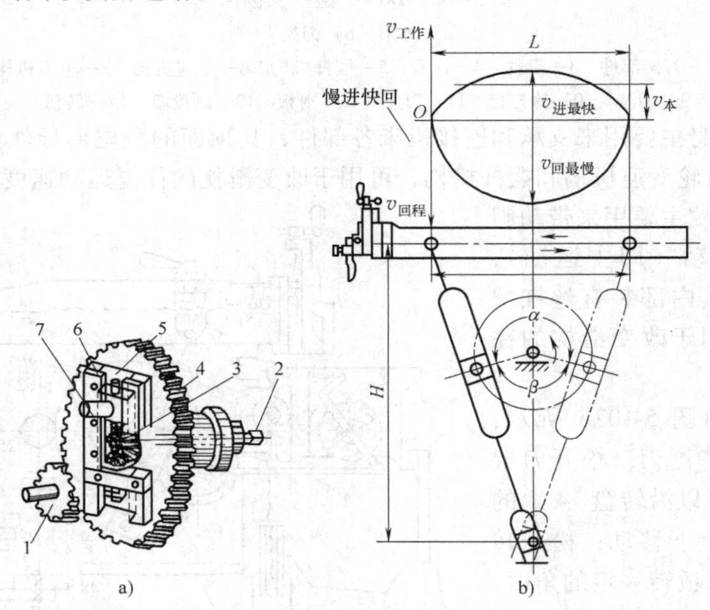

图 5-104　摆杆机构及其工作原理

a）行程调整机构　b）滑枕的慢进与快退

1—摇杆齿轮　2—轴　3、7—锥齿轮　4—大齿轮　5—小丝杠　6—曲柄螺母

（4）牛头刨床的调整　牛头刨床的调整包括主运动调整和工作台横向进给运动的调整。

1）主运动的调整。牛头刨床的主运动是滑枕的往复运动，是通过摆杆机构实现的，如图 5-104a 所示，大齿轮 4 与摆杆通过曲柄螺母 6 与滑块等相连，曲柄螺母套在小丝杠 5 上，曲柄螺母上的曲柄销插在滑块内，滑块可在摆杆槽内滑动。大齿轮 4 旋转，带动曲柄螺母 6、小丝杠 5 及滑块一起旋转，滑块在摆杆槽内滑动并带动摆杆绕下支点摆动。由于摆杆下端与滑枕相连，使滑枕获得直线往复运动。大齿轮转动一圈，滑枕往复一次。滑枕往复运动的调整包括以下三方面：

① 滑枕行程长度的调整。滑枕行程长度一般比工件加工长度长 30 ~ 40mm。调整时，转动轴 2，通过一对锥齿轮转动小丝杠 5，小丝杠使曲柄螺母带动滑块移动，改变了滑块偏移大齿轮轴心的距离（偏心距）。偏心距越大，摆杆的摆动角度越大，滑枕的行程也就越长；反之则变短。如图 5-104b 所示。

② 滑枕行程位置的调整。当滑枕行程长度调整好后，还应调整滑枕的行程位置。调整时，如图 5-103 所示，松开滑枕锁紧手柄，转动行程位置调整方榫，通过锥齿轮传动使丝杠旋转，由于螺母固定不动，所以丝杠带动滑枕移动，即可调整滑枕的行程位置。

③ 滑枕往复运动速度的调整。滑枕往复运动速度是由滑枕每分钟往复次数和行程长度确定的。它的调整是通过扳动变速手柄，改变滑移齿轮的位置来实现的，可使滑枕得到 6 种不同的每分钟往复次数。

2）工作台横向进给运动调整。工作台的横向进给运动是间歇运动，是通过棘轮机构来实现的。棘轮机构如图 5-105 所示。进给运动的调整包括以下两方面：

① 横向进给量的调整。如图 5-104a 所示，大齿轮 4 带动一对齿数相等的齿轮 8、9（图 5-105）转动时，通过连杆 10 使棘爪 11 摆动，并拨动固定在进给丝杠上的棘轮 12 转动。棘爪每摆动一次，便拨动棘轮和丝杠转动一定角度，使工作台实现一次横向进给。由于棘爪背面是斜面，当它朝反方向摆动时，爪内弹簧被压缩，棘爪从棘轮齿顶滑过，不带动棘轮转动，所以产生了工作台的横向间歇进给运动。进给量的大小取决于滑枕每往复一次时棘爪所能拨动的棘轮齿数 K，因此调整横向进给量，实际是调整棘轮护罩缺口的位置，从而改变 K 值，K 的调整范围为 1 ~ 10。

② 横向进给方向的调整。提起棘爪转动 180°，放回原来的棘轮齿槽中。此时棘爪的斜面与原来反向，棘爪每摆动一次，拨动棘轮的方向相反，即可实现进给运动的反向。此外，还必须将护罩反向转动，使另一边露出棘轮的齿，以便棘爪拨动。变向时，连杆 10 在齿轮 9 中的位置应调转 180°，以便刨刀后退时进给。提起棘爪转动 90°，使其与棘轮齿脱离接触，则停止自动进给。

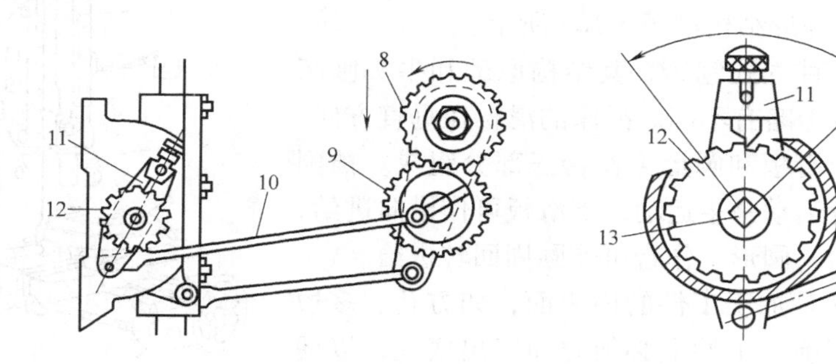

图 5-105　棘轮机构

8、9—齿轮　10—连杆　11、18—棘爪　12、19—棘轮　13—进给丝杠轴端方榫

2. 龙门刨床

龙门刨床用来刨削长为十几米到几十米的大型工件。B2012A 型龙门刨床外形如图 5-106 所示。

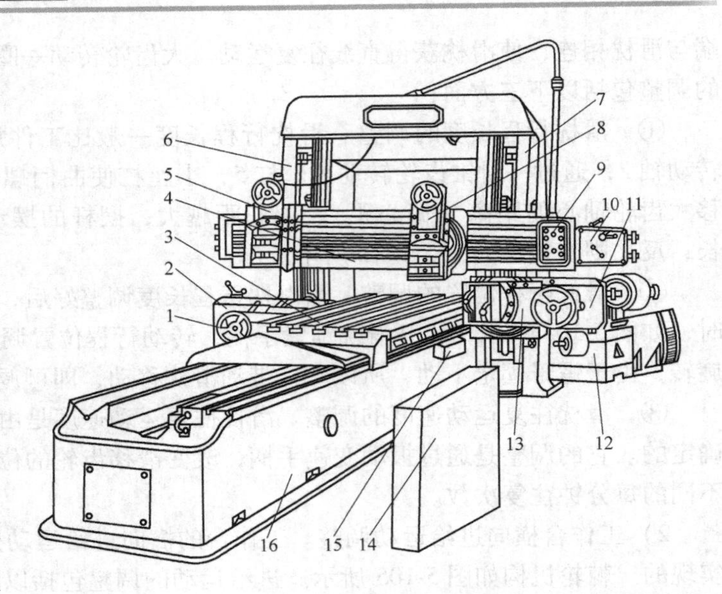

图 5-106　B2012A 型龙门刨床

1—左侧刀架进给箱　2—左侧刀架　3—工作台　4—横梁　5—左垂直刀架　6—左立柱　7—右立柱　8—右垂直刀架　9—悬挂按钮站　10—垂直刀架进给箱　11—右侧刀架进给箱　12—工作台减速箱　13—右侧刀架　14—电气柜　15—工作台换向开关　16—床身

龙门刨床的主要特点是电气化、自动化程度高，各主要运动的操纵都集中在机床的悬挂按钮站和电气柜的操纵台上，操作十分方便，工作台的工作行程和返回行程速度可在不停止刨床的情况下独立、无级调整。龙门刨床有四个刀架，即两个垂直刀架和两个侧刀架，各刀架可单独或同时手动或自动切削；各刀架都有自动抬刀装置，避免回程时刨刀与已加工表面产生摩擦。

刨削时，主运动是工作台带动工件的往复直线运动，进给运动是垂直刀架在横梁上的水平移动和侧刀架在立柱上的垂直移动。龙门刨床由工作台带着工件通过龙门框架作直线往复运动，主要加工大型工件或同时加工多个工件。与牛头刨床相比，从结构上看，龙门刨床形体大，结构复杂，刚性好；从机床运动上看，龙门刨床的主运动是工作台的直线往复运动，而进给运动则是刨刀的横向或垂直间歇运动，这与牛头刨床的运动相反。龙门刨床由直流电动机带动，并可进行无级调速，运动平稳。龙门刨床的所有刀架在水平和垂直方向都可平动。龙门刨床主要用来加工大平面，尤其是长而窄的平面，一般可刨削的工件宽度达 1m，长度在 3m 以上。龙门刨床的主参数是最大刨削宽度。

3. 插床

B5020 型插床的外形结构如图 5-107 所示。

插床实际上是一种立式刨床，其结构原理和牛头刨床完全相同，只是形式上略有不同。插床的滑枕在垂直方向，工作台由下滑板、上滑板和圆形工作台三部分组成。插削时，刀具的垂直往复运动是主运动，下滑板可作横向进给，上滑板可作纵向进给，圆形工作台可作圆周回转进给。

插床的主要用途是加工工件的内表面，如方孔、多边形孔及键槽等。插削前，工件上必须先加工出底孔，以便穿过刀杆、刀头及退刀之用。由于生产率低，插床只适合单件小批生产或用于工具车间和修配车间等。

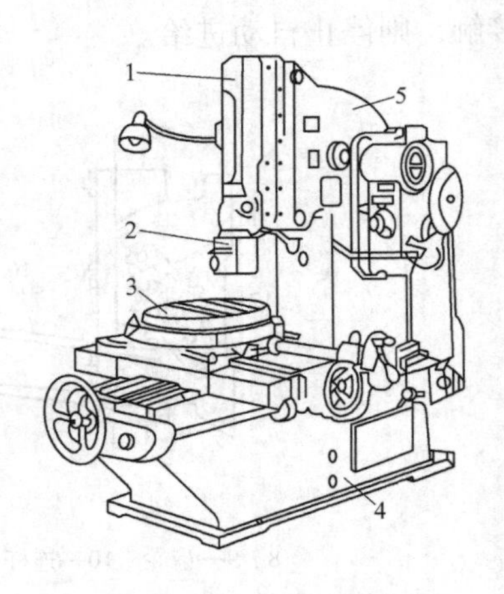

图 5-107　B5020 型插床

1—滑枕　2—刀架　3—工作台　4—底座　5—床身

4. 拉床

拉床与刨床的切削运动中只有直线运动，因此它们都被称为直线运动机床。在拉床上用拉刀加工的工艺叫做拉削。卧式拉床如图 5-108 所示，圆孔拉刀如图 5-109 所示。

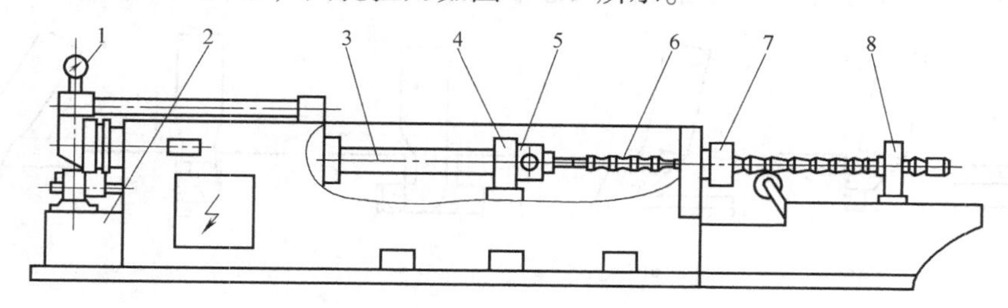

图 5-108　卧式拉床

1—压力表　2—液压部件　3—活塞拉杆　4—随动支架　5—刀架

6—拉刀　7—工件　8—随动刀架

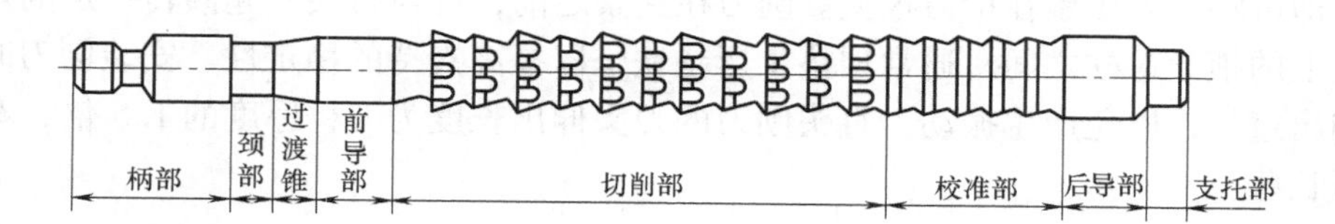

图 5-109　圆孔拉刀

拉削时，工件不动，拉刀由拉床的活塞拉杆拉着作直线运动。拉刀从工件上每拉过一个刀齿，就剥下一层金属。当全部刀齿通过工件之后，工件的加工也就完成了，是一种只有主运动，没有进给运动的切削加工。

拉削加工的特点是粗、精加工一次完成，生产率高，加工质量好，加工公差等级一般为 IT7 ~ IT9 级，表面粗糙度值为 $Ra0.8 \sim 1.6\mu m$。但由于一把拉刀只能加工一种尺寸的表面，且拉刀较昂贵，所以拉削加工主要用于大批量生产。拉削还用来加工各种用其他方法难以加工的孔，如图 5-110 所示。拉削前，也必须先在工件上加工出底孔，以便穿过拉刀。

5.4.3　刨刀

刨刀的结构、几何形状与车刀相似，有直头的（图 5-111a）但由于刨削过程有冲击力，刀具易损坏，所以刨刀截面通常比车刀大。为了避免刨刀扎入工件，刨刀刀杆常做成弯头的，如图 5-111b 所示。

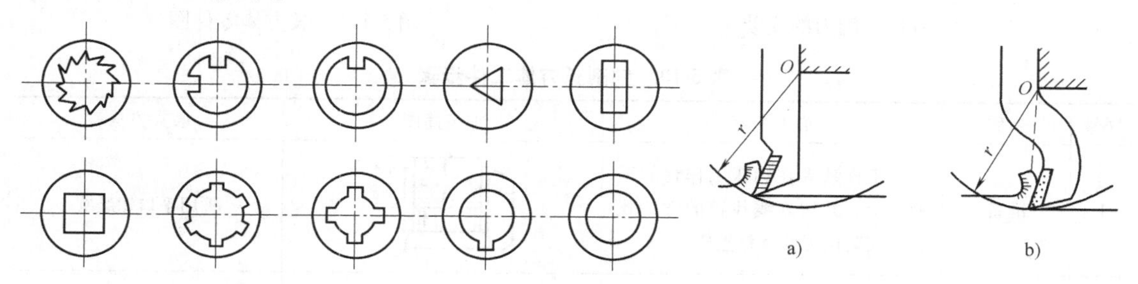

图 5-110　拉削能加工的各种孔

图 5-111　刨刀

a）直头　b）弯头

刨刀的种类很多，常用的刨刀及其应用如图 5-112 所示。其中，平面刨刀用来刨平面；偏刀用来刨垂直面或斜面；角度偏刀用来刨燕尾槽和角度；弯切刀用来刨 T 形槽及侧面槽；

切刀（割槽刀）用来切断工件或刨沟槽。此外，还有成形刀，用来刨特殊形状的表面。

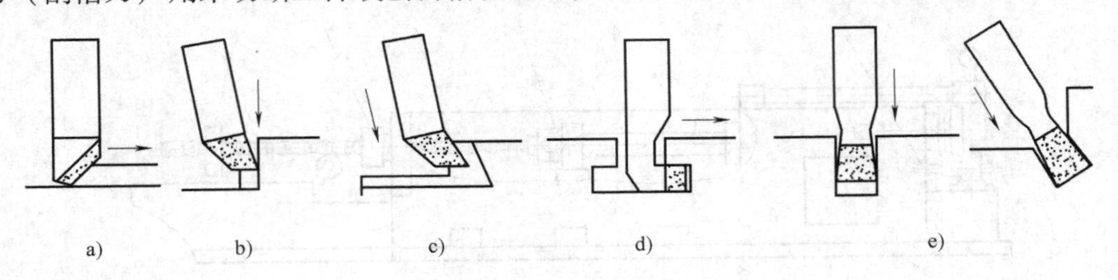

图 5-112　刨刀的种类及应用

a）平面刨刀　b）偏刀　c）角度偏刀　d）弯切刀　e）切刀

刨刀安装在刀架的刀夹上。安装时，如图 5-113 所示，把刨刀放入刀夹槽内，将锁紧螺柱旋紧，即可将刨刀压紧在抬刀板上。刨刀在夹紧之前，可与刀夹一起倾转一定的角度。刨刀与刀夹上的锁紧螺柱之间，通常加垫 T 形垫铁，以提高夹持的稳定性。安装刨刀时，不要把刀头伸出过长，以免产生振动。直头刨刀的刀头伸出长度为刀杆厚度的 1.5 倍，弯头刨刀伸出量可长些。

5.4.4　刨工实习示例

使用牛头刨床加工长方体铸铁工件的六个平面，如图 5-114 所示，工件材料为 HT200。加工操作步骤见表 5-10。

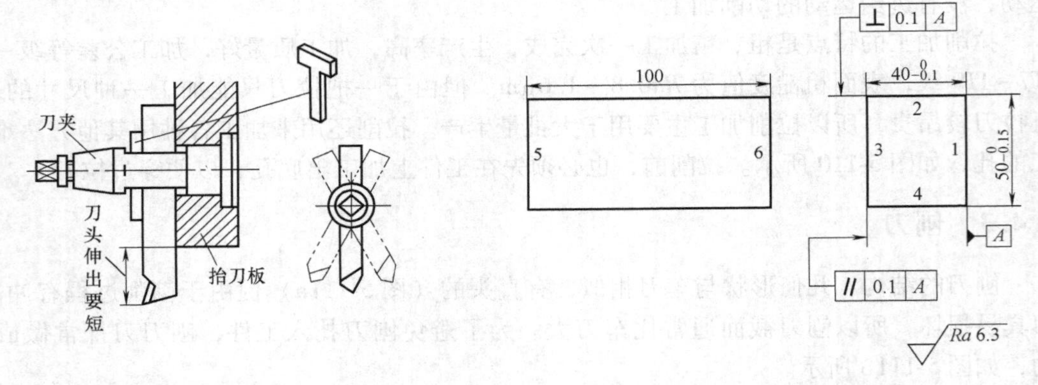

图 5-113　刨刀的安装　　图 5-114　长方体零件图

表 5-10　刨削长方体工件步骤

序号	名称	加工内容	加工简图	装夹方法
1	准备	把工件装夹在刨床工作台的平钳口上，并按划线找正的方法找正；安装刨刀并调整刨床	1 2 ⑤ 4 3 41.5	机用平口钳装夹
2	刨水平面 1	先刨出大面 1 作为基准面至尺寸 41.5mm	1 2 ⑤ 4 3 41.5	机用平口钳装夹

（续）

序号	名称	加工内容	加工简图	装夹方法
3	刨水平面2	以面1为基准，紧贴固定钳口，在工件与活动钳口间垫圆棒，夹紧后加工面2至尺寸51.1mm	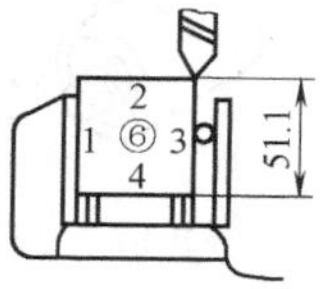 2 1 ⑥ 3 4 51.1	机用平口钳装夹
4	刨水平面3	以面1为基准，紧贴固定钳口，翻身180°使面2朝下，紧贴平口钳导轨面，加工面4至尺寸50mm，并使平面4与面1互相垂直	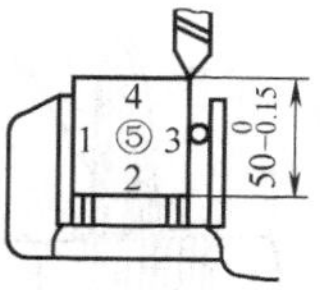 4 1 ⑤ 3 2 $50_{-0.15}^{0}$	机用平口钳装夹
5	刨水平面4	将面1放在平行的垫铁上，工件夹紧在两钳口之间并使面1与平行垫铁贴实，加工面3至尺寸40mm。如面1与垫铁贴不实，也可在工件与钳口间垫圆棒	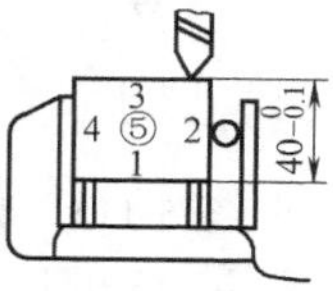 3 4 ⑤ 2 1 $40_{-0.1}^{0}$	机用平口钳装夹
6	刨水平面5	将平口钳转90°，使钳口与刨削方向垂直，刨端面5	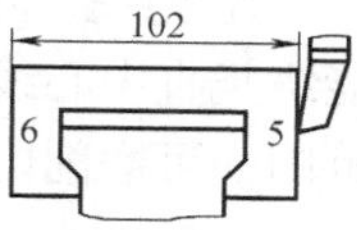 102 6 5	机用平口钳装夹
7	刨水平面6	按照上面同样方法刨垂直面6至尺寸100mm	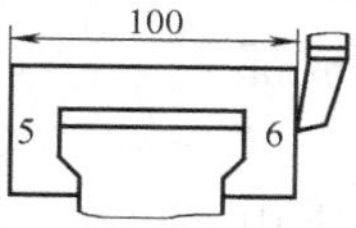 100 5 6	机用平口钳装夹

5.5 磨工实习

5.5.1 磨削的工艺范围及工艺特点

磨削类机床是以磨料、磨具（砂轮、砂带、磨石、研磨料）为工具进行磨削加工的机床，它是适应工件精加工和硬表面加工的需要而发展起来的。磨床广泛地用于工件表面的精加工，尤其是淬硬钢件和高硬度特殊材料工件的精加工。磨削加工较易获得高的加工精度和小的表面粗糙度值。在一般加工条件下，加工公差等级为IT5～IT6级，表面粗糙度值为$Ra0.32 \sim 1.25\mu m$。

使用不同类型的磨床可以磨削内圆柱面、外圆柱面、圆锥面、平面、齿轮、螺纹、沟槽及花键等，还可以磨削导轨面等复杂的成形表面。常见的磨削加工的工艺范围如图5-115所示。

5.5.2 磨床

1. 外圆磨床

图5-116所示为M1432A型万能外圆磨床。万能外圆磨床的特点是：砂轮架上附有内圆

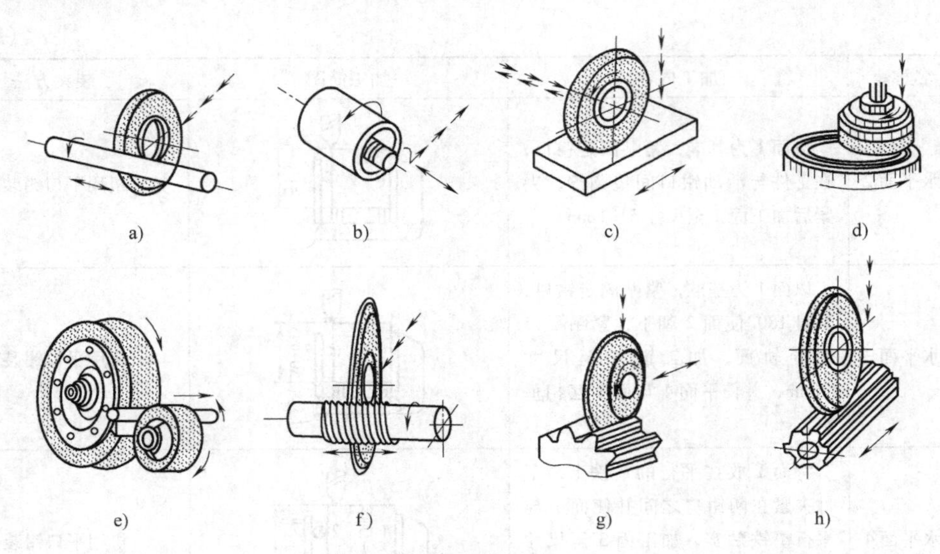

图 5-115 磨削加工的工艺范围

a）磨外圆 b）磨内圆 c）、d）磨平面 e）磨削无心外圆

f）磨螺纹 g）磨齿轮 h）磨花键

磨削附件，砂轮架和头架都能绕竖直中心线调整一个角度，头架上除拨盘旋转外，主轴也能旋转。这种磨床能扩大加工范围，可磨削内孔和锥度较大的内、外锥面，适用于中、小批量和单件生产。

（1）外圆磨床的主要组成部分及其功用

M1432A 型万能外圆磨床由床身、工作台、头架、尾座和砂轮架等部件组成。

1）床身。它是一个箱形零件，底部作油池用。磨床的油泵装置放在床身的后壁上。床身右后部装有电气设备。横向进给、工作台手动以及电气和液压的操纵机构均安装在床身的前壁上；砂轮架安装在床身的后上部。床身上有平行导轨，工作台在其上运动。

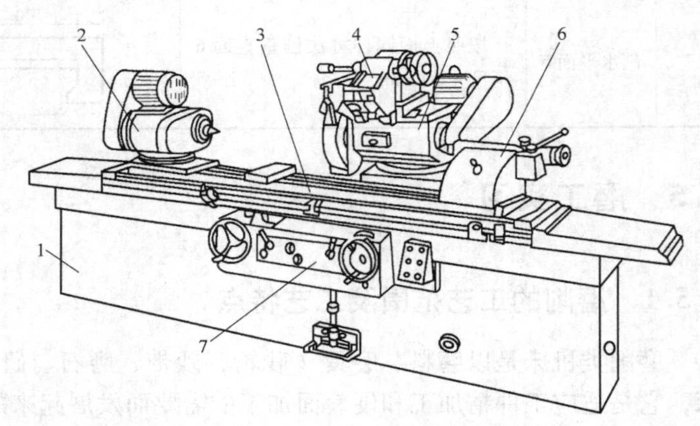

图 5-116 M1432A 型万能外圆磨床

1—床身 2—头架 3—工作台 4—内磨装置

5—砂轮架 6—尾座 7—控制箱

2）工作台。工作台有两层，下工作台沿床身导轨作纵向往复运动，上工作台相对于下工作台能作一定角度的回转调整，以便磨削圆锥面。

3）头架。头架上有主轴，可用顶尖或长盘夹持工件旋转。头架由双速电动机带动，可以使工件获得不同的转速。

4）尾座。尾座用于磨细长工件时支持工件，它可在工作台上作纵向调整，当调整到所需位置时将其紧固。扳动尾座上的手柄时，顶尖套筒可以推出或缩进，以便装夹或卸下工件。

5）砂轮架。砂轮装在砂轮架的主轴上，由单独的电动机经V带直接带动旋转。砂轮架可沿着床身后部的横向导轨前后移动，移动的方式有自动周期进给、快速引进和退出、手动三种，其中前两种是由液压传动实现的。

（2）外圆磨床的磨削运动　在外圆磨床上进行外圆磨削时，有如下几种运动：

1）主运动。磨外圆时砂轮的旋转运动为主运动，转速单位为r/min。

2）进给运动。工件旋转为圆周进给运动；工件往复移动为纵向进给运动；砂轮磨削时作横向进给运动。其中，工件往复纵向进给时，砂轮作周期性横向间歇进给，砂轮切入磨削时为连续性横向进给。

3）辅助运动。辅助运动包括为装卸和测量工件方便，砂轮所作的横向快速回退运动，以及尾架套筒所作的伸缩移动。

2. 平面磨床

平面磨床用于磨削工件平面或成形表面，图5-117所示为M7120A型平面磨床。

（1）主要组成部分及其功用　M7120A型平面磨床由床身、工作台、立柱、磨头及砂轮修整器等部件组成。工作台3装在床身1的导轨上，由液压驱动作往复运动，也可用手轮11操纵以进行必要的调整；工作台上装有电磁吸盘或其他夹具，用来装夹工件。磨头10沿滑板9的水平导轨可作横向进给运动，也可由液压驱动或手轮8操纵。滑板9可沿立柱6的导轨作垂直移动，这一运动是通过转动手轮2来实现的。砂轮5由装在磨头壳体内的电动机直接驱动旋转。

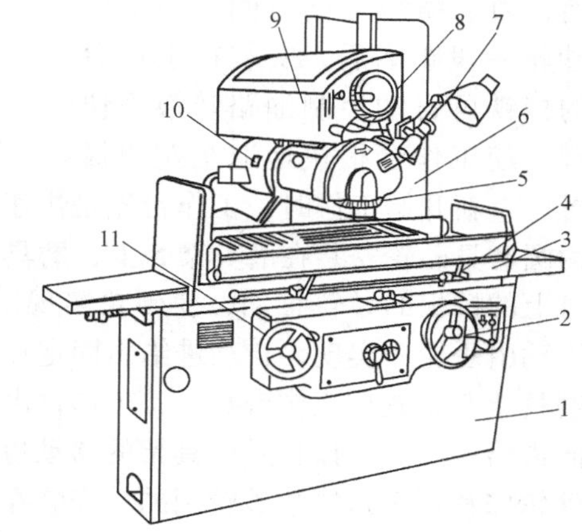

图5-117　M7120A型平面磨床

1—床身　2—垂直进给手轮　3—工作台　4—行程挡块　5—砂轮　6—立柱　7—砂轮修整器　8—横向进给手轮　9—滑板　10—磨头　11—驱动工作台手轮

（2）平面磨床的磨削运动　平面磨床主要用于磨削工件上的平面。平面磨削的方式通常可分为周磨与端磨两种。周磨为用砂轮的圆周面磨削平面，这时需要以下几个运动：

1）砂轮的高速旋转，即主运动。

2）工件的纵向往复运动或圆周运动，即纵向进给运动。

3）砂轮周期性横向移动，即横向进给运动。

4）砂轮对工件作定期垂直移动，即垂直进给运动。

端磨是用砂轮的端面磨削平面。这时需要下列运动：砂轮高速旋转，即主运动；工作台纵向往复进给或周进给运动；砂轮轴向垂直进给运动。

3. 内圆磨床

内圆磨床主要用于磨削圆柱孔（通孔、不通孔、阶梯孔和断续表面的孔等）、圆锥孔及孔的端面等。内圆磨床的主要参数是最大磨削孔径。图5-118所示为M2120型内圆磨床，它由床身、工作台、头架、磨具架、砂轮修整器等部件组成。

头架通过底板固定在工作台左端。头架主轴的前端装有卡盘或其他夹具，用以夹持并带动工件旋转实现圆周进给运动。头架可相对于底板绕垂直中心线转动一定角度，以便磨削圆锥孔。底板可沿着工作台台面上的纵向导轨调整位置，以适应磨削各种不同的工件。

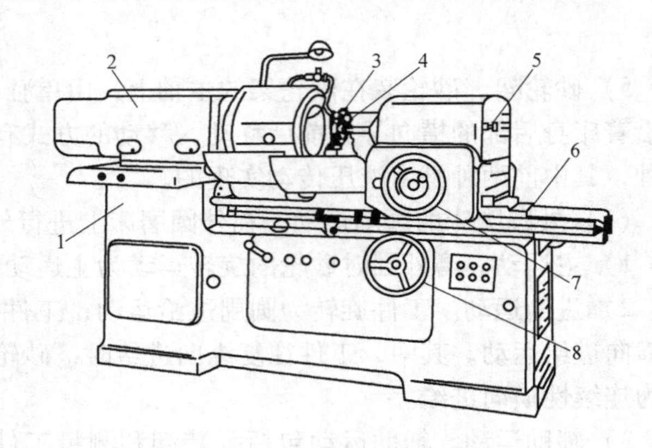

图 5-118 M2120 型内圆磨床
1—床身 2—头架 3—砂轮修整器 4—砂轮
5—磨具架 6—工作台 7—操纵磨具架手轮
8—操纵工作台手轮

磨削时，工作台由液压传动带动，沿床身纵向导轨作直线往复运动（由撞块实现自动换向），使工件实现纵向进给运动。装卸工件或磨削过程中测量工件尺寸时，工作台需向左退出较大距离，为了缩短辅助时间，当工件退离砂轮一段距离后，安装在工作台前侧的挡铁可自动控制油路转换为快速行程，使工作台很快地退至左边极限位置。重新开始工作时，工作台先是快速向右，而后自动转换为进给速度。

内圆磨具砂轮安装在磨具架 5 上，磨具架固定在工作台 6 右端的拖板上，后者可沿固定于床身上的桥板的导轨移动，使砂轮实现横向进给运动。砂轮的横向进给有手动和自动两种，手动由手轮 7 实现，自动进给由固定在工作台上的撞块操纵。

磨具架 5 安放在工作台 6 上，工作台由液压传动作往复运动，每往复一次能使磨具作微量横向进给一次。工作台及磨具架的移动也可由手轮 8 和 7 来操纵。

砂轮修整器 3 是修整砂轮用的，安装在工作台中部台面上，可根据需要调整其纵向和横向位置。修整器上的金刚石笔可随着修整器的回旋头上下翻转，修整砂轮时放下，磨削时翻起。

5.5.3 砂轮

1. 砂轮的结构及形状

砂轮是由许多细小而坚硬的磨粒用结合剂粘结而成的多孔物体，是磨削加工的刀具。磨粒、结合剂和空隙是构成砂轮的三要素，如图 5-119 所示。

常用的砂轮磨料有天然刚玉和碳化硅两类，前者适宜磨削碳钢（用棕刚玉）和合金钢（用白刚玉），后者适宜磨削铸铁（用黑碳化硅）和硬质合金（用绿碳化硅）。磨料的颗粒有粗细之分，粗磨选用粗颗粒的砂轮，精磨选用细颗粒的砂轮。为适应不同表面形状与尺寸的加工，砂轮制成各种形状和尺寸，如图 5-120 所示，其中平形砂轮用于普通平面、外圆表面和内圆表面的磨削。

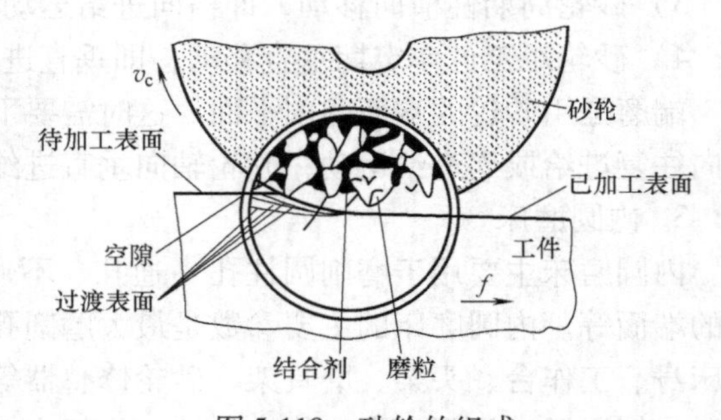

图 5-119 砂轮的组成

2. 砂轮的标记及选用

（1）砂轮的标记　在砂轮的非工作面上标有表示砂轮特性的代号。根据磨具的国家标准规定，标记内容的次序是：砂轮

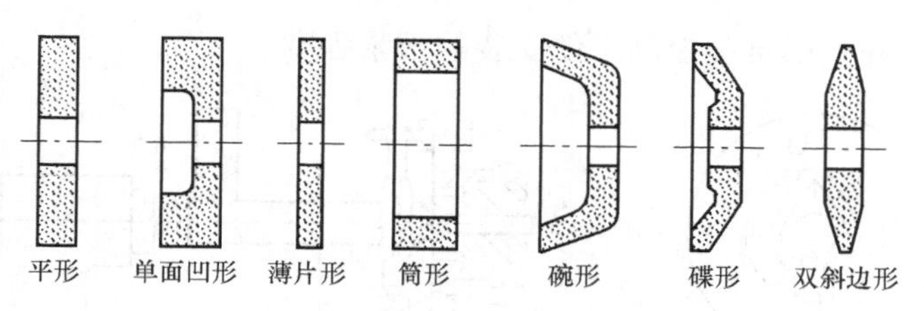

图5-120 砂轮的形状

形状代号和尺寸、磨料、粒度、硬度、组织号、结合剂、最高工作速度及标准号。例如，型号为1的平形砂轮外径300mm，厚度50mm，孔径76.2mm，磨料为棕刚玉，粒度36、硬度等级为L，5号组织，陶瓷结合剂V，最高工作速度50m/s，其标记为：砂轮 GB/T 41271-300×50×76.2-A/F36L5V-50m/s。

（2）砂轮的选用 选用砂轮时，应综合考虑工件的形状、材料性质及磨床结构等各种因素。在考虑尺寸大小时，应尽可能把外径选得大些。磨内孔时，砂轮的直径取工件孔径的2/3左右，有利于提高磨具的刚度。但应特别注意不能使砂轮工作时的线速度超过所标记的最高工作速度数值。砂轮选定后还要进行外观和裂纹的鉴定，但有时裂纹在砂轮内部，不易直接看到，则要用响声检验法，即用木槌轻敲听其声音，声音清脆的则为没有裂纹的好砂轮。

（3）砂轮的安装 最常用的砂轮安装方法是用法兰盘夹砂轮，如图5-121所示。两法兰盘的直径必须相等，其尺寸一般为砂轮直径的一半，安装时砂轮两侧和法兰盘之间均应垫上0.5～1mm厚的弹性垫圈，砂轮与砂轮轴或砂轮与法兰盘间应有0.1～0.8mm的间隙，以防止磨削时砂轮轴或法兰盘受热膨胀将砂轮胀裂。

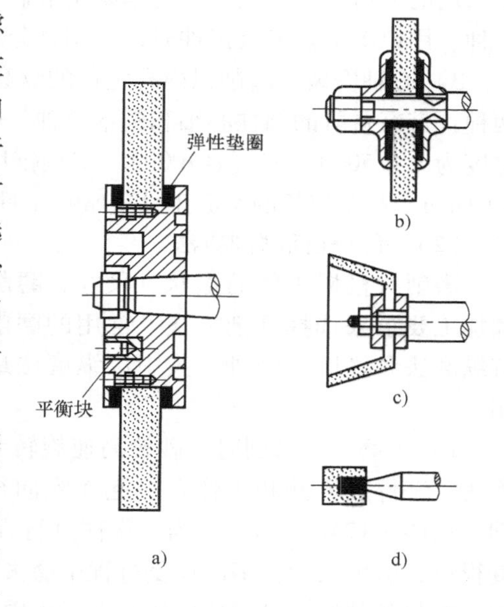

图5-121 砂轮的安装

通常大砂轮通过台阶法兰盘安装，如图5-121a所示；不太大的砂轮用法兰盘直接安装在主轴上，如图5-121b所示；小砂轮直接用螺母紧固在主轴上，如图5-121c所示；更小的砂轮可粘固在轴上，如图5-121d所示。

5.5.4 磨削基本操作

1. 磨削外圆柱面

（1）外圆磨削时工件的安装

1）双顶尖安装。双顶尖安装适于有中心孔的轴类工件。安装时，工件支承在前、后两顶尖之间，如图5-122所示。其装夹方法与车削中所用方法基本相同。但磨床所用的顶尖都是固定顶尖，磨削时，前、后顶尖不随工件一起转动，在一般情况下不会使工件产生跳动，可以提高加工精度。这时，靠拨盘2上的拨杆5来拨动夹头1，带动工件旋转。后顶尖6靠弹簧推力顶紧工件，并可以自动控制工件安装的松紧程度。

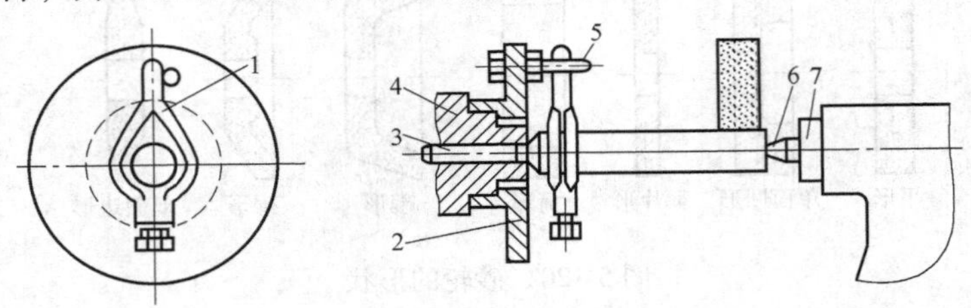

图 5-122 双顶尖安装工件

1—夹头 2—拨盘 3—前顶尖 4—主轴 5—拨杆 6—后顶尖 7—尾架

2）卡盘安装。较短工件、无中心孔工件及不太规则工件，磨削外圆时常用卡盘安装。磨床用的卡盘，其制造精度比车床用卡盘更高。常用的卡盘有自定心卡盘、单动卡盘和花盘三种。用单动卡盘安装工件时，要用百分表找正。

3）心轴安装。磨削以内孔定位的盘套类工件时，往往采用心轴装夹工件。常用心轴有两种：带有台阶的圆柱心轴和圆锥心轴。磨床用心轴比车床用心轴的精度更高，锥度心轴的锥度为（1:5000）～（1:7000）。采用锥度心轴安装时，工件内外圆的同轴度可达 0.005～0.01mm。对于较长的空心工件，常在工件两端装上堵头以代替心轴，如图 5-123 所示。

（2）外圆柱面磨削方法

磨削时根据工件的形状、尺寸、磨削余量和加工要求来选择磨削方法。常用的磨削方法有纵磨法和横磨法两种，其中以纵磨法最为常用。

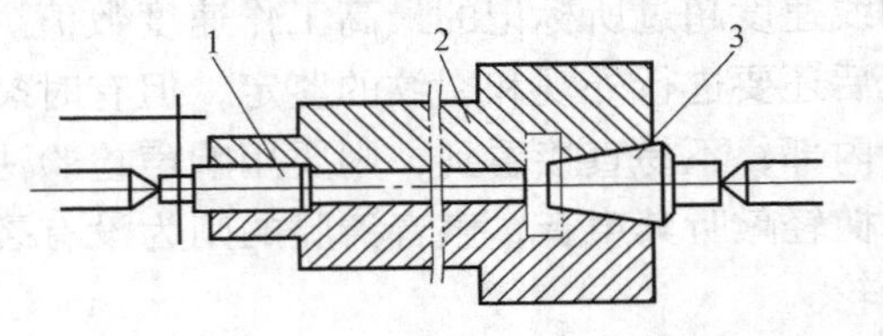

图 5-123 中心孔堵头安装工件

1—左堵头 2—工件 3—右堵头

1）纵磨法。磨削时，砂轮高速旋转起切削作用，工件旋转并和工作台一起作纵向往复运动，如图 5-124a 所示。每当一次往复行程终了时，砂轮作周期性的横向进给。每次磨削深度很小，磨削余量在多次往复行程中磨去。因而，与横磨法相比，纵磨法磨削力小，磨削热少，散热条件好。最后还要作几次无横向进给的光磨行程，直到火花消失为止，所以工件的加工精度及表面质量较高。

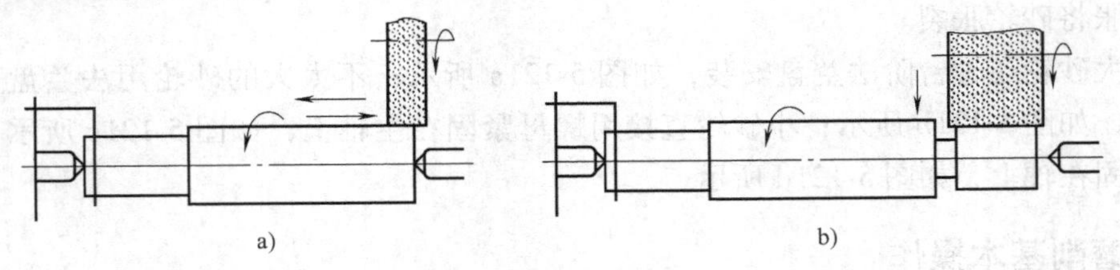

图 5-124 在外圆磨床上磨削外圆

a）纵磨法磨外圆 b）横磨法磨外圆

纵磨法的特点是具有很大的万能性，可以用一个砂轮磨削不同长度的工件，但磨削效率较低，故广泛适用于单件、小批量生产及精磨中，特别适用于细长轴的磨削。

2）横磨法，又称切入磨法，如图 5-124b 所示。磨削时，工件不作纵向往复运动，而砂轮以慢速作连续或断续横向进给运动，直到磨去全部磨削余量。横磨法生产率高，质量稳定，适用于成批及大量生产，尤其适于磨削工件的成形面，但因工件与砂轮的接触面积大，磨削力大，磨削热多，磨削温度高，工件易产生变形烧伤，故只能磨削短而粗、刚性好的工件，并要加注充足的切削液。

2. 磨削外圆锥面

磨削外圆锥面常采用下列4种方法。

（1）转动工作台法　转动工作台法适用于磨削锥度较小、锥面较长的工件，磨削时将上工作台逆时针转动一定的角度（工件圆锥半角），使工件侧素线与纵向往复运动方向一致，如图5-125a所示。

（2）转动头架法　转动头架法适用于磨削锥度较大、锥面较短的工件。磨削时将头架逆时针转动，使工件侧素线与纵向往复运动方向一致，如图5-125b所示。当转至90°时，成为端面磨削。

（3）转动砂轮架法　转动砂轮架法适用于磨削较长工件上的锥度较大、锥面较短的外锥面。磨削时将砂轮架转动，用砂轮的横向进给来进行磨削，如图5-125c所示。必须注意工作台不能作纵向进给。这种方法不易提高加工精度及减小表面粗糙度值，因此一般情况下尽量少采用。

（4）用角度修整器修整砂轮磨外圆锥面法　此法实际上是成形磨削，大多用于圆锥角较大且有一定批量的工件的生产，如图5-125d所示。

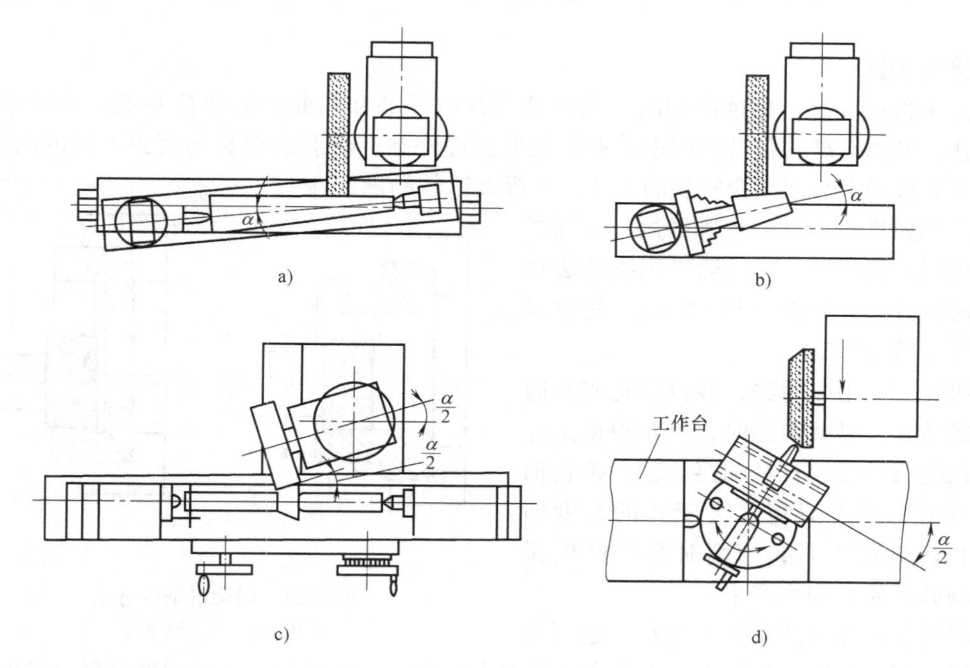

图5-125　外圆锥面的磨削方法

a）转动上工作台磨外圆锥面　b）转动头架磨外圆锥面

c）转动砂轮架磨外圆锥面　d）用角度修整器修整砂轮磨削外圆锥面

3. 磨削平面

（1）工件的装夹　在平面磨床上磨削由钢、铸铁等导磁性材料制成的中小型工件的平面时，一般用电磁吸盘直接吸住工件。对于陶瓷、铜合金、铝合金等非磁性材料，则可采用精密平口钳、精密角铁等导磁性夹具进行装夹，连同夹具一起置于电磁吸盘上。

(2) 平面磨削方法　平面磨削的方法有两种：一种是周磨法，在卧轴平面磨床上，利用砂轮的圆周面对工件进行磨削，如图 5-126a 所示；另一种是端磨法，在立轴平面磨床上，利用砂轮的端面对工件进行磨削，如图 5-126b 所示。

周磨法磨削平面时，砂轮与工件的接触面积小，磨削力小，磨削热少，排屑和散热条件好，工件热变形小，砂轮周面磨损均匀，因此表面加工质量好，但磨削效率不高。

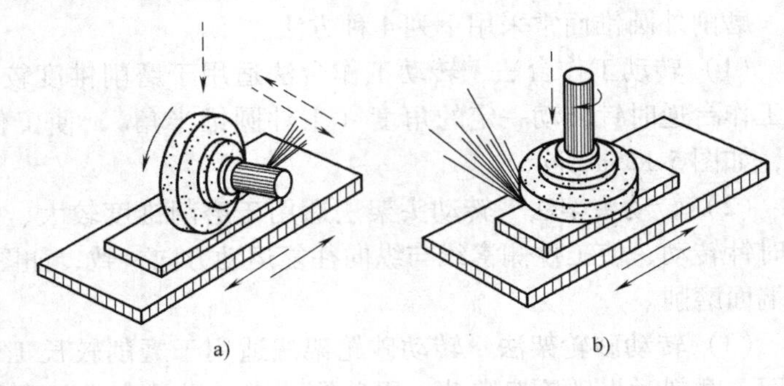

图 5-126　磨削平面的方法
a) 周磨法　b) 端磨法

端磨法磨削平面时，由于砂轮轴伸出较短，且主要是受轴向力，所以主轴刚性好，可采用较大的切削用量，工作效率高。但由于砂轮与工件接触面积大，发热量大，切削液又不易注入磨削区，容易发生工件烧伤现象，且砂轮端面上径向各处切削速度不一致，磨损不均匀，再加上排屑和冷却散热条件差，因此加工表面质量差，故仅适用于粗磨。

4. 磨削内圆

(1) 工件的安装　磨削内圆时，工件装夹常以外圆和端面作为定位基准。一般采用自定心卡盘、单动卡盘、花盘及弯板等夹具装夹工件外圆。当磨削较长轴套类工件的内孔时，可以采用卡盘和中心架组合安装的方法，以提高工件的稳定性。

(2) 内圆磨削方法　内圆磨削与外圆磨削基本相同，磨圆柱孔时一般采用纵磨法和横磨法两种方法，如图 5-127 所示，其中以纵磨法应用最为广泛。

磨通孔一般用纵磨法，磨台阶孔或不通孔可用横磨法。纵磨内圆时，首先根据工件孔径和长度选择砂轮直径和接长轴。接长轴的刚度要好，长度只需略大于孔的长度即可。接长轴选得太长，磨削时容易产生振动，影响磨削质量和生产率。

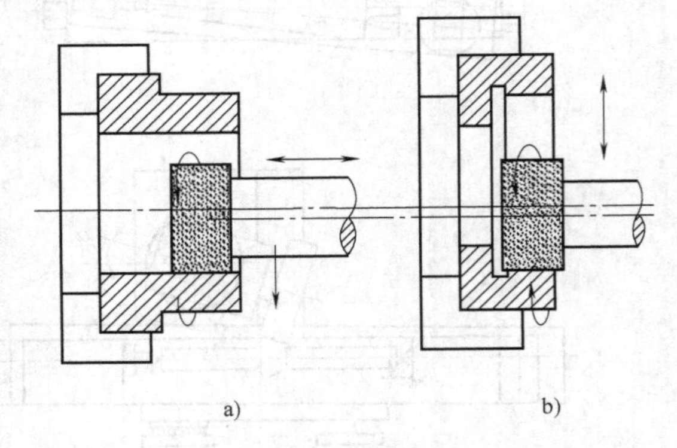

图 5-127　内圆磨削的方法
a) 纵磨法　b) 横磨法

内圆磨削可在内圆磨床上进行，也可在万能外圆磨床上进行。砂轮在工件孔中的位置有两种：一种是与工件的后面接触，这时切削液和磨屑向下飞溅，不影响操作人员的视线和安全；另一种是与工件的前面接触，情况与第一种正好相反，如图 5-128 所示。

5.5.5　磨工实习示例

1. 磨削加工工艺分析

磨削图 5-129 所示的简单光轴。工件直径为 $\phi34.2\text{mm} \pm 0.008\text{mm}$，工件的公差等级为

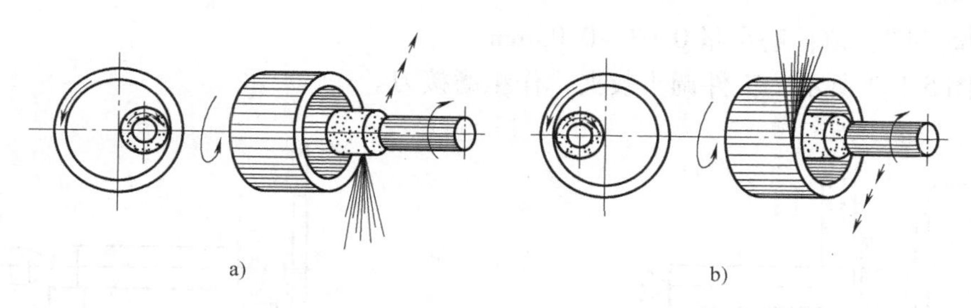

图5-128　砂轮在工件孔中的位置

a）砂轮与工件的后面接触　b）砂轮与工件的前面接触

IT6，外圆表面粗糙度值为 $Ra0.4\mu m$，圆柱度公差为0.005mm。磨削时对工件的定位基准（中心孔与顶尖）有较高要求，以保证工件的圆柱度公差。光轴的磨削特点是同一外圆要分两次调头装夹磨削才能完成，要求接刀磨削后无明显接刀痕迹。

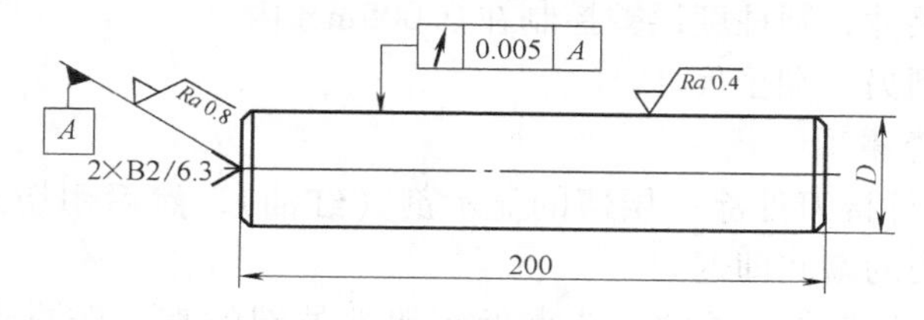

图5-129　光轴图样

2. 磨削用量的选择

（1）磨削深度　粗磨时 $a_p=0.01\sim0.03mm$，精磨时 $a_p<0.01mm$。

（2）纵向进给量　粗磨时 $f=(0.4\sim0.8)B$，精磨时 $f=(0.2\sim0.4)B$，其中 B 为砂轮宽度。

（3）工件转速　工件转速按表5-11选择。

表5-11　工件转速的选择

工件直径/mm	<20	20~50	50~80	80~100	110~150
工件转速/（r/min）	150~250	100~180	50~100	40~70	30~50

（4）砂轮圆周速度　通常砂轮圆周速度为35m/s，它实际上并非是恒定的，而是随着砂轮直径的减小而下降，生产中要注意及时更换直径过小的砂轮。

3. 磨削步骤

1）用涂色法检查工件中心孔，要求中心孔与顶尖的接触面积大于80%。

2）校对头架、尾座的中心，如图5-130所示。移动尾座使尾座顶尖和头架顶尖对准，不允许有明显偏移。当顶尖偏移时，工件的旋转中心线也将歪斜，则磨削时会产生明显的接刀痕迹。

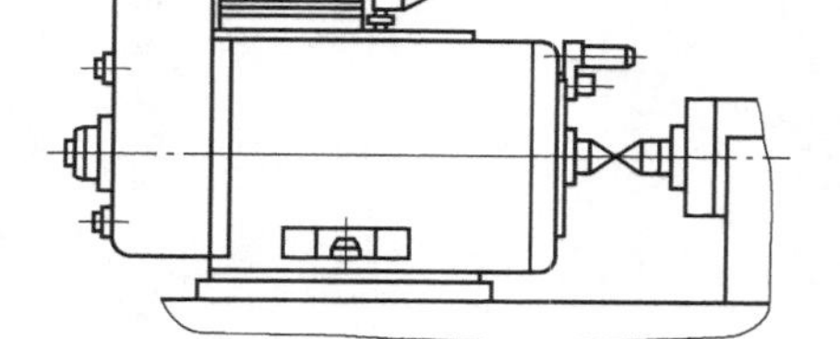

图5-130　校对头架、尾座的中心

3）按工件磨削余量粗修整砂轮。

4）将工件装夹在两顶尖间。

5）调整工作台行程挡铁位置，使接刀的长度尽量短，如图5-131所示。

6）用试磨法找正工作台，以保证工件的圆柱度误差在0.005mm内。

7）粗磨外圆，留精磨余量0.03～0.05mm。

8）如图5-132所示，工件调头装夹，作粗磨接刀。

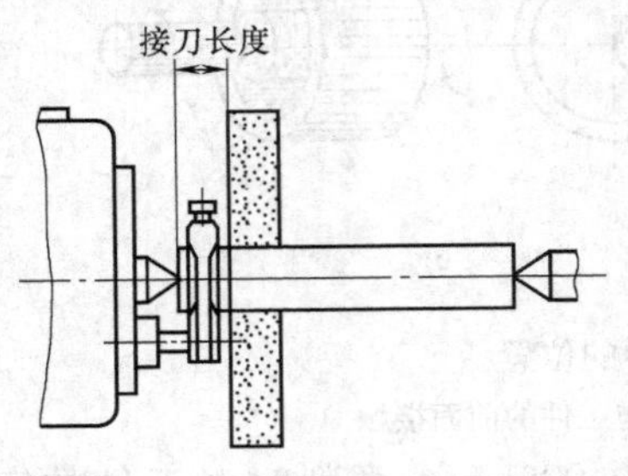

图5-131　接刀长度的控制

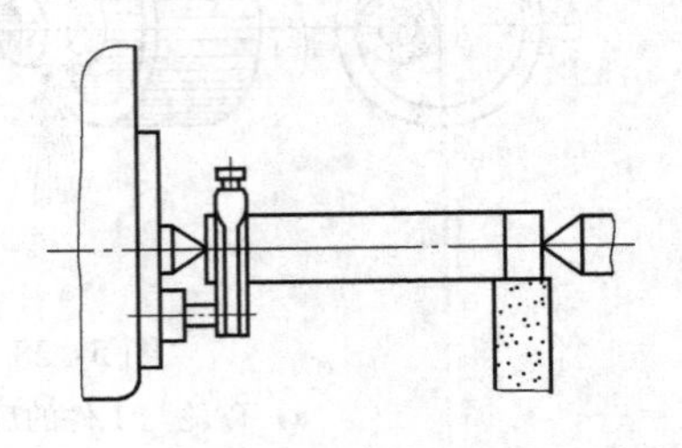

图5-132　接刀磨削

9）按精磨要求修整砂轮。

10）精磨外圆至尺寸，圆柱度误差控制在0.005mm内。

11）调头接刀磨削另一端至尺寸。

4. 接刀方法及注意事项

1）接刀时可在工件接刀处涂一层薄的显示剂（红油），然后用切入法接刀磨削，当磨至显示剂颜色变淡消失的瞬间即退刀。

2）要精确地找正工作台。通常，使靠近头架端外圆的直径较靠近尾座端的直径大约0.003mm，这样可减小接刀痕迹。

3）当出现单面接刀痕迹时，要及时检查中心孔和顶尖的质量。

4）要注意中心孔的清理和润滑。

5）要正确调整顶尖的顶紧力。

第6章 钳工实习

钳工以手工操作为主，使用各种工具来完成工件的加工、装配和修理等工作。因其常在钳工工作台上用台虎钳夹持工件操作而得名。

6.1 钳工概述

1. 钳工的加工特点

1）使用的工具简单，操作灵活。

2）可以完成机械加工不便加工或难以完成的工作。

3）与机械加工相比，劳动强度大、生产率低。

2. 钳工的应用范围

1）适用于机械加工前的准备工作，如清理毛坯、在工件上划线等。

2）适于单件或小批生产、制造精度要求一般的零件。

3）加工精密零件，如样板，刮削或研磨机器和量具的配合表面等。

4）装配、调整和修理机器等。

随着生产的发展，钳工工具及工艺也不断改进，钳工操作正在逐步实现机械化和半机械化，如錾削、锯削、锉削、划线及装配等工作中已广泛使用了电动或气动工具。

3. 钳工常用设备

钳工常用的设备包括钳工工作台、台虎钳等。

4. 钳工基本操作

钳工的基本操作包括划线、錾削、锯削、锉削、攻螺纹、套螺纹、刮削、研磨等。此外，钳工基本操作还包括矫正、弯曲、铆接以及机器的装配、调试、维修等。

6.2 钳工工作台和台虎钳

6.2.1 钳工工作台

钳工工作台一般是用木材制成的，也有用铸铁件制成的，要求坚实和平稳，台面高度为 800～900mm，其上装有防护网，如图 6-1 所示。

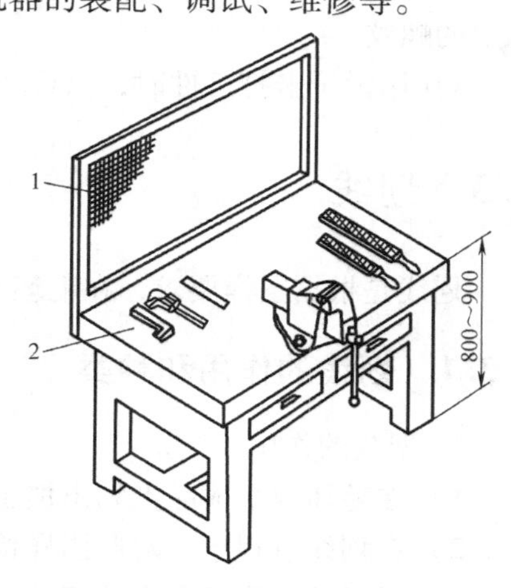

图 6-1 钳工工作台
1—防护网 2—工具摆放处

6.2.2 台虎钳

台虎钳用来夹持工件，有固定式和回转式两种结构，图 6-2a 所示为固定式台虎钳。图 6-2b 所示为回转式台虎钳，其构造和工作原理如下：活动钳身 2 通过导轨与固定钳身5的导轨作滑动配合，丝杠1装在活动钳身上，可以旋转，但不能轴向移动，并与安装在固定钳身内的丝杠螺母6配合。摇动手柄13使丝杠旋转，带动活动钳身作轴向移动，起夹紧或放松工件的作用。弹簧12借助挡圈11和销10固定在丝杠上，其作用是当放松丝杠时，可使活动钳身及时地退出。固定钳身和活动钳身上各装有钢质钳口4，并用螺钉3固定。钳口的工作面上制有交叉的网纹，使工件夹紧后不易产生滑动。钳口经过热处理淬硬，具有较好的耐磨性。固定钳身装在转座9上，并能绕转座中心线转动，当转到要求的方向时，扳动手柄7使夹紧螺钉旋紧，便可在夹紧盘8的作用下把固定钳身固定。转座上有3个螺栓孔，用于与钳台固定。

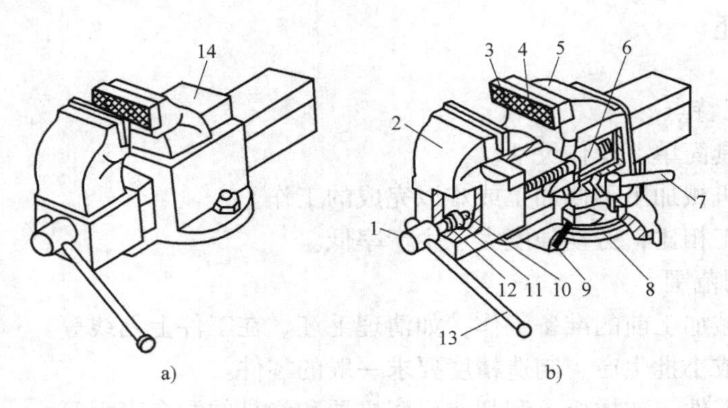

图6-2　台虎钳

a）固定式台虎钳　b）回转式台虎钳

1—丝杠　2—活动钳身　3—螺钉　4—钳口　5—固定钳身　6—丝杠螺母　7—手柄
8—夹紧盘　9—转座　10—销　11—挡圈　12—弹簧　13—手柄　14—砧面

台虎钳的规格以钳口的宽度来表示，有100mm、125mm、150mm等规格。使用台虎钳时，应注意下列事项：

1）工件应夹在台虎钳钳口中部，以使钳口受力均匀。

2）当转动手柄夹紧工件时，手柄上不准套管子或用锤敲击，以免损坏台虎钳丝杠或螺母上的螺纹。

3）用锤子击打工件时，只可在砧面14上进行。

6.3　划线

划线是根据图样要求，在毛坯或半成品上划出加工线的一种操作。

6.3.1　划线的作用和种类

1. 划线的作用

1）在毛坯或半成品上划出加工线，作为加工时的依据。

2）在划线过程中，对照图样检查毛坯的形状和尺寸是否符合要求。

3）对于毛坯形状和尺寸超差不大者，通过划线合理安排加工余量，重新调整毛坯各个表面的相互位置，进行补救，避免造成废品，这种方法叫做借料。

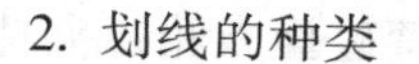

2. 划线的种类

划线分为平面划线和立体划线，如图 6-3 所示。平面划线是在工件的一个平面上划线，即能明确表示出工件的加工线；立体划线则是要同时在工件的几个不同方向的表面上划线，才能明确地表示出工件的加工线。

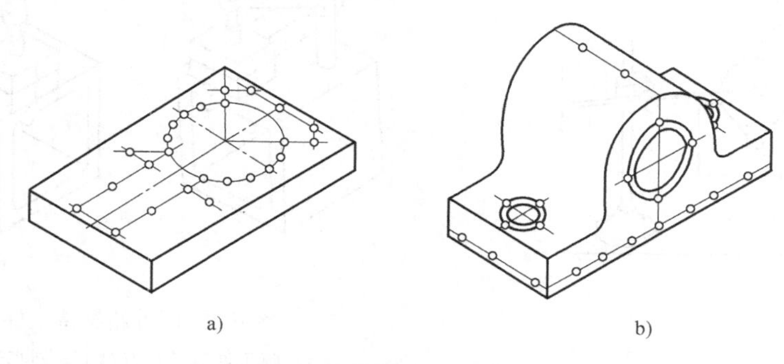

图 6-3 平面划线和立体划线

a）平面划线 b）立体划线

6.3.2 划线工具及其用法

1. 划线平板

划线的基准工具是划线平板，如图 6-4 所示。它由铸铁制成，上面是划线的基准平面，所以要求非常平直和光洁。平板要安放牢固，上平面应保持水平，以便稳定地支承工件。不准碰撞和用锤敲击平板，以免使其准确度降低。平板若长期不用时，应涂防锈油并用木板护盖。

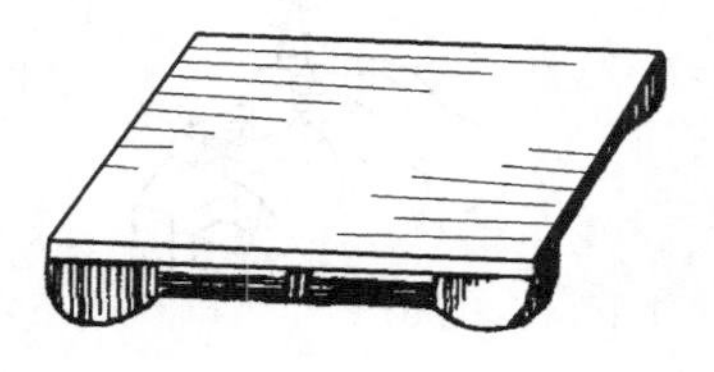

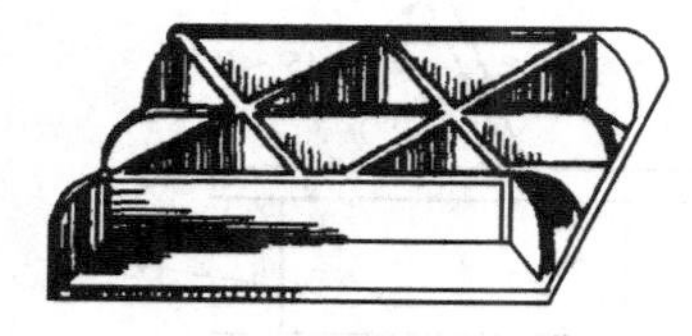

图 6-4 划线平板

2. 千斤顶

千斤顶是在平板上支承工件用的，其高度可以调整，以便找正工件。通常用3 个千斤顶支承工件。支承要平衡，支承点间距尽可能大，如图 6-5 所示。

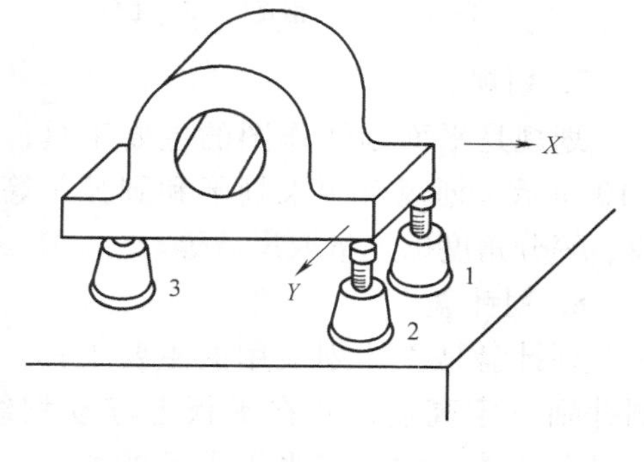

图 6-5 用千斤顶支承工件

3. V 形铁

V 形铁用于支承圆柱形工件，使工件中心线与平板平行，如图 6-6 所示。V 形槽角度为 90°或 120°。

4. 方箱

方箱用于夹持较小的工件。通过翻转方箱，便可在工件表面上划出互相垂直的线来。V

形槽放置圆柱工件，配合角度垫板可划斜线，如图 6-7 所示。使用时严禁碰撞方箱，夹持工件时紧固螺钉的松紧要适当。

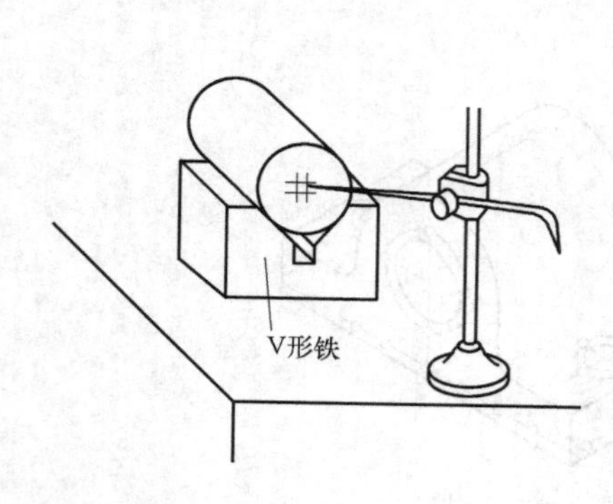

图 6-6 用 V 形铁支承工件

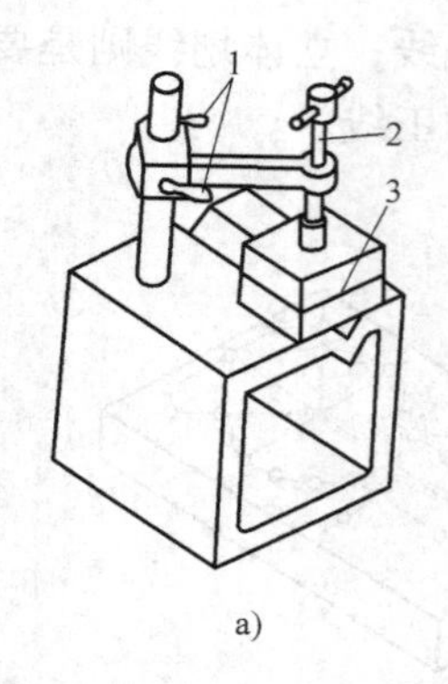

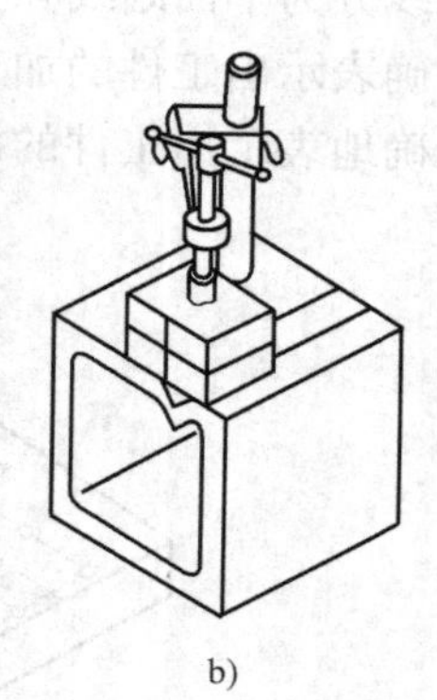

图 6-7 用方箱夹持工件
a）将工件靠紧在方箱上，划水平线
b）翻转方箱 90°，划垂直线
1—紧固手柄 2—紧固螺钉 3—划出的水平线

5. 划针

划针是用来在工件表面上划线的。图 6-8 所示为划针的用法。

6. 划卡

划卡主要是用来确定轴和孔的中心位置的，如图 6-9 所示。

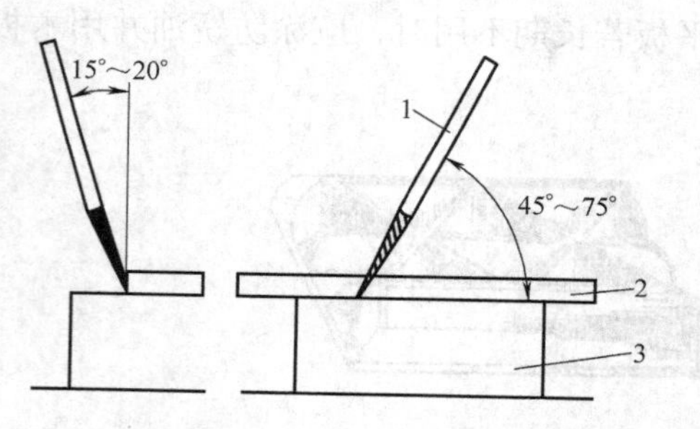

图 6-8 用划针划线
1—划针 2—钢直尺 3—工件

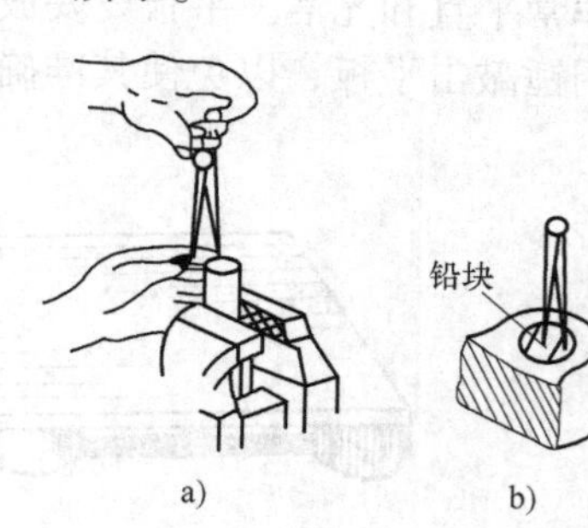

图 6-9 用划卡定中心
a）定轴心 b）定孔心

7. 划规

划规是平面划线作图的主要工具，如图 6-10 所示。划规可用来划圆和圆弧、等分线段、等分角度以及量取尺寸等。

8. 划针盘

划针盘是立体划线用的主要工具。调节划针到一定高度，并在平板上移动划线盘，即可在工件上划出与平板平行的线来，如图 6-11 所示。此外，还可用划针盘对工件进行找正。

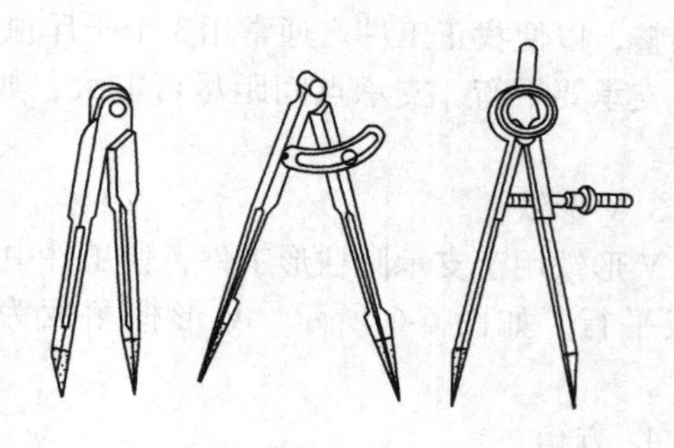

图 6-10 划规

9. 游标高度卡尺

游标高度卡尺是高度尺和划针盘的组合，如图6-12所示。它是精密工具，用于半成品的划线，不允许用它划毛坯，要防止碰坏其硬质合金划线脚。

10. 样冲

样冲是用来在工件的划线上打出样冲眼，以备所划的线模糊后，仍能找到原线位置。图6-13所示为样冲的用法。

11. 量具

划线常用的量具有钢直尺、高度尺、直角尺、游标卡尺等，具体参见第2章。

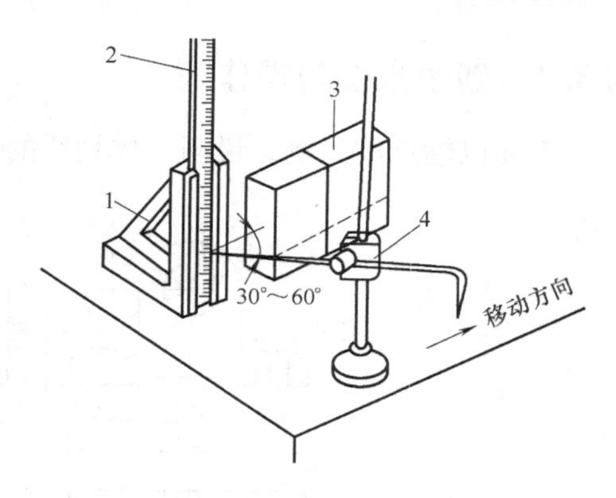

图6-11 用划针盘划水平平行线
1—尺座 2—钢直尺 3—工件 4—划针盘

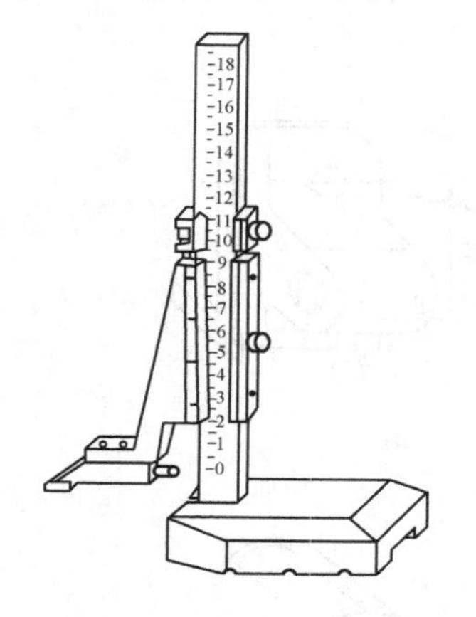

图6-12 游标高度卡尺

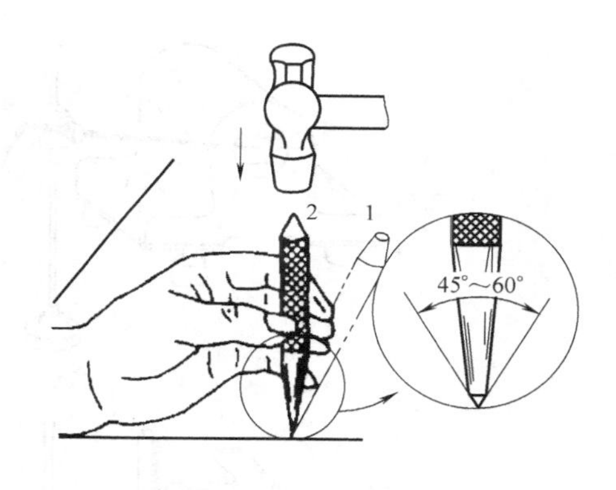

图6-13 样冲及其用法
1—对准位置 2—冲眼

6.3.3 划线基准

用划针盘划各水平线时，应选定某一基准作为依据，并以此来调节每次划针的高度，这个基准称为划线基准。一般选重要孔的中心线作为划线基准，如图6-14a所示。若工件上个别平面已加工过，则应以加工过的平面为划线基准，如图6-14b所示。

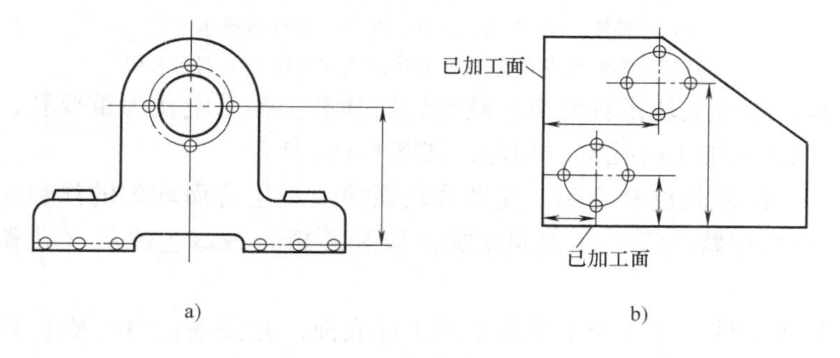

图6-14 划线基准
a）以孔的中心线为划线基准 b）以加工过的平面为划线基准

6.3.4 划线步骤与操作

下面以轴承座为例，说明立体划线的步骤和操作，如图 6-15 所示。

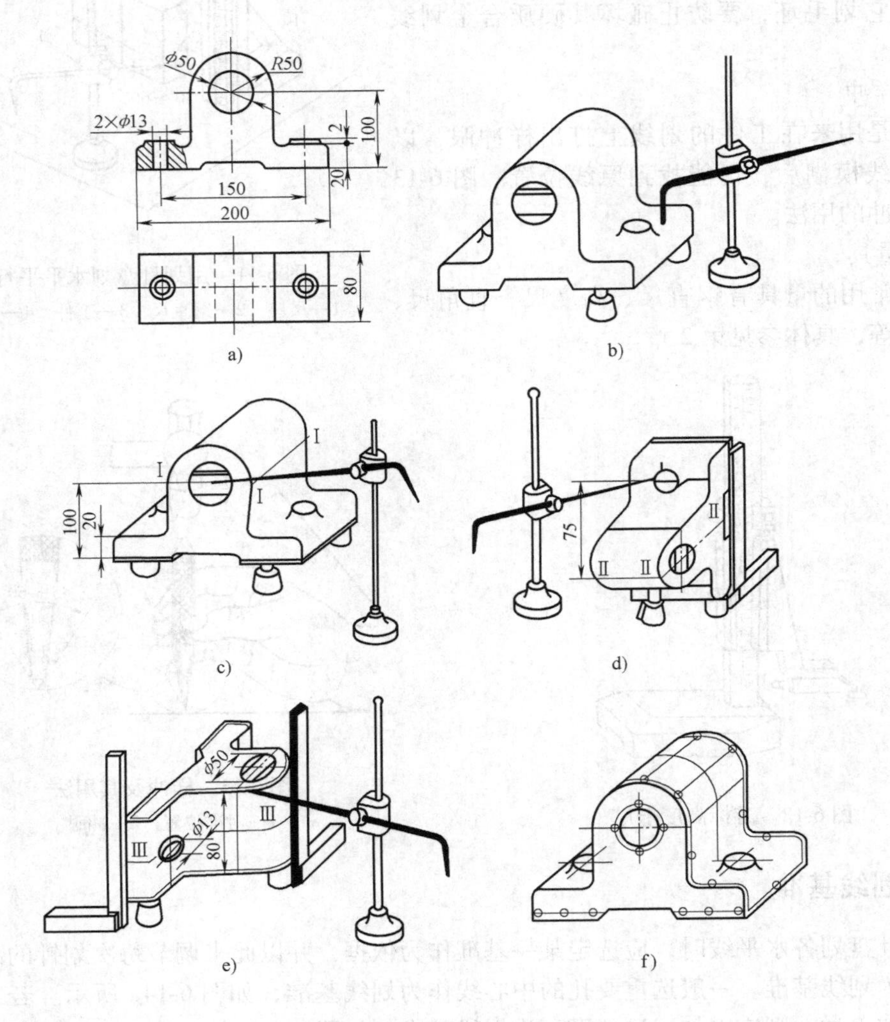

图 6-15 立体划线示例

a）零件图 b）支承、找正工件 c）划出各条水平线

d）划出螺钉孔中心线 e）划出两端加工线 f）打样冲眼

1）分析图样，检查毛坯是否合格，确定划线基准。轴承座孔为重要孔，应以该孔中心线为划线基准，以保证加工时孔壁的均匀，如图 6-15a 所示。

2）清除毛坯上的氧化皮和毛刺。在划线表面涂上一层薄而均匀的涂料，毛坯用石灰水为涂料，已加工表面用紫色涂料（龙胆紫加虫胶和酒精）或绿色涂料（孔雀绿加虫胶和酒精）。

3）支承、找正工件。用 3 个千斤顶支承工件底面，并根据孔中心及上平面调节千斤顶，使工件水平，如图 6-15b 所示。

4）划出各水平线。划出基准线及轴承座底面四周的加工线，如图 6-15c 所示。

5）将工件翻转90°，用直角尺找正后划螺钉孔中心线，如图6-15d所示。

6）将工件翻转90°，并用直角尺在两个方向上找正后，划螺钉孔线及两大端加工线，如图6-15e所示。

7）检查划线是否正确后，打样冲眼，如图6-15f所示。

划线时，同一面上的线条应在一次支承中划全，避免补划时因再次调节支承而产生误差。

6.4 锯削

用手锯对材料或工件进行切断或切槽的操作叫做锯削。

6.4.1 手锯

手锯是手工锯削的工具，手锯由锯弓和锯条两部分组成。

1. 锯弓

锯弓是用来夹持和张紧锯条的，可分为固定式和可调式两种。图6-16所示为锯弓可调式手锯。可调式锯弓的弓架分为前、后两段。因为前段在后段的套内可以伸缩，因此可以安装几种长度规格的锯条。

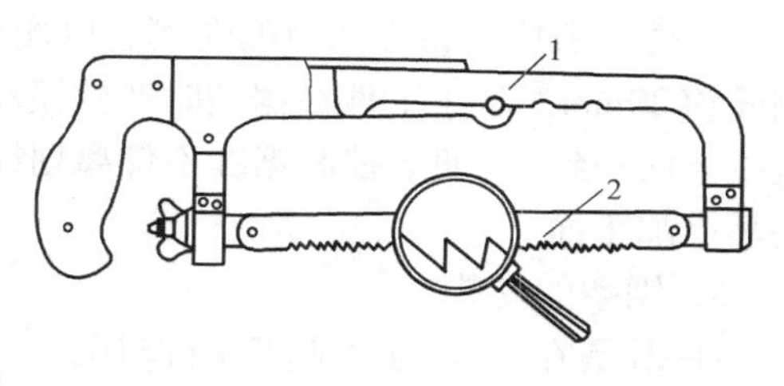

图6-16 可调式手锯

1—锯弓 2—锯条

2. 锯条

锯条是用碳素工具钢制成的，如T10A钢，并经淬火处理。常用的锯条长度有200mm、250mm、300mm三种，宽12mm、厚0.8mm。锯条的每个齿相当于一把刀具，起切削作用。常用锯条锯齿的后角为40°~45°，楔角为45°~50°，前角约为0°，如图6-17所示。

制造锯条时，锯齿按一定的形状左右错开，排列成一定的形状，称为锯路，如图6-18所示。锯路的作用是使锯缝宽度大于锯条背部厚度，以防锯削时锯条卡在锯缝中，减少锯条与锯缝的摩擦阻力，并使排屑顺利，锯削省力，提高工作效率。

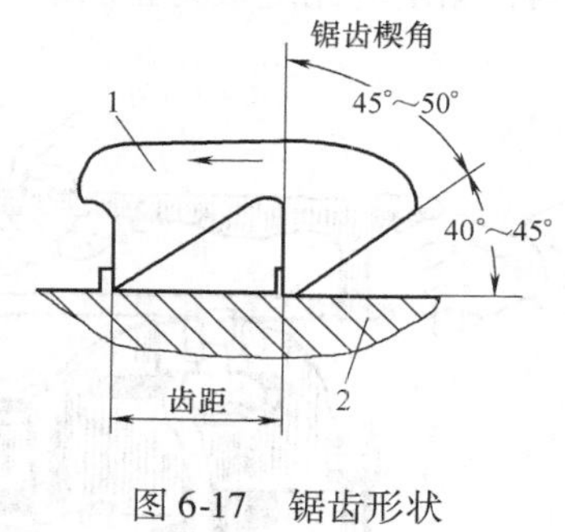

图6-17 锯齿形状

1—锯齿 2—工件

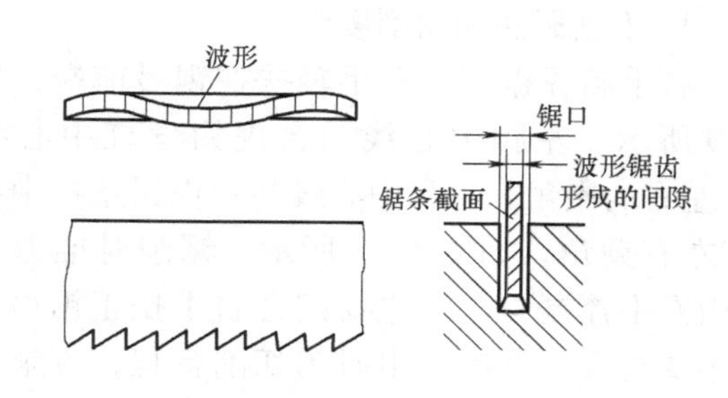

图6-18 锯齿波形排列

锯齿按25mm长度内所含齿数多少分为粗齿、中齿、细齿3种，主要根据加工材料的硬度、厚薄来选择。锯削软材料或厚工件时，因锯屑较多，要求有较大的容屑空间，应选用粗齿锯条；锯削硬材料及薄工件时，因材料硬，锯齿不易切入，锯屑量少，不需要大的容屑空间，应选用中齿或细齿锯条。另外，壁薄工件在锯削中锯齿易被工件钩住而崩裂，一般至少要有3个齿同时接触工件，使单个锯齿承受的力减少，应选用细齿锯条。锯齿粗细的划分及用途见表6-1。

表6-1 锯齿粗细的划分及用途

锯齿粗细	每25mm齿数	用 途
粗	14～18	锯软钢、铝、纯铜、人造胶质材料
中	22～44	一般适用中等硬度钢、硬性轻合金、黄铜、厚壁管
细	32	锯板材、薄壁管
从细齿变为中齿	从32～20	一般工厂中用，易起锯

6.4.2 锯削操作

1. 工件的夹持

工件一般应夹持在钳口的左侧，以便操作；工件伸出钳口不应过长，应使锯缝离开钳口侧面约20mm，防止工件在锯削时产生振动；锯缝线要与钳口侧面保持平行（使锯缝线与铅垂线方向一致），便于控制锯缝不偏离划线线条；夹紧要可靠，同时要避免将工件夹变形和夹坏已加工面。

2. 锯条的安装

手锯是在前推时才起切削作用，因此锯条安装应使齿尖的方向朝前，如图6-19a所示，如果装反，如图6-19b所示，则锯齿前角为负值，不能正常锯削。在调节锯条松紧时，蝶形螺母不宜旋得太紧或太松，太紧时锯条受力太大，在锯削中用力稍有不当，就会折断；太松则锯削时锯条容易扭曲，也易折断，而且锯出的锯缝容易歪斜。其松紧程度可用手扳动锯条，感觉硬实即可。锯条安装后，要保证锯条平面与锯弓中心平面平行，不得倾斜和扭曲，否则，锯削时锯缝极易歪斜。

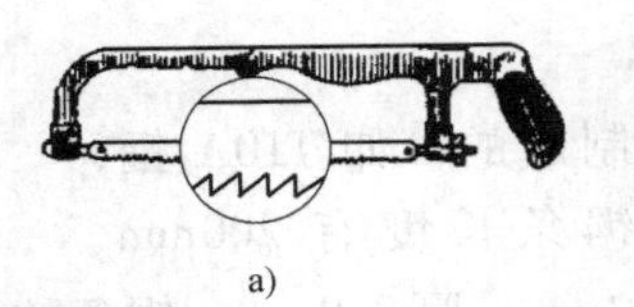

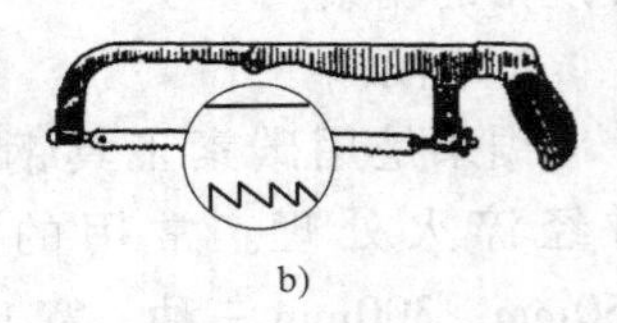

图6-19 锯条的安装

a）正确 b）错误

3. 手锯握法和锯削姿势

右手满握锯柄，左手轻扶在锯弓前端，如图6-20所示。左脚中心线与台虎钳丝杠中心线成30°左右的夹角，右脚中心线与台虎钳丝杠中心成75°左右夹角，如图6-21所示。锯削时推力和压力由右手控制，左手主要配合右手扶正锯弓，压力不要过大。手锯推出时为切削行程，应施加压力，返回行程不切削，不加压力作自然拉回。工件将要锯断时压力要减小。锯削运动一般采用小幅度的上下摆动式运动。即手锯推进时身体略向前倾，双手随着压向手锯的同时，左手上翘，右

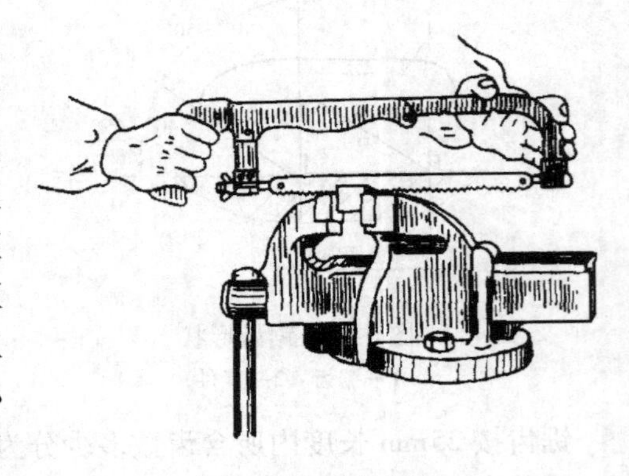

图6-20 手锯握法

手下压，回程时右手上抬，左手自然跟回。

4. 起锯方法

锯削时要掌握好起锯、锯削压力、速度和往复长度，如图6-22所示。

起锯时应以左手拇指靠住锯条，以防锯条横向滑动，右手稳推手柄，如图6-22a所示。锯条倾斜，应与工件平面成10°~15°的起锯角。起锯角过大，锯齿易崩碎；起锯角过小，锯齿不易切入，还有可能打滑，损坏工件表面。起锯时，锯弓往复行程要短，压力要小，锯条要与工件表面垂直。过渡到正常锯削后，需双手握锯，如图6-22b所示。锯削时右手握锯柄，左手轻握锯弓前端，锯弓应直线往复，不可摆动。前推时加压要均匀，返回时锯条从工件上轻轻滑过。往复速度不宜太快，锯切开始和终了前压力和速度均应减小。锯削时尽量使用锯条全长（至少占全长的2/3）工作，以免锯条中部迅速磨损。快要锯断时用力要轻，以免碰伤手臂和折断据条。锯缝如果歪斜，不可强扭，否则锯条将被折断，应将工件翻转90°重新起锯。锯切较厚钢料时，可加机油冷却和润滑，以提高锯条寿命。

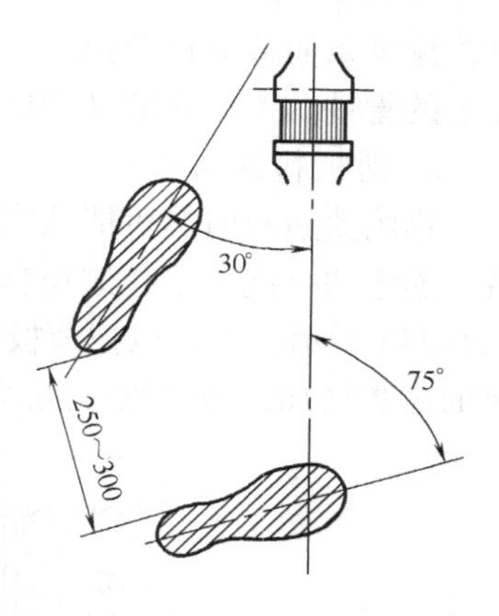

图6-21 锯削时的站立位置

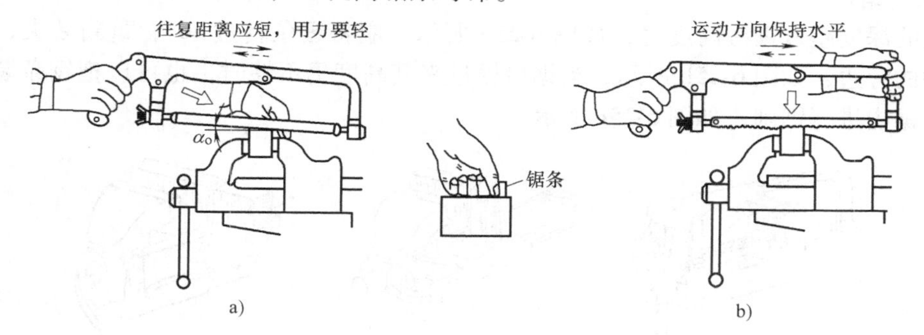

图6-22 锯削方法

a）起锯 b）锯削

6.4.3 锯削的应用

1. 棒料的锯削

如果锯切的断面要求平整，则应从开始连续锯到结束。若锯出的断面要求不高，可分几个方向锯下，这样可以减小锯削长度，提高工作效率。

2. 管材的锯削

一般情况下，钢管壁厚较薄，因此，锯管材时应选用细齿锯条，而且一般不采用一锯到底（图6-23b）的方法，而是当管壁锯透后，随即将管子沿着推锯方向转动一个适当的角度，再继续锯削；依次转动，直至将管子锯断，如图6-23a所示。这样一方面可以保持较长的锯削缝口，提高效率；另一方面也能防止因锯缝卡住锯条或管

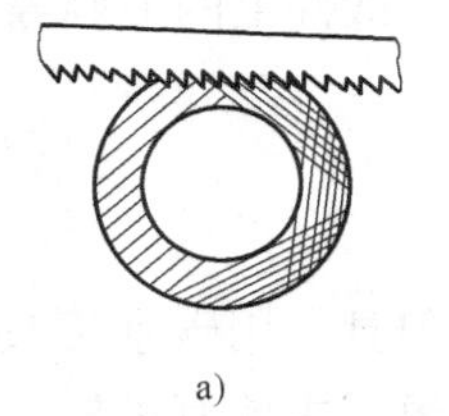
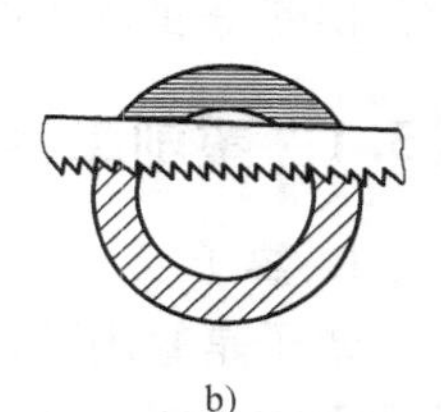

图6-23 锯管件的方法

a）正确 b）错误

壁钩住锯条而造成锯条损伤，消除因锯条跳动所造成的锯削表面不平整的现象。对于已精加工过的管件，为防止装夹变形，应将管件夹在有 V 形槽的两块木板之间。

3. 薄板料的锯切

锯削薄板料时尽可能从宽面上锯下去。当只能在板料的窄面锯下去时，可用两块木垫夹持，连木块一起锯下，避免锯齿钩住，同时也增加了板料的刚度，使锯削时不发生颤动，如图 6-24a 所示。也可以把薄板料直接夹在台虎钳上，用手锯作横向斜推锯，使锯齿与薄板接触的齿数增加，避免锯齿崩裂，如图 6-24b 所示。

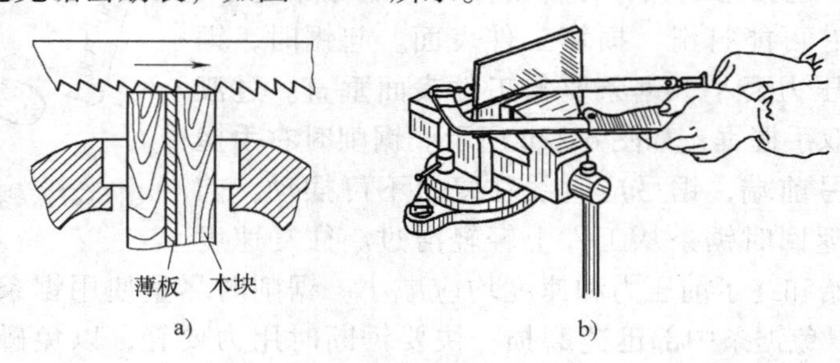

图 6-24　薄板料的锯削方法

4. 深缝锯切

锯缝的深度超过锯弓高度时，如图 6-25a 所示，应将锯条转过 90°，重新装夹，使锯弓转到工件的旁边，如图 6-25b 所示，当锯弓横过来其高度仍不够时，也可以把锯条装夹成使锯齿朝向锯内进行锯削，如图 6-25c 所示。

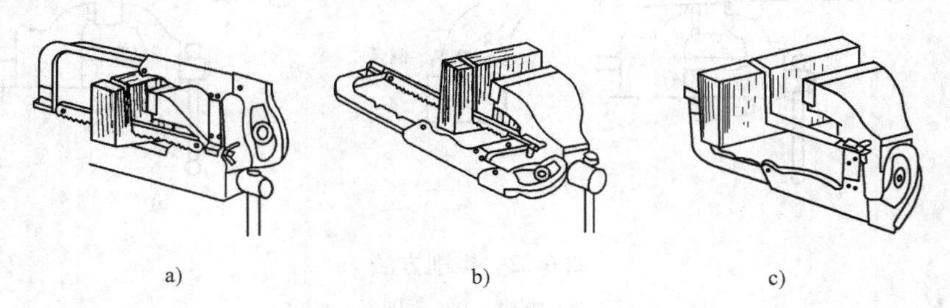

图 6-25　深缝的锯切方法

6.5　錾削

錾削是通过用锤子击打錾子，对金属工件进行切削加工的操作。錾削可加工平面、沟槽，切断金属及清理铸、锻件上的毛刺等。

6.5.1　錾削工具

1. 錾子

錾子是錾削工件的刀具，用碳素工具钢（T7A 或 T8A）锻打成型后，再进行刃磨和热处理而成。钳工常用的錾子主要有平錾、槽錾、油槽錾等，如图 6-26 所示。

平錾用于錾削平面，切割和去毛刺；槽錾用于开槽，油槽錾用于錾切润滑油槽。

錾子的楔角主要根据加工材料的硬度来决定，要錾削较软的金属，可取 30°~50°；錾削较硬的金属，可取60°~70°；一般硬度的钢件或铸铁，可取50°~60°。錾子的柄部一般做成八棱形，便于控制錾刃方向。头部做成圆锥形，顶端略带球面，使锤击时的作用力易与刃口的錾削主方向一致。

2. 锤子

锤子是锻工常用的敲击工具，由锤头、木柄和楔子组成，如图6-27所示。锤子的规格以锤头的重量来表示，有0.46kg、0.69kg和0.92kg等。锤头用T7钢制成，并经热处理淬硬。木柄用比较坚韧的木材制成，常用的0.69kg锤子柄长约350mm。木柄装入锤孔后用楔子楔紧，以防锤头脱落。

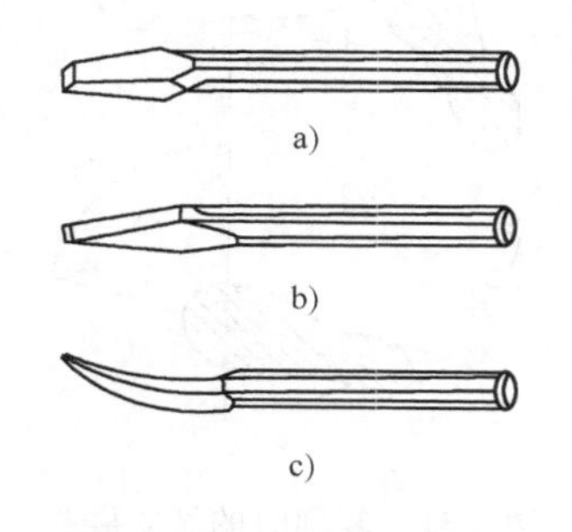

图6-26 常用錾子

a）平錾 b）槽錾 c）油槽錾

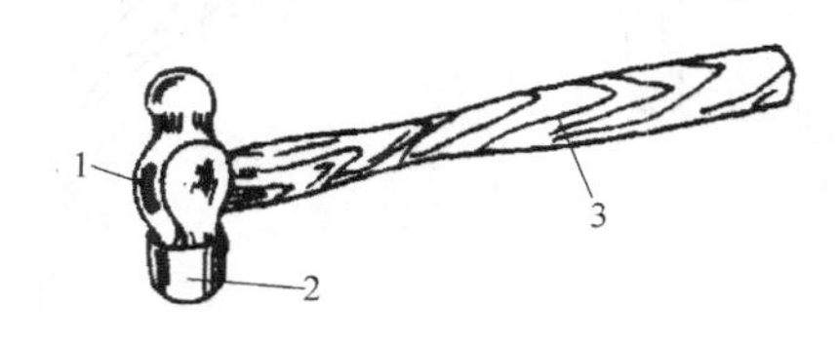

图6-27 锤子

1—楔子 2—锤头 3—木柄

6.5.2 錾削操作

1. 锤子的握法

（1）紧握法 用右手五指紧握锤柄，大拇指合在食指上，虎口对准锤头主向（木柄椭圆的长轴方向），木柄后端露出15~30mm。在挥锤和锤击过程中，五指始终紧握，如图6-28所示。

（2）松握法 只用大拇指和食指始终握紧锤柄。在挥锤时，小指、无名指、中指则依次放松；在锤击时，又以相反的次序收拢握紧，如图6-29所示。这种握法的优点是手不易疲劳，且锤击力大。

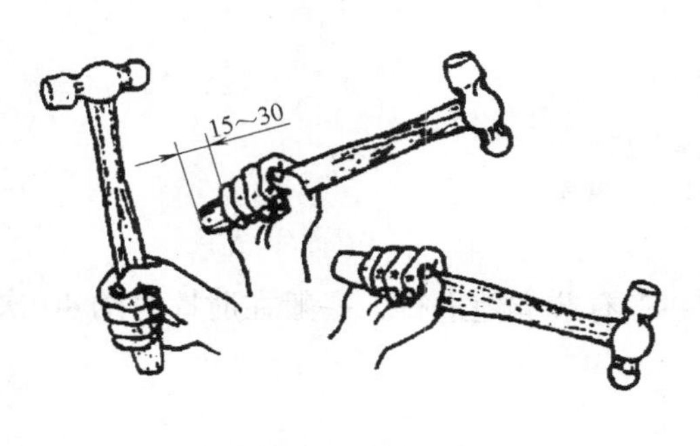

图6-28 紧握法

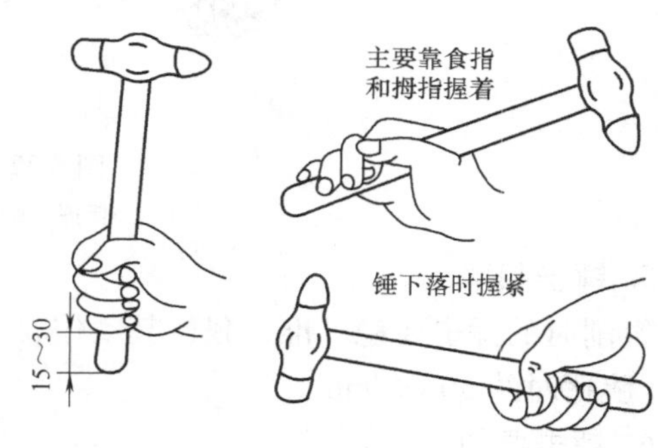

图6-29 松握法

2. 錾子的握法

（1）正握法 左手心向下，腕部伸直，用中指、无名指握紧錾子，小指自然合拢，食指和大拇指作自然伸直，錾子头部伸出约20mm，如图6-30a所示。

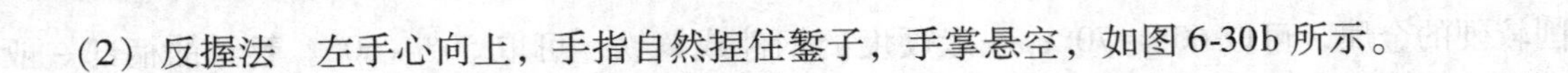

（2）反握法　左手心向上，手指自然捏住錾子，手掌悬空，如图 6-30b 所示。

3. 站立姿势

操作时的站立位置如图 6-31 所示，身体与台虎钳中心线大致成 45°角，且略向前倾。左脚跨前半步，膝盖处稍有弯曲，保持自然，右脚要站稳伸直，不要过于用力。

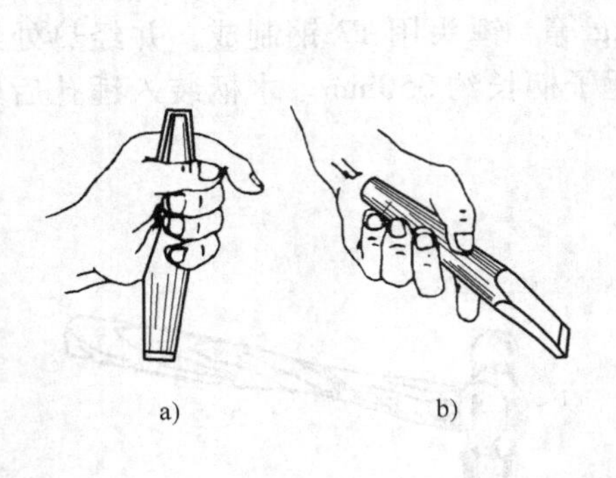

图 6-30　錾子的握法
a）正握法　b）反握法

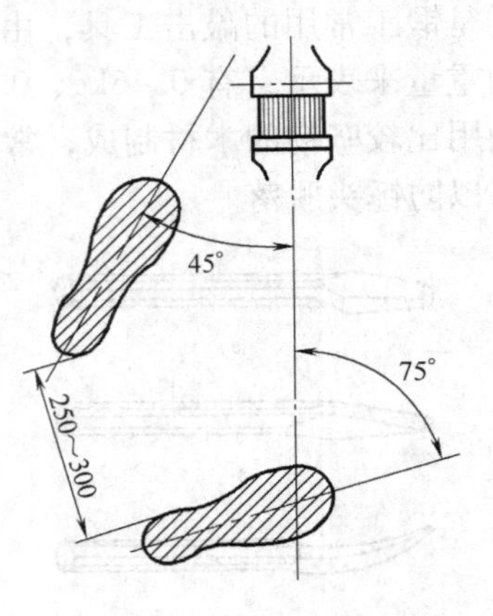

图 6-31　錾削时的站立姿势

4. 挥锤方法

挥锤有腕挥、肘挥和臂挥 3 种方法，如图 6-32 所示。腕挥是仅用手腕的动作进行锤击运动，采用紧握法握锤，一般用于錾削余量较少或錾削的开始或结尾。肘挥是用手腕与肘部一起挥动作锤击运动，采用松握法握锤，因挥动幅度较大，故锤击力也较大，这种方法应用最多。臂挥是用手腕、肘和全臂一起挥动，其锤击力最大，用于需要大力錾削的工作。

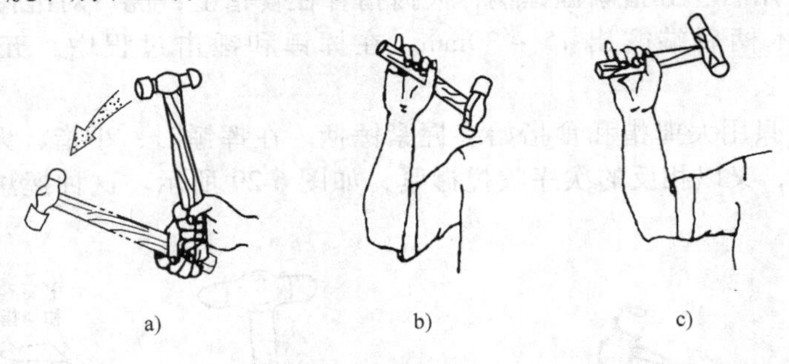

图 6-32　挥锤方法
a）腕挥　b）肘挥　c）臂挥

5. 锤击频率

錾削时的锤击要稳、准、狠，其动作要一下一下有节奏地进行，一般在肘挥时约 40 次/min，腕挥时约 50 次/min。

6. 锤击要领

（1）挥锤　肘收臂提，举锤过肩；手腕后弓，三指微松；锤面朝天，稍停瞬间。

（2）锤击　目视錾刃，臂肘齐下；收紧三指，手腕加劲：锤錾一线，锤走弧形；左脚着力，右腿伸直。

（3）要求　稳：速度节奏合理；准：命中率高；狠：锤击有力。

6.5.3 錾削的应用

1. 錾平面

錾削较窄平面时，錾子切削刃与錾削方向保持一定的角度，如图6-33所示。錾削较大平面时，通常先开窄槽，然后再錾去槽间金属，如图6-34所示。

錾削时的切削角度，一般应使后角在5°~8°之间，如图6-35a所示。后角过大，錾子易向工件深处扎入，如图6-35b所示；后角过小，錾子易从錾削部位滑出，如图6-35c所示。

一般情况下，当錾削接近尽头10~15mm时，必须调头錾去余下的部分，如图6-36a所示；当錾削脆性材料，如錾削铸铁和青铜时更应如此，否则，尽头处就会崩裂，如图6-36b所示。

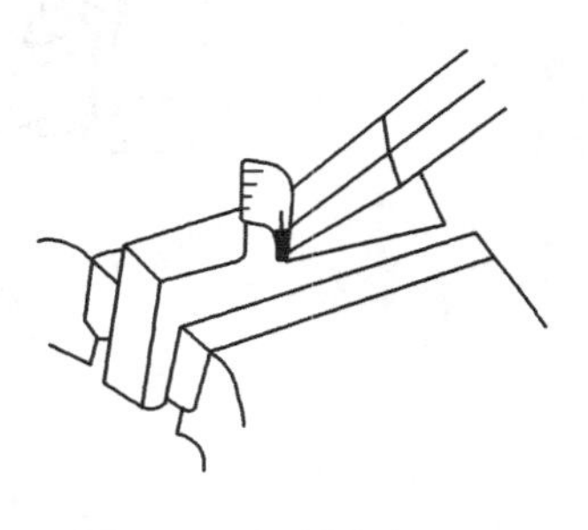

图6-33 錾削较窄平面

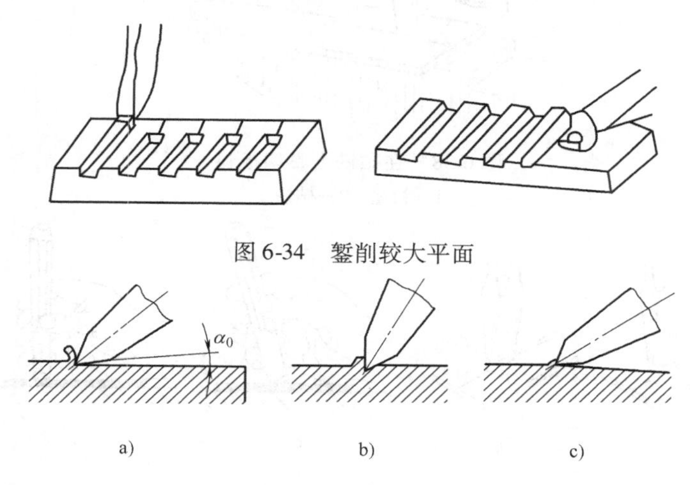

图6-34 錾削较大平面

图6-35 后角对錾削的影响

a）后角 b）后角过大 c）后角过小

2. 錾切板料

錾切厚度在2mm以下的薄板料时，可将板料夹持在台虎钳上錾切，如图6-37所示。錾切时，将板料按划线夹成与钳口平齐，用平錾沿着钳口并斜对着板料，约成45°角，自右向左錾切。

对尺寸较大的板料或錾切线是曲线而不能在台虎钳上錾切时，可在砧铁或旧平板上进行，如图6-38所示。此时，所用錾子的切削刃应磨有适当的弧形，使前后錾痕便于连接齐整，如图6-39a、b所示。当錾切直线段时，平錾的切削刃宽度可宽一些，錾切曲线段时，刃宽应根据其曲率半径大小而定，使錾痕能与曲线基本一致。錾切时，应由前向后錾，开始时錾子应放斜一些，似剪切状，然后逐步放垂直，如图6-39c、d所示，依次錾切。

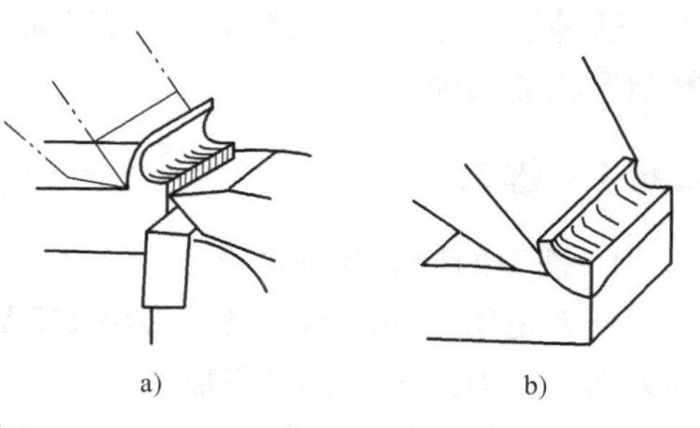

图6-36 尽头处的錾法

a）正确 b）错误

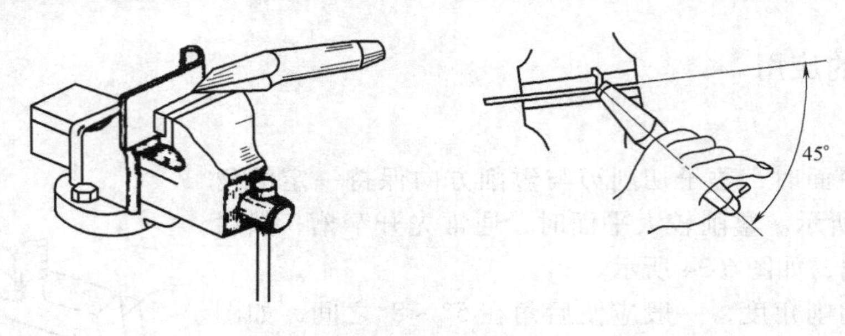

图 6-37　在台虎钳上錾切板料

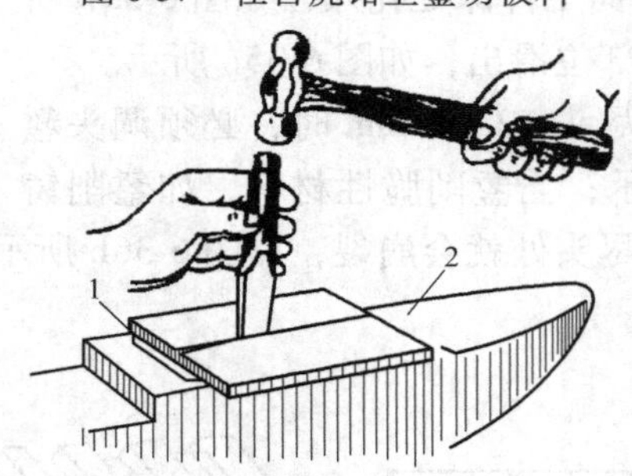

图 6-38　在砧铁上錾切板料

1—衬垫　2—砧铁

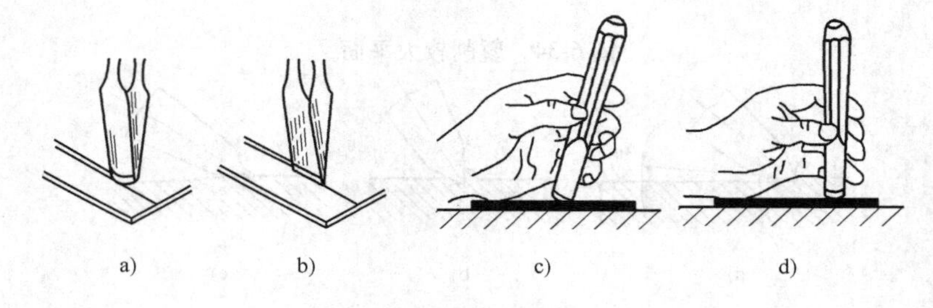

图 6-39　錾切板料的方法

a）用圆弧刃錾痕整齐　b）用平刃錾痕易错位　c）倾斜錾切　d）垂直錾切

6.6　锉削

用锉刀对工件表面进行切削加工，使其尺寸公差、几何公差和表面粗糙度等都达到要求，这种加工方法称为锉削。它可以加工工件的内外平面、内外曲面、内外角、沟槽和各种复杂形状的表面。

6.6.1　锉刀

1. 锉刀的构造和种类

锉刀是用以锉削的刀具，常用 T12A 制成，经热处理淬硬，硬度为 62～67HRC。锉刀由锉刀面、锉刀边、锉柄等组成。

锉刀齿纹有单、双纹之分，一般多制成交错排列的双纹，便于断屑和排屑，也使锉削省力；单纹锉刀，一般用于锉削铝等软材料，如图 6-40 所示。锉刀按用途分为钳工锉、特种

锉、整形锉等。锉刀的规格一般以截面形状、锉刀长度、齿纹粗细来表示。

钳工锉按其截面形状可分为扁锉、方锉、圆锉、半圆锉和三角锉等五种，如图6-41所示，其中以扁锉使用得最多。锉刀大小以工作部分的长度表示，按其长度可分为100mm、125mm、150mm、200mm、250mm、300mm、350mm和400mm和450mm；按其齿纹可分为单齿纹锉刀和双齿纹锉刀。按每10mm轴向长度锉面上齿数的多少，锉刀可分为粗齿锉

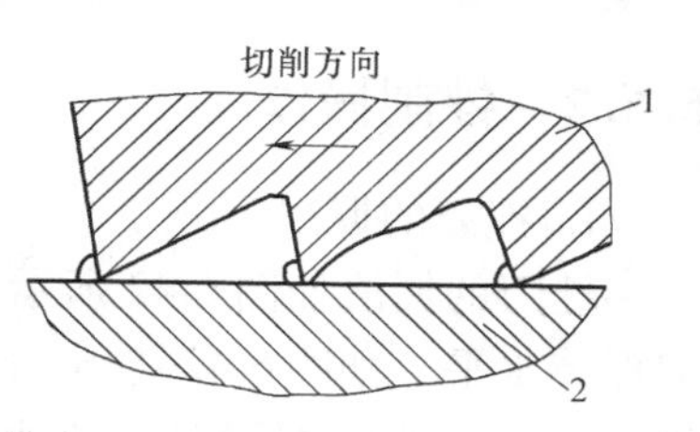

图6-40 锉齿形状
1—锉刀 2—工件

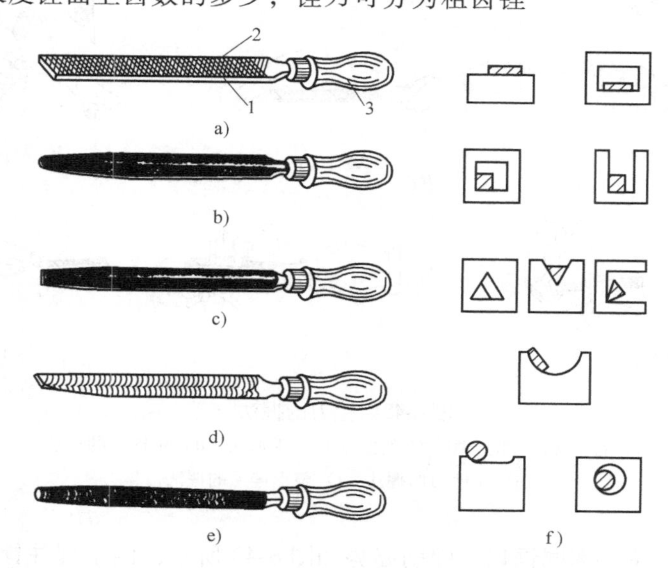

图6-41 锉刀结构、种类及应用示例
a) 扁锉 b) 方锉 c) 三角锉 d) 半圆锉 e) 圆锉 f) 应用示例
1—锉刀边 2—锉刀面 3—锉柄

(4~12齿)，中齿锉（13~23齿)，细齿锉（30~40齿)，油光锉（50~62齿)。

2. 锉刀的选择

锉刀规格根据加工表面的大小选择，锉刀断面形状根据加工表面的形状选择，锉刀齿纹粗细根据工件材料、加工余量、精度和表面粗糙度值选择。粗齿锉由于齿间距离大，锉屑不易堵塞，多用于锉有色金属及加工余量大、精度要求低的工件；油光锉仅用于工件表面的最后修光。锉刀刀齿粗细的划分、特点和应用见表6-2。

表6-2 锉刀刀齿粗细的划分、特点和应用

锉齿粗细	齿纹条数（10mm长度内）	特点和应用	加工余量/mm	表面粗糙度值 Ra/μm
粗齿	4~12	齿间大，锉屑不易堵塞，适宜粗加工或锉铜、铝等非铁材料（有色金属）	0.5~1	12.5~50
中齿	13~23	齿间适中，适于粗锉后加工	0.2~0.5	3.2~6.3
细齿	30~40	锉光表面或硬金属	0.05~0.2	1.6
油光齿	50~62	精加工时修光表面	<0.05	0.8

注：粗齿相当于1号锉纹号，中齿相当于2、3号锉纹号，细齿相当于4号锉纹号，油光齿相当于5号锉纹号。

6.6.2 锉削操作

1. 锉刀的握法

锉刀的握法如图6-42所示。使用大的扁锉时，应右手握锉柄，左于压在锉端上，使锉刀保持水平，如图6-42a、b、c所示。使用中扁锉时，因用力较小，左手的大拇指和食指捏着锉端，引导锉刀水平移动，如图6-42d所示。小锉刀及整形锉的握法，如图6-42e、f所示。

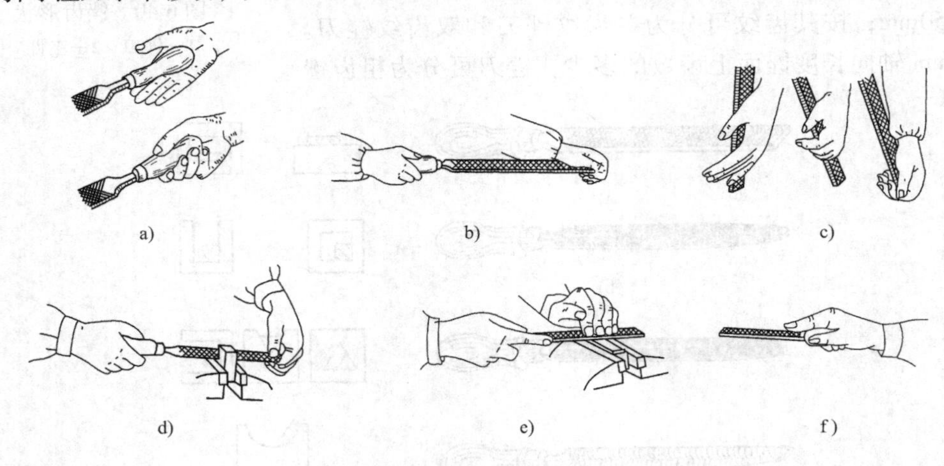

图6-42 锉刀的握法

a）右手握法 b）两手握锉法 c）左手握法 d）中锉刀的握法 e）小锉刀的握法 f）整形锉刀的握法

2. 锉削姿势

锉削时的站立步位基本同锯切。锉削姿势如图6-43所示，两手握住锉刀放在工件上面，左臂弯曲，小臂与工件锉削面的左右方向保持基本平行，右小臂要与工件锉削面的前后方向保持基本平行，但要自然；锉削时，身体先于锉刀并与之一起向前，右脚伸直并稍向前倾，重心在左脚，左膝部呈弯曲状态；当锉刀锉至约3/4行程时，身体停止前进，两臂带动锉刀继续向前锉到头，同时，左腿自然伸直并随着锉削时的反作用力，将身体重心后移，使身体恢复原位，并顺势将锉刀收回；当锉刀收回将近结束，身体又开始先于锉刀前倾，作第二次锉削的向前运动。

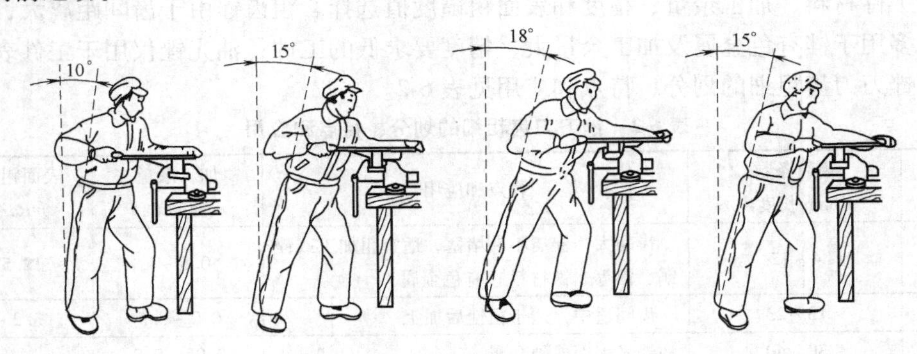

图6-43 锉削姿势

要锉出平直的平面，必须使锉刀保持直线的锉削运动。为此，锉削时右手的压力要随锉刀推动而逐渐增加，左手的压力要随锉刀推动而逐渐减小。回程时不加压力，以减少锉齿的磨损。锉削速度一般应在40次/min左右，推出时稍慢，回程时稍快，动作要自然协调。

6.6.3 锉削的应用

1. 平面锉削

锉削平面的方法有三种：交锉法、顺锉法、推锉法。粗锉时采用交锉法，即锉刀运动方向与工件夹持方向成30°~40°角，如图6-44a所示，此法的锉痕是交叉的，故去屑较快，并容易判断锉削表面的不平程度，有利于把表面锉平。交锉后再用顺锉法，即锉刀运动方向与工件夹持方向始终一致，如图6-44b所示。顺向锉的锉纹整齐一致，比较美观，适宜精锉。平面基本锉平后，在余量很少的情况下，可用细齿锉或油光锉以推锉法修光，如图6-44c所示。推锉法一般用于锉光较窄的平面。

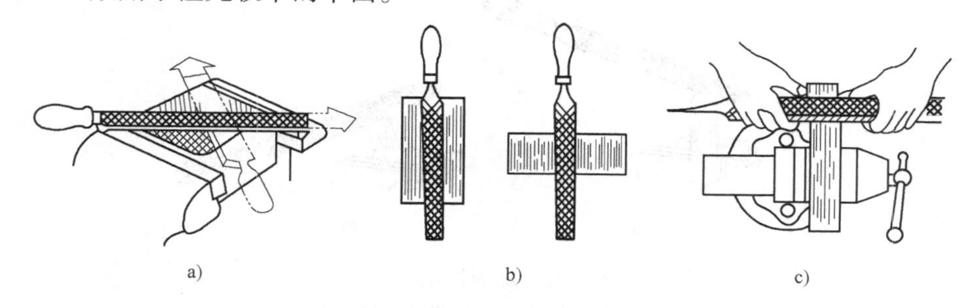

图6-44 平面的锉削方法

a）交锉法 b）顺锉法 c）推锉法

2. 弧面锉削

最基本的曲面是单一的外圆弧面和内圆弧面。掌握内、外圆弧面的锉削方法和技能，是掌握各种曲面锉削的基础。

（1）锉削外圆弧面的方法 锉削外圆弧面所用的锉刀都为扁锉。锉削时锉刀要同时完成两个运动：前进运动和锉刀绕工件圆弧中心的转动，如图6-45所示。锉削外圆弧面的方法有两种。

1）顺着圆弧面锉，如图6-45a所示。锉削时，锉刀向前，右手下压，左手随着上提。这种方法能使圆弧面光洁圆滑，但锉削位置不易掌握且效率不高，故适用于精锉圆弧面。

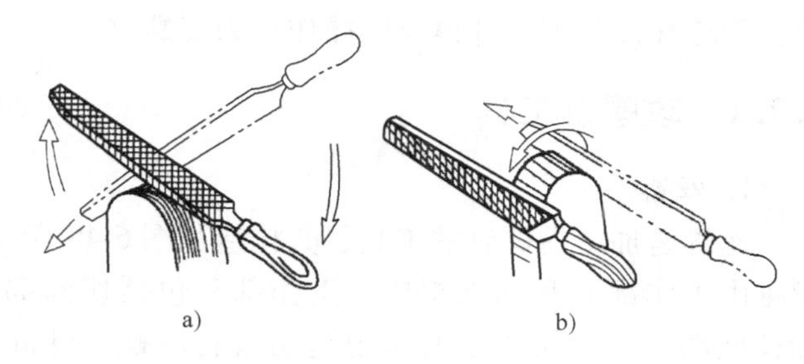

图6-45 外圆弧面的锉削方法

a）顺着圆弧面锉 b）对着圆弧面锉

2）对着圆弧面锉，如图6-45b所示。锉削时，锉刀作直线运动，并不断地随圆弧面摆动。这种方法锉削效率高且便于按划线均匀地锉削至接近弧线，但只能锉成近似圆弧面的多菱形面，故适用于圆弧面的粗加工。

（2）锉削内圆弧面的方法 锉削内圆弧面的锉刀可选用圆锉、半圆锉、方锉（圆弧半径较大时）。如图6-46所示，锉削时锉刀要同时完成三个运动：前进运动、随圆弧面向左或向右移动和绕锉刀中心线转动，这样才能保证锉出的圆弧面光滑、准确。

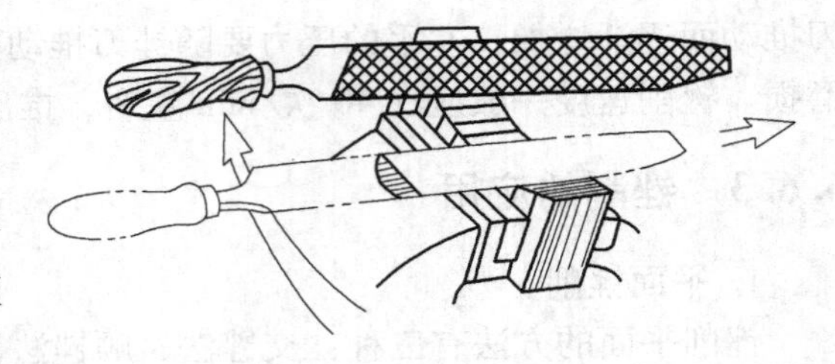

图 6-46 内圆弧面锉削方法

(3) 平面与曲面的连接方法 在一般情况下，应先加工平面，然后加工曲面，以使曲面与平面圆滑连接。如果先加工曲面后加工平面，则在加工时，由于锉刀侧面无依靠（平面与内圆弧面连接时）而产生左右移动，使已加工曲面损伤，同时连接处也不易锉得圆滑，或圆弧不能与平面相切（平面与外圆弧面连接时）。

(4) 球面的锉削方法 锉削圆柱形工件端部的球面时，锉刀要以直向和横向两种锉削运动结合进行，才能获得要求的球面，如图 6-47 所示。

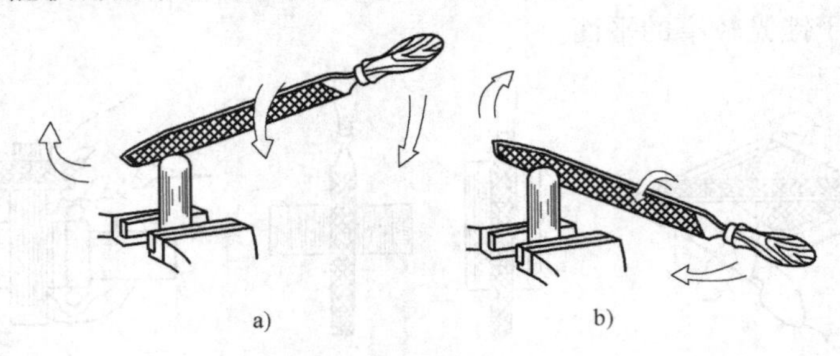

图 6-47 球面锉削方法
a）直向锉削运动 b）横向锉削运动

6.7 攻螺纹和套螺纹

攻螺纹和套螺纹是钳工加工螺纹的两种方法。用丝锥加工工件内螺纹的操作称为攻螺纹；用板牙加工工件外螺纹的操作称为套螺纹。

6.7.1 攻螺纹工具

1. 丝锥

丝锥是加工内螺纹的工具，其构造如图 6-48 所示。丝锥由工作部分和柄部组成。工作部分包括切削部分和校准部分。切削部分的作用是切去孔内螺纹牙间的金属。校准部分有完整的齿形，用来校准已切出的螺纹，并引导丝锥沿轴向前进。柄部有方头，用来传递切削转矩。

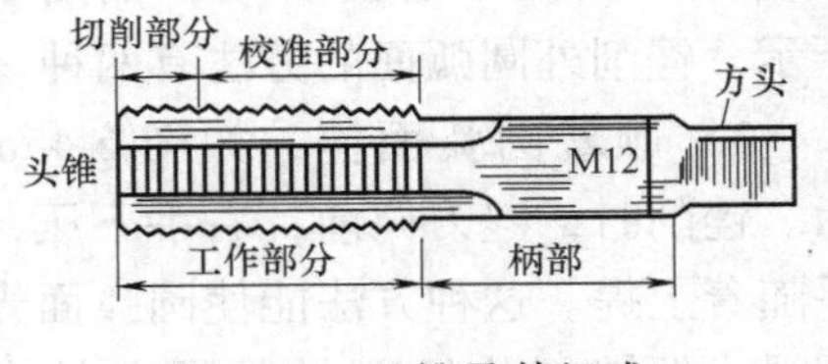

图 6-48 丝锥及其组成

手用丝锥的材料一般用合金工具钢（如 9SiCr）制造；机用丝锥用高速钢制造。普通螺纹丝锥中，M6 ~ M24 的丝锥为两只一套，分别称为头锥、二锥；小于 M6 或大于 M24 的丝锥为三只一套，分别称为头锥、二锥和三锥。

2. 铰杠

铰杠是用来夹持丝锥的工具，有普通铰杠（图 6-49）和丁字铰杠（图 6-50）两类。丁字铰杠主要用在攻工件凸台旁的螺纹或机体内部的螺纹。各类铰杠又有固定式和活动式两种。固定式铰杠常用在攻 M5 以下的螺纹，活动式铰杠可以调节夹持孔尺寸。

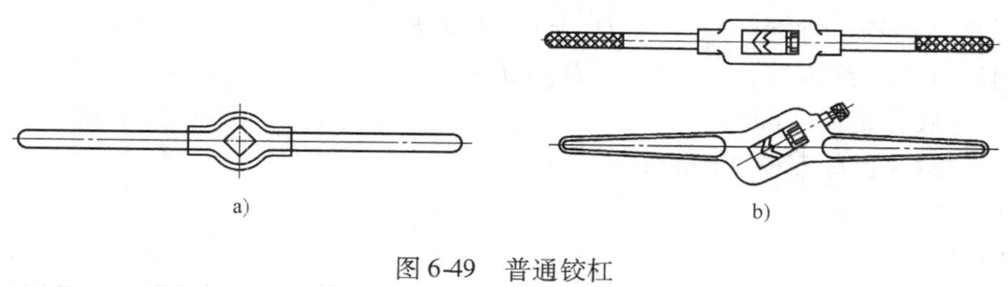

图 6-49　普通铰杠

a）固定式铰杠　b）活动式铰杠

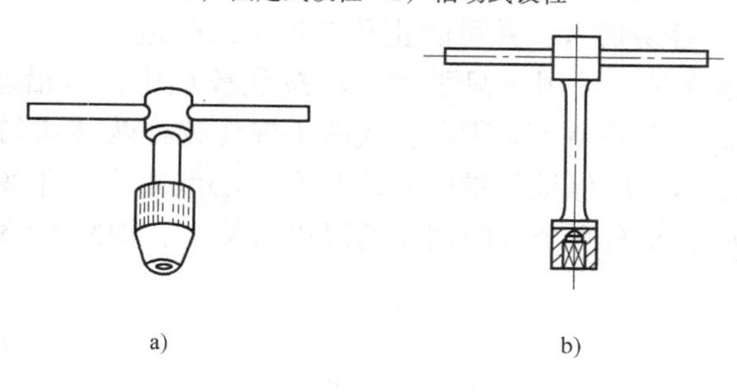

图 6-50　丁字铰杠

a）固定式铰杠　b）活动式铰杠

6.7.2　套螺纹工具

1. 板牙

板牙是加工外螺纹的刀具，用合金工具钢 9SiCr、9Mn2V 或高速钢并经淬火、回火制成，分为固定式和可调式（开缝式）两种。

板牙的构造如图 6-51 所示，由切削部分、校准部分和排屑孔组成。它本身像一个圆螺母，上面钻有几个排屑孔，并形成切削刃。板牙两端带有切削顶角的部分起主要切削作用。板牙的中间是校准部分，也是套螺纹的导向部分。板牙的外围有一条深槽和四个锥坑，深槽可微量调节螺纹直径大小，锥坑用来定位和紧固板牙。

2. 板牙架

板牙架是套螺纹的辅助工具，用来夹持并带动板牙旋转，如图 6-51 所示。

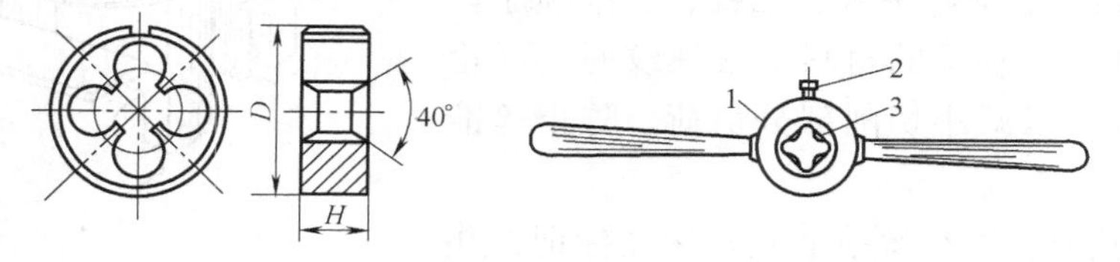

图 6-51　板牙与板牙架

1—板牙架　2—紧固螺钉　3—板牙　*D*—板牙直径　*H*—板牙厚度

6.7.3　攻螺纹操作

1. 攻螺纹前底孔直径的确定

首先，要确定螺纹底孔直径，然后划线、加工底孔。普通螺纹底孔直径可查表或通过经验公式计算。

脆性材料（铸铁、青铜等）： $D_{底}=D-1.05P$

韧性材料（钢、纯铜等）： $D_{底}=D-P$

式中 $D_{底}$——底孔直径（mm）；

D——螺纹公称直径（mm）；

P——螺距（mm）。

2. 操作要点

1）在螺纹底孔的孔口倒角，通孔螺纹两端都倒角，倒角处直径可略大于螺纹孔大径，这样可使丝锥开始切削时容易切入，并可防止孔口挤压出凸边。

2）用头锥起攻。起攻时，可用一只手的手掌按住铰杠中部，沿丝锥中心线用力加压，另一只手配合作顺向旋进，如图6-52a所示；或两手握住铰杠两端均匀施加压力，并将丝锥顺向旋进，如图6-52b所示。应保证丝锥中心线与孔中心线重合，不得歪斜。在丝锥攻入1~2圈后，应及时从前后、左右两个方向用直角尺进行检查，如图6-53所示，并不断校正至要求。

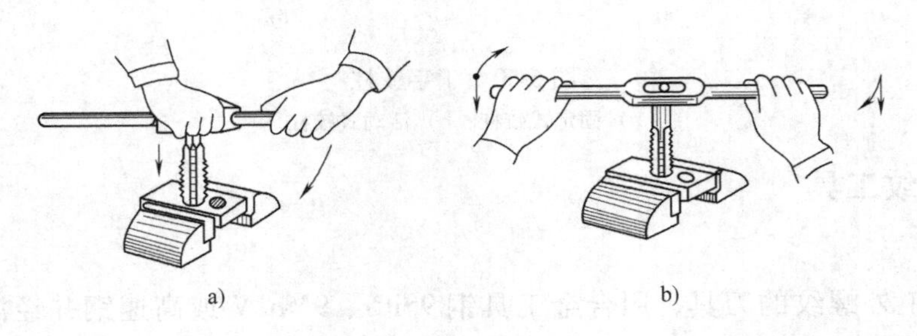

图6-52 起攻方法

3）当丝锥的切削部分全部进入工件时，就不需要再施加压力，而靠丝锥作自然旋进切削。此时，两手旋转用力要均匀，并要经常倒转1/4~1/2圈，使切屑碎断后容易排出，避免因切屑阻塞而使丝锥卡住。

4）攻螺纹时，必须经头锥、二锥、三锥顺序攻螺纹至标准尺寸。在较硬的材料上攻螺纹时，可轮换各丝锥交替攻，以减小切削部分负荷，防止丝锥折断。

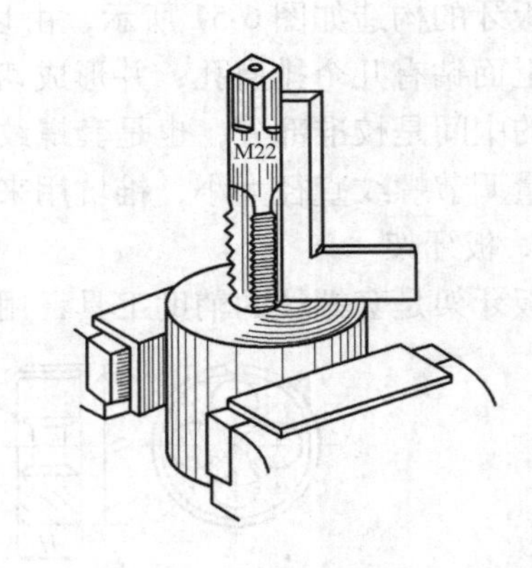

图6-53 检查攻螺纹丝锥的垂直度

5）攻不通孔时，可在丝锥上做好深度标记，并要经常退出丝锥，清除留在孔内的切屑。否则会因切屑堵塞使丝锥折断或攻螺纹达不到深度要求。当工件不便倒向进行清屑时，可用弯曲的小管子吹出切屑，或用磁性针棒吸出。

6）在韧性材料上攻螺纹孔时，要加切削液，以减小切削阻力，减小加工螺纹孔的表面粗糙度值和延长丝锥寿命。攻钢件时用润滑油，螺纹质量要求高时可用工业植物油。攻铸铁件可加煤油。

6.7.4 套螺纹操作

1. 初始圆杆直径的确定

套螺纹时，切削过程中有挤压作用，因此初始圆杆直径要小于螺纹大径，可通过查表或用下列经验公式计算来确定。

$$d_{杆}=d-0.13P$$

式中 $d_{杆}$——初始圆杆直径（mm）；

d——螺纹公称直径（mm）；

P——螺距（mm）。

2. 操作要点

1）为了使板牙起套时容易切入工件并作正确的引导，圆杆端部要倒成锥半角为15°~20°的锥体。倒角的最小直径可略小于螺纹小径，避免螺纹端部出现锋口和卷边。

2）套螺纹时的切削力矩较大，且工件都为圆杆，一般要用V形夹块或厚铜衬作衬垫，才能保证可靠夹紧。

3）起套方法与攻螺纹起攻方法一样，用一只手的手掌按住铰杠中部，沿圆杆轴向施加压力，另一只手配合作顺向切进，转动要慢，压力要大，并保证板牙端面与圆杆的垂直度，不致歪斜。在板牙切入圆杆2~3牙时，应及时检查其垂直度并作校正。

4）正常套螺纹时，不要加压，让板牙自然引进，以免损坏螺纹和板牙，也要经常倒转以断屑、排屑。

5）在钢件上套螺纹时要加切削液，以减小螺纹的表面粗糙度值和延长板牙使用寿命。一般可用润滑油或较浓的乳化液，要求较高时可用工业植物油。

6.8 钻孔

钻孔是用钻头在实心工件上加工出孔的方法。钻出的孔精度较低，尺寸公差等级一般为IT11~IT14级，表面粗糙度值为$Ra12.5\sim50\mu m$。因此，钻孔属于孔的粗加工。孔的精加工可以采用铰孔或镗孔的方法。在钻床上钻孔时，工件一般是固定的，钻头旋转作主运动，同时沿中心线向下作进给运动，如图6-54所示。

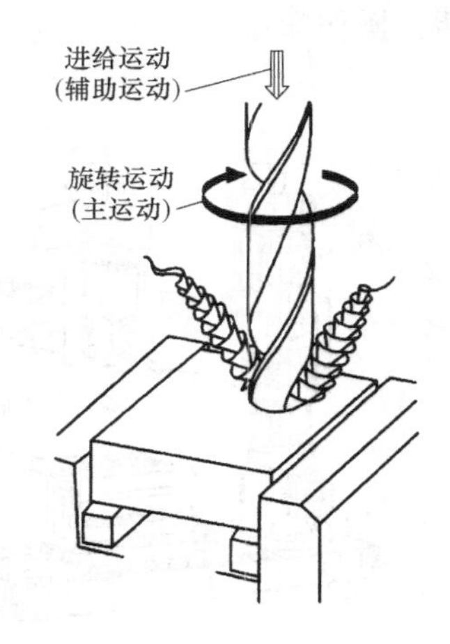

图6-54 钻孔的切削运动

6.8.1 钻孔设备

1. 台式钻床

台式钻床简称台钻，如图6-55所示，通常安装在台桌上，主要用来加工小型工件上的孔，孔的直径最大为ϕ12mm。钻孔时，工件固定在工作台上，钻头由主轴带动旋转（主运动），其转速可通过改变带轮的位置来调节。台钻的主轴向下进给运动由手动完成。

2. 立式钻床

立式钻床简称立钻，如图6-56所示，其规格以最大钻孔直径表示，有25mm、35mm、40mm、50mm等几种。立式钻床由机座、工作台、立柱、主轴、主轴箱和进给箱组成。主轴箱和进给箱分别用以改变主轴的转速和进给速度。钻孔时，工件安装在工作台上，通过移动工件位置使钻头对准孔的中心。加工完一个孔后，再钻另一个孔时，必须移动工件。因此，立式钻床主要用于加工中、小型工件上的孔。

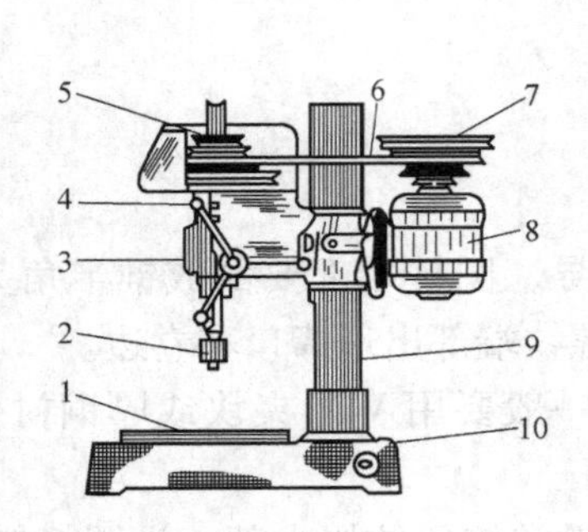

图6-55 台式钻床

1—工作台 2—主轴 3—主轴架 4—钻头进给手柄 5、7—带轮 6—V带 8—电动机 9—立柱 10—底座

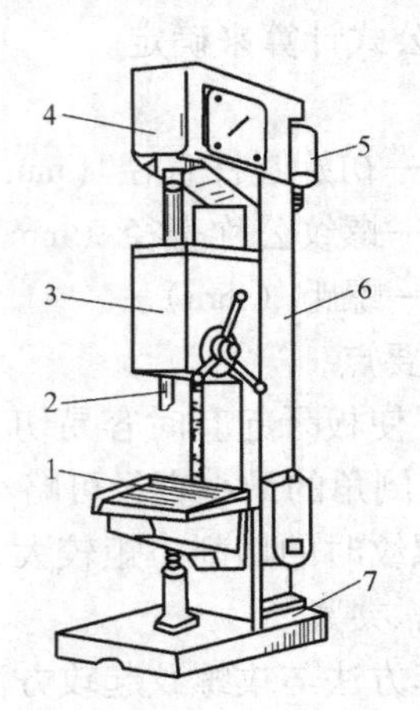

图6-56 立式钻床

1—工作台 2—主轴 3—进给箱 4—主轴箱 5—电动机 6—立柱 7—机座

3. 摇臂钻床

摇臂钻床如图6-57所示，主轴箱安装在能绕立柱旋转的摇臂上，由摇臂带动可沿立柱垂直移动。同时主轴箱可在摇臂上作横向移动。由于上述的运动，可以很方便地调整钻头的位置，以对准被加工孔的中心，而不需要移动工件。因此，摇臂钻床适用于单件或成批生产中、大型工件及多孔工件上的孔加工。

4. 手电钻

手电钻如图6-58所示，常用在不便于使用钻床钻孔的地方。其优点是携带方便，使用灵活，操作简单。

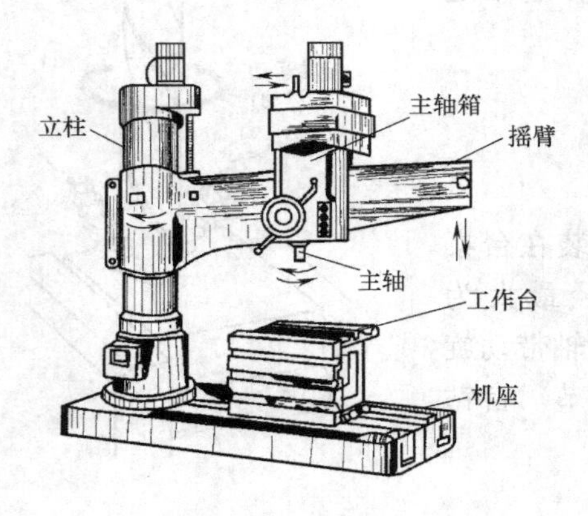

图6-57 摇臂钻床

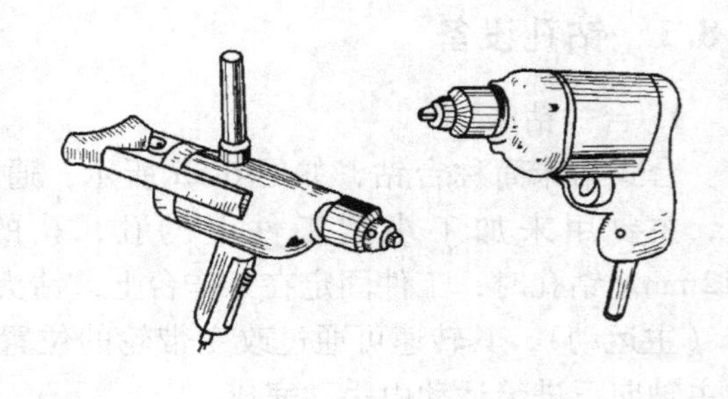

图6-58 手电钻

6.8.2 钻孔工具

1. 麻花钻

钻头是钻孔用的切削刀具，种类较多，最常用的是麻花钻。麻花钻的组成如图6-59所示。

麻花钻的柄部是钻头的夹持部分，用于传递转矩和轴向力。工作部分包括切削和导向两部分。切削部分由前面、后面、副后刀面、主切削刃、副切削刃和横刃等组成，如图6-60所示，其作用是担负主要切削工作。

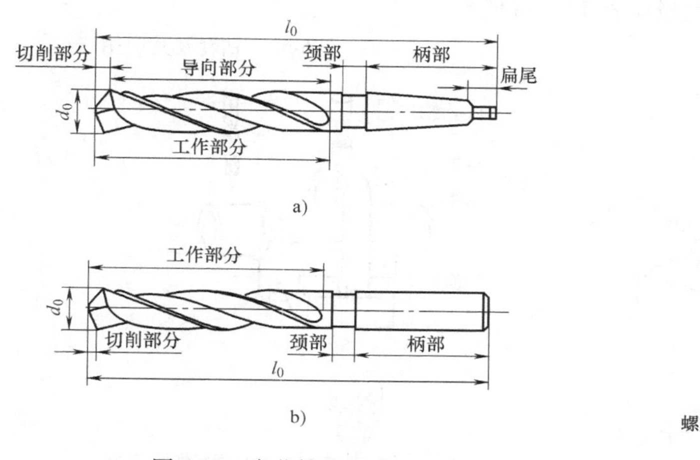

图6-59 麻花钻的组成

a）锥柄麻花钻 b）直柄麻花钻

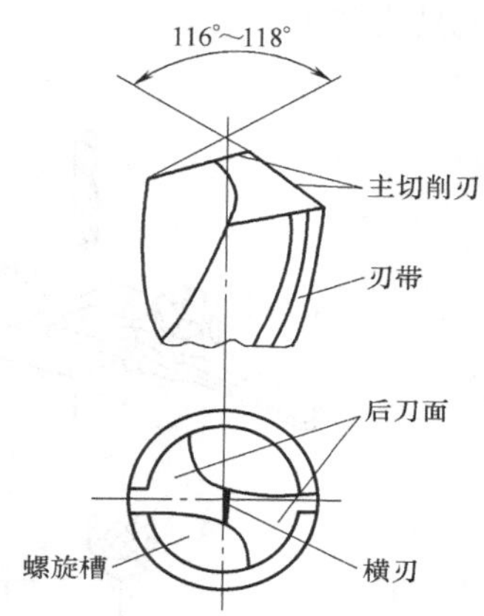

图6-60 麻花钻的切削部分

导向部分由两条对称的刃带（棱边亦即副切削刃）和螺旋槽组成。刃带的作用是减少钻头和孔壁间的摩擦，修光孔壁并对钻头起导向作用。螺旋槽的作用是排屑和输送切削液。

2. 钻孔用夹具

钻孔用的夹具主要包括装夹钻头的夹具和装夹工件的夹具。

（1）装夹钻头的夹具 装夹钻头夹具常用的是钻夹头和钻套。钻夹头是用来夹持直柄钻头的夹具，其结构和使用方法如图6-61所示。

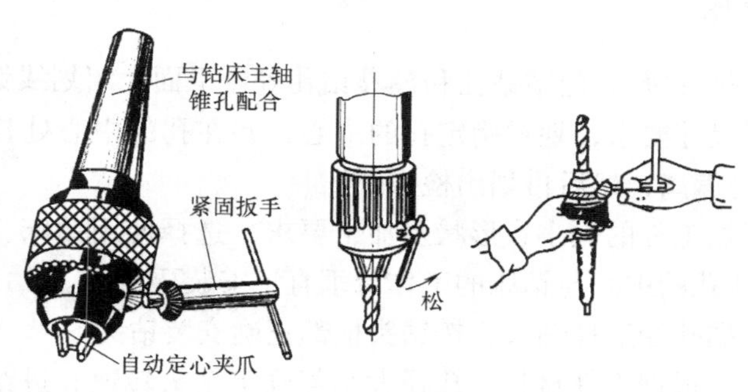

图6-61 钻夹头及其使用

钻套（过渡套筒）是在钻头锥柄小于机床主轴锥孔时，借助它安装钻头，如图6-62

所示。

（2）装夹工件的夹具　常用的装夹工件夹具有手动虎钳、机用平口钳、压板等，如图6-63所示，按钻孔直径、工件形状和大小等合理选择。选用的夹具必须使工件装夹牢固可靠，以保证钻孔质量。

薄壁小件可用手动虎钳装夹；中小型工件可用机用平口钳装夹；较大工件用压板和螺栓直接装夹在钻床工作台上。成批或大量生产时，可使用专用夹具安装工件。

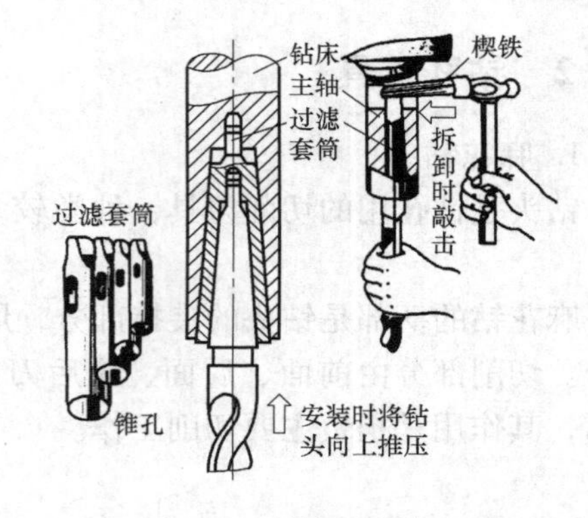

图6-62　钻套及其应用

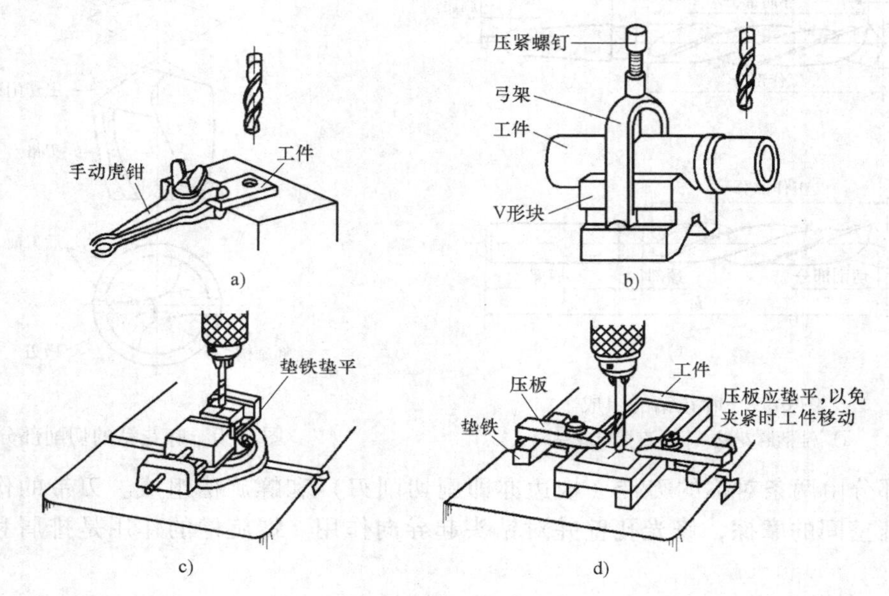

图6-63　钻孔时工件的安装

a）用手动虎钳装夹　b）用V形块装夹

c）用机用平口钳装夹　d）用压板、螺钉装夹

6.8.3　钻孔基本操作

钻孔方法一般有划线钻孔、配钻钻孔和模具钻孔等。下面介绍划线钻孔的操作方法。

1）划线。按图样尺寸要求，划线确定孔的中心，并在孔的中心处打出样冲眼，使钻头易对准孔的中心，不易偏离，然后再划出检查圆。

2）装夹工件。根据工件的大小、形状及加工要求，选择使用钻床，确定工件的装夹方法。装夹工件时，要使孔的中心与钻床的工作台垂直，安装要稳固。

3）装夹钻头。根据孔径选择钻头，按钻头柄部正确安装钻头。

4）选择切削用量。根据工件材料、孔径大小等确定钻头转速和进给量。钻大孔时钻头转速要低些，以免钻头过快变钝；钻小孔时钻头转速可高些，进给量较小些，以免钻头折断。钻硬材料时钻头转速要低，反之要高。

5）钻孔。先对准样冲眼钻一个浅孔，检查是否对中，若偏离较多，可重新冲眼重新钻中心孔纠正或用錾子錾几条槽来纠正。开始钻孔时，要用较大的力向下进给，进给速度要均匀，快钻透时压力应逐渐减小。钻深孔时，要经常退出钻头排屑和冷却，避免因切屑堵塞孔而卡断钻头。钻削过程中，可加切削液，降低切削温度，延长钻头使用寿命。

6.9 钳工的其他工作

钳工的工作范围很广，除了前述的一些常见工作外，还有一些其他工作。

6.9.1 刮削

用刮刀在工件已加工表面上刮去一层很薄金属的操作称为刮削。刮削后的表面具有良好的平面度，表面粗糙度值可达 $Ra1.6\mu m$ 以下，是钳工中的精密加工。零件上的配合滑动表面，如机床导轨、滑动轴承等常需要刮削加工。但刮削劳动强度大，生产率低。

1. 刮刀

刮刀一般用T12A碳素工具钢或耐磨性较好的GCr15滚动轴承钢制造，并经热处理淬硬而成。刮刀分为平面刮刀和曲面刮刀两大类。

（1）平面刮刀　平面刮刀用来刮削平面和外曲面，如图6-64所示。平面刮刀又可分为普通刮刀和活头刮刀。

（2）曲面刮刀　曲面刮刀用来刮削内曲面，如滑动轴承等，如图6-65所示。曲面刮刀又可分为三角刮刀和蛇头刮刀。

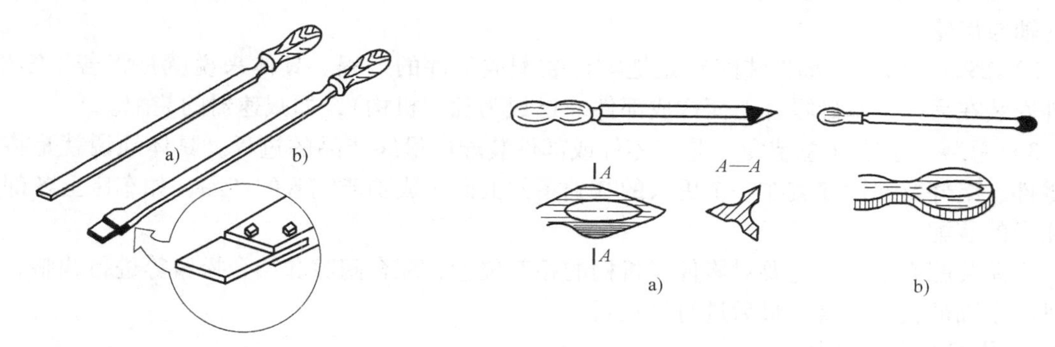

图6-64　平面刮刀
a）普通刮刀　b）活头刮刀

图6-65　曲面刮刀
a）三角刮刀　b）蛇头刮刀

2. 刮削操作　目前采用的刮削有手刮法和挺刮法两种。

（1）手刮法　手刮法的姿势如图6-66所示，右手如握锉刀柄姿势，左手四指向下握住靠近刮刀头部约50mm处，刮刀与被刮削表面成25°~30°角。同时，左脚前跨一步，上身随着往前倾斜，这样可以增加左手压力，也容易看清刮刀前面点的情况。刮削时右手随着上身前倾，使刮刀向前推进，左手下压，落刀要轻，当推进到所需要位置时，左手迅速提起，完成一个手刮动作。

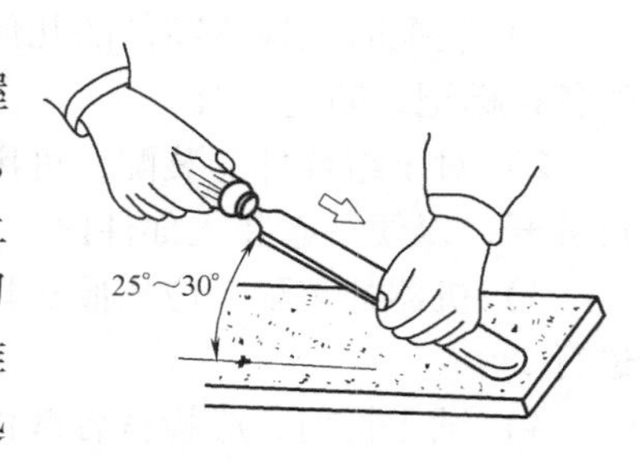

图6-66　手刮法

手刮法动作灵活，适应性强，适用于各种工作位置，对刮刀长度要求也不太严格，姿势可合理掌握，但手容易疲劳，故不适用于加工余量较大的场合。

（2）挺刮法　挺刮法的姿势如图6-67所示，将刮刀柄放在小腹右下侧，双手并拢提在刮刀前部距切削刃约80mm处（左手在前，右手在后），刮削时刮刀对准研点，左手下压，利用腿部和臀部力量，使刮刀向前推挤，在推动到位的瞬间，同时用双手将刮刀提起，完成一个刮点。

图6-67　挺刮法

挺刮法每刀切削量较大，适合大余量的刮削，工作效率较高，但操作人员腰部容易疲劳。

6.9.2　装配与拆卸

装配与拆卸工作也是钳工的工作内容之一。零件及部件最终要根据装配图、技术要求及装配工艺等进行装配。装配是机器制造的重要阶段，装配质量的好坏对机器的性能和使用寿命影响很大。

1. 机器的装配过程

装配是按规定的技术要求，将合格零件或部件进行配合和连接，使之成为半成品或成品的工艺过程。

1）组装。组装（组件装配）是将若干零件安装在一个基础零件上，构成组件，如减速器的轴与齿轮。

2）部装。部装（部件装配）是把零件装配成部件的过程。具体来说就是将若干零件、组件安装在另一个基础零件上而构成部件（已成为独立机构），如减速器的装配。

3）总装。总装（总装配）是把零件或部件装配成最终产品的过程。具体地说就是将若干零件、组件及部件安装在一个更大的基础零件上而构成功能完善的产品，如车床上各部件与床身的装配。

产品装配完毕后，先要对零件或机构的相互位置、配合间隙和结合松紧等进行调整，然后进行全面的精度检查，最后进行试运行。

2. 装配方法与要求

装配方法有互换装配法、分组装配法、修配装配法、调整装配法等。装配的主要要求有：

1）装配时应检查零件的几何精度是否合格，检查有无变形、损坏等。同时注意零件上的各种标记，防止错装。

2）对于组合件的装配，可用选配法或修配法来达到配合技术要求，组合件装好后，不再分开，以便一起装入部件内。

3）机器的装配，应按照从里到外，从下到上的原则进行，以便不影响下道工序的顺利进行。

4）试运行前，应检查各部件连接的可靠性和运动的灵活性，检查各种变速、变向机构的操纵是否灵活，手柄是否在正确的位置。试运行时，应从低速到高速逐步进行，并且根据

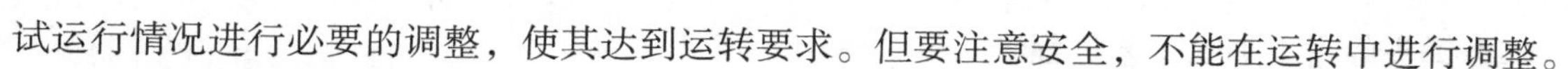

试运行情况进行必要的调整，使其达到运转要求。但要注意安全，不能在运转中进行调整。

3. 机器的拆卸

对机器进行检查和修理时要进行拆卸。拆卸的注意事项如下：

1）机器（机构）拆卸工作，应按其结构的不同，预先考虑好操作程序，以免先后倒置或猛敲猛拆造成零件的损坏或变形。

2）拆卸的顺序应与装配相反，一般先拆外部附件，然后从外到内，自上而下。

3）必须保证拆卸工具对零件无损伤，尽可能使用专用工具。严禁用铁锤直接在零件的工作表面上敲击。

4）拆卸时，必须先弄清零件的松紧方向（左旋还是右旋）。

5）拆下的部件和零件必须有次序、有规则地放好，并按原来的结构套在一起，配合件做上记号，以免搞乱。对丝杠、长轴类零件，必须包好，吊挂起来，以防弯曲变形和碰伤。

6.10 钳工实习示例

6.10.1 工艺小锤锤头的加工

各院校常将工艺小锤的锤头加工作为钳工实习的主要操作内容。因为该工件的加工包括划线、锯削、锉削、钻孔、攻螺纹等多种钳工操作工艺方法。

1. 锤头零件图

锤头零件图如图6-68所示，材料为Q235A。

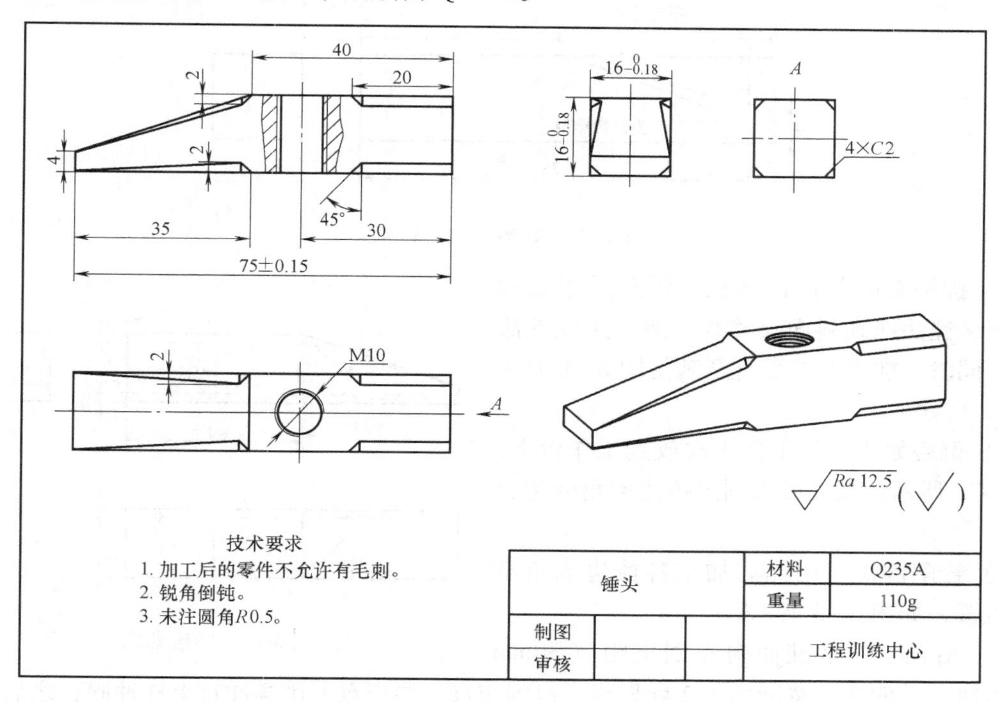

图6-68 锤头零件图

2. 锤头的钳工加工工艺过程

1）锉基准面。把一根经铣削或刨削加工后的17mm×17mm 的 Q235A 的锤头料，按划线 80mm 长用铁锯锯断成段，然后以右端面为基准面，用扁锉刀将各侧面锉成与右端面垂直，如图 6-69 所示。

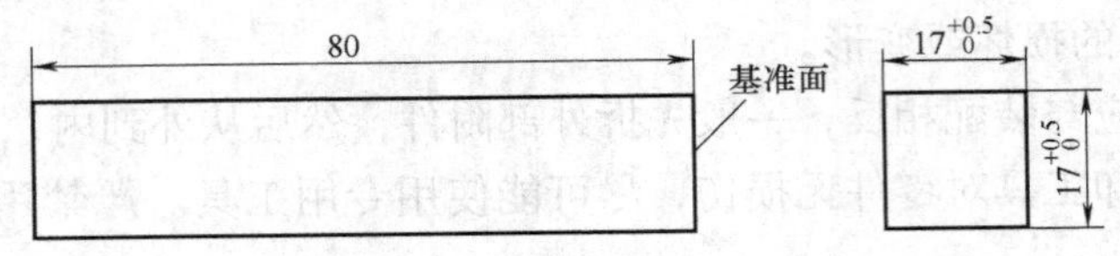

图 6-69 锉出基准面

2）锉外四方。用锉刀对图 6-70 所示的外四方平面进行加工，直至外四方尺寸为 16mm ×16mm，且满足公差要求。

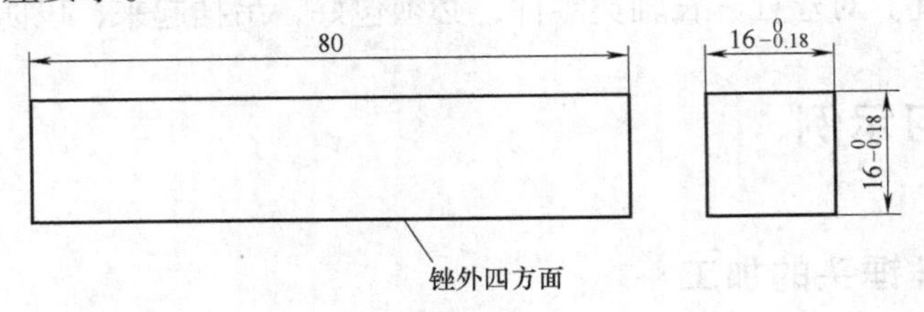

图 6-70 锉外四方

3）划线并锯削斜面。以基准面为尺寸基准，按图 6-71 所示的要求划出斜面的尺寸线，再划出沿斜面及左端面的相互平行、距离为 2mm 的线（图示虚线），并沿 2mm 平行线上用铁锯断掉。

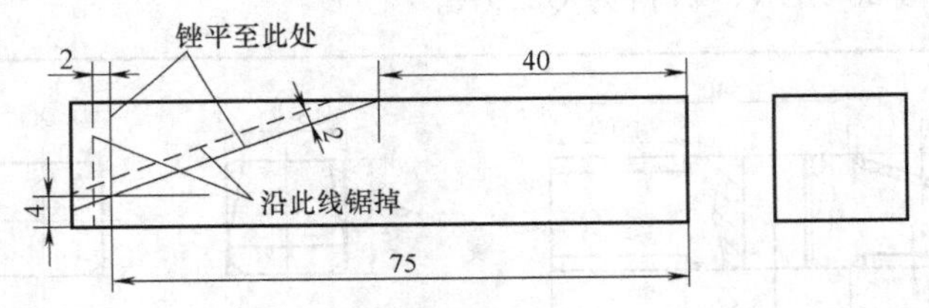

图 6-71 划线并锯削斜面

4）锉平斜面并保证全长。锯断后用扁锉刀，交叉锉法锉到斜面尺寸线，然后用顺锉法锉平。同时，加工左端面直至满足图 6-71 所示的 4mm 尺寸。

5）倒棱划线。将工件再次放到工作台上，按图 6-72 所示的尺寸要求划出棱边倒角的边界线。

6）锉削倒棱。用锉刀加工各棱边倒角至划线位置，如图 6-73 所示。

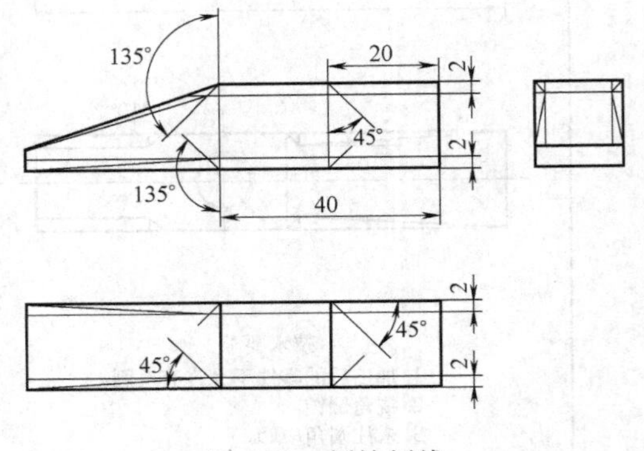

图 6-72 倒棱划线

7）钻孔。沿基准面向左划出距离 30mm 的平行线，并取锤头宽度的 1/2 处划线，得到交点。在交点上用样冲打上样冲眼，之后在台式钻床上用 $\phi 8.8$mm 直柄麻花钻头钻出通孔，如图 6-74 所示。

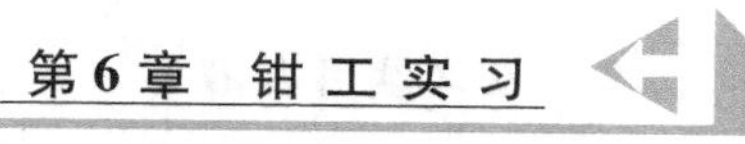

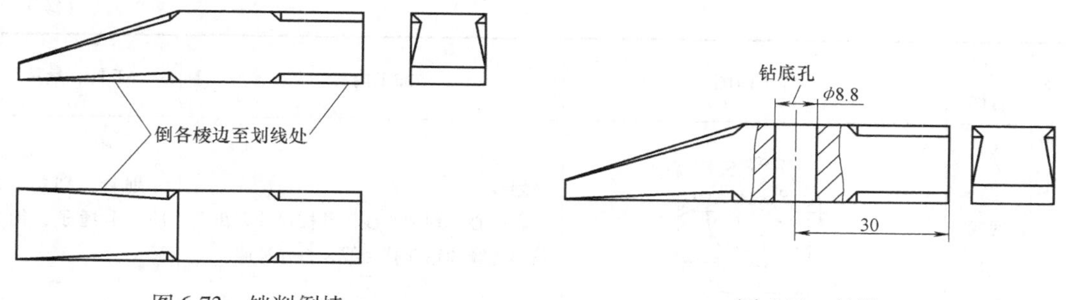

图 6-73 锉削倒棱　　　　图 6-74 钻孔

8）攻螺纹。将工件夹持在台虎钳上，用 M10×1.5 的丝锥攻出内螺纹，如图 6-75 所示。

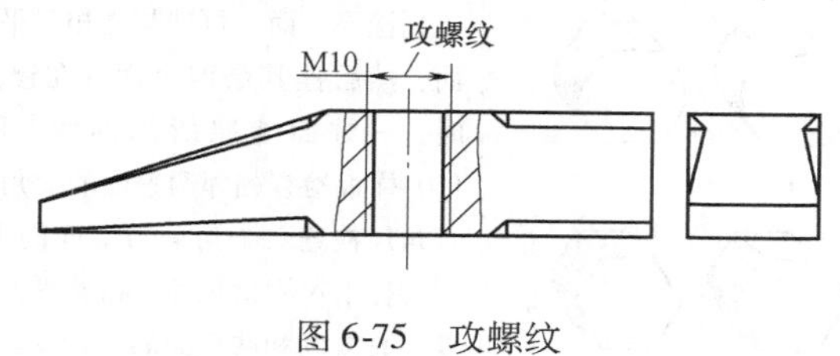

图 6-75 攻螺纹

6.10.2 六角形螺母的制作

1. 六角形螺母的图样

图 6-76 所示为六角形螺母的图样，材料为 45 钢。

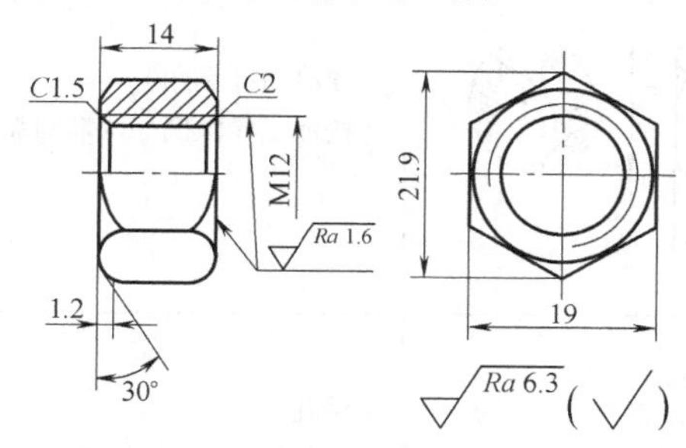

图 6-76 六角形螺母

2. 六角形螺母的制作步骤

六角形螺母的制作步骤见表 6-3。

表 6-3 六角形螺母的制作步骤

序号	工序名称	加工简图	加工内容	工具、量具
1	备料		下料：ϕ30mm 棒料，高度 16mm	钢直尺
2	锉削	14 ϕ30	锉两平面 锉平两端面，高度 H = 14mm，要求平面平直，两面平行	锉刀、钢直尺

（续）

序号	工序名称	加工简图	加工内容	工具、量具
3	划线	φ14 27.7 24	划线 定中心，划中心线，并按尺寸划出六角形边线和钻孔孔径线，打样冲眼	划针、划规、样冲、小锤子、钢直尺
4	锉削	1 2 3 4 5 6	锉六个端面 先锉平一面，再锉与之相对平行的端面，然后锉其余四个面。在锉某一面时，一方面参照所划的线，同时用120°样板检查相邻两平面的交角，并用直角尺检查六个角面与端面的垂直度。用游标卡尺测量尺寸，检验平面的平面度、直线度和两对面的平行度。平面要求平直，六角要均匀对称，相对平面要求平行	锉刀、钢直尺、直角尺、120°样板、游标卡尺
5	锉削	30° 21.9 1.2 14	锉曲面（倒角） 按加工界限倒好两端圆弧角	锉刀
6	钻孔		钻孔 计算钻孔直径。钻孔，并用大于底孔直径的钻头进行孔口倒角，用游标卡尺检查孔径	钻头、游标卡尺
7	攻螺纹		攻螺纹 用丝锥攻螺纹	丝锥、铰杠

6.10.3 钳工操作练习题

1. 制作图 6-77 所示的四方套配件。

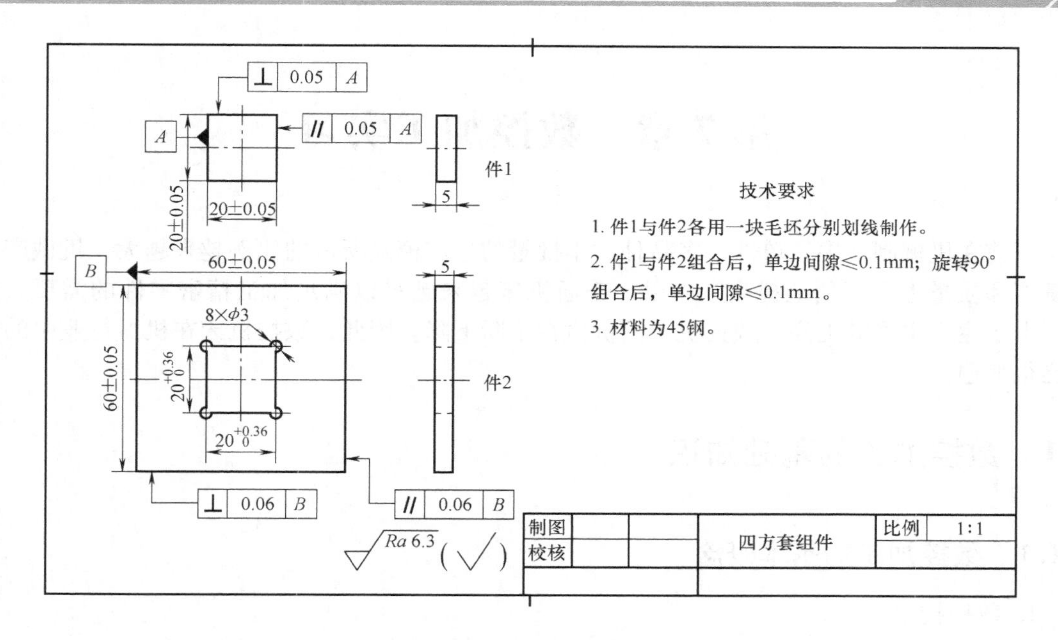

图6-77 四方套配件图样

2. 制作图6-78所示的五角星配件。

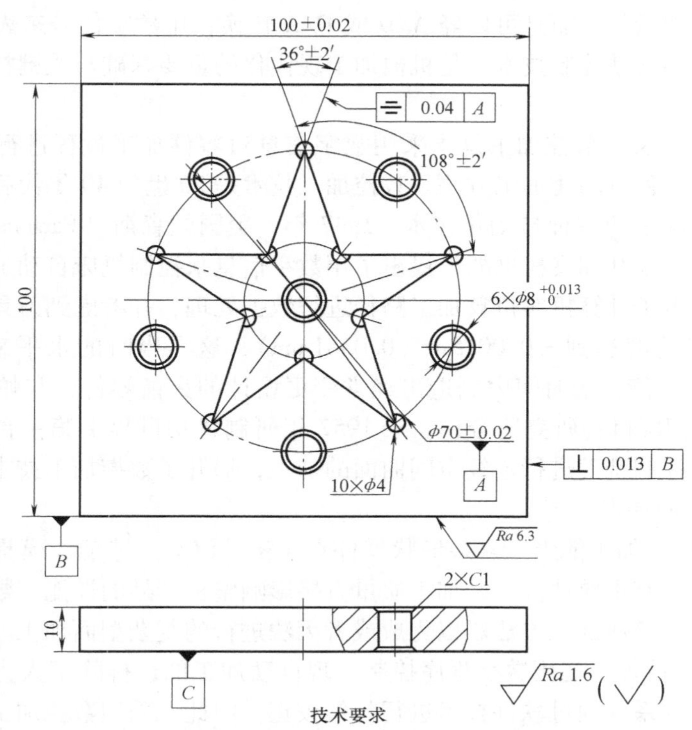

图6-78 五角星配件图样

第 7 章　数控加工实习

目前在机械制造中，单件、多品种、小批量的生产模式所占的比例越来越大，机械产品的精度和质量也在不断地提高，所以，普通机床越来越难以满足加工精密零件的需要。同时，由于生产水平的提高，数控机床的价格在不断下降。因此，数控机床在机械行业中的使用已很普遍。

7.1　数控加工的基础知识

7.1.1　数控加工的基本概念

1. 数控技术

数控（Numerical Control）技术是指用数字化的信息实现加工自动化的控制技术。控制对象不仅可以是位移、角度、速度等机械量，也可以是温度、压力、流量等物理量，这些量的大小不仅是可以测量的，而且可以经 A/D 或 D/A 转换，用数字信号来表示。数控技术是近代发展起来的一种自动控制技术，是机械加工现代化的重要基础与关键技术。

2. 数控加工

（1）数控加工定义　数控加工是指采用数字信息对零件加工过程进行定义，并控制机床进行自动运行的一种自动化加工方法。数控加工技术是 20 世纪 40 年代后期为适应加工复杂外形零件而发展起来的一种自动化技术。1947 年，美国帕森斯（Parsons）公司为了精确地制造直升机机翼、浆叶和飞机框架，提出了用数字信息来控制机床自动加工复杂外形零件的设想，他们利用电子计算机对机翼加工路径进行数据处理，并考虑到刀具直径对加工路径的影响，使得加工精度达到 ±0.0015in（0.0381mm），这在当时的水平来看是相当高的。1949 年美国空军为了能在短时间内制造出经常变更设计的火箭零件，与帕森斯公司和麻省理工学院（MIT）伺服机构研究所合作，于 1952 年研制成功世界上第一台数控机床——三坐标立式铣床，可控制铣刀进行连续空间曲面的加工，揭开了数控加工技术的序幕。

（2）数控加工的特点

1）具有复杂形状加工能力。复杂形状零件在飞机、汽车、造船、模具、动力设备和国防军工等制造部门具有重要地位，其加工质量直接影响整机产品的性能。数控加工运动的任意可控性使其能完成普通加工方法难以完成或者无法进行的复杂型面加工。

2）高质量。数控加工是用数字程序控制实现自动加工的，排除了人为误差因素，且加工误差还可以由数控系统通过软件技术进行补偿校正。因此，采用数控加工可以提高零件加工精度和产品质量。

3）高效率。与采用普通机床加工相比，采用数控加工一般可提高生产率 2～3 倍，在加工复杂零件时生产率可提高十几倍甚至几十倍。特别是五面体加工中心和柔性制造单元等设备，工件一次装夹后能完成几乎所有表面的加工，不仅可消除多次装夹引起的定位误差，还可大大减少加工辅助操作，使加工效率进一步提高。

4）高柔性。数控加工中，只需改变零件程序即可适应不同品种的零件加工，且几乎不需要制造专用工装夹具，因而加工柔性好，有利于缩短产品的研制与生产周期，适应多品种、中小批量的现代生产需要。

5）减轻劳动强度，改善劳动条件。数控加工是按事先编好的程序自动完成的，操作者不需要进行繁重的重复手工操作，劳动强度和紧张程度大为改善，劳动条件也相应得到改善。

6）有利于生产管理。数控加工可大大提高生产率，稳定加工质量，缩短加工周期，易于在工厂或车间实行计算机管理。数控加工技术的应用，使机械加工的大量前期准备工作与机械加工过程联为一体，使零件的计算机辅助设计（CAD）、计算机辅助工艺规划（CAPP）和计算机辅助制造（CAM）的一体化成为现实，宜于实现现代化的生产管理。

7）数控机床价格昂贵，维修较难。数控机床是一种高度自动化机床，必须配有数控装置或电子计算机，机床加工精度因受切削用量大、连续加工发热多等影响，其设计要求比通用机床更严格，制造要求更精密，因此数控机床的制造成本较高。此外，由于数控机床的控制系统比较复杂，一些元件、部件精密度较高，以及一些进口机床的技术开发受到条件的限制，所以对数控机床的调试和维修都比较困难。

3. 数控机床

数控机床就是按加工要求预先编制程序，以控制系统发出的数字量作为指令信息进行工作的机床。工件加工过程所需的各种操作（如主轴变速、主轴起动和停止、松夹工件、进刀退刀、切削液开或关等）和步骤以及刀具与工件之间的相对位移量都用数字化的代码表示，编程人员将这些代码编制成规定的加工程序，通过输入介质（磁盘等）送入计算机控制系统，由计算机对输入的信息进行处理与运算，发出各种指令来控制机床的运动，使机床自动地加工出所需要的零件。所以说，现代数控机床综合应用了微电子技术、计算机技术、精密检测技术、伺服驱动技术以及精密机械技术等多方面的最新成果，是典型的机电一体化产品。

4. 数控编程

（1）数控编程的概念　在数控机床上加工零件，首先要进行程序编制，将零件的加工顺序、工件与刀具相对运动轨迹的尺寸数据、工艺参数（主运动和进给运动速度、切削深度等）以及辅助操作等加工信息，用规定的文字、数字、符号组成的代码，按一定的格式编写成加工程序单，并将程序单的信息通过控制介质输入到数控装置，由数控装置控制机床进行自动加工。从零件图到编制零件加工程序和制备控制介质的全部过程称为数控程序编制。

（2）数控编程的步骤　数控编程的一般步骤如图7-1所示。

1）分析图样、确定加工工艺过程。在确定加工工艺过程时，编程人员要根据图样对工件的形状、尺寸、技术要求进行分析，然后选择加工方案，确定加工顺序、加工路线、装夹方式、刀具及切削参数，同时还要考虑所用数控机床的指令功能，充分发挥机床的效能，加工路线要短，要正确选择对刀点、换刀点，减少换刀次数。

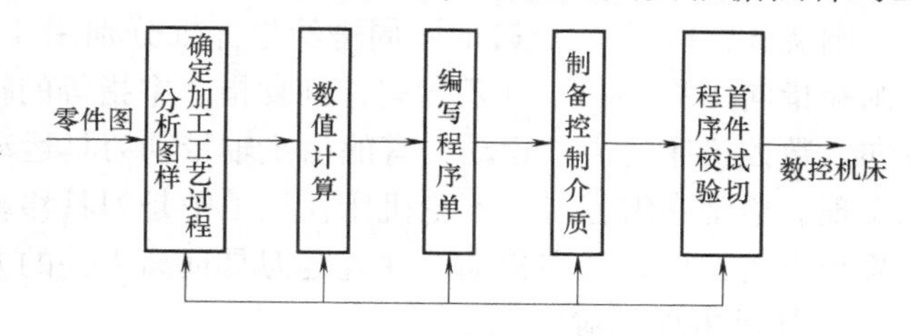

图7-1　数控编程的步骤

2）数值计算。根据零件图的几何尺寸、确定工艺路线及设定坐标系，计算工件粗、精加工各运动轨迹，得到刀位数据。当零件图样坐标系与编程坐标系不一致时，需要对坐标进行换算。对于形状比较简单的零件（如直线和圆弧组成的零件），需要计算出几何元素的起点、终点、圆弧的圆心、两几何元素的交点或切点的坐标值，有的还要计算刀具中心的运动轨迹坐标值。对于形状比较复杂的零件（如非圆曲线、曲面组成的零件），需要用直线段或圆弧段逼近，根据要求的精度计算出其节点坐标值，这种情况一般要用计算机来完成数值计算的工作。

3）编写程序单。加工路线、工艺参数及刀位数据确定以后，编程人员可以根据数控系统规定的功能指令代码及程序段格式，逐段编写加工程序单。此外，还应填写有关的工艺文件，如数控加工工序卡片、数控刀具卡片、数控刀具明细表、工件安装和零点设定卡片、数控加工程序单等。

4）制备控制介质。制备控制介质就是把编制好的程序单上的内容记录在控制介质（穿孔带、磁带、磁盘等）上作为数控装置的输入信息。目前，随着计算机网络技术的发展，可直接由计算机通过网络与机床数控系统通信。

5）程序校验与首件试切。程序单和制备好的控制介质必须经过校验和试切才能正式使用。校验的方法是直接将控制介质上的内容输入到数控装置中，让机床空运转，以检查机床的运动轨迹是否正确。此外，还可以通过在数控机床的显示器上模拟刀具切削过程的方法进行检验。但这些方法只能检验出运动是否正确，不能查出工件的加工精度，因此有必要进行工件的首件试切。当发现有加工误差时，应分析误差产生的原因，找出问题所在，加以修正。所以作为一名编程人员，不但要熟练数控机床的结构、数控系统的功能及标准，而且还必须是一名好的工艺人员，要熟悉零件的加工工艺、装夹方法、刀具、切削用量的选择等方面的知识。

7.1.2 数控加工的坐标系

1. 坐标系

机床坐标系用来提供刀具（或加工空间里或图样上的点）相对于固定的工件移动的坐标。这样，编程员不用知道是刀具移近工件，还是工件移近刀具，就能描述机床的加工操作。我国制定的GB/T 19660—2005《工业自动化系统与集成机床数值控制坐标系和运动命名》国家标准中统一规定采用右手直角笛卡儿坐标系对机床的坐标系进行命名。用X、Y、Z表示直线进给坐标轴，X、Y、Z坐标轴的相互关系由右手法则决定，如图7-2所示。图中大拇指的指向为X轴的正方向，食指指向为Y轴的正方向，中指指向为Z轴的正方向。

2. 坐标轴的正方向

围绕X、Y、Z轴旋转的圆周进给坐标轴分别用A、B、C表示。根据右手螺旋定则，以大拇指指向$+X$、$+Y$、$+Z$方向，则食指、中指等的指向是圆周进给运动的$+A$、$+B$、$+C$方向。数控机床的进给运动，有的由主轴带动刀具运动来实现，有的由工作台带着工件运动来实现。通常在编程时，不论机床在加工中是刀具移动，还是工件移动，都一律假定工件相对静止不动，而刀具在移动，并规定刀具远离工件的方向作为坐标轴的正方向。

3. 运动方向的确定

在GB/T 19660—2005标准中规定：机床某一部件运动的正方向，是增大工件和刀具之间的距离的方向。

(1) Z 坐标轴的运动 Z 坐标轴的运动由传递切削力的主轴所决定，与主轴平行的坐标轴即为 Z 坐标轴。对于工件旋转的机床，如车床、外圆磨床等，平行于工件线的坐标轴为 Z 坐标轴。而对于刀具旋转的机床，如铣床、钻床、镗床等，则平行于旋转刀具线的坐标轴为 Z 坐标轴，如图7-3、图7-4所示。

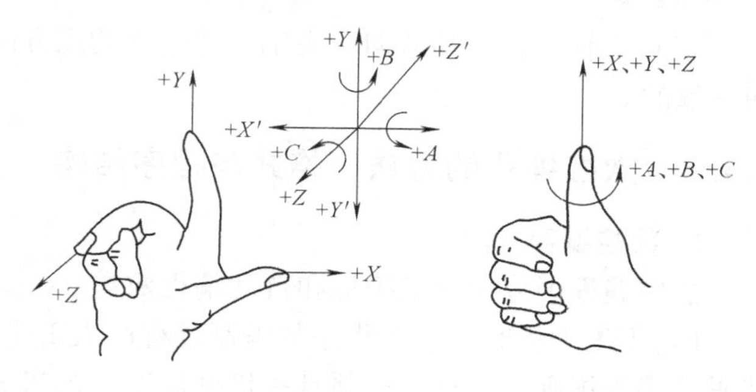

图7-2 坐标系的确定

在钻、镗加工中，钻入和镗入工件的方向为 Z 坐标轴的负方向，而退出轴为正方向。

(2) X 坐标轴的运动 规定 X 坐标轴为水平方向，且垂直于 Z 轴并平行于工件的装夹面。X 坐标是在刀具或工件定位平面内运动的主要坐标。对于工件旋转的机床（如车床、磨床等），X 坐标轴的方向是在工件的径向上，且平行于横滑座。刀具离开工件旋转中心的方向为 X 轴正方向，如图7-3所示。对于刀具旋转的机床（如铣床、镗床、钻床等），如 Z 轴是垂直的，当从刀具主轴向立柱看时，X 坐标轴运动的正方向指向右，如图7-4所示。

(3) Y 坐标轴的运动 Y 坐标轴垂直于 X、Z 坐标轴，其运动的正方向根据 X 和 Z 坐标轴的正方向，按照图7-2所示的右手直角笛卡儿坐标系来判断。

(4) 旋转运动 A、B、C 如图7-2所示，A、B、C 相应地表示其中心线平行于 X、Y、Z 的旋转运动。A、B、C 的正方向，相应地表示为在 X、Y 和 Z 坐标轴正方向上，右旋螺纹前进的方向。

(5) 附加坐标 如果在 X、Y、Z 主要坐标以外，还有平行于它们的坐标，可分别指定为 U、V、W。如还有第三组运动，则分别指定为 P、Q、R。

(6) 对于工件运动的相反方向 对于工件运动而不是刀具运动的机床，其坐标轴代号用带“′”的字母表示，如 $+X'$ 表示工件相对于刀具正向运动指令。而不带“′”的字母，如 $+X$ 则表示刀具相对于工件的正向运动指令。两者表示的运动方向正好相反，如图7-4所示。

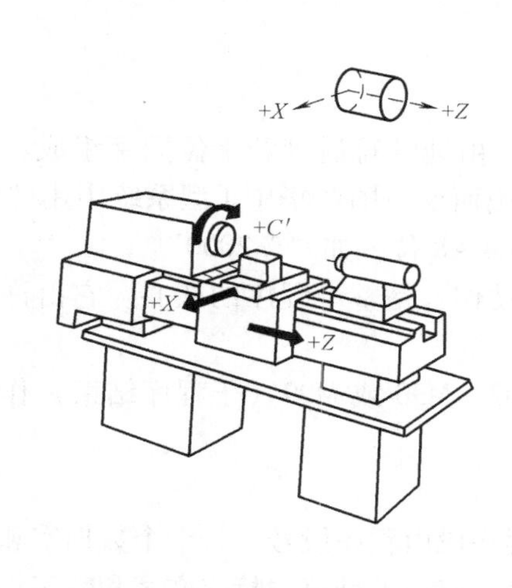

图7-3 卧式车床坐标系

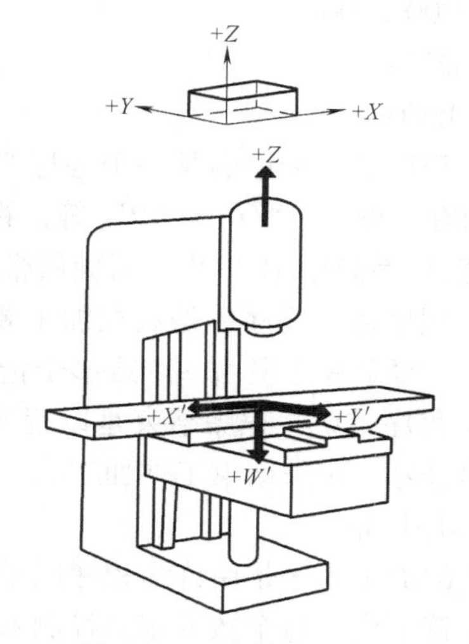

图7-4 立式铣床坐标系

（7）主轴旋转运动方向　主轴旋转运动的正方向（正转），是与右旋螺纹旋入工件的方向一致的。

7.1.3　数控编程的方法、格式与程序结构

1. 数控编程方法

数控编程可分为手工编程和自动编程两类。

1）手工编程时，整个程序的编制过程由人工完成。这就要求编程人员不仅要熟悉数控代码及编程规则，而且还必须具备机械加工工艺知识和一定的数值计算能力。手工编程对简单零件通常是可以胜任的，但对于一些形状复杂的零件或空间曲面零件，编程工作量十分巨大，计算烦琐，花费时间长，而且非常容易出错。不过，根据目前生产实际情况，手工编程在相当长的时间内还是一种行之有效的编程方法。手工编程具有很强的技巧性，并有其自身特点和一些应该注意的问题，将在后续内容中予以阐述。

2）自动编程是指编程人员只需根据零件图样的要求，按照某个自动编程系统的规定，编写一个零件源程序，输入编程计算机，再由计算机自动进行程序编制，并打印程序清单和制备控制介质。自动编程既可以减轻劳动强度，缩短编程时间，又可减少差错，使编程工作简便，但编出的程序较长，缺少技巧性，故加工时间也较长。

2. 数控程序的结构

一个完整的数控程序由程序名、程序体和程序结束三部分组成。

例如，一个数控加工程序如下：

```
O0033;                              程序名
N10 G54 G40 G49 G90 G80;  ┐
N20 M03 S600;             │
N30 G00 X0 Y0 Z10;        │
N40 G01 Z-5 F30;          ├ 程序体
N50 G03 X20 Y15 I-10 J-40;│
N60 G00 Z100;             │
N70 M05;                  ┘
N80 M30;                            程序结束
```

（1）程序名　程序名是一个程序必需的标识符，由地址符后带若干位数字组成。地址符常见的有“%”、“O”、“P”等，视具体数控系统而定。国产华中I型系统中用“%”，日本FANUC系统中用“O”。后面所带的数字一般为4~8位，如“%2000”。

（2）程序体　程序体是数控加工要完成的全部动作，是整个程序的核心。它由许多程序段组成，每个程序段由一个或多个指令构成。

（3）程序结束　程序结束是以程序结束指令M02、M30或M99（子程序结束）作为程序结束的符号，用来结束工件加工。

3. 程序段格式

工件的加工程序是由许多程序段组成的，每个程序段由程序段号、若干个数据字和程序段结束字符组成，每个数据字是控制系统的具体指令，它由地址符、特殊文字和数字集合而成，代表机床的一个位置或一个动作。

程序段格式是指一个程序段中字、字符和数据的书写规则。目前国内外广泛采用字-地址可变程序段格式，如："N20 G01 X25 Z-36 F100 S300 T02 M03;"。

程序段内各字的说明：

（1）程序段序号（顺序号） 程序段序号是用以识别程序段的编号，用地址码N和后面的若干位数字来表示，如N20表示该程序段序号为20。一般情况下，无特殊指定意义时，程序段序号可以省略。有的数控系统，程序段序号是在输入程序时自动生成的。

（2）准备功能G指令 G指令是使数控机床做某种动作的指令，由地址码G和两位数字组成，从G00~G99共100种。G功能的代号已标准化。

（3）坐标字 坐标字由坐标地址符（如X、Y、Z、U、V、W等）、"+"、"-"符号及绝对值（或增量）的数值组成，且按一定的顺序进行排列。坐标字的"+"可省略。

（4）进给功能F指令 F指令用来指定各运动坐标轴及其任意组合的进给量或螺纹导程。

（5）主轴转速功能S指令 S指令用来指定主轴的转速，由地址码S和其后的若干位数字组成。

（6）刀具功能T指令 T指令主要用来选择刀具，也可用来选择刀具偏置和补偿，由地址码T和若干位数字组成。

（7）辅助功能字M指令 辅助功能M指令是表示一些机床辅助动作及状态的指令，由地址码M和后面的两位数字表示，从M00~M99共100种。

（8）程序段结束 写在每个程序段之后，应有表示程序结束的字符。当用EIA标准代码时，结束符为"CR"，用ISO标准代码时为"NL"或"LF"，还有的用符号";"或"*"表示。

7.2 数控车床实习

数控车床是应用最广泛的一种数控机床，主要用于加工轴类、盘类等回转体工件。它能够通过程序控制自动完成内外圆柱面、内外圆锥面、圆弧特形面、螺纹等工序的切削加工，并能进行切槽、钻孔、扩孔和铰孔等工作。现代数控车床都具备刀具位置和刀尖圆弧半径的补偿功能以及固定循环加工功能。其主要特点是：加工精度稳定件好、加工灵活、通用性强，能适应多品种、小批生产自动化的要求，特别适合形状复杂的轴类或盘类工件加工。

7.2.1 数控车削加工工艺

1. 数控车削加工工艺分析

（1）数控车床加工对象的选择

1）精度要求高的回转体工件。由于数控车床刚性好、制造精度高，能方便和精确地进行人工补偿和自动补偿，所以能加工精度要求高的工件，甚至可以以车代磨。

2）表面质量要求高的回转体工件。使用数控车床的恒线速度切削功能，就可选用最佳切削速度来切削锥面和端面，使切削后的工件表面粗糙度值既小又一致。数控车床还适合加工各表面粗糙度要求不同的工件。表面粗糙度值大的部位选用较大的进给量，表面粗糙度值小的部位选用小的进给量。

3）轮廓形状特别复杂和尺寸难以控制的回转体工件。由于数控车床具有直线和圆弧插补功能，部分车床数控装置还有某些非圆曲线和平面曲线插补功能，所以可以加工形状特别复杂或尺寸难以控制的回转体工件。

4）带特殊螺纹的回转体工件。数控车床不但能车削任何等导程的直、锥面螺纹和端面螺纹，而且还能车变螺距螺纹和高精度螺纹。

（2）数控车床加工工艺的主要内容

1）选择适合在数控车床上加工的工件，确定工序内容。

2）分析被加工工件的图样，明确加工内容及技术要求。

3）确定工件的加工方案，制订数控加工工艺路线。

4）设计加工工序，选取零件的定位基准，确定装夹方案，划分工步，选择刀具和确定切削用量等。

5）调整数控加工程序，选取对刀点和换刀点、确定刀具补偿及加工路线等。

（3）数控车床加工工件的工艺性分析

1）零件图的分析。零件图分析是工艺制订中的首要工作，主要包括以下几个方面：

① 尺寸标注方法分析。通过对标注方法的分析，确定设计基准与编程基准之间的关系，尽量做到基准统一。

② 轮廓几何要素分析。通过分析工件各几何要素，确定需要计算的节点坐标，对各几何要素进行定义，以便确定编程需要的代码，为编程做准备。

③ 精度及技术要求分析。只有通过对精度进行分析，才能正确合理地选择加工方法、装夹方法、刀具及切削用量等，保证加工精度。

2）结构工艺性分析。工件的结构工艺性是指工件对加工方法的适应性，即所设计的工件结构应便于加工。在数控车床上加工工件时，应根据数控车床的特点，合理地设计工件结构。例如，图 7-5a 所示的工件有宽度不同的三个槽，不便于加工；若改为图 7-5b 所示的结构，则可以减少刀具数量，减少占用刀位，还可以节省换刀时间。

（4）数控车削加工工艺路线的拟订　在拟订加工工艺路线之前，首先要确定加工定位基准和加工工序。

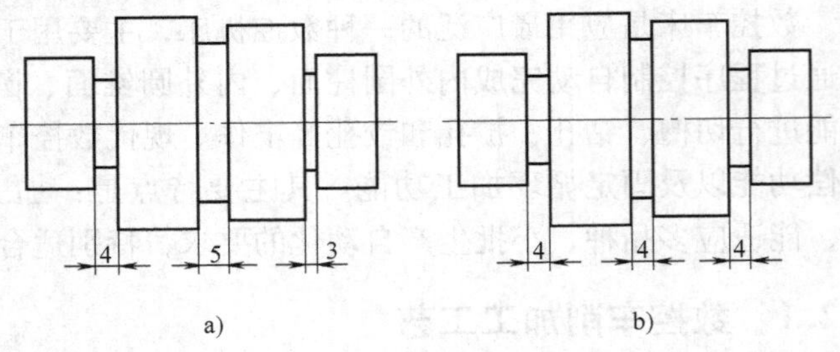

图 7-5　工件结构工艺性

a）三个槽宽度不同　b）三个槽宽度相同

1）工件设计基准和加工基准的选择

① 设计基准。车床上所能加工的工件都是回转体工件，通常径向设计基准为回转中心，轴向设计基准为工件的某一端面或几何中心。

② 定位基准。定位基准即加工基准，数控车床加工轴类及盘类工件的定位基准，只能是被加工表面的外圆面、内圆面或工件端面中心孔。

③ 测量基准。测量基准用于检测机械加工工件的精度，包括尺寸精度、几何精度和位置精度。

2）工件加工工序的确定。在数控车床上加工工件，应按工序集中的原则划分工序，即在一次安装下尽可能完成大部分甚至全部的加工工作。根据工件的结构形状不同，通常选择外圆和端面或内孔和端面装夹，并力求设计基准、工艺基准和编程原点统一。在批量生产中，常使用下列两种方法划分工序。

① 按工件加工表面划分。将位置精度要求高的表面安排在一次安装下完成，以免多次安装产生的安装误差影响形状和位置精度。

② 按粗、精加工划分。对毛坯余量比较大和加工精度比较高的工件，应将粗车和精车分开，划分成两道或更多的工序。将粗加工安排在精度较低、功率较大的机床上；将精加工安排在精度相对较高的数控车床上。

3）工件加工顺序的确定。在分析了零件图样和确定了工序、装夹方法之后，接下来要确定工件的加工顺序。确定加工顺序应遵循下列原则：

① 先粗后精。按照粗车→半精车→精车的顺序进行，逐步提高加工精度。粗车的任务是在较短的时间内，把工件毛坯上的大部分余量切除，一方面提高加工效率，另一方面满足精车余量的均匀性要求。若粗车后，所留余量的均匀性满足不了精度要求时，则要安排半精车加工。精车的任务是保证加工精度要求，按照图样上的尺寸用一个刀次连续切出工件轮廓。如图7-6所示，粗加工时先将双点画线内的材料切去，为后面的精加工做好准备，使精加工余量尽可能均匀一致。

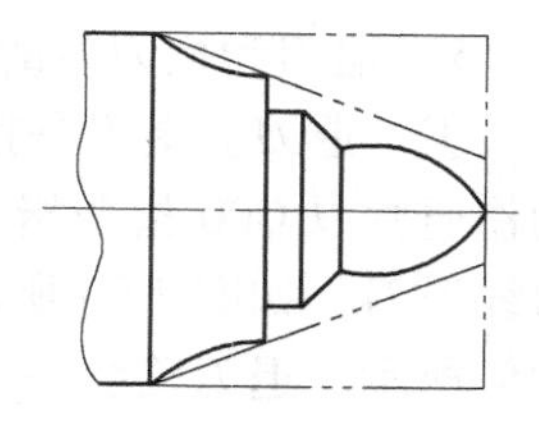

图7-6　先粗后精示例

② 先近后远。按加工部位相对于对刀点的距离大小而定。在一般情况下，离对刀点远的部位后加工，以便缩短刀具移动距离，减小空行程时间。对于车削而言，先近后远还有利于保持坯件或半成品件的刚性，改善其切削条件。例如，加工图7-7所示工件时，如果按$\phi38\rightarrow\phi36\rightarrow\phi34$的次序安排车削，不仅会增加刀具返回对刀点所需的空行程时间，而且一开始就削弱了工件的刚性，还可能使台阶的外直角处产生毛刺。对这类直径相差不大的台阶轴，当第一刀的背吃刀量（图中最大背吃刀量为3mm左右）未超限时，宜按$\phi34\rightarrow\phi36\rightarrow\phi38$的次序，先近后远地安排车削。

③ 内外交叉。对既有内表面（内型腔），又有外表面需要加工的工件，在安排加工顺序时，应先进行内外表面的粗加工，后进行内外表面的精加工。切不可将工件的一部分表面（外表面或内表面）加工完以后，再加工其他表面（内表面或外表面）。如图7-8所示工件，若将外表面加工好，再加工内表面，这时工件的刚性较差，内孔刀杆刚性又不足，加上排屑困难，在加工孔时，孔的尺寸精度和表面粗糙度就不易得到保证。

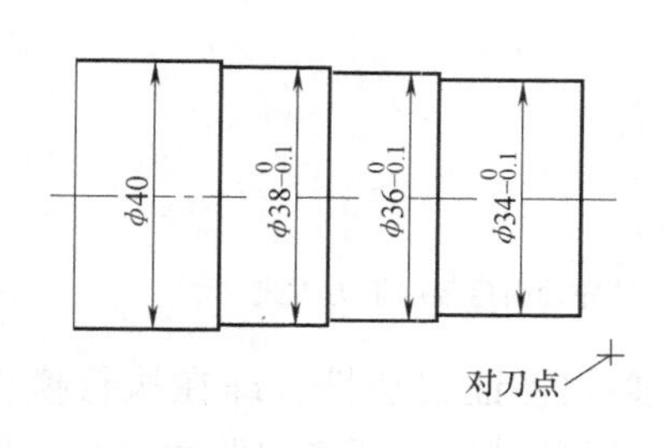

图7-7　先近后远示例

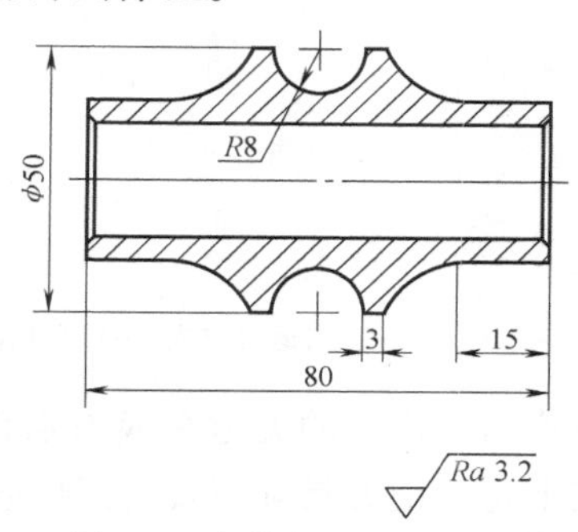

图7-8　内外交叉加工示例

④ 基面先行。用于精基准的表面应优先加工出来，因为定位基准的表面越精确，装夹误差就越小。

⑤ 进给路线最短。确定加工顺序时，要遵循各工序进给路线的总长度最短原则。

4）进给路线的确定。确定进给路线，主要是确定粗加工及空行程的进给路线，因为精加工切削过程的进给路线基本都是沿工件的设计轮廓进行的。进给路线指刀具从起刀点开始运动，到完成加工返回该点的过程中刀具所经过的路线。为了实现进给路线最短，可从以下几点加以考虑：

① 最短的空行程路线。即刀具在没有切削工件时的进给路线，在保证安全的前提下要求尽量短，包括切入和切出的路线。

② 最短的切削进给路线。切削路线最短可有效地提高生产率，降低刀具的损耗。

③ 大余量毛坯的阶梯切削进给路线。实践证明，无论是轴类工件还是套类工件，加工时采用阶梯去除余量的方法是比较高效的。但应注意每一个阶梯留出的精加工余量尽可能均匀，以免影响精加工质量。

④ 精加工轮廓的连续切削进给路线。即精加工的进给路线要沿着工件的轮廓连续地完成。在这个过程中，应尽量避免刀具的切入、切出、换刀和停顿，避免因刀具划伤工件的表面而影响零件的精度。

5）退刀和换刀时的注意事项

① 退刀。退刀是指刀具切完一刀，退离工件，为下次切削做准备的动作。它和进刀的动作通常以G00指令指定的方式（快速）运动，以节省时间。数控车床有三种退刀方式；斜线退刀，如图7-9a所示；先径向后轴向退刀，如图7-9b所示；先轴向后径向退刀，如图7-9c所示。退刀路线一定要保证安全性，即退刀的过程中保证刀具不与工件或机床发生碰撞。此外，退刀时还要考虑路线最短且速度要快，以提高工作效率。

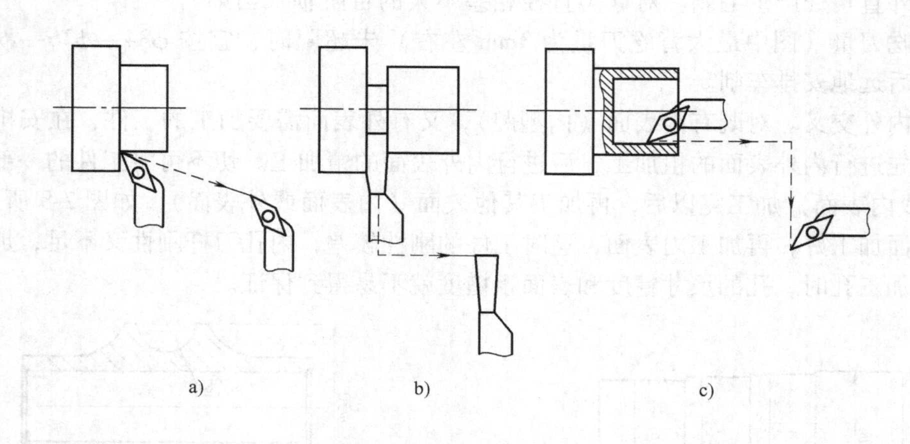

图7-9 退刀方式

a）斜退刀方式 b）先径向后轴向退刀方式 c）先轴向后径向退刀方式

② 换刀。换刀的关键在换刀点设置上，换刀点必须保证安全性，即在执行换刀动作时，刀架上每一把刀具都不要与工件或机床发生碰撞，而且尽量保证换刀路线最短，即刀具在退离和接近工件时的路线最短。

（5）数控车床编程时用到的坐标系

1）机床坐标系。在数控车床坐标系中，平行于机床主轴中心线的是 Z 轴，平行于横向运动方向的为 X 轴。车刀远离工件的方向为正方向，接近工件的方向为负方向。前置刀架卧式数控车床的机床坐标系如图 7-3 所示。后置刀架卧式数控车床的机床坐标系的 X 轴方向相反。

2）编程坐标系与编程原点。为了方便编程，首先要在零件图上适当位置选定一个编程原点，该点应尽量设置在零件的工艺设计基准上，并以这个原点作为坐标系的原点，再建立一个新的坐标系，称为编程坐标系或零件坐标系。编程坐标系用来确定编程和刀具的起点。

在数控车床上，编程原点一般设在工件右端面与主轴回转中心线的交点 O 上，如图 7-10a 所示，也可以设在工件的左端面与主轴回转中心线交点 O 上，如图 7-10b 所示。坐标系以平行于机床主轴中心线方向为 Z 轴方向，刀具远离工件的方向为 Z 轴的正方向。X 轴位于水平面且垂直于工件回转中心线，刀具远离主轴中心线的方向为 X 轴正向，如图 7-10 所示。

因为对刀时工件右端面更容易找到，所以选用工件右端面与主轴回转中心线的交点为编程原点的情况比较多见，如图 7-10a 所示。

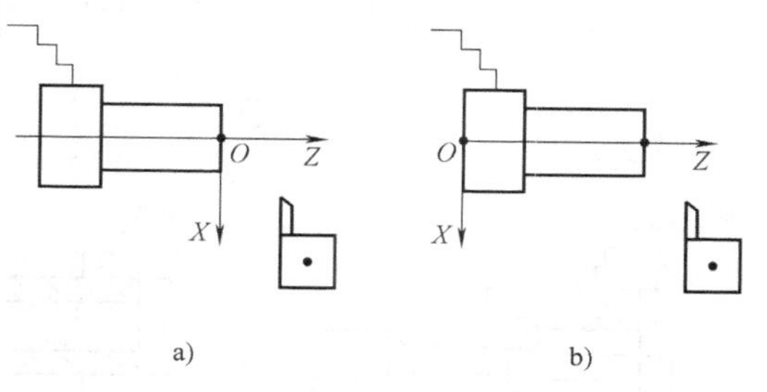

图 7-10　编程原点与工件坐标系
a）编程原点在右端面　b）编程原点在左端面

2. 数控车削刀具的选择

（1）数控车削刀具的种类　数控车削刀具按刀具材料分类，可分为高速钢刀具、硬质合金刀具、金刚石刀具、立方氮化硼刀具、陶瓷刀具和涂层刀具等。按刀具结构分类，可分为整体式、镶嵌式、机夹式（又可细分为可转位和不可转位两种）。常用数控车削刀具及对应加工方法，如图 7-11 所示。

（2）可转位刀片的应用及代码　可转位刀具是将预先加工好的多边形刀片，用机械夹固的方法夹紧在刀体上的一种刀具。当使用过程中一个切削刃磨钝后，只要将刀片的夹紧装置松开，转位或更换刀片，使新的切削刃进入工作位置，再经夹紧就可以继续使用。刀片一般不需重磨，有利于涂层刀片的推广使用。

可转位刀具由切削部分（刀片）和夹持部分（刀体）组成，在刀体上安装的刀片，至少有两个预先加工好的切削刃供使用；刀片转位后，仍可保证切削刃与工件的相对位置，并具有相同的几何参数，卷屑、断屑稳定可靠，减少了停机调刀时间，提高了生产率。

可转位刀片与焊接式刀具（刀片焊接在刀体上）相比有以下特点：刀片成为独立的功能元件，其切削性能得到扩展和提高；避免了因焊接而引起的缺陷，在相同的切削条件下刀具切削性能大为提高。更利于根据加工对象选择各种材料的刀片，并充分地发挥其切削性能，从而提高了切削效率；切削刃空间位置相对刀体固定不变，节省了换刀、对刀等所需的辅助时间，提高了机床的利用率。

1）可转位车刀的基本结构

①　刀具组成。可转位刀具一般由刀片、刀垫、夹紧元件和刀体组成，如图 7-12 所示。刀片的夹紧形式如图 7-13 所示。

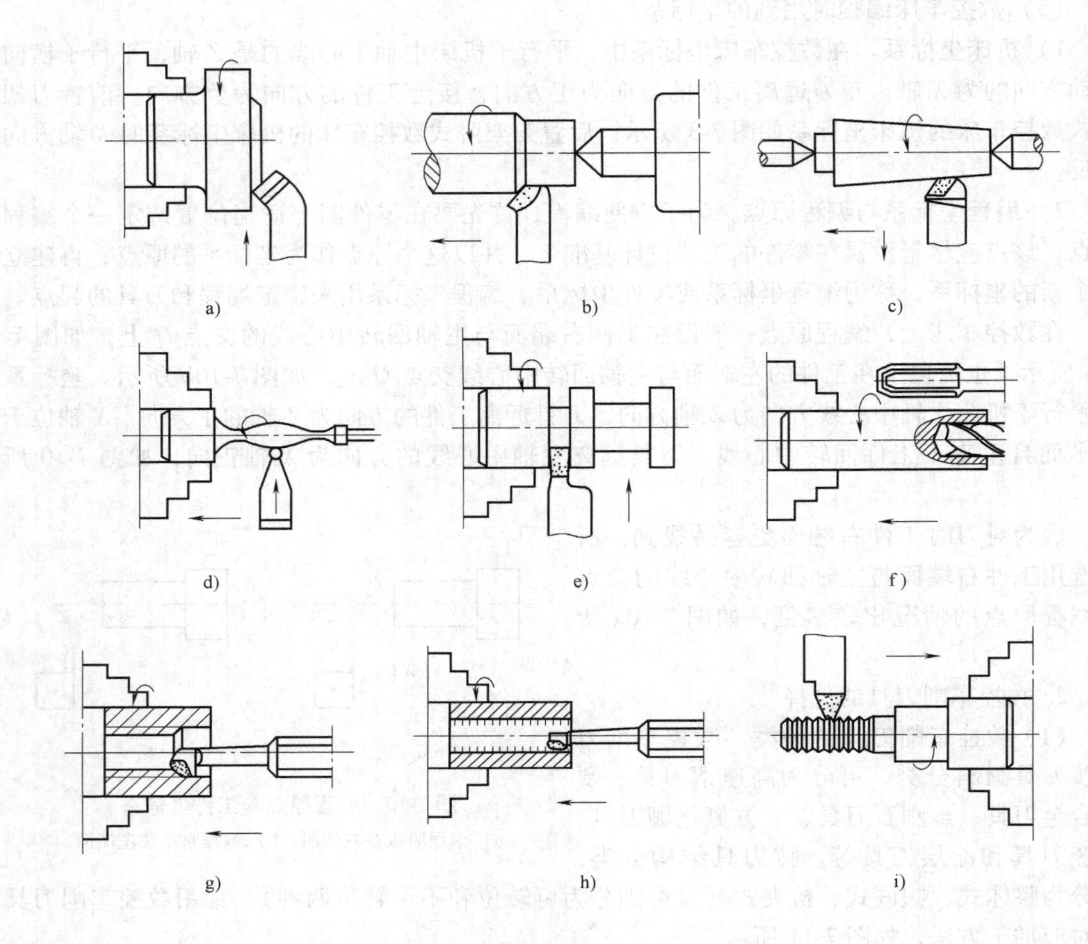

图 7-11　数控车削刀具及加工方法

a）车端面　b）车外圆面　c）车圆锥　d）车曲面　e）切槽、切断

f）钻孔、铰孔　g）车内孔　h）车内螺纹　i）车外螺纹

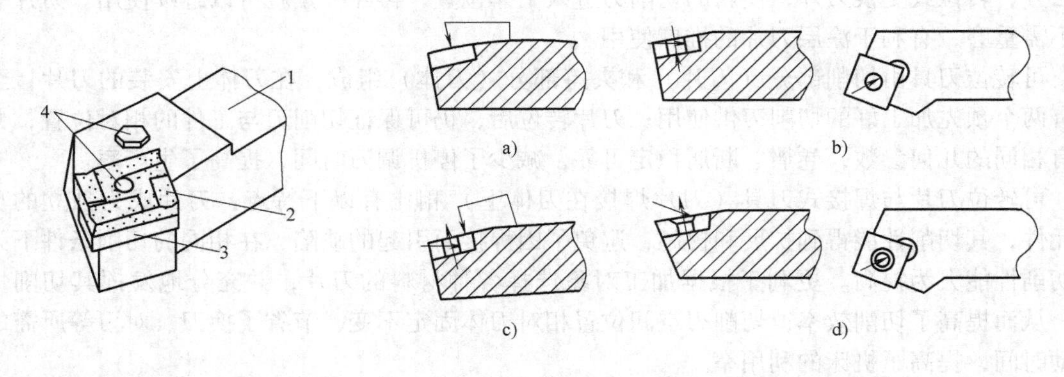

图 7-12　可转位车刀的结构组成

1—刀杆　2—刀片　3—刀垫

4—夹紧元件

图 7-13　可转位车刀的夹紧形式

a）顶面夹紧　b）圆柱孔夹紧　c）顶面和圆柱孔夹紧

d）沉孔夹紧

② 可转位刀片型号表示规则。根据国家标准GB/T 2076—2007《切削刀具用可转位刀片型号表示规则》规定，可转位刀片的型号用9个代号表征刀片的尺寸及其他特征。代号①~⑦是必须的，代号⑧和⑨在需要时添加。各代号所表示是含义如下：

① 字母代号表示　　刀片形状
② 字母代号表示　　刀片法后角
③ 字母代号表示　　允许偏差等级
④ 字母代号表示　　夹固形式及有无断屑槽
⑤ 数字代号表示　　刀片长度
⑥ 数字代号表示　　刀片厚度
⑦ 字母或数字代号表示　　刀尖角形状
⑧ 字母代号表示　　切削刃截面形状
⑨ 字母代号表示　　切削方向

例如，型号为TPGN150608EN的可转位刀片，其各个代号的含义为：正三角形（T）、11°法后角（P）、允许偏差G级（G）、无固定孔无断屑槽（N）、切削刃长度15.875mm（15）、刀片厚度6.35mm（06）、刀尖圆弧半径0.8mm（08）、切削刃为倒圆（E）、刀片切削方向为双向（N）。

（3）数控车削刀具的选择　现以半精车和精车钢铁材料的工件为例说明数控车削刀具的选择。

1）选择刀片材料为硬质合金，牌号为YT15。

2）选择合适的断屑槽。

3）车端面时，常用45°主偏角的外圆车刀。

4）车外圆时，粗加工常用75°主偏角的外圆车刀，精加工采用90°~95°主偏角的外圆车刀，可兼顾轴上台阶的车削。

5）切槽时，刀具宜采用正前角以利于排屑，采用较小的后角以加强刀尖的强度，宽度一般为槽宽的80%~90%。

6）车曲面时，采用45°外圆车刀、60°尖刀粗车，用圆弧形车刀精车。圆弧形车刀是以圆度或线轮廓度误差很小的圆弧形切削刃为特征的车刀。

7）车外螺纹时，采用螺纹车刀，并应控制刀具角度的准确性，以及采用正前角以利于排屑。

以上外形加工的刀具在安装时，应注意刀杆的伸出量应在刀杆高度尺寸的1.5倍以内，以保证刀具的刚性。加工深槽、深孔时应采用半月形加强肋以加强刀具刚性。

8）车内孔、内螺纹时，应选用各类型的镗孔刀，刀杆的伸出量应在刀杆直径的4倍以内。当伸出量大于4倍或加工刚性差的工件时，应选用带有减振机构的刀柄。如在加工过程中刀尖部需要充分冷却，则应选用有切削液输送孔的刀柄。内孔加工的断屑、排屑可靠性比外圆车刀更为重要，因而刀具头部要留有足够的排屑空间。

常用的车刀有三种不同截面形状的刀柄，即圆柄、矩形柄和正方形柄。矩形柄和正方形柄多用于外形加工的车刀；内形（孔）加工优先选用圆柄车刀。由于圆柄车刀的刀尖高度是刀柄直径的二分之一，且柄部为圆形，有利于排屑，故在加工相同直径的孔时，圆柄车刀的刚性明显高于方柄车刀，所以在条件许可时应尽量采用圆柄车刀。在卧式车床上因受四方形刀架限制，一般多采用正方形或矩形柄车刀。

3. 数控车削切削用量的选择和工艺文件的制订

（1）数控车削切削用量的选择　切削用量的大小对切削力、切削功率、刀具磨损、加工质量和加工成本均有显著影响。选择切削用量时，在保证加工质量和刀具寿命的前提下，应充分发挥机床性能和刀具切削性能，使切削效率最高，加工成本最低。

1）切削用量的选择原则

① 粗加工时切削用量的选择原则。首先，选取尽可能大的背吃刀量；其次，要根据机床动力和刚性的限制条件等，选取尽可能大的进给量；最后根据刀具寿命确定最佳的切削速度。

② 精加工时切削用量的选择原则。首先，根据粗加工后的余量确定背吃刀量；其次，根据已加工表面粗糙度要求，选取较小的进给量；最后，在保证刀具寿命的前提下，尽可能选用较高的切削速度。

2）切削用量的选择方法

① 背吃刀量的选择。根据加工余量确定，粗加工（表面粗糙度值为 $Ra10 \sim 80\mu m$）时，一次进给应尽可能切除全部余量。在中等功率机床上，背吃刀量可达 8 ~ 10mm。半精加工时（表面粗糙度值为 $Ra1.25 \sim 10\mu m$）时，背吃刀量取 0.5 ~ 2mm。精加工（表面粗糙度值为 $Ra0.32 \sim 1.25\mu m$）时，背吃刀量取 0.1 ~ 0.4mm。在工艺系统刚性不足或毛坯余量很大，或余量不均匀时，粗加工要分几次进给，并且应当把第一、二次进给的背吃刀量尽量取得大一些。

② 进给量的选择。粗加工时，由于对工件表面质量没有太高的要求，这时主要考虑机床进给机构的强度和刚性及刀杆的强度和刚性等限制因素，根据加工材料、刀杆尺寸、工件直径及已确定的背吃刀量来选择进给量。

在半精加工和精加工时，则按表面质量要求，根据工件材料、刀尖圆弧半径、切削速度来选择进给量。

③ 切削速度的选择。根据已经选定的背吃刀量、进给量及刀具寿命选择切削速度。可用经验公式计算，也可根据生产实践经验在机床说明书允许的切削速度范围内查表选取。

切削速度 v_c 确定后，可以计算出机床转速 n。在选择切削速度时，还应考虑以下几点：

a. 应尽量避开积屑瘤产生的区域。

b. 断续切削时，为减小冲击和热应力，要适当降低切削速度。

c. 在易发生振动的情况下，切削速度应避开自激振动的临界速度。

d. 加工大件、细长件和薄壁工件时，应选用较低的切削速度。

e. 加工带外皮的工件时，应适当降低切削速度。

f. 车内孔、内螺纹且刀具长径比为 2 时切削参数选取的原则是，切削用量应比外形加工降低 30% 左右；刀具长径比每增加 1，切削用量宜降低 25%。

初学编程时，切削用量的选取可参考表 7-1。

表 7-1　数控车削切削用量参考表

工件材料及毛坯尺寸	加工内容	背吃刀量 a_p/mm	主轴转速 n/(r/min)	进给量 f/(mm/r)	刀具材料
45 钢、直径 ϕ20 ~ 60mm 坯料，内孔直径 ϕ13 ~ 20mm	粗加工	1 ~ 2.5	300 ~ 800	0.15 ~ 0.4	硬质合金（YT 类）
	精加工	0.25 ~ 0.5	600 ~ 1000	0.08 ~ 0.2	

（续）

工件材料及毛坯尺寸	加工内容	背吃刀量 a_p/mm	主轴转速 n/(r/min)	进给量 f/(mm/r)	刀具材料
45 钢、直径 ϕ20～60mm 坯料，内孔直径 ϕ13～20mm	切槽、切断（切刀宽度 3～5mm）	—	300～500	0.05～0.1	硬质合金（YT 类）
	钻中心孔	—	300～800	0.1～0.2	高速钢
	钻孔	—	300～500	0.05～0.2	高速钢

（2）数控车削工艺文件的制订　数控车削加工工艺文件是进行数控车削加工和产品验收的依据。操作人员必须遵守和执行工艺文件，遵守操作规程，才能保证工件的加工精度和表面质量要求。它是编程及工艺人员按工件加工要求作出的与程序相关的技术文件。数控车削加工的工艺文件种类有多种，常见的有数控加工工序卡片、数控加工刀具卡片和数控加工程序清单等。现以加工图 7-14 所示的联接套为例，说明数控车削工艺文件的制订过程。

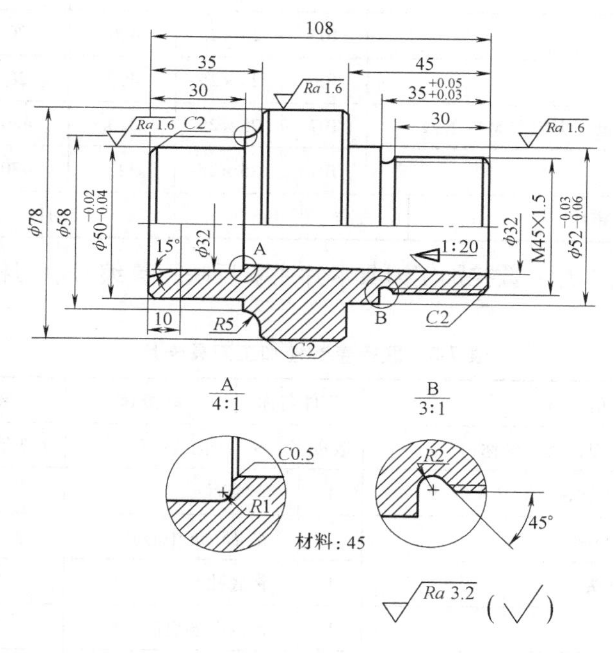

图 7-14　联接套

1）数控加工工序卡片。数控加工工序卡片需要反映加工的工艺内容、使用的机床、刀具、夹具、切削用量、切削液等，它是操作人员配合数控程序进行数控加工的主要指导性工艺文件，见表 7-2。数控加工工序卡应按已确定的工作顺序填写。

表 7-2　联接套数控加工工序卡片

工厂名称	辽宁石油化工大学机械厂	产品名称或代号	零件名称	零件图号
		数控车工艺分析实例	联接套	T001
工序号	程序编号	夹具名称	使用设备	车间
001	T001-××	自定心卡盘和自制心轴	CAK6140	数控实训中心

（续）

工步号	工步内容	刀具号	刀具规格/mm	主轴转速/（r/min）	进给速度/(mm/min)	背吃刀量/mm	备注
1	平端面	T01	25×25	320	—	1	手动
2	钻 ϕ5mm 中心孔	T02	ϕ5	950	—	2.5	手动
3	钻底孔	T03	ϕ26	200	—	13	手动
4	粗镗 ϕ32mm 内孔、15°斜面及 C0.5 倒角	T04	20×20	320	40	0.8	自动
5	精镗 ϕ32mm 内孔、15°斜面及 C0.5 倒角	T04	20×20	400	25	0.2	自动
6	调头装夹粗镗 1∶20 锥孔	T04	20×20	320	40	0.8	自动
7	精镗 1∶20 锥孔	T04	20×20	400	20	0.2	自动
8	心轴装夹自右至左粗车外轮廓	T05	25×25	320	40	1	自动
9	自左至右粗车外轮廓	T06	25×25	320	40	1	自动
10	自右至左精车外轮廓	T05	25×25	400	20	0.1	自动
11	自左至右精车外轮廓	T06	25×25	400	20	0.1	自动
12	卸心轴改为自定心卡盘装夹粗车 M45 螺纹	T07	25×25	320	480	0.4	自动
13	精车 M45 螺纹	T07	25×25	320	480	0.1	自动
编制	审核	批准		年 月 日		共 页	第 页

2）数控加工刀具卡片。数控加工刀具卡片主要反映刀具编号、刀柄规格尺寸、刀片材料等信息，见表 7-3。

表 7-3 联接套数控加工刀具卡片

刀具信息			零件名称	联接套	零件图号	T001
序号	刀具号	刀具规格名称	数量	加工表面	刀尖圆弧半径/mm	备注
1	T01	45°硬质合金端面车刀	1	车端面	0.5	25×25
2	T02	ϕ5mm 中心钻	1	钻 ϕ5mm 中心孔	—	
3	T03	ϕ26mm 钻头	1	钻底孔	—	
4	T04	镗刀	1	镗内孔各表面	0.4	20×20
5	T05	93°右偏刀	1	自右至左车外表面	0.2	25×25
6	T06	93°左偏刀	1	自左至右车外表面	0.2	25×25
7	T07	60°外螺纹车刀	1	车 M45 螺纹	0.1	25×25
编制 ×××	审核 ×××	批准 ×××		××年×月×日	共×页	第×页

3）数控加工程序清单。数控加工程序清单是编程人员经过对工件的工艺分析、数值计算、工序设计后，按照所用数控机床的代码格式和程序结构格式而编制的。它是记录数控加工工艺过程、工艺参数、位置数值的清单。注意：不同的数控系统，其规定的指令代码和程序格式均不相同，编写程序清单时，一定要预先指明所编写的程序清单将要在什么数控系统上使用。联接套数控加工程序清单见表 7-4。

表 7-4　联接套数控加工程序清单

工序工步	T001-08	名　称	心轴装夹自右至左粗车外轮廓
车　　间	数控实训中心	机　床	CAK6140
程　序　清　单			
程　序　段		说　明	
O2345；		程序名	
M03 S320；		主轴 $n=320$r/min	
T0505；		选 90°右偏刀	
G00 X60 Z2；		快速定位	
G71 U2 R1；		粗车循环	
G71 P10 Q20 U0.3 W0.1 F0.125；		F = 40/320 = 0.125	
N10 G42 G01 X0；		…	
…			
M05；		主轴停	
M30；		程序结束	
工　艺　员	×××	审　　核	××× 　日　　期

7.2.2　数控车床编程基础

1. FANUC 0i 数控系统的编程指令

(1) FANUC 0i 数控系统的准备功能 G 指令

指令格式：G __

它是指定数控系统准备好某种运动和工作方式的一种命令，由地址码 G 和后面的两位数字组成。

常用 G 功能指令见表 7-5。

表 7-5　FANUC 0i 数控系统的常用 G 功能指令

代　码	组　别	功　　能	代　码	组　别	功　　能
G00	01	快速点定位	G65	00	宏程序调用
G01		直线插补	G70		精车循环
G02		顺圆弧插补	G71		外圆粗车循环
G03		逆圆弧插补	G72		端面粗车循环
G32		螺纹切削	G73		固定形状粗车循环
G04	00	暂停延时	G74		端面转孔复合循环
G20	06	英制单位	G75		外圆切槽复合循环
G21		公制单位	G76		螺纹车削复合循环
G27	00	参考点返回检测	G90	01	外圆切削循环
G28		参考点返回	G92		螺纹切削循环
G40	07	刀具半径补偿取消	G94		端面切削循环
G41		刀具半径左补偿	G96	02	主轴恒线速度控制
G42		刀具半径右补偿	G97		主轴恒转速度控制
G50	00	坐标系的建立、主轴最大速度限定	G98	05	每分钟进给方式
G54 ~ G59	11	零点偏置	G99		每转进给方式

注：表中代码 00 组为非模态代码，只在本程序段中有效；其余各组均为模态代码，在被同组代码取代之前一直有效。同一组的 G 代码可以互相取代；不同组的 G 代码在同一程序段中可以指令多个，同一组的 G 代码出现在同一程序段中，最后一个有效。

(2) FANUC 0i 数控系统的辅助功能 M 指令

指令格式：M __

它主要用来表示机床操作时的各种辅助动作及其状态，由 M 及其后面的两位数字组成。常用 M 功能指令见表 7-6。

表 7-6 FANUC 0i 数控系统的常用 M 功能指令

代码	功 能	用 途
M00	程序停止	程序暂停，可用数控启动命令（CYCLE START）使程序继续运行
M01	选择停止	计划暂停，与 M00 作用相似，但 M01 可以用机床“任选停止按钮”选择是否有效
M02	程序结束	该指令编程于程序的最后一句，表示程序运行结束，主轴停转，切削液关，机床处于复位状态
M03	主轴正转	主轴顺时针旋转
M04	主轴反转	主轴逆时针旋转
M05	主轴停止	主轴旋转停止
M07	切削液开	用于切削液开
M08		用于切削液开
M09	切削液关	用于切削液关
M30	程序结束且复位	程序停止，程序复位到起始位置，准备下一个工件的加工
M98	子程序调用	用于调用子程序
M99	子程序结束及返回	用于子程序的结束及返回

(3) FANUC 0i 数控系统的刀具功能 T 指令

指令格式：T __

该功能主要用于选择刀具和刀具补偿号。执行该指令可实现换刀和调用刀具补偿值。它由 T 和其后的四位数字组成，其前两位数字是刀号，后两位数字是刀具补偿号。

例如，T0101 表示第 1 号刀的 1 号刀补；T0102 则表示第 1 号刀的 2 号刀补，T0100 则表示取消 1 号刀的刀补。

(4) FANUC 0i 数控系统的主轴转速功能 S 指令

指令格式：S __

它由地址码 S 和其后的若干数字组成，单位为 r/min，用于设定主轴的转速。例如，“S320” 表示主轴以 320r/min 的速度旋转。

1) 恒线速控制指令 G96 指令。当数控车床的主轴为伺服主轴时，可以通过指令 G96 来设定恒线速度控制。系统执行 G96 指令后，便认为用 S 指定的数值表示切削速度。例如，“G96 S150” 表示切削速度为 150 m/min。

2) 恒转速控制指令 G97 指令。G97 指令是取消恒线速控制指令，程序中出现 G97 指令以后，S 指定的数值表示主轴每分钟的转速。单位由 G96 指令的 m/min 变回 G97 指令的 r/min。

3) 主轴最高转速限制指令 G50 指令。G50 指令除有工件坐标系设定功能外，还有主轴最高转速限制功能。例如，“G50 S2000” 表示主轴最高转速设定为 2000r/min，用于限制在使用 G96 恒线速切削时，避免刀具在靠近轴线时主轴转速会无限增大而出现飞车事故。

（5）FANUC 0i 数控系统的进给功能 F 指令

指令格式：F __

进给功能 F 指令指定数控车削中刀具在进给方向上的移动速度。由地址码 F 和其后的若干数字组成。F 指令用于设定直线（G01）和圆弧（G02、G03）插补时的进给速度。一般情况下，数控车床进给方式有以下两种。

1）分进给。用 G98 指令，进给单位为 mm/min，即按每分钟前进的距离来设定进给速度，进给速度仅跟时间有关。例如，“G98 F100”表示进给速度设定为 100mm/min。

2）转进给。用 G99 指令，进给单位为 mm/r，即按主轴旋转一周刀具沿进给方向前进的距离来设定进给速度，进给速度与主轴转速建立了联系。例如，“G99 F0.2”表示进给速度为 0.2mm/r。

（6）编程时的注意事项

1）绝对坐标编程和相对坐标编程。绝对坐标编程是指程序段中的坐标值均是相对于工件坐标系的坐标原点来计量的，用地址字 *X*、*Z* 来表示。相对坐标编程是指程序段中的坐标值均是相对于起点来计量的，用地址字 *U*、*W* 来表示。例如，图 7-15 所示的由 *B* 点到 *A* 点的移动，分别用绝对坐标编程和相对坐标编程，其程序如下。

绝对坐标编程：X35.0 Z40.0；

相对坐标编程：U20.0 W－60.0；

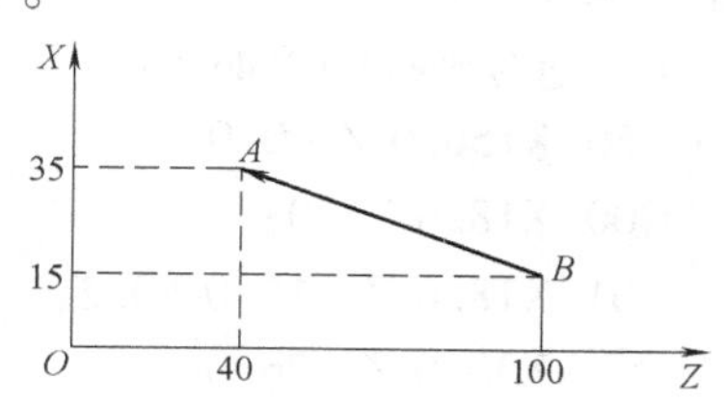

图 7-15　绝对坐标编程与相对坐标编程示例

2）直径编程和半径编程。当地址字 X 后坐标值是直径时，称为直径编程；当地址字 X 后的坐标值是半径时，称为半径编程。由于回转体零件图样上标注的都为直径尺寸，所以在数控车床编程时，常采用的是直径编程。但需要注意的是，无论是直径编程还是半径编程，圆弧插补时地址字 R、I 和 K 的坐标值都以半径值编程。

3）公制尺寸编程和英制尺寸编程

数控系统可根据所设定的状态，利用代码把所有的几何值转换为公制尺寸或英制尺寸。公制尺寸用 G21 指令设定，英制尺寸用 G20 指令设定。使用公制/英制转换时，必须在程序开头一个独立的程序段中指定上述 G 代码，然后才能输入坐标尺寸。

2. FANUC 0i 数控系统的基本指令

（1）快速点定位指令 G00

指令格式：

绝对坐标编程　G00 X __ Z __；

相对坐标编程　G00 U __ W __；

G00 指令用于快速定位刀具到指定的目标点（X，Z）或（U，W）。

如图 7-16 所示，刀具从起始点 *A* 点快速定位到 *B* 点准备车外圆，分别用绝对和相对坐标编写该指令段。

绝对坐标编程：G00 X40.0 Z40.0；

相对坐标编程：G00 U－40.0 W－30.0；

说明：

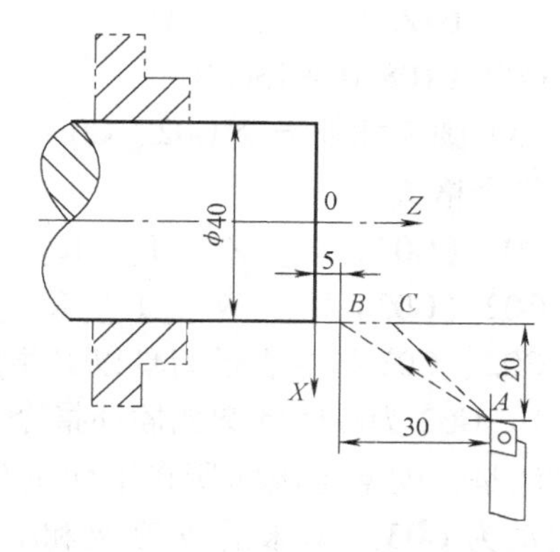

图 7-16　快速定位及直线插补示例

1）使用G00指令时，快速移动的速度是由系统内部参数设定的，跟程序中F指定的进给速度无关，且受修调倍率的影响在系统设定的最小和最大速度之间变化。G00指令不能用于切削工件，只能用于刀具在工件外的快速定位。

2）在执行G00指令段时，刀具沿 X、Z 轴分别沿该轴的最快速度向目标点运行，故运行路线通常为折线。如图7-16所示，刀具由 A 点向 B 点运行的实际路线是 $A \to C \to B$。所以使用G00指令时一定要注意刀具的折线路线，避免与工件碰撞。

（2）直线插补指令G01

指令格式：

绝对坐标编程　G01 X __ Z __ F __;

相对坐标编程　G01 U __ W __ F __;

G01指令用于直线插补加工到指定的目标点（X，Z）或（U，W），插补速度由F后的数值指定。

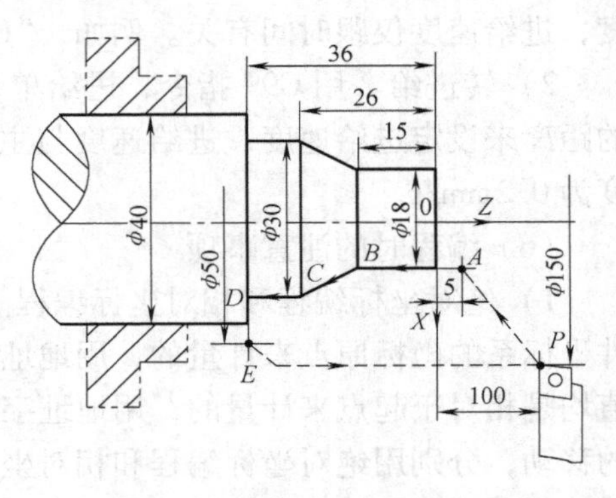

图7-17　直线插补示例

如图7-17所示，工件各表面已完成粗加工，试分别用绝对坐标方式和增量坐标方式编写精车外圆的程序段。

1）绝对坐标编程如下：

G50 X150.0 Z100.0;	设定坐标系
G00 X18.0 Z5.0;	快速定位 $P \to A$
G01 X18.0 Z－15.0 F0.2;	切削 $A \to B$
X30.0 Z－26.0;	切削 $B \to C$
Z－36.0;	切削 $C \to D$
X42.0;	切出退刀 $D \to E$
G00 X150.0 Z100.0;	快速回到起点 $E \to P$

2）增量坐标编程如下：

G00 U－132.0 W－95.0;	快速定位 $P \to A$
G01 W－20.0 F0.2;	切削 $A \to B$
U12.0 W－11.0;	切削 $B \to C$
W－10.0;	切削 $C \to D$
U12.0;	切削 $D \to E$
G00 U108.0 W136.0;	快速回到起点 $E \to P$

（3）圆弧插补指令G02、G03

指令格式：

G02（G03）X __ Z __ I __ K __（R __）F __;

G02（G03）U __ W __ I __ K __（R __）F __;

G02、G03指令表示刀具以F指定的进给速度从圆弧起点向圆弧终点进行圆弧插补。

1）G02为顺时针圆弧插补指令，G03为逆时针圆弧插补指令。圆弧的顺、逆方向的判断方法是：朝着与圆弧所在平面垂直的坐标轴的负方向看，刀具顺时针运动为G02，逆时针运动为G03。车床前置刀架和后置刀架对圆弧顺时针与逆时针方向的判断如图7-18所示。

2）采用绝对坐标编程时，X、Z 为圆弧终点坐标值；采用增量坐标编程时，U、W 为圆弧终点相对于圆弧起点的坐标增量。R 是圆弧半径，当圆弧所对圆心角为 0～180°时，R 取正值；当圆心角为 180°～360°时，R 取负值。I、K 分别为圆心在 *X*、*Z* 轴方向上相对于圆弧起点的坐标增量（用半径值表示），I、K 为零时可以省略。

如图 7-19 所示，进刀路线为 *A*→*B*→*C*→*D*→*E*→*F*，试分别用绝对坐标方式和增量坐标方式编程。

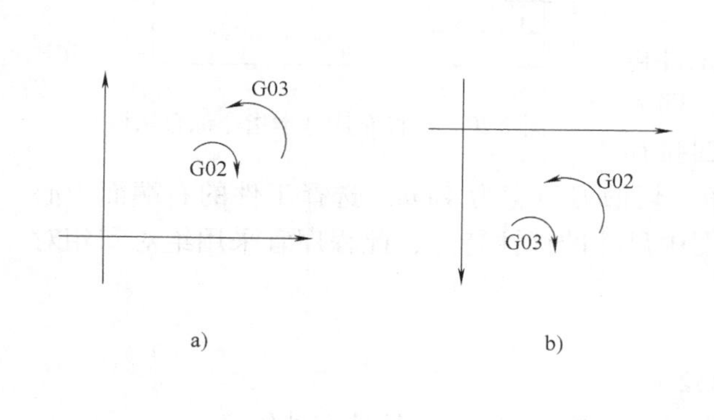

图 7-18　圆弧的顺、逆时针插补方向
a）后置刀架　b）前置刀架

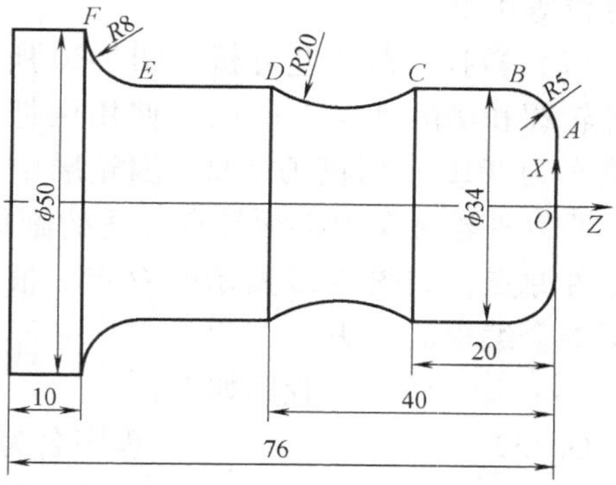

图 7-19　圆弧插补示例

绝对坐标编程如下：

G03 X34.0 Z－5.0 K－5.0（或 R5.0）F0.1；　*A*→*B*

G01 Z－20.0；　*B*→*C*

G02 Z－40.0 R20.0；　*C*→*D*

G01 Z－58.0；　*D*→*E*

G02 X50.0 Z－66.0 I8.0（或 R8.0）；　*E*→*F*

增量坐标编程如下：

G03 U10.0 W－5.0 K－5.0（或 R5.0）F0.1；　*A*→*B*

G01 W－15.0；　*B*→*C*

G02 W－20.0 R20.0；　*C*→*D*

G01 W－18.0；　*D*→*E*

G02 U16.0 W－8.0 I8.0（或 R8.0）；　*E*→*F*

（4）暂停、延时指令 G04

指令格式：

G04 P __；P 后跟整数值，单位为 ms（毫秒）

或 G04 X __（U __）；X 后跟带小数点的数，单位为 s（秒）

G04 指令可使刀具短时间无进给地进行光整加工，主要用于车槽、钻不通孔以及自动加工螺纹等工序。

3. 数控车床基本指令综合举例

试编写图 7-20 所示工件的轮廓精车和槽加工程序。

（1）数控车床编程说明　一般的数控车床程序头要完成以下设置任务：选定程序名、

建立工件坐标系、选定刀具及刀补值、启动主轴、设定进刀方式和开切削液，还要使刀具快进到工件切削起点的附近等。程序体则由具体的车削轮廓的各程序段组成，各程序段可由基本指令、单循环、复合固定循环和子程序等组成。程序尾则必须要有退刀、主轴停止、切削液停和程序结束且复位等指令段。

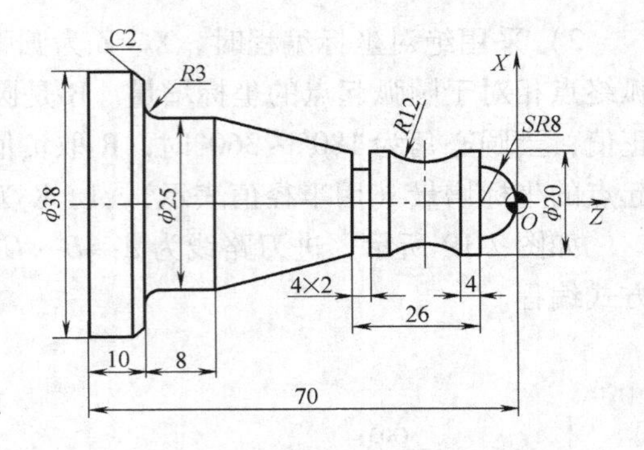

图 7-20 数控车床基本指令综合示例

（2）数控车削工艺分析 图 7-20 所示工件包括外轮廓和槽的加工，所以要使用两把刀，即外轮廓车刀 T01 和切槽刀 T02。因轮廓中有凹弧存在，所以外轮廓车刀必须具有合适的副偏角，切槽刀刀宽为 4mm。选择工件的右端面中心为工件原点，如图 7-20 所示的 *O* 点。根据图中尺寸的标注特点，此程序宜采用绝对和相对坐标混合编程的方法。

（3）加工程序 程序如下：

```
O2352;                    程序名为 2352
M03 S1000;                主轴正转，转速为 1000r/min，开始精车外轮廓
T0101;                    选 1 号刀，外圆车刀，并通过 1 号刀补建立工件坐标系
M08;                      切削液开
G00 X20 Z0;               快速定位到端面
G01 X0 F0.1;              横向直线插补到外轮廓起始位置（0，0）点
G03 X16 Z-8 R8 F0.2;      逆时针圆弧插补，车右侧半球体
G01 X20;                  直线插补，车端面
W-4;                      相对编程，车 φ20mm×4mm 外圆
G02 W-14 R12;             相对编程，车 R12mm 圆弧
G01 Z-34;                 车 φ20mm×8mm 外圆，到圆锥的起点
X25 Z-52;                 车圆锥
W-5;                      相对编程，车 φ25mm 外圆
G02 X31 W-3 R3;           车 R3mm 圆角
G01 X34;                  直线插补到倒角起点
X38 W-2;                  车倒角
Z-70;                     车 φ38mm 外圆
M09;                      切削液关
G00 X100 Z100;            退刀至换刀点
M03 S200;                 主轴变速，转速为 200r/min，开始切槽
T0202;                    选 2 号刀，切槽刀，并通过设置 2 号刀补建立工件坐标系
M08;                      切削液开
G00 X22 Z-34;             快速定位到切槽位置
G01 X16 F0.05;            直线插补，切槽，深度 2mm
G04 P2000;                槽底暂停 2s，使槽底光滑完整
```

```
G00 X22;                径向退出
M09;                    切削液关
X100 Z100;              退刀至换刀点
M05;                    主轴停转
M30;                    程序结束
```

4. 数控车床的刀具补偿功能

（1）刀具位置补偿　刀具位置补偿用来补偿实际刀具与编程中的假想刀具（基准刀具）的偏差。在 FANUC 0i 数控系统中，刀具位置补偿由 T 指令指定，T 后的前两位是刀具号，后两位是补偿号。图 7-21 所示为某刀具的 *X* 轴偏置量和 *Z* 轴偏置量。

刀具补偿号由两位数字组成，用于指定存储刀具位置偏移补偿值的存储器地址，存储界面如图 7-22 所示，界面上的 X、Z 地址用于存储刀具位置补偿值。

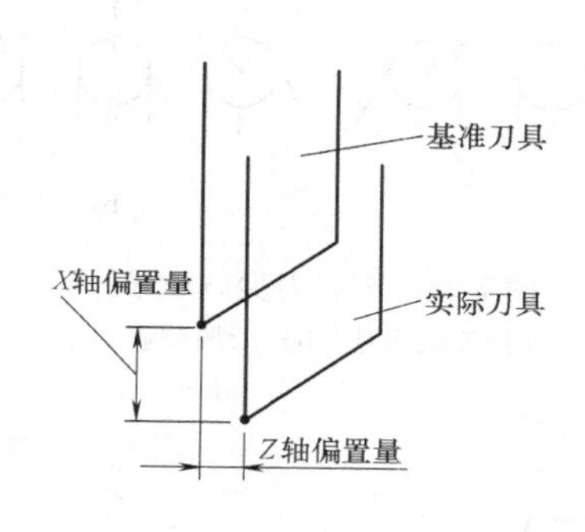

图 7-21　刀具位置偏置量

工具补正　　O　　N

番号	X	Z	R	T
01	0.000	0.000	0.000	0
02	0.000	0.000	0.000	0
03	0.000	0.000	0.000	0
04	0.000	0.000	0.000	0
05	0.000	0.000	0.000	0
06	0.000	0.000	0.000	0
07	0.000	0.000	0.000	0
08	0.000	0.000	0.000	0

现在位置（相对坐标）
U　-200.000　W　-100.000
>　　S　0　　T
REF　****　***　***
[NO检索] [测量] [C.输入] [+输入] [输入]

图 7-22　数控车床的刀具补偿设置界面

（2）刀尖圆弧半径补偿　编程时，常用车刀的刀尖代表刀具的位置，称刀尖为刀位点。实际上，刀尖不是一个点，而是由刀尖圆弧构成的，如图 7-23 中的刀尖圆弧半径 *r*。车刀的刀尖点并不存在，称其为假想刀尖。为方便操作，采用假想刀尖对刀，用假想刀尖确定刀具位置，程序中的刀具轨迹就是假想刀尖的轨迹。

图 7-23 所示的假想刀尖的编程轨迹，在加工工件的圆锥面和圆弧面时，由于刀尖圆弧的影响，导致切削深度不够（图中画剖面线部分），而程序中的刀尖圆弧半径补偿指令可以改变刀尖圆弧中心的轨迹（图中虚线部分），补偿相应误差。

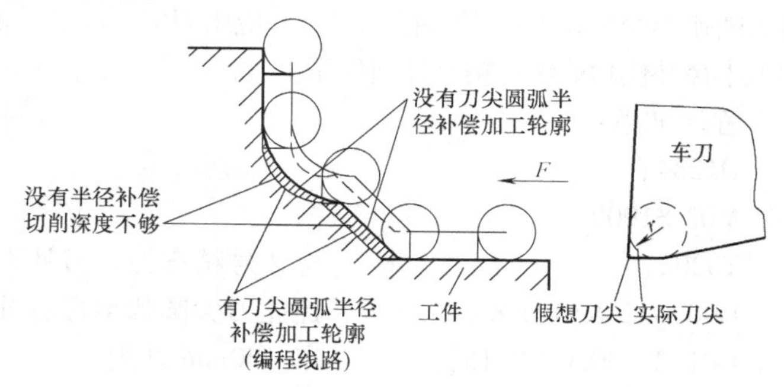

图 7-23　刀尖圆弧半径补偿的刀具轨迹

1）刀尖圆弧半径补偿指令

G41 指令——刀尖圆弧半径左补偿。车削时，沿着刀具运动方向看，刀具在工件的左侧，如图 7-24a 所示。

G42 指令——刀尖圆弧半径右补偿。车削时，沿着刀具运动方向看，刀具在工件的右侧，如图 7-24b 所示。

G40 指令——取消刀尖圆弧半径补偿。

一般来说，从右向左车外圆用 G42 指令、车内孔用 G41 指令；从左向右车外圆用 G41 指令，车内孔用 G42 指令。

2）刀尖圆弧半径补偿值、刀尖方位号。刀尖圆弧半径补偿值也存储于刀具补偿号中，如图 7-22 所示。该界面上的 R 地址用于存储刀尖圆弧半径补偿值，界面上的 T 地址用于存储刀尖方位号。车刀刀尖方位用 0 ~ 9 十个数字表示，如图 7-25 所示，其中 1 ~ 8 表示在 *XZ* 面上车刀刀尖的位置，0、9 表示在 *XY* 面上车刀刀尖的位置。

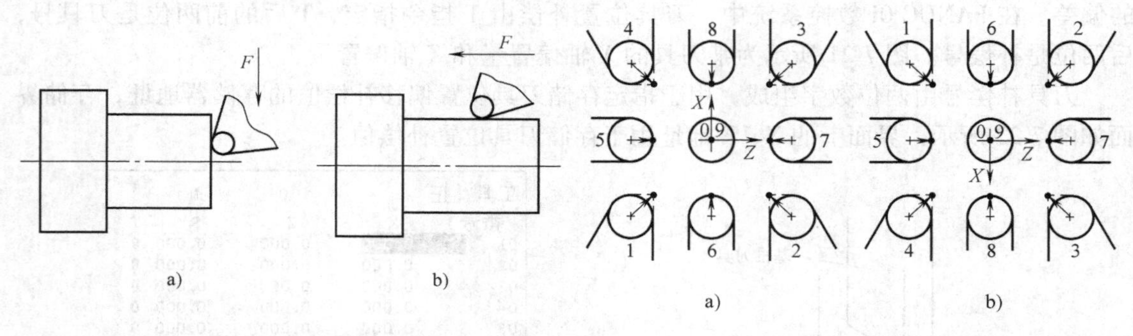

图 7-24 车刀刀尖圆弧半径补偿指令
a) G41 左补偿 b) G42 右补偿

图 7-25 车刀刀尖方位号
a) 刀架后置 b) 刀架前置

3）刀尖圆弧半径补偿指令的使用要求。用于建立刀尖圆弧半径补偿的程序段，必须是使刀具直线运动的程序段，也就是说 G41、G42 指令必须与 G00 或 G01 直线运动指令组合，不允许在圆弧程序段中建立半径补偿。在程序中应用 G41、G42 指令补偿后，必须用 G40 指令取消补偿。

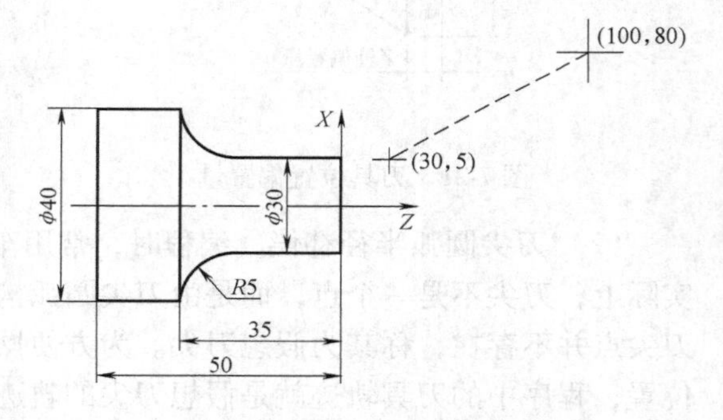

图 7-26 刀尖圆弧半径补偿示例

图 7-26 所示的工件已经完成粗加工，现使用刀尖圆弧半径为 0.2mm 的外圆车刀，并应用刀尖圆弧半径补偿功能编写精车外圆程序。

程序如下：

```
O1234;
M03 S1000;
T0202;                        选 2 号精车刀，刀补表中 R 设为 0.2，T 设为 3
G00 G42 X30.0 Z5.0;           建立刀尖圆弧半径右补偿
G01 Z-30.0 F0.15;             车 φ20mm 外圆
G02 X40.0 Z-35.0 R5.0;        车 R5mm 圆弧面
G01 Z-50.0;                   车 φ40mm 外圆
G00 G40 X100.0 Z80.0;         取消刀尖圆弧半径补偿，退刀
M05;
M30;
```

7.2.3 数控车床复合循环指令

在使用棒料作为毛坯加工工件的情况下，完成粗车过程，需要编程者计算并分配车削次数和背吃刀量，再一段一段地实现，还是很麻烦的。复合循环指令则只需指定精加工路线和背吃刀量，系统会自动计算出粗加工路线和加工次数，因此可大大简化编程工作。

1. 外圆粗车复合循环 G71 指令

指令格式：

G71 U（Δd）R（e）；

G71 P（ns）Q（nf）U（Δu）W（Δw）（F__S__T__）；

Nns… F__S__T__；

…；

Nnf…；

指令中各参数的意义见表 7-7。

表 7-7 G71 指令中各参数的意义

地址	含义	地址	含义
ns	精加工轮廓程序的第一个程序段号	Δu	径向精加工余量（直径值），车外圆时为正值，车内孔时为负值
nf	精加工轮廓程序的最后一个程序段号	Δw	轴向精加工余量
Δd	每次循环的径向背吃刀量（半径值）	e	退刀时径向退刀量

G71 指令的进刀路线如图 7-27 所示，与精加工程序段的编程顺序一致，即每一个循环都是沿径向进刀，轴向切削。其中，ns 和 nf 两程序段号之间的程序是描述工件最终轮廓的精加工轨迹。G71 指令也可以对圆筒形内壁毛坯进行内圆粗车复合循环加工，此时应将循环参数 Δu 设为负值。

2. 端面粗车复合循环 G72 指令

指令格式：

G72 W（Δd）R（e）；

G72 P（ns）Q（nf）U（Δu）W（Δw）（F__S__T__）；

Nns…F__S__T__；

…；

Nnf…；

G72 循环指令的参数与 G71 指令基本相同，其中 Δd 是每次循环的轴向背吃刀量，其他参数意义同，见表 7-7。

G72 指令适用于径向尺寸较大工件的端面粗车加工，工件类型多为轮盘类零件。其进刀路线如图 7-28 所示，与精加工程序段的编程顺序一致，与 G71 指令相反，即每一个循环都是沿轴向进刀，径向切削。

3. 固定形状粗车复合循环 G73 指令

指令格式：

G73 U（Δi）W（Δk）R（d）；

G73 P（*ns*）Q（*nf*）U（Δu）W（Δw）（F__ S__ T__）；

N*ns*… F__ S__ T__；

…；

N*nf*…；

指令中各参数的意义见表 7-8。

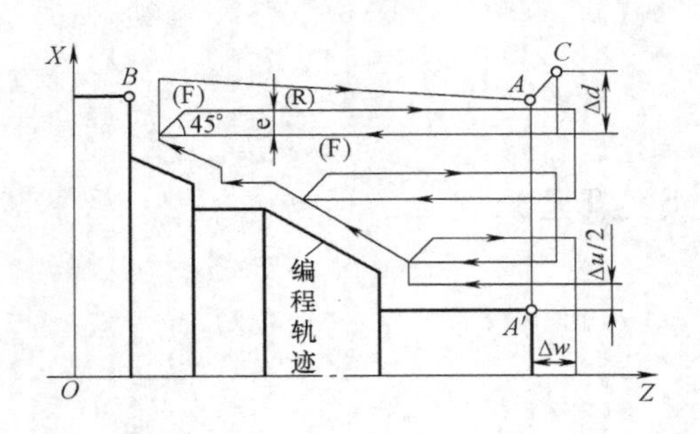

图 7-27　G71 指令进刀路线

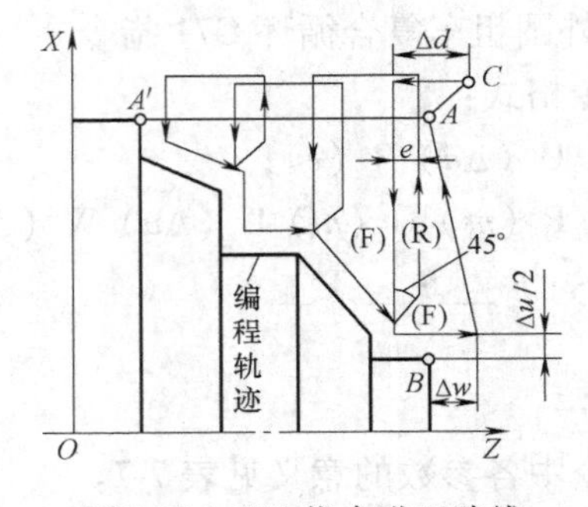

图 7-28　G72 指令进刀路线

表 7-8　G73 指令中各参数的意义

地址	含　义	地址	含　义
Δi	*X* 方向总的退刀距离（半径值），一般是毛坯径向需切除的最大厚度	*d*	粗加工的循环次数
Δk	*Z* 方向总的退刀量，一般是毛坯轴向需去除的最大厚度	Δu	径向精加工余量（直径值）
ns	精加工轮廓程序的第一个程序段号	Δw	轴向精加工余量
nf	精加工轮廓程序的最后一个程序段号		

G73 指令适于加工铸造或锻造毛坯料，且毛坯的外形与零件的外形相似，但加工余量还相当大。它的进刀路线如图 7-29 所示，与 G71、G72 指令不同，每一次循环路线沿工件轮廓进行。

说明：

1）G71、G72、G73 指令程序段中的 F、S、T 在粗加工时有效，而精加工循环程序段中的 F、S、T 在执行精加工程序时有效。

2）精加工循环程序段的段号 *ns* 到 *nf* 需从小到大变化，而且不要有重复，否则系统会产生报警。精加工程序段的编程路线如图 7-27、图 7-28 和图 7-29 所示，由 A→A′→B 用基本指令（G00、G01、G02 和 G03）沿工件轮廓编写。而且 *ns*～*nf* 程序段中不能含有子程序。

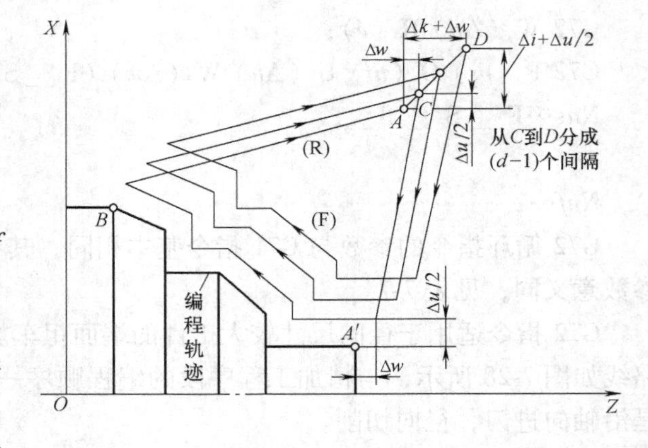

图 7-29　G73 指令进刀路线

3）粗加工完成以后，工件的大部分余量被切除，留出精加工预留量 $\Delta u/2$ 及 Δw。刀具退回循环起点 A 点，准备执行精加工程序。

4）循环起点 A 点要选择在径向大于毛坯最大外圆（车外表面时）或小于最小孔径（车内表面时），同时轴向要离开工件的右端面的位置，以保证进刀和退刀安全。

4. 精车循环 G70 指令

指令格式：

G70 P（ns）Q（nf）；

该指令用于执行 G71、G72 和 G73 粗加工循环指令以后的精加工循环。只需要在 G70 指令中指定粗加工时编写的精加工轮廓程序段的第一个程序段的段号和最后一个程序段的段号，系统就会按照粗加工循环程序中的精加工路线切除粗加工时留下的余量。

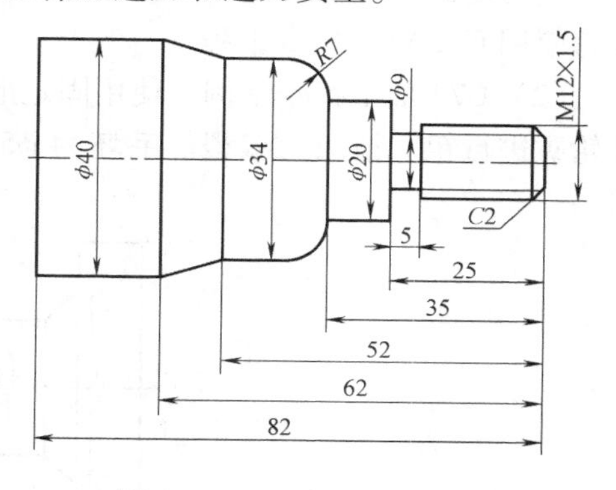

图 7-30　G71 加工指令示例

5. 复合循环编程示例

（1）G71 加工指令示例　使用外圆粗车复合循环 G71 指令，对图 7-30 所示工件的外圆轮廓进行粗、精加工编程，暂时不加工退刀槽和螺纹部分。毛坯为 φ45mm 棒料，卡盘外长度 100mm；T01 为外圆车刀。

程序如下：

程序	说明
O2323；	
G99 G97 G40；	设置机床初始状态
T0101；	选 1 号刀，外圆车刀，建立工件坐标系
G00 X100 Z100；	刀具快速定位
M03 S600；	主轴正转，转速为 600r/min
G00 X48 Z0；	刀具定位端面外侧
G01 X－1 F0.1；	平右端面
G00 X45 Z2；	刀具定位到循环起点
G71 U2 R1；	每次循环径向背吃刀量为 2mm，退刀量为 1mm
G71 P1 Q2 U0.3 W0.15 F0.3；	设循环体起止行号，预留精加工余量并设置粗加工进给量
N1 G00 X4；	循环起点，此行不能有 Z 坐标出现，否则系统报错
G01 X12 Z－2；	倒角
Z－25；	车 φ12mm 外圆
X20；	车 φ20mm 外圆
Z－35；	
G03 X34 W－7R7；	车 R7mm 圆弧
G01 Z－52；	车 φ34mm 外圆
X40 Z－62；	车圆锥
N2 Z－82；	车 φ40mm 外圆，循环结束
M03 S800；	主轴正转，转速为 800r/min
G70 P1 Q2 F0.1；	精加工外圆，精加工应提高转速并减小进给量
G00 X100 Z100；	退刀

M05;　　　　　　　　　　　　主轴停转

M30;　　　　　　　　　　　　程序结束

使用端面粗车复合循环 G72 指令编程与 G71 指令编程相似，读者可以参照上例，练习改为使用 G72 循环指令编程。

（2）G73 加工指令示例　使用固定形状粗车复合循环 G73 指令，对图 7-31 所示工件的外轮廓进行粗、精加工编程。毛坯为 ϕ50mm 尼龙棒料，卡盘外长度 80mm；T01 为外圆车刀。

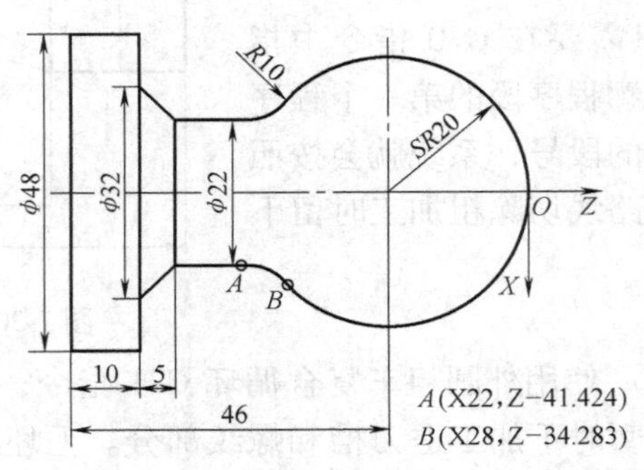

图 7-31　G73 加工指令示例

程序如下：

程序	说明
O5326;	
G99 G97 G40;	设置机床初始状态
T0101;	选 1 号刀，外圆车刀，建立工件坐标系
G00 X100 Z100;	刀具快速定位
M03 S700;	主轴正转，转速为700r/min
G00 X60 Z3;	刀具定位到循环起点。为避免工件表面拉伤，X 值大于毛坯直径
G73 U17 W0 R13;	径向总退刀量为 23mm，粗加工循环次数 16 次
G73 P10 Q20 U0.5 W0.3 F0.2;	设循环体起止段号，预留精加工余量并设置粗加工进给量
N10 G00 X0;	循环起点，此行既可有 X 坐标，也可有 Z 坐标出现
G01 Z0;	车至圆球起点
G03 X28 Z-34.283 R20;	车圆球
G02 X22 Z-41.424 R10;	圆弧过渡
G01 Z-51;	车 ϕ22mm 外圆
X32 W-5;	车圆锥
U16;	
N20 W-10;	车 ϕ48mm 外圆，循环结束
G70 P10 Q20 F0.1;	精加工
G00 X100 Z100;	退刀
M05;	主轴停转
M30;	程序结束

注意：

1）N10～N20段为精加工轮廓程序段，按从右至左的工件表面轮廓路线编程。

2）“G73 U17 W0 R13”；程序段中的数值确定方法如下：

首先，确定粗加工时的每刀背吃刀量 a，这里取 $a_p = 2\text{mm}$；然后计算总的粗加工单边余量最大值 e，即

$$e = \frac{\text{毛坯最大直径} - \text{工件最小直径}}{2} = \frac{50-0}{2}\text{mm} = 25\text{mm}$$

为避免第一刀空进给，Δi 应减去粗加工一刀的背吃刀量 a_p，即

$$\Delta i = e - a_p = 25\text{mm} - 2\text{mm} = 23\text{mm}$$

计算粗加工循环次数

$$d = \frac{\text{粗加工单边余量最大值}}{\text{粗加工每刀的背吃刀量}} = \frac{e}{a_p} = \frac{25\text{mm}}{2\text{mm}} \approx 13\text{ 次}$$

这里选择径向进刀加工，故 Δk 的值取0。

3）G70指令中的 *ns* 和 *nf* 段号一定要与粗加工中的段号保持一致。

7.2.4　车削螺纹数控编程

螺纹切削是数控车床上常见的加工任务。螺纹的形成实际上是刀具和主轴按预先输入的直线运动距离与转速之比同时运动所致。切削螺纹使用的是成形刀具，螺距和尺寸精度受机床精度影响，牙型精度则由刀具精度保证。

1. G92指令的编程方法及应用

螺纹单一切削循环指令G92把“切入→螺纹切削→退刀→返回”四个动作作为一个循环，用一个程序段来指令，从而简化编程，如图7-32所示。

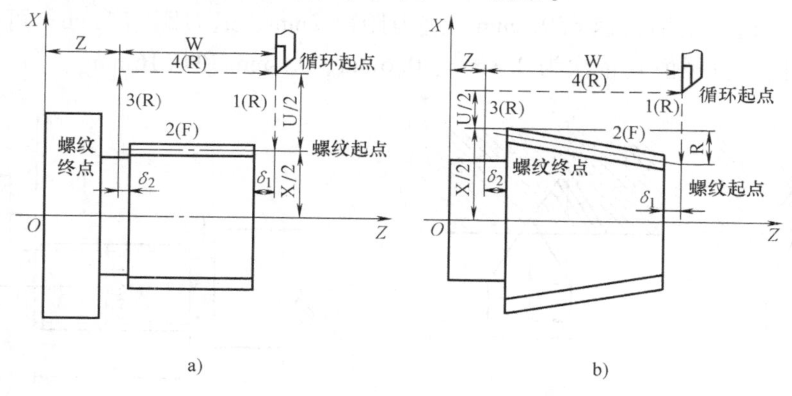

图7-32　G92指令加工螺纹的运动轨迹

a）加工圆柱螺纹　b）加工圆锥螺纹

（1）指令格式

G92 X（U）__ Z（W）__ R __ F __；

指令格式中，X（U）、Z（W）为螺纹切削的终点坐标值，R为螺纹部分半径之差，即螺纹切削起始点与切削终点的半径差。加工圆柱螺纹时，R＝0；加工圆锥螺纹时，当 X 向切削起始点坐标小于切削终点坐标时，R为负，反之为正。

（2）指令说明

1）车削螺纹时，为保证切削正确的螺距，不能使用 G96 恒线速控制指令。

2）在编写螺纹加工程序时，始点坐标和终点坐标应考虑切入距离和切出距离。

由于螺纹车刀是成形刀具，所以切削刃与工件接触线较长，切削力也较大。为避免切削力过大造成刀具损坏或在切削中引起刀具振动，通常在切削螺纹时需要多次进给才能完成。图 7-33 所示为螺纹切削的两种进给方法，每次进给的背吃刀量根据螺纹牙深按递减规律分配。

切削常用米制螺纹的进给次数与背吃刀量的关系见表 7-9。

表 7-9 切削米制螺纹的进给次数与背吃刀量的关系 （单位：mm）

米制螺纹 牙深 = 0.6495*P* （*P* 为螺距）								
螺 距		1.0	1.5	2.0	2.5	3.0	3.5	4.0
牙 深		0.649	0.974	1.299	1.624	1.949	2.273	2.598
进给次数及背吃刀量	1 次	0.7	0.8	0.9	1.0	1.2	1.5	1.5
	2 次	0.4	0.6	0.6	0.7	0.7	0.7	0.8
	3 次	0.2	0.4	0.6	0.6	0.6	0.6	0.6
	4 次	—	0.16	0.4	0.4	0.4	0.6	0.6
	5 次	—	—	0.1	0.4	0.4	0.4	0.4
	6 次	—	—	—	0.15	0.4	0.4	0.4
	7 次	—	—	—	—	0.2	0.2	0.4
	8 次	—	—	—	—	—	0.15	0.3
	9 次	—	—	—	—	—	—	0.2

例如，用 G92 指令加工图 7-34 所示的圆柱螺纹。查表 7-9 可知：螺纹导程 *P* = 1.5mm，牙深 0.974mm。选取主轴转速 650r/min，进刀距离 2mm，退刀距离 1mm；可分 4 次进给，对应的背吃刀量（直径值）依次为 0.8mm、0.6mm、0.4mm 和 0.16mm。

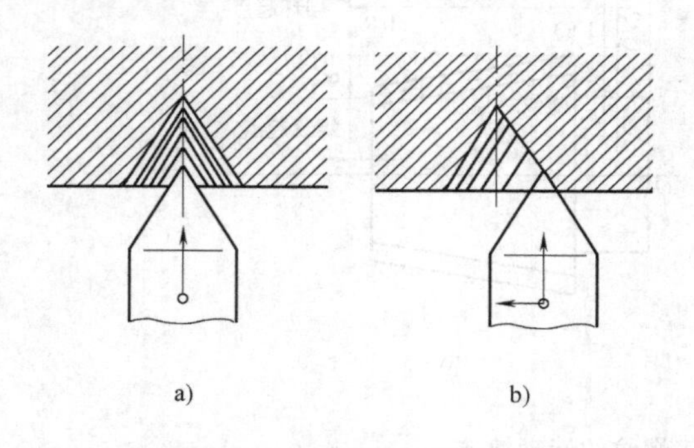

图 7-33 螺纹切削进给方法
a）直进法 b）斜进法

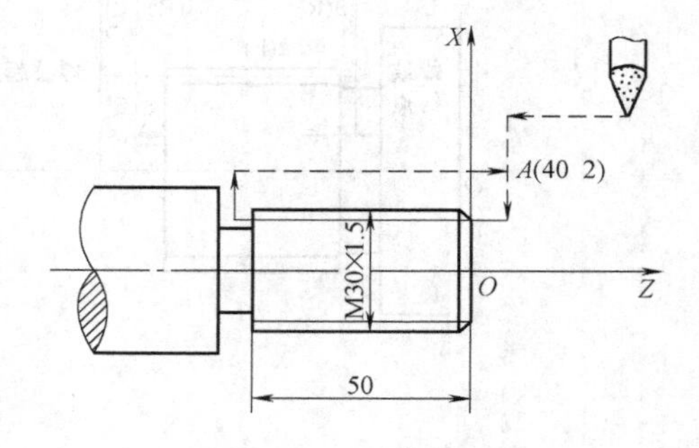

图 7-34 车螺纹例题图

为防止刀具每次 *Z* 向退刀时划伤已加工的螺纹，因此循环起点的 *X* 坐标要大于被加工螺纹的公称直径。本例设循环起点在 *A*（40，2）的位置，切削螺纹部分的加工程序如下：

```
…
G00 X42.0 Z2.0;          快速移动到循环起点
G92 X29.2 Z-51.0 F1.5;   第一刀切削螺纹循环
```

```
X28.6;                  第二刀切削螺纹循环
X28.2;                  第三刀切削螺纹循环
X28.04;                 第四刀切削螺纹循环
G00 X100.0 Z100.0;      快速移动到换刀点
…
```

2. 螺纹加工编程示例

继续加工图7-30所示工件的退刀槽及螺纹部分。在这之前，该工件已经由G71和G70指令完成了所有外圆部分的粗、精加工，现在选用T02号切槽刀（刃宽4mm）切削退刀槽，用T03号螺纹车刀切削螺纹。该部分程序如下：

```
…
T0202;                   换02号切槽刀，通过刀补建立工件坐标系
G00 X22 Z-25;            快速定位到加工退刀槽位置的最左侧
G01 X9 F0.1;             切槽
G04 P3000;               暂停3s，完成槽底光整加工
G01 X22 F0.5;            退刀
Z-24;                    右移1mm
X9 F0.1;                 再次切槽，使槽宽加工到5mm
G04 P3000;               暂停3s，完成槽底光整加工
G01 X22 F0.5;            退刀
G00 X100 Z100;           快速移动到换刀点
T0303;                   换03号螺纹车刀，通过刀补建立工件坐标系
G00 X18 Z3;              快速定位到螺纹加工循环的起点
G92 X11.2 Z-22 F1.5;     切削螺纹循环第一刀
X10.6;                   切削螺纹循环第二刀
X10.2;                   切削螺纹循环第三刀
X10.04;                  切削螺纹循环第四刀
G00 X100 Z100;           快速退刀至换刀点
M05;                     主轴停转
M30;                     程序结束
```

7.2.5　数控车床安全操作规程

1）操作人员必须熟悉机床使用说明书等有关资料，如主要技术参数、传动原理、主要结构、润滑部位及维护保养等一般知识。

2）开机前应对机床进行全面细致的检查，确认无误后方可操作。

3）机床通电后，检查各开关、按钮和按键是否正常、灵活，机床有无异常现象。

4）检查电压、油压是否正常，有手动润滑的部位先要进行手动润滑。

5）开机后，要及时使各坐标轴手动回零（机械原点）。

6）程序输入后，应仔细核对，其中包括代码、地址、数值、正负号、小数点及语法。

7）正确测量和计算工件坐标系，并对所得结果进行检查。

8）输入工件坐标系，并对坐标、坐标值，正负号及小数点进行认真核对。

9）未装工件前，空运行一次程序，看程序能否顺利运行，刀具和夹具安装是否合理，有无超程现象。

10）无论是首次加工的工件，还是重复加工的工件，首件都必须对照图样、工艺规程、加工程序进行试切。

11）安装工件要牢靠，卡盘扳手要及时从卡盘上取下。试切时快速进给倍率开关必须打到较低挡位。

12）每把刀首次使用时，必须先验证它的实际长度与所给刀补值是否相符。

13）试切进刀时，在刀具运行至离工件表面 30 ~ 50mm 处，必须在进给保持下验证 X 轴和 Z 轴坐标剩余值与加工程序是否一致。

14）试切和加工中，刃磨刀具和更换刀具后，要重新测量刀具位置并修改刀补值和刀补号。

15）程序修改后，对修改部分要仔细核对。

16）手动进给连续操作时，必须检查各种开关所选择的位置是否正确，运动方向是否正确，然后再进行操作。

17）必须在确认工件夹紧后才能起动机床，严禁工件转动时测量、触摸工件及擦拭机床。

18）操作中出现工件跳动、异常声音、夹具松动等异常情况时必须立即停机处理。

19）加工完毕，按要求仔细清理机床。

20）做好劳动保护。正确穿戴工作服、工作帽及防护眼镜，严禁戴手套操作。机床运转时要关好防护门，禁止 2 人以上同时操作机床。

7.2.6 数控车床的加工操作

1. FANUC 0i 数控系统的数控车床操作面板

图 7-35 所示为配置 FANUC 0i 数控系统的数控车床操作面板。其中，右上半部分为 MDI 键盘，左上部分为 CRT 显示界面，设在显示器下面的一行键称为软键，软键的用途是可以变化的，在不同的界面下随屏幕最下面一行的软件功能提示而有不同的用途。MDI 键盘用于程序编辑、参数输入等。面板下半区是数控车床的机床操作面板，用以对机床进行手动控制和功能选择。

2. FANUC 0i 数控系统的数控车床操作

（1）基本操作步骤

1）通电开机。接通机床电源，启动数控系统，操作步骤如下：

① 按下机床面板上的系统电源键，显示屏由原先的黑屏变为有文字显示，电源电源键指示灯亮。

② 旋转抬起急停按钮。这时系统完成上电复位，可以进行后面的操作。

2）手动操作。手动操作主要包括手动返回机床参考点和手动移动刀具。电源接通后，首先要做的事就是将刀具移到参考点。然后可以使用按钮或手轮，使刀具沿各轴运动。

① 手动返回参考点。手动返回参考点就是用机床操作面板上的按钮，将刀具移动到机

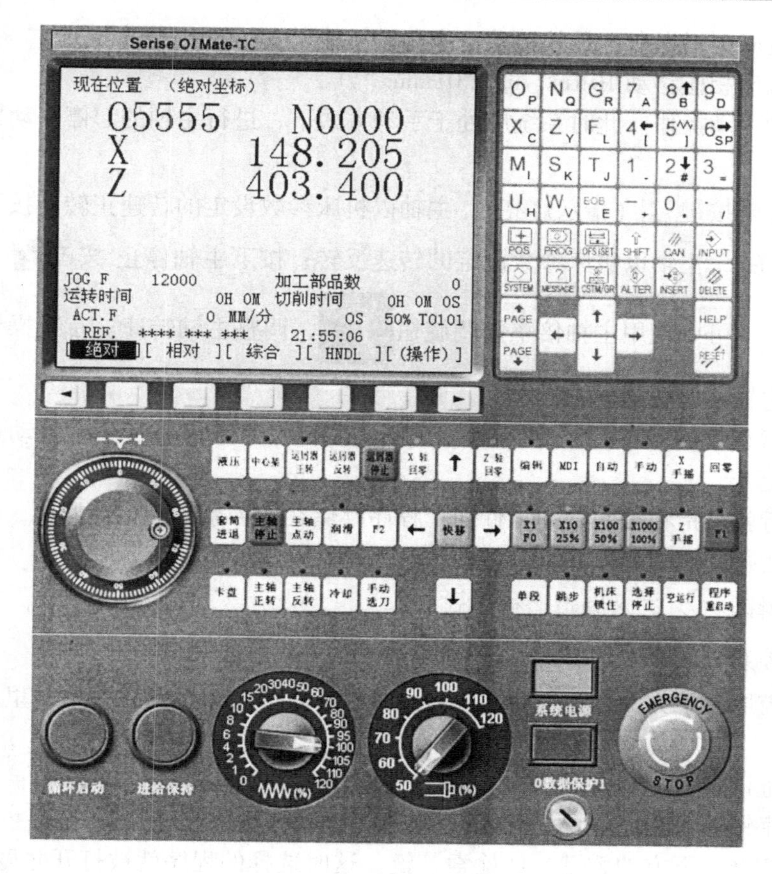

图 7-35　FANUC 0i 数控系统的数控车床操作面板

床的参考点。操作步骤如下：

按下回零键[回零]。这时该键左上方的指示灯亮。在方向选择键中按下[↓]键，X 轴返回参考点，同时 X 轴回零指示灯亮[X轴回零]；依上述方法，按下[→]键，Z 轴返回参考点，同时 Z 轴回零指示灯亮[Z轴回零]。

② 手动进给。在手动方式下，按机床操作面板上的方向选择键，机床沿选定轴的选定方向移动。手动连续进给速度可用进给倍率刻度盘调节。操作步骤如下：

按下手动按键[手动]，系统处于手动方式。按下方向选择键[方向键]，机床沿选定轴的选定方向移动，当按住中间的快移按钮，再配合其他方向键，可以实现该方向的快速移动。可在机床运行前或运行中使用进给倍率刻度盘[进给倍率刻度盘]，根据实际需要调节进给速度。

③ 手轮进给。在手轮方式下，可使用手轮使机床刀架发生移动。操作步骤如下：

通过按[X手摇]和[Z手摇]键，进入手轮方式并选择控制轴。按手轮进给倍率键[X1 F0][X10 25%][X100 50%][X1000 100%]，选择移动倍率。根据需要移动的方向，旋转手轮旋钮[手轮]，此时机床移动。手轮每旋转刻度盘上的一格，机床则根据所选择的移动倍率移动一个档位。例如倍率键选“×10”，则手轮每旋转一格，机床相应移动10μm，即0.01mm。

④ 主轴的手动操作。此时系统应处于手动方式下，进行主轴的起停手动操作，具体步骤如下：

按下主轴正转按键（指示灯亮），主轴以机床参数设定的转速正转；按下主轴反转按键（指示灯亮），主轴以机床参数设定的转速反转；按下主轴停止 按键（指示灯亮），主轴停止运转。也可以使用主轴倍率修调旋钮，调整主轴转速。首次操作时，应通过MDI方式赋予主轴一个转速值。

3）自动运行。自动运行就是机床根据编制的工件加工程序来运行。自动运行包括存储器运行和MDI运行。

存储器运行就是指将编制好的工件加工程序存储在数控系统的存储器中，调出要执行的程序来使机床运行。主要步骤如下：

① 按编辑键，进入编辑运行方式。

② 按数控系统面板上的PROG键。

③ 按数控屏幕下方的软键［DIR］键，屏幕上显示已经存储在存储器里的加工程序列表。

④ 按地址键O。

⑤ 按数字键输入程序号。

⑥ 按数控屏幕下方的软键［O检索］键。这时选择的程序就被打开并显示在屏幕上。

⑦ 按自动键，进入自动运行方式。按机床操作面板上的循环启动键，开始自动运行。运行中按下进给保持键，机床将减速停止运行。再次按下循环启动键，机床恢复运行。如果按下数控系统面板上的键，自动运行结束并进入复位状态。

MDI运行是指用键盘输入一组加工命令后，机床根据这个命令执行操作。操作方法是：

按下键，系统进入MDI状态；按下键，输入一段程序；按下循环启动键，机床则执行刚才输入的那一段程序。MDI运行一般用于临时调整机床状态或验证坐标等，其程序号为O0000，输入的程序只能执行一次，且执行后自动删除。

（2）创建和编辑程序

1）创建程序

① 按下机床面板上的编辑键，系统处于编辑运行方式。

② 按下系统面板上的程序键，显示程序屏幕。

③ 使用字母/数字键，输入程序号。例如，输入程序号“O2345”，注意开头必须用大写字母“O”。

④　按下系统面板上的插入键，这时程序屏幕上显示新建立的程序名，接下来可以输入程序内容，如图 7-36 所示。

⑤　在输入到一行程序的结尾时，先按 EOB 键生成“;”，然后再按插入键。这样程序会自动换行，光标出现在下一行的开头。

2）编辑程序

①　字的插入。例如，要在第一行“G50 X100;”后面插入“Z200”。此时，应当使用光标移动键，将光标移动到需要插入位置之前的最后一个程序字上，即“X100”处，如图 7-37 所示。

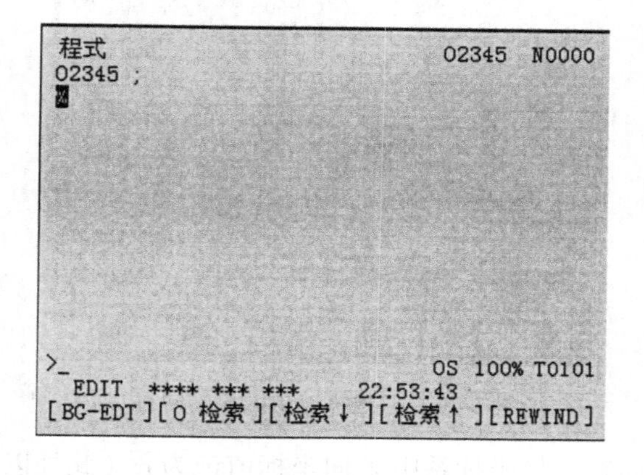

程式
O2345 N0000
O2345 ;
%
>_
OS 100% T0101
EDIT **** *** *** 22:53:43
[BG-EDT][O 检索][检索↓][检索↑][REWIND]

图 7-36　创建程序界面

程式
O2345 N0000
O2345 ;
M03 S600 ;
T0101 ;
G00 X100 ;
G01 X50 Z0 ;
%
>_
OS 100% T0101
EDIT **** *** *** 22:58:45
[BG-EDT][O 检索][检索↓][检索↑][REWIND]

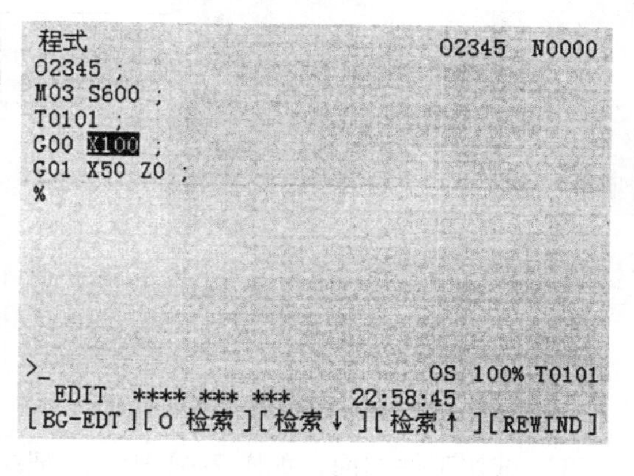

图 7-37　光标移到插入字符位置

键入要插入的字和数据“Z200”，按下插入键，“Z200”即被插入，如图 7-38 所示。

②　字的替换。使用光标移动键，将光标移到需要替换的字符上，键入要替换的字和数据，按下替换键；光标所在的字符被替换，同时光标移到下一个字符上。

③　字的删除。使用光标移动键，将光标移到需要删除的字符上，按下删除键，光标所在的字符被删除，同时光标移到被删除字符的下一个字符上。

④　输入过程中的删除。在输入过程中，即字母或数字还在输入缓存区、没有按插入键的时候，可以使用取消键来进行删除。每按一下，则删除光标前面的一个字母或数字。

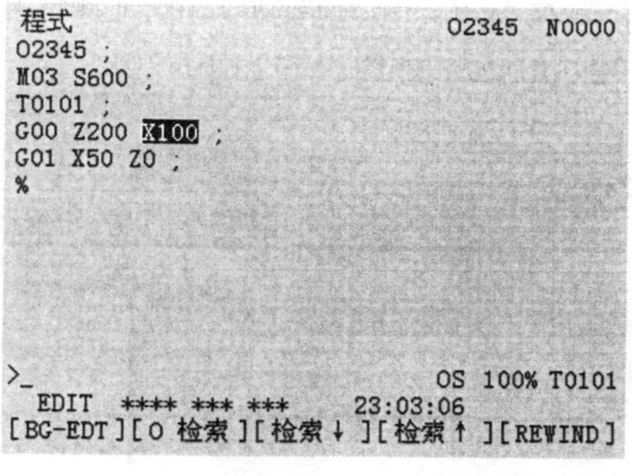

程式
O2345 N0000
O2345 ;
M03 S600 ;
T0101 ;
G00 Z200 X100 ;
G01 X50 Z0 ;
%
>_
OS 100% T0101
EDIT **** *** *** 23:03:06
[BG-EDT][O 检索][检索↓][检索↑][REWIND]

图 7-38　插入字符“Z200”

（3）FANUC 0i 数控系统的数控车床对刀方法

对刀就是在机床上确定刀补值或工件坐标系原点的过程。配置有 FANUC 0i 数控系统的车床对刀方法有多种。这里只介绍现在比较常用的直接采用刀偏设置，通过 T 指令来构建工件坐标系的对刀方法，即直接将工件零点在机床坐标系中的坐标值设置到刀偏地址寄存器中，相当于假想加长或缩短刀具来实现坐标系的偏置。具体操作步骤如下：

1）用所选刀具试切工件外圆，单击主轴停止按钮，使主轴停止转动，使用游标卡尺或千分尺测量工件被切部分的直径，记为 ϕ，如图 7-39 所示。

2）保持刀具 X 轴方向不动，退出。单击 MDI 键盘上的键，进入形状补偿参数设定界面，如图 7-40 所示。依次按下屏幕下方对应功能软键［补正］—［形状］后，将光标移到与刀位号相对应的位置，输入“Xϕ”，按下屏幕下方对应功能软键［测量］，系统自动计算对应的刀具 X 向偏移量并输入寄存器中。

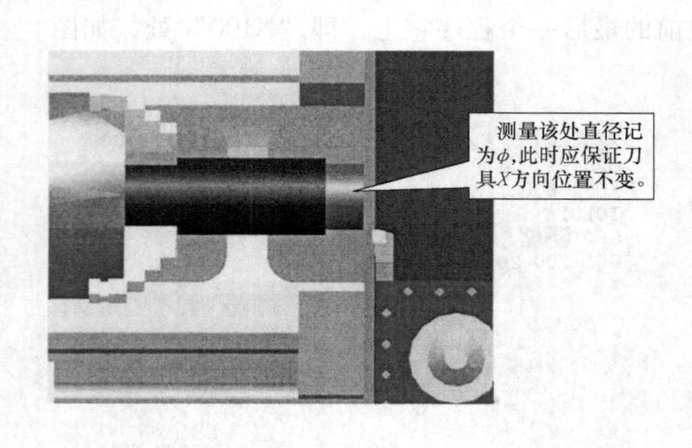

图 7-39　试切外圆并测量直径

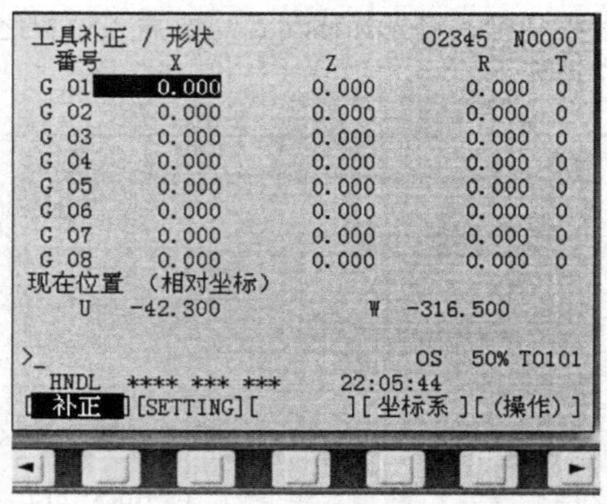

图 7-40　形状补偿参数设定界面

3）试切工件端面，如图 7-41 所示。把端面在工件坐标系中 Z 向坐标值记为 α（此处以工件端面中心点为工件坐标系原点，则 $\alpha=0$）。

4）保持刀具 Z 轴方向不动，退出。进入形状补偿参数设定界面，将光标移到相应的位置，输入 $Z\alpha$（一般为“Z0”），按［测量］软键，系统自动计算对应的刀具 Z 向偏移量并输入寄存器中，如图 7-42 所示。

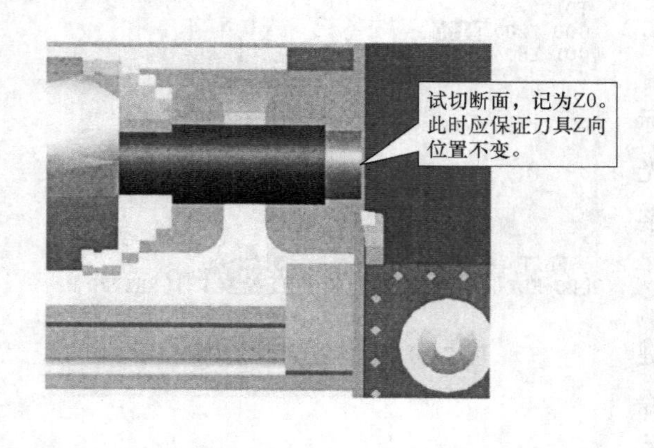

图 7-41　试切端面

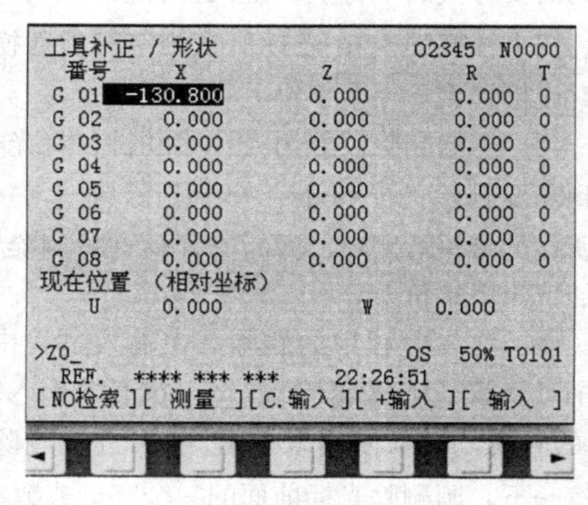

图 7-42　设定试切的端面 Z 方向坐标值为 0

5）多把刀具对刀。第一把刀具作为基准刀具对刀完毕后，其余刀具的对刀方法与基准刀具的对刀方法基本相同。只是其他刀具不能再试切端面，而是以已有端面为基准，刀尖与端面对齐后，直接输入“Z0”，按［测量］软键，这样就可以保证所有刀具所确定的工件坐标系重合一致。

综上所述，一个工件的完整加工过程为：开机→回零→安装刀具和工件→对刀→输入程序→试切工件。

7.2.7　数控车床实习示例

1）根据实习的实际情况，练习对图 7-43 ~ 图 7-47 所示的工件数控编程及加工，毛坯参数与选用刀具自定。

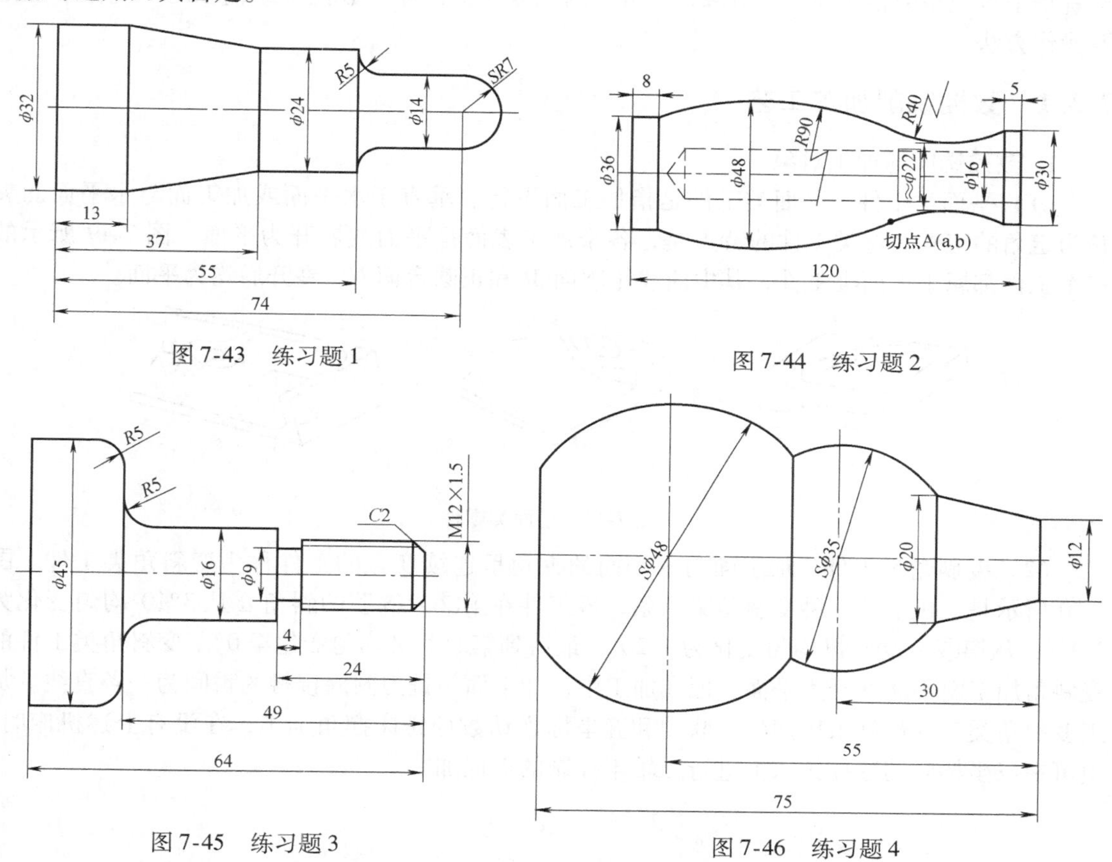

图 7-43　练习题 1

图 7-44　练习题 2

图 7-45　练习题 3

图 7-46　练习题 4

2）图 7-48 所示的工件在加工时需要调头，试为其编制调头前后的两端加工程序。零件材料为灰铸铁棒料，直径 ϕ70mm。

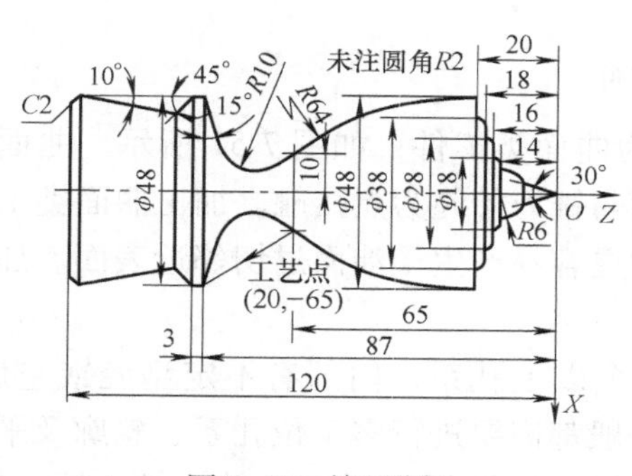

图 7-47　练习题 5

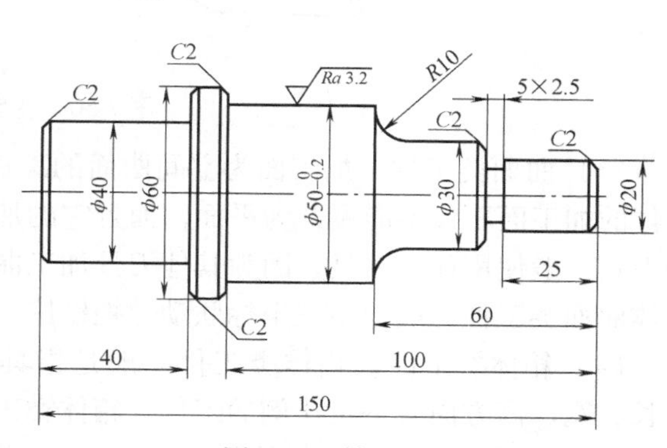

图 7-48　练习题 6

7.3 数控铣床实习

数控铣床是机床设备中应用非常广泛的一种，它可以进行平面铣削、型腔铣削、外形轮廓铣削、三维及三维以上复杂型面铣削，还可进行钻削、镗削、螺纹切削及孔加工。本节以配置华中世纪星数控系统（HNC-21/22M）的铣床为例，介绍数控铣床编程的一些标准规范及操作方法。

7.3.1 数控铣削加工工艺

1. 数控铣床的加工对象

（1）平面类工件　平面类工件是指加工面平行、垂直于水平面或加工面与水平面的夹角为定角的工件。这类工件的特点是，各个加工表面是平面或展开为平面。图 7-49 所示的三个工件都属于平面类工件，其中曲线轮廓面 *M* 和正圆台面 *N*，展开后均为平面。

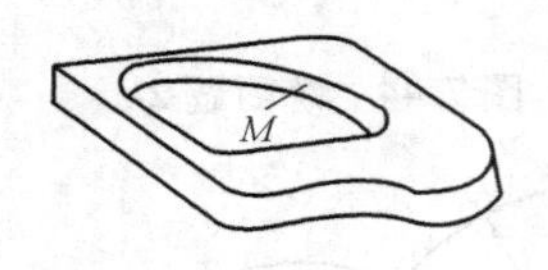

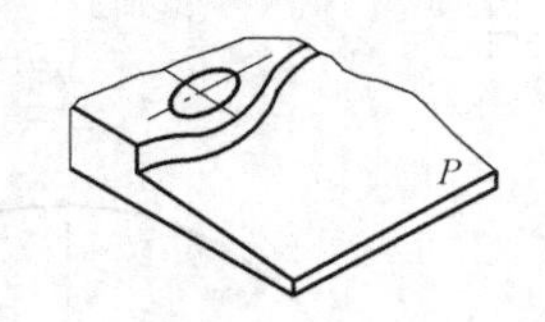

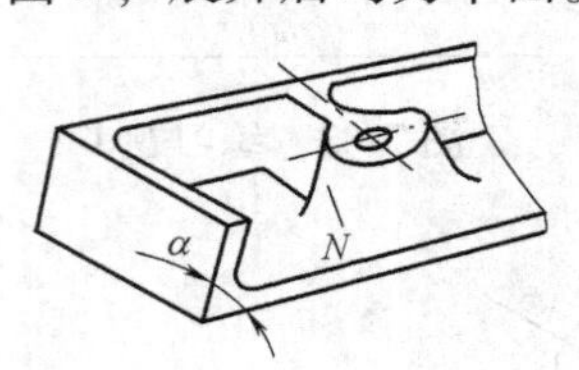

图 7-49　平面类零件

（2）变斜角类工件　加工面与水平面的夹角呈连续变化的工件称为变斜角类工件。图 7-50 所示是飞机上的一种变斜角梁缘条，该工件在第②～⑤肋的斜角 α 从 3°10′均匀变化为 2°32′，从第⑤～⑨肋再均匀变化为 1°20′，最后到第⑫肋又均匀变化至 0°。变斜角类工件的变斜角加工面不能展开为平面，但在加工中，加工面与铣刀圆周接触的瞬间为一条直线。加工变斜角类工件最好采用四坐标联动和五坐标联动数控铣床摆角加工，在没有上述机床时，也可在三坐标联动数控铣床上进行二轴半控制的近似加工。

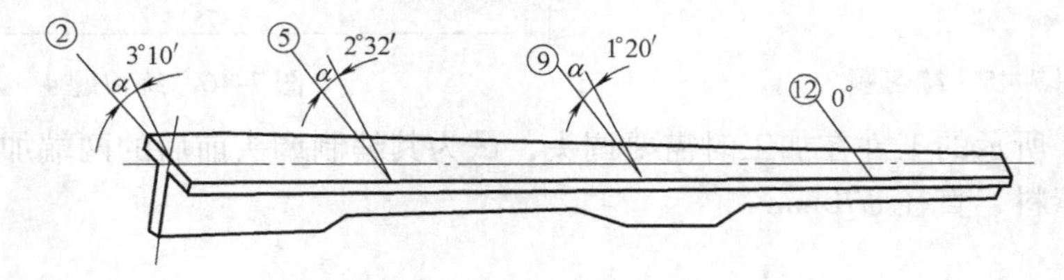

图 7-50　变斜角工件

（3）曲面类工件　加工面为空间曲面的工件称为曲面类工件，如图 7-51 所示。曲面类工件的加工面不仅不能展开为平面，而且它的加工面与铣刀始终为点接触。加工曲面类工件的刀具一般使用球头刀具，因为其他刀具加工曲面时更容易产生干涉而过切邻近表面。加工立体曲面类工件一般使用三坐标联动数控铣床。

（4）箱体类工件　箱体类工件一般是指具有一个以上孔系，内部有不定型腔或空腔，在长、宽、高方向有一定比例的工件。箱体类工件一般都需要进行多工位孔系、轮廓及平面加工，公差要求较高，特别是几何公差要求较为严格，通常要经过铣、钻、扩、镗、铰、锪、攻螺纹等加工工序，需要的刀具较多。

2. 数控铣床加工工艺分析

（1）工件图的工艺分析

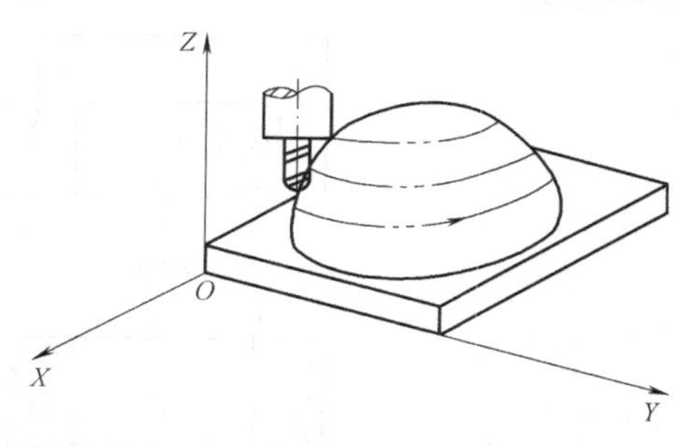

图 7-51　三坐标联动加工曲面

1）尺寸标注方法分析。工件图上尺寸标注方法应适应数控加工的特点，如图 7-52 所示，在数控加工工件图样上，应以同一基准标注尺寸或直接给出坐标尺寸。这种标注方法既便于编程，又有利于设计基准、工艺基准、测量基准和编程原点的统一。由于工件设计人员一般在尺寸标注中较多地考虑装配等使用方面特性，而不得不采用图 7-53 所示的局部分散的标注方法，这样就给工序安排和数控加工带来诸多不便。由于数控加工精度和重复定位精度都很高，不会因产生较大的累积误差而破坏工件的使用特性，因此，可将局部的分散标注方法改为同一基准标注或直接给出坐标尺寸的标注方法。

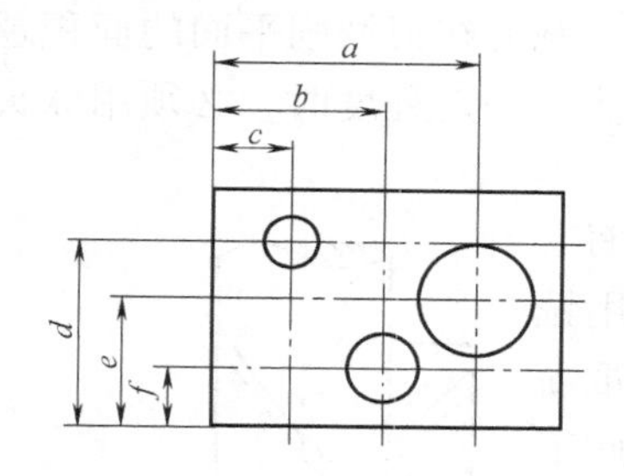

图 7-52　统一基准标注方法

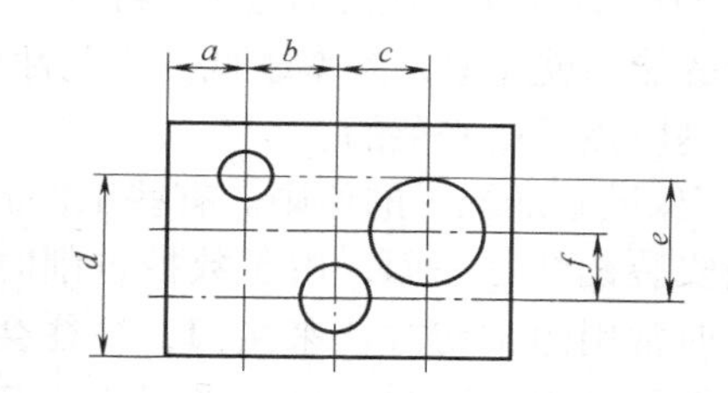

图 7-53　分散基准标注方法

2）工件图的完整性与正确性分析。构成工件轮廓的几何元素（点、线、面）条件（如相切、相交、垂直和平行）是数控编程的重要依据。编程时，要计算构成工件轮廓的每一个节点坐标，如果某一条件不充分，则无法计算工件轮廓的节点坐标和表达工件轮廓的几何元素，导致编程无法进行，因此图样应当完整地表达构成工件轮廓的几何元素。

3）工件技术要求分析。工件的技术要求主要是指尺寸精度、形状精度、位置精度、表面粗糙度及热处理等。这些要求在保证工件使用性能的前提下，应经济合理。过高的精度要求和表面粗糙度要求会使工艺过程复杂、加工困难、成本提高。

4）工件材料分析。在满足工件功能的前提下，应选用价廉、切削性能好的材料。而且，材料选择应立足国内，不要轻易选用贵重或紧缺的材料。

（2）工件的结构工艺性分析

1）工件的内腔与外形应尽量采用统一的几何类型和尺寸，这样可以减少刀具的规格和换刀的次数，方便编程和提高数控机床加工效率。

2）工件内槽及缘板间的过渡圆角半径不应过小。过渡圆角半径反映了刀具直径的大小，刀具直径和被加工工件轮廓的深度之比与刀具的刚度有关。如图 7-54a 所示，当 $R < 0.2H$ 时（H 为被加工工件轮廓面的深度），则判定工件该部位的加工工艺性较差；如图 7-54b 所示，当 $R > 0.2H$ 时，则刀具的当量刚度较好，工件的加工质量能得到保证。

3）铣工件的槽底平面时，槽底圆角半径 r 不宜过大。如图 7-55 所示，铣削工件底平面

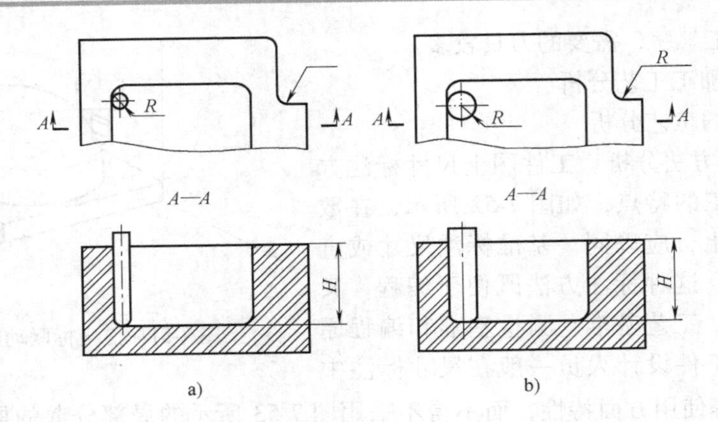

图 7-54 内槽结构工艺性对比

a) $R<0.2H$ b) $R>0.2H$

时，槽底的圆角半径 r 越大，铣刀端刃铣削平面的能力就越差，铣刀与铣削平面接触的最大直径 $d=D-2r$（D 为铣刀直径），当 D 一定时，r 越大，铣刀端刃铣削平面的面积越小，加工平面的能力就越差，效率越低，工艺性也越差。当 r 大到一定程度时，必须用球头铣刀加工，这是应该尽量避免的。

4）保证基准统一的原则。有些工件需要在铣完一面后再重新安装铣削另一面，由于数控铣削时不能使用通用铣床加工时常用的试切方法来接刀，往往会因为工件的重新安装而接不好刀。这时，最好采用统一基准定位，因此工件上应有合适的孔作为定位基准。如果工件上没有基准孔，也可以专门设置工艺孔作为定位基准，如在毛坯上增加工艺凸台或在后继工序要铣去的余量上设置基准孔。

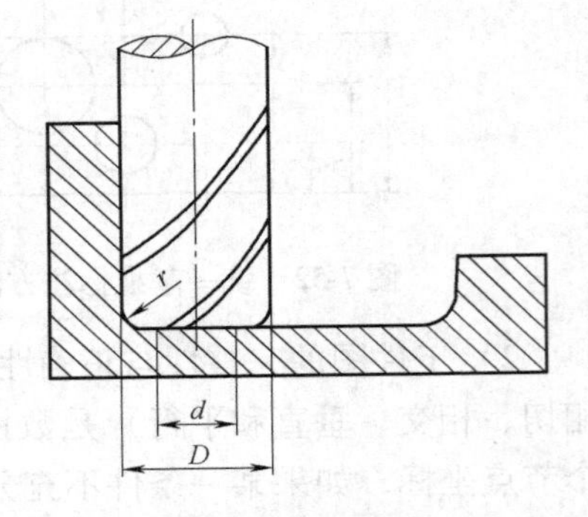

图 7-55 槽底平面圆弧对加工工艺的影响

3. 刀具选择

（1）对刀具的基本要求

1）铣刀的刚性要好。这既是为满足提高生产率而采用大切削用量的需要，又是为适应数控铣床加工过程中难以调整切削用量的特点。

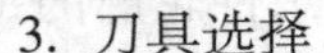

2）铣刀的使用寿命要高。当一把铣刀加工的内容很多时，如果刀具很快磨损而不耐用，这不仅会影响工件的加工质量，还会增加换刀与对刀的次数，导致工件表面留下接刀痕，降低工件的表面质量，并且增加辅助劳动时间。

（2）数控铣刀的种类与选择

1）数控铣刀的种类。图 7-56a 所示的面铣刀，主要用来铣削较大的平面；图 7-56b 所示的立铣刀，主要用于加工平面和沟槽的侧面；图 7-56c、d 所示的钻头和镗刀，主要用于孔的加工；图 7-56e 所示的成形铣刀，大多用来加工各种形状的内腔、沟槽；图 7-56f 所示的球头铣刀，适用于加工空间曲面和平面间的转角圆弧。

2）选择刀具的注意事项

① 在平面铣削时，应选用不重磨硬质合金面铣刀或立铣刀。

② 立铣刀和镶齿硬质合金刀片的面铣刀主要用于加工凸台、凹槽和箱口平面。

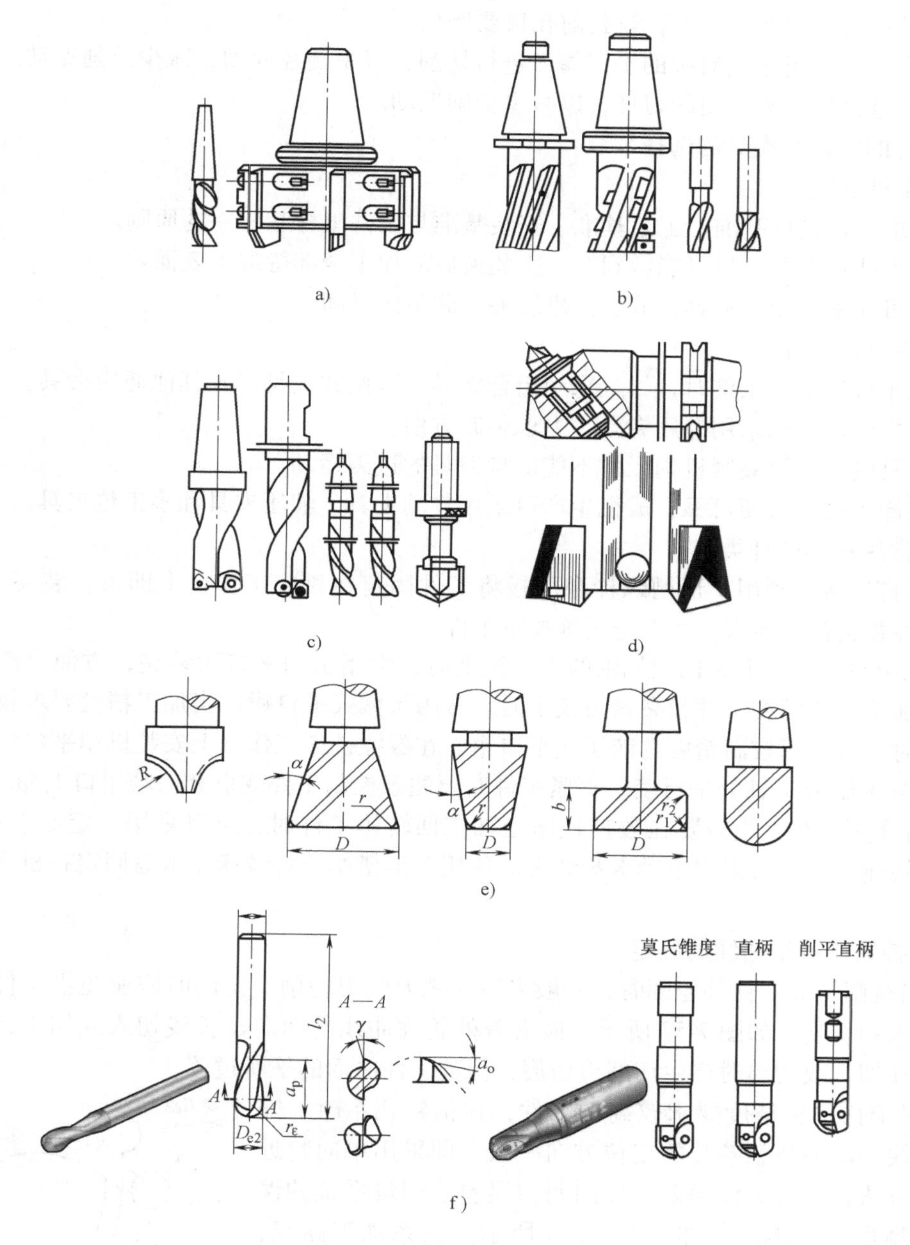

图7-56 常用数控铣刀的类型

a）面铣刀 b）立铣刀 c）钻头类 d）镗刀 e）成形铣刀

f）球头铣刀

③ 加工曲面和变斜角轮廓外形时，常用球头铣刀、环形刀、鼓形刀和锥形刀等。

④ 选用孔加工刀具时，要注意以下事项。

a. 数控铣床孔加工一般不用钻头，因为钻头的刚度和切削条件差，如果使用钻头，选用钻头直径 D 应满足 $L/D \leqslant 5$（L 为钻孔深度）的条件。

b. 钻孔前先用中心钻定位，保证孔加工的定位精度。

c. 精铰孔可选用浮动铰刀，铰孔前孔口要倒角。

d. 镗孔时应尽量选用对称的多刃镗刀进行切削，以平衡径向力，减少镗削振动。

e. 尽量选择较粗和较短的刀杆，以减少切削振动。

4. 工件的安装与夹具的选择

（1）工件的安装

1）力求符合设计基准、工艺基准、安装基准与工件坐标系统一的原则。

2）减少装夹次数，尽可能做到在一次装夹后能加工全部待加工表面。

3）尽可能采用专用夹具，减少占机装夹与调整的时间。

（2）夹具的选择

1）在小批量加工工件时，尽量采用组合夹具、可调式夹具以及其他通用夹具。

2）成批生产考虑采用专用夹具，力求装卸方便。

3）夹具的定位及夹紧机构元件不能影响刀具的进刀运动。

4）装卸工件要方便可靠，成批生产可采用气动夹具、液压夹具和多工位夹具。

（3）常用夹具的种类

1）螺钉压板。利用T形槽螺栓和压板将工件固定在机床工作台上即可。装夹工件时，需根据工件装夹精度要求，用百分表等找正工件。

2）机用平口钳。形状比较规则的工件铣削时，常用机用平口钳装夹，方便灵活，适应性广。当加工一般精度工件和夹紧力较小时，常用机械式平口钳；当加工精度要求较高或夹紧力较大时，可采用较高精度的液压式平口钳。在数控铣床工作台上安装机用平口钳时，要控制钳口与 X 轴或 Y 轴的平行度，夹紧工件时要注意控制工件变形和一端钳口上翘。

3）铣床用卡盘。当需要在数控铣床上加工回转体工件时，可以采用自定心卡盘装夹。对于非回转体工件，可采用单动卡盘装夹。使用T形槽螺栓将铣床用卡盘固定在机床工作台上即可。

5. 数控铣床进给路线的确定

1）当铣削平面工件外轮廓时，一般采用立铣刀侧刃切削。铣削时应避免沿工件外轮廓的法向切入和切出。如图7-57所示，应沿着外轮廓曲线的切向延长线切入或切出，这样可避免刀具在切入或切出时产生切削刃切痕，保证工件曲面的平滑过渡。

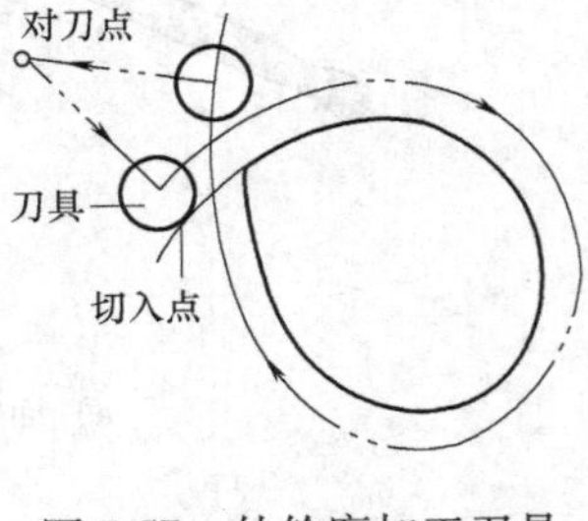

2）对于孔位置精度要求较高的工件，在精镗孔系时，安排镗孔路线一定要注意各孔的定位方向一致，即采用单向趋近定位点的方法，以避免传动系统反向间隙误差或测量系统的误差对定位精度的影响。例如，图7-58a所示的孔系加工路线，在加工孔Ⅳ时 X 方向的反向间隙将会影响Ⅲ、Ⅳ两孔的孔距精度；如果改为图7-58b所示的加工路线，可使各孔的定位方向一致，从而提高了孔距精度。

图7-57 外轮廓加工刀具的切入和切出

3）应使进刀路线最短，减少刀具空行程时间，提高加工效率。如图7-59a所示，先加工均布于同一圆周上的八个孔，再加工另一圆周上的孔。但是对点位控制的数控机床而言，要求定位精度高，定位过程尽可能快，因此这类机床应按空行程最短来安排进刀路线，如图7-59b所示，以节省加工时间，提高效率。

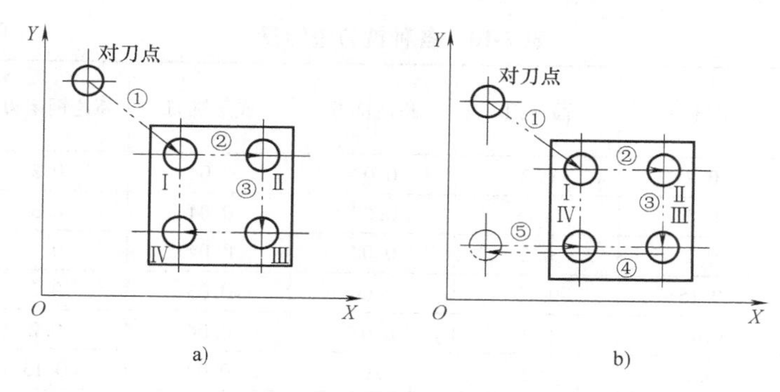

图 7-58　孔的位置精度处理

a）孔的加工路线 1　b）孔的加工路线 2

4）最终轮廓一次进刀完成。为保证工件轮廓表面加工后的表面粗糙度要求，最终轮廓应安排在最后一次进刀中连续加工出来。图 7-60a 所示为用行切方式加工内腔的进刀路线，这种进刀能切除内腔中的全部余量，不留死角，不伤轮廓。但行切法将在两次进刀的起点和终点间留下残留高度，而达不到要求的表面粗糙度。所以如采用图 7-60b 所示的进刀路线，先用行切法，最后沿周向环切一刀，光整轮廓表面，能获得较好的效果。图 7-60c 所示也是一种较好的进刀路线方式。

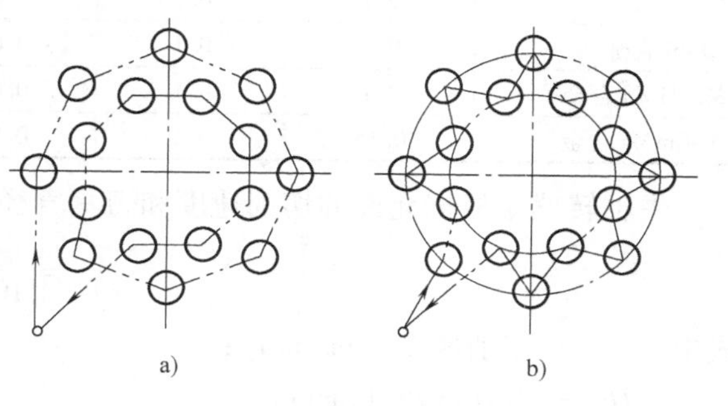

图 7-59　最短加工路线选择

a）孔加工路线 1　b）孔加工路线 2

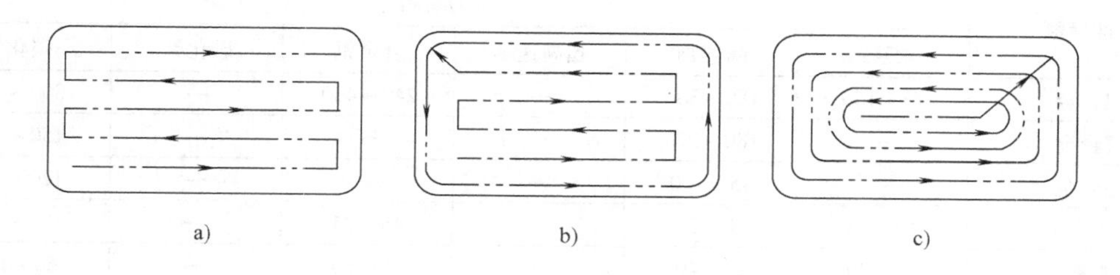

图 7-60　铣削内腔的三种进刀路线

a）路线 1　b）路线 2　c）路线 3

6. 数控铣床切削用量的选择

（1）粗加工时切削用量的选择原则　首先选取尽可能大的背吃刀量；其次要根据机床动力和刚性的限制条件等，选取尽可能大的进给量；最后根据刀具寿命确定最佳的切削速度。

（2）精加工时切削用量的选择原则　首先根据粗加工后的余量确定背吃刀量；其次根据已加工表面的表面粗糙度要求，选取较小的进给量；最后在保证刀具寿命的前提下，尽可能选取较高的切削速度。

铣削时的进给量可以参考表 7-10 进行选择。

表 7-10　各种铣刀进给量　（单位：mm/齿）

工件材料 \ 铣刀	平铣刀	面铣刀	圆柱铣刀	成形铣刀	高速钢镶刃刀	硬质合金镶刃刀
灰铸铁	0.2	0.2	0.07	0.04	0.3	0.1
可锻铸铁	0.2	0.15	0.07	0.04	0.3	0.09
低碳钢	0.2	0.2	0.07	0.04	0.3	0.09
中、高碳钢	0.15	0.15	0.06	0.03	0.2	0.08
铸钢	0.15	0.1	0.07	0.04	0.2	0.08
镍铬钢	0.1	0.1	0.05	0.02	0.15	0.06
黄铜	0.2	0.2	0.07	0.04	0.03	0.21
青铜	0.15	0.15	0.07	0.04	0.03	0.1
铝	0.1	0.1	0.07	0.04	0.02	0.1
AL-Si 合金	0.1	0.1	0.07	0.04	0.18	0.08
Mg-Al-Zn 合金	0.1	0.1	0.07	0.03	0.15	0.08
Al-Cu-Mg 合金	0.15	0.1	0.07	0.04	0.02	0.1

主轴转速应根据允许的切削速度和刀具直径来选择。切削速度的计算公式如下

$$v_c = \frac{\pi d n}{1000}$$

式中　v_c——切削速度（m/min）；

D——刀具直径（mm）；

n——主轴转速（r/min）。

切削速度也可根据表 7-11 中提供的数据选取。

表 7-11　铣刀切削速度　（单位：m/min）

工件材料	铣刀材料					
	碳素钢	高速钢	超高速钢	合金钢	碳化钛	碳化钨
铝合金	75~150	180~300	—	240~460	—	300~600
镁合金	—	180~270	—	—	—	150~600
钼合金	—	45~100	—	—	—	120~190
黄铜（软）	12~25	20~25	—	45~75	—	100~180
青铜	10~20	20~40	—	30~50	—	60~130
青铜（硬）	—	10~15	15~20	—	—	40~60
铸铁（软）	10~12	15~20	18~25	28~40	—	75~100
铸铁（硬）	—	10~15	10~20	18~28	—	45~60
（冷铸铁）	—	—	10~15	12~18	—	30~60
可锻铸铁	10~15	20~30	25~40	35~45	—	75~110
钢（低碳）	10~14	18~28	20~30	—	45~70	—
钢（中碳）	10~15	15~25	18~28	—	40~60	—
钢（高碳）	—	10~15	12~20	—	30~45	—
合金钢	—	—	—	—	35~80	—
合金钢（硬）	—	—	—	—	30~60	—
高速钢	—	—	12~25	—	45~70	—

7. 对刀点与换刀点的确定

1）对刀点是指通过对刀确定刀具与工件相对位置的基准点。对刀点可以设在工件上、夹具上或机床上，但必须与工件的定位基准有已知的准确关系。当对刀精度要求较高时，对刀点应尽量选在工件的设计基准或工艺基准上。对于以孔定位的工件，可以取孔的中心作为对刀点。

2）刀位点是指确定刀具位置的基准点。例如平头立铣刀的刀位点一般为端面中心；球头铣刀的刀位点取为球心；钻头刀位点为钻尖。对刀时应使对刀点与刀位点重合。

3）换刀点应根据工序内容来安排，为了防止换刀时刀具碰伤工件，换刀点往往设在距离工件较远的地方。

7.3.2　数控铣床编程基础

现以华中世纪星（HNC-21/22M）数控系统为例来说明数控铣床的程序编制。

1. 编程指令简介

（1）准备功能 G 指令　准备功能 G 指令是建立坐标平面、坐标系偏置、刀具与工件相对运动轨迹（插补功能），以及刀具补偿等多种加工操作方式的指令，范围为 G00 ~ G99。G 代码的功能见表 7-12。

表 7-12　华中世纪星（HNC-21/22M）G 代码功能

G 代码	组别	功　能	G 代码	组别	功　能
G00	01	快速点定位	G43	10	刀具长度正补偿
★G01		直线插补（进给速度）	G44		刀具长度负补偿
G02		圆弧/螺旋线插补（顺圆）	★G49		刀具长度补偿撤销
G03		圆弧/螺旋线插补（逆圆）	★G50	04	比例功能撤销
G04	00	暂停	G51		比例功能
G07	16	虚轴指定	G52	00	局部坐标系设定
G09	00	准停校验	G53		直接机床坐标系编辑
★G17	02	选择 *XY* 平面	★G54	11	选择第一工件坐标系
G18		选择 *ZX* 平面	G55		选择第二工件坐标系
G19		选择 *YZ* 平面	G56		选择第三工件坐标系
G20	08	用英制尺寸输入	G57	11	选择第四工件坐标系
★G21		用公制尺寸输入	G58		选择第五工件坐标系
G22		用脉冲当量输入	G59		选择第六工件坐标系
G24	03	镜像开	G60		单方向定位
G25		镜像关	★G61	12	精确停止校验方式
G28	00	返回参考点	G64		连续方式
G29		从参考点返回	G65	06	宏程序及宏程序调用指令
★G40	09	刀具半径补偿撤销	G67		宏程序模式调用取消
G41		刀具半径左补偿	G68	13	坐标旋转指令
G42		刀具半径右补偿	G69		坐标旋转撤销

（续）

G代码	组别	功能	G代码	组别	功能
G73	06	深孔钻削循环	G87	06	反镗孔循环
G74		反攻螺纹循环	G88		镗孔循环
G76		精镗循环	G89		镗孔循环
★G80		撤销固定循环	★G90	13	绝对方式编程
G81		定心钻循环	G91		增量方式编程
G82		钻孔循环	G92	00	工件坐标系设定
G83		深孔钻削循环	★G94	14	每分钟进给
G84		攻螺纹循环	G95		每转进给
G85		镗孔循环	★G98		孔加工固定循环返回起始点
G86		镗孔循环	G99		孔加工固定循环返回 R 点

注：00 组中的 G 代码是非模态的，其他组的代码是模态的。标★者为默认。

（2）辅助功能 M 指令　辅助功能 M 指令由地址字 M 后跟一至两位数字组成，如 M00 ~ M99，主要用来设定数控机床电控装置单纯的开/关动作，以及控制加工程序的执行走向。常用 M 指令的用法如下：

1）程序停止运行指令 M00。M00 指令在完成程序段的其他指令后，执行该指令使主轴回转、进给运动、切削液等均停止。加工过程中往往需要停机检查、测量工件尺寸，或者手工换刀、手动变速等，此时使用该指令。程序停止后，再按下启动按钮，可以继续执行程序。

2）计划停止指令 M01。M01 指令与 M00 指令相似，但与 M00 指令不同的是，必须预先将操作面板上的选择停止开关处于计划停止状态时，M01 指令才起作用。该指令主要用于加工工件的抽样检查。

3）程序结束指令 M02。该指令用于程序的最后一段，表示工件已加工完毕，机床运动均停止，并使数控系统处于复位状态。

4）主轴控制指令 M03、M04、M05。M03 指令控制主轴的顺时针方向转动，M04 指令控制主轴的逆时针方向转动，M05 指令控制主轴的停止。M05 指令在该程序段其他指令执行完毕后才执行。

5）切削液控制指令 M07、M09。M07 指令表示打开切削液，M09 指令用于关闭切削液。

6）程序停止指令 M30。使用 M30 指令时，除表示执行 M02 指令的内容外，程序光标还返回到程序的第一语句，准备下一个工件的加工。

（3）F、S、T 功能

1）进给功能 F。进给功能 F 表示加工时刀具相对于工件的合成进给速度，其单位取决于 G94 指令（每分钟进给量，mm/min）或 G95 指令（每转进给量，mm/r）。当机床工作在 G01、G02 或 G03 方式下，编程的 F 值一直有效，直到被新的 F 值所取代；而工作在 G00、G60 方式下，快速定位的速度是各轴的最高速度，由数控系统参数设定，与所编 F 值无关。借助操作面板上的倍率按键，可在一定范围内进行倍率修调 F 值。当执行攻螺纹循环指令 G84、螺纹切削指令 G33 时，倍率开关失效，进给倍率固定在 100%。

2）主轴功能 S。主轴功能 S 控制主轴转速，其后的数值表示主轴速度，单位为 r/min。S 指令是模态指令，只有在主轴速度可调节时有效。S 后的主轴转速可以借助机床控制面板上的主轴倍率开关进行修调。

3）刀具功能 T。T 是刀具功能字，后跟两位数字表示更换刀具的编号。

2. 数控铣床基本编程指令的用法

（1）工件坐标系的设定指令　设定工件坐标系是数控铣床编程的第一步。工件坐标系的原点应根据加工要求和编程的方便性进行恰当的选择。工件坐标系也是编程时使用的坐标系，因此又称为编程坐标系，其坐标原点又称工件零点或编程零点。程序中的各个坐标值均以此坐标系为依据。为了编程方便，一般将编程坐标系设在零件图样的设计基准或工艺基准处。在数控程序中，当刀具开始运动之前，应先确定工件坐标系在机床坐标系中的位置，这个过程由 G54 ~ G59 等指令设定。

工件坐标系选择指令为：G54 ~ G59。

指令格式：G54（G55、G56、G57、G58、G59）；

指令说明：G54 ~ G59 可预定 6 个工件坐标系，如图 7-61 所示，根据需要任意选用。这 6 个预定工件坐标系的原点在机床坐标系中的值，用 MDI 方式预先输入在“坐标系”功能表中，系统记忆。当程序中执行 G54 ~ G59 中某一个指令，后续程序段中绝对值编程时的指令值均为相对此工件坐标系原点的值。G54 ~ G59 为模态指令，可相互注销，其 G54 指令为默认值。

（2）编程方式的选定指令

指令格式：G90（G91）；

指令说明：该组指令用来选择编程方式。其中，G90 为绝对坐标编程；G91 为相对坐标编程。G90、G91 为模态指令，可相互注销，G90 指令为默认值。

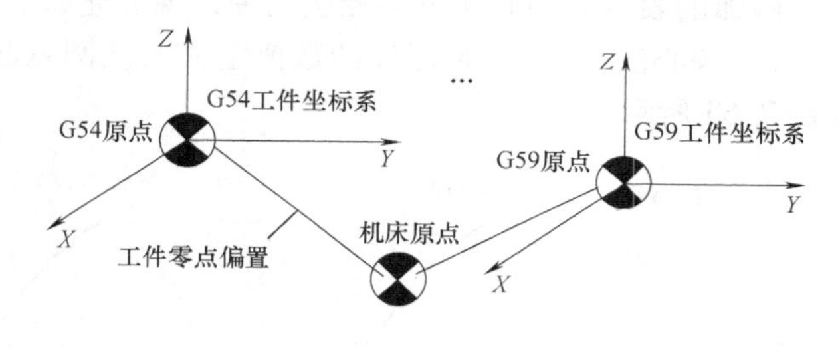

图 7-61　工件坐标系选择（G54 ~ G59）

（3）快速定位 G00 指令

指令格式：G00 X_ Y_ Z_；

指令说明：G00 指令指定刀具以预先设定的快移速度，从当前位置快速移动到程序段指定的定位终点（目标点）。其中，X、Y、Z 分别为快速定位终点坐标，G90 指令指定的方式下为定位终点在工件坐标系中的坐标，G91 指令指定的方式下为定位终点相对于起点的位移量。

（4）直线插补 G01 指令

指令格式：G01 X_ Y_ Z_ F_；

指令说明：执行 G01 指令，坐标轴按指定进给速度作直线运动。X、Y、Z 为切削终点坐标，可三轴联动或二轴联动或单轴移动，由 F 指定切削时的进给速度，单位一般设定为 mm/min。F 功能具有续效性，故切削速度相同时，下一程序段可省略。

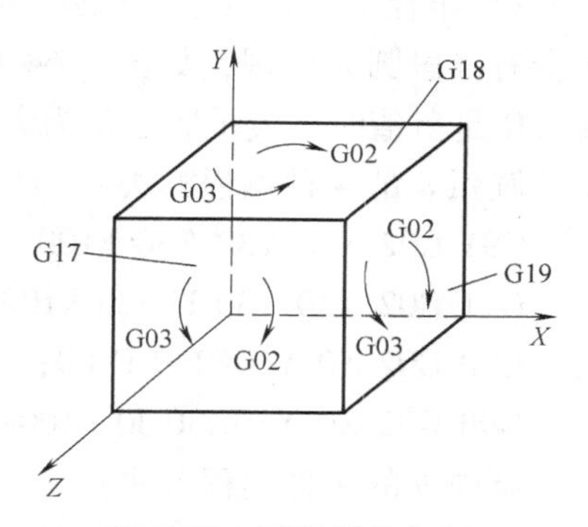

图 7-62　圆弧插补方向

（5）圆弧插补 G02/G03 指令　G02 指令表示按指定速度进给的顺时针圆弧插补，G03 指令表示按指定速度进给的逆时针圆弧插补指令。顺圆、逆圆的判别方法是：

沿着不在圆弧平面内的坐标轴由正方向向负方向看去，顺时针方向为 G02，逆时针方向为 G03，如图 7-62 所示。

指令格式：

$$\left\{\begin{matrix}G17\\G18\\G19\end{matrix}\right.\left\{\begin{matrix}G02\\ \\G03\end{matrix}\right.\left\{\begin{matrix}X\_\ Y\_\\X\_\ Z\_\\Y\_\ Z\_\end{matrix}\right.\left\{\begin{matrix}I\_\ J\_\\I\_\ K\_\\J\_\ K\_\\R\_\end{matrix}\right.\ F\_;$$

指令说明：

X、Y、Z 为终点坐标位置，可用绝对值（G90 指令方式）或增量值（G91 指令方式）表示。

I、J、K 为从圆弧起点到圆心的增量坐标在 X、Y、Z 轴上的分向量（以 I、J、K 表示的称为圆心法）。

X 轴的分向量用地址 I 表示。I = 圆心的 *X* 坐标值 - 起点的 *X* 坐标值。

Y 轴的分向量用地址 J 表示。J = 圆心的 *Y* 坐标值 - 起点的 *Y* 坐标值。

Z 轴的分向量用地址 K 表示。K = 圆心的 *Z* 坐标值 - 起点的 *Z* 坐标值。

R 为圆弧半径，以半径值表示（以 R 表示的称为半径法）。

F 为切削进给速率，单位为 mm/min。

圆弧的表示有圆心法及半径法两种，现分述如下：

1）圆心法。I、J、K 后面的数值定义为从圆弧起点到圆心的距离，用圆心编程的情况如图 7-63 所示。

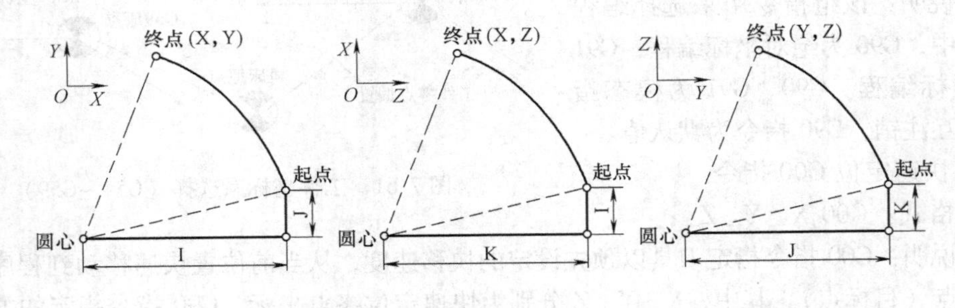

图 7-63　圆心法编程

2）半径法。以 R 表示圆弧半径。此法以起点及终点和圆弧半径来表示一段圆弧，在圆上会有二段圆弧出现，如图 7-64 所示。故以 R 是正值时，表示圆心角小于等于 180°的圆弧；R 是负值时，表示圆心角为大于 180°的圆弧。

圆弧 *a* 的 4 种编程方法：

G91 G02 X30 Y30 R30 F100；

G91 G02 X30 Y30 I30 J0 F100；

G90 G02 X0 Y30 R30 F100；

G90 G02 X0 Y30 I30 J0 F100；

圆弧 *b* 的 4 种编程方法：

G91 G02 X30 Y30 R -30 F100；

G91 G02 X30 Y30 I0 J30 F100；
G90 G02 X0 Y30 R－30 F100；
G90 G02 X0 Y30 I0 J30 F100；

(6) 暂停指令 G04

指令格式：G04 P_；

指令说明：P为暂停时间，单位为s（秒）。

在前一程序段的进给速度降到零之后才开始暂停动作（G04指令），因此在执行含G04指令的程序段时，先执行暂停功能。G04指令为非模态指令，仅在其被规定的程序段中有效。执行G04指令，可使刀具作短暂停留，以获得圆整而光滑的表面。如对不通孔作深度控制时，在刀具进给到规定深度后，用暂停指令使刀具作非进给光整切削，然后退刀，保证孔底平整。

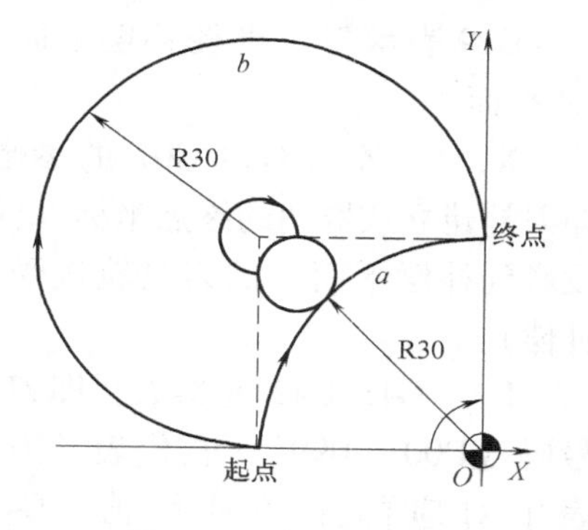

图7-64 半径法编程

7.3.3 数控铣床的刀具补偿

1. 刀具半径补偿

(1) 刀具半径补偿的目的 数控铣床上进行轮廓的铣削加工时，由于刀具半径的存在，刀具中心轨迹和工件轮廓不重合。如果系统没有半径补偿功能，则只能按刀心轨迹进行编程，即在编程时事先加上或减去刀具半径，其计算相当复杂，计算量大。当数控系统具备刀具半径补偿功能时，数控编程只需按工件轮廓编程即可，如图7-65中的实线轨迹。此时，数控系统会自动计算刀心轨迹，使刀具偏离工件轮廓一个半径值R（补偿量，也称偏置量），即进行刀具半径补偿。

(2) 刀具半径补偿指令G40、G41、G42 铣削加工刀具半径补偿分为刀具半径左补偿（用G41定义）和刀具半径右补偿（用G42定义），使用非零的D代码选择正确的刀具半径偏置寄存器号。根据ISO标准，当刀具中心轨迹沿前进方向位于工件轮廓右边时，称为刀具半径右补偿；反之称为刀具半径左补偿，如图7-66所示。当不需要进行刀具半径补偿时，用G40指令取消刀具半径补偿。

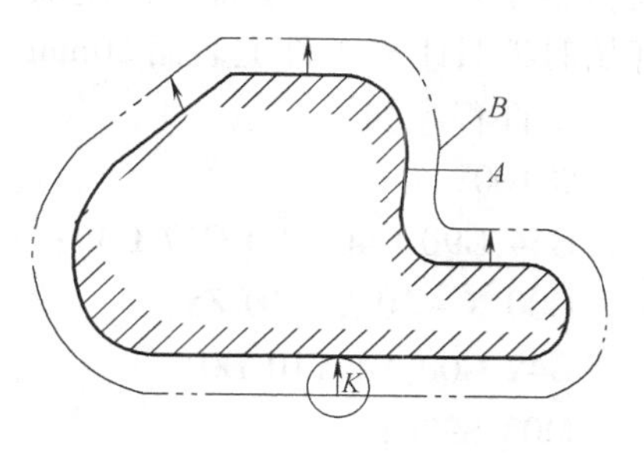

图7-65 刀具半径补偿示意图

指令格式：

$$\begin{Bmatrix} G17 \\ G18 \\ G19 \end{Bmatrix} \begin{Bmatrix} G40 \\ G41 \\ G42 \end{Bmatrix} \begin{Bmatrix} G00 \\ G01 \end{Bmatrix} X\_\ Y\_\ Z\_\ D\_;$$

指令说明：

G40表示取消刀具半径补偿。

G41表示左刀补（在刀具前进方向左侧补偿），如图7-66a所示。

G42表示右刀补（在刀具前进方向右侧补偿），如图7-66b所示。

G17表示刀具半径补偿平面为XY平面。

G18表示刀具半径补偿平面为ZX平面。

G19 表示刀具半径补偿平面为 YZ 平面。

X、Y、Z 为 G00/G01 的参数，即刀补建立或取消的终点坐标（注：投影到补偿平面上的刀具轨迹受到补偿）。

D 为 G41/G42 的参数，即刀补号码（D00 ~ D99），它代表了刀补表中对应的半径补偿值。G40、G41、G42 指令都是模态代码，可相互注销。

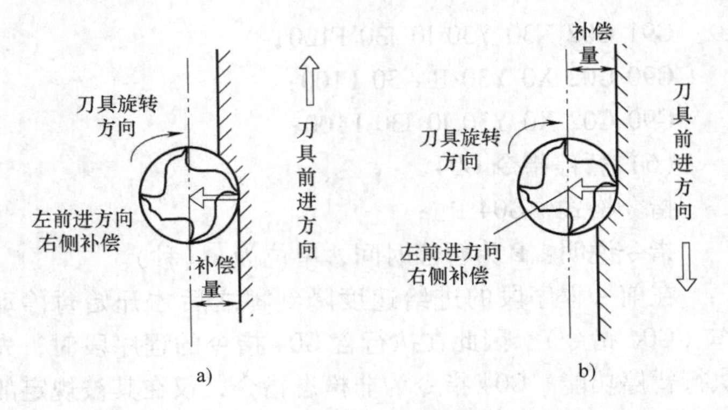

图 7-66　刀具补偿的方向
a）左补偿　b）右补偿

注意：

① 刀具半径补偿平面的切换必须在补偿取消方式下进行。

② 刀具半径补偿的建立与取消只能用 G00 或 G01 指令，不得是 G02 或 G03。

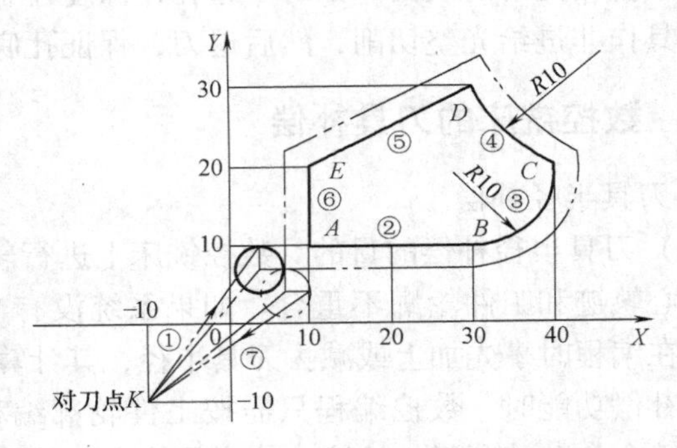

图 7-67　刀具半径补偿编程示例

例　考虑刀具半径补偿，编制图 7-67 所示工件的加工程序。要求建立如图所示的工件坐标系，按箭头所指示的路径进行加工，设加工开始时刀具距离工件上表面 50mm，切削深度为 10mm。

工件程序如下：

%1008；	程序名
G54 G90 G40 G80 G17 G49；	初始化机床状态
G00 X－10 Y－10 Z5；	刀具快速定位
G42 G00 X4 Y10 D01；	引入刀具半径右补偿，补偿值在 D01 寄存器内
M03 S900；	主轴正转，转速为 900r/min
G01 Z－10 F80；	下刀
X30；	切削 *AB* 段
G03 X40 Y20 I0 J10；	切削 *BC* 段
G02 X30 Y30 I0 J10；	切削 *CD* 段
G01 X10 Y20；	切削 *DE* 段
Y5；	切削 *EA* 段
G00 Z50；	抬刀
G40 X－10 Y－10；	取消刀具半径右补偿
M05；	主轴停转
M30；	程序结束

2. 刀具长度补偿

数控铣床的刀具装在主轴上，由于刀具长度不同，装刀后刀尖所在位置不同，即使是同一把刀具，由于磨损、重磨变短，重装后刀尖位置也会发生变化。为了解决这一问题，把刀尖位置都设在同一基准上，编程时不用考虑实际刀具的长度偏差，只以这个基准进行编程，而刀尖的实际位置由刀具长度偏置指令来修正。

（1）刀具长度补偿G43、G44、G49指令

指令格式：

$$\begin{Bmatrix} G17 \\ G18 \\ G19 \end{Bmatrix} \begin{Bmatrix} G43 \\ G44 \\ G49 \end{Bmatrix} \begin{Bmatrix} G00 \\ \\ G01 \end{Bmatrix} \quad X\_\ Y\_\ Z\_\ H\_;$$

指令说明：

G17表示刀具长度补偿轴为 Z 轴。

G18表示刀具长度补偿轴为 Y 轴。

G19表示刀具长度补偿轴为 X 轴。

G49表示取消刀具长度补偿。

G43表示正向偏置（基准长度加上偏置值）。

G44表示负向偏置（基准长度减去偏置值）。

X、Y、Z为G00/G01指令的参数，即刀补建立或取消的终点。

H为G43/G44的参数，即刀具长度补偿偏置号（H00～H99），它代表了刀具表中对应的长度补偿值。长度补偿值是编程时的刀具长度和实际使用的刀具长度之差。G43、G44、G49指令都是模态代码，可相互注销。用G43（正向偏置），G44（负向偏置）指令设定偏置的方向。由输入的相应地址号H代码从刀具表（偏置存储器）中选择刀具长度偏置值。偏置值与偏置号对应，可通过MDI功能先设置在偏置存储器中。

（2）刀具长度补偿示例　考虑刀具长度补偿，编制图7-68所示工件的加工程序。要求建立图示的工件坐标系，按箭头所指示的路径进行加工。预先在刀具表中设置01号刀具长度补偿值H01＝4.0mm。

程序如下：

```
%0001;                          程序名
G54 G40 G80 G49 G90 G17;        初始化机床状态，建立工件坐标系
G00 X0 Y0 Z0;                   刀具快速定位
G91 G00 X120 Y80;               相对坐标编程，快速移到孔#1上方
M03 S800;                       主轴正转，转速为800r/min
G43 Z-32 H01;                   移近工件表面，建立刀具长度补偿H01
G01 Z-21 F50;                   加工#1号孔
G04 P2;                         孔底暂停
G00 Z21;                        抬刀
X30 Y-50;                       快移到#2孔处
G01 Z-41;                       加工#2号孔
G00 Z41;                        快速退出#2孔
X50 Y30;                        移动到#3孔上方
```

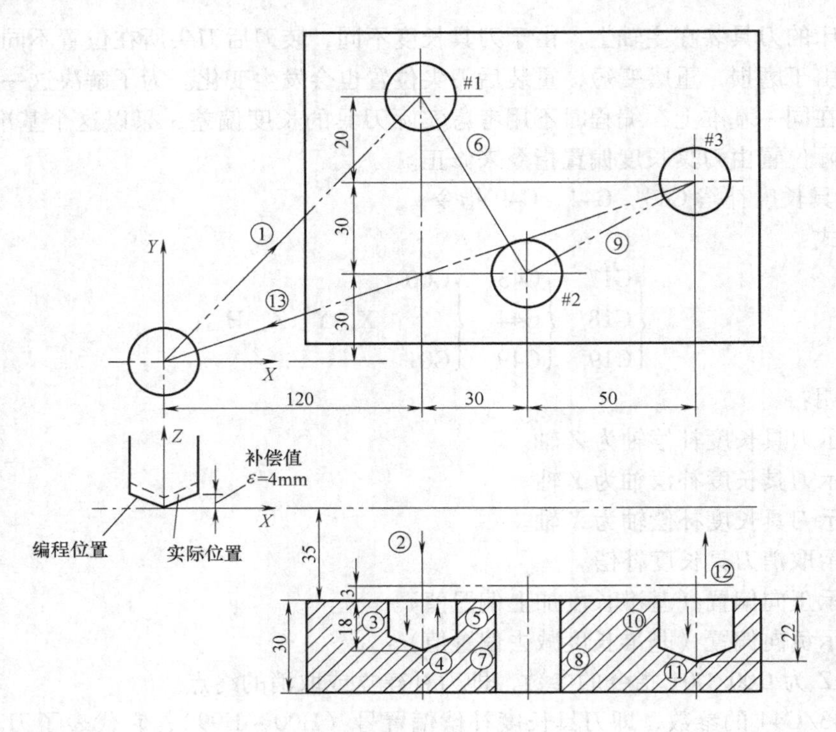

图 7-68 刀具长度补偿示例

G01 Z-25;	加工#3 孔
G04 P2;	孔底暂停
G49 G00 Z57;	抬刀，取消刀具长度补偿
X-200 Y-60;	移动到起始点
M05;	主轴停转
M30;	程序结束

7.3.4 数控铣床的简化编程方法

1. 子程序功能

为了简化数控程序的编制，当一个工件上有相同的加工内容时，常用调用子程序的方法进行编程。调用子程序的程序叫做主程序。M98 指令用来调用子程序；M99 指令表示子程序结束，执行 M99 指令使控制权返回到主程序。子程序的编写规则与一般程序基本相同，只是程序结束字为 M99。

（1）子程序的格式

```
%_;
…
M99;
```

（2）调用子程序的格式

```
M98 P_ L_;
```

指令说明：M98 为调用子程序指令字，地址字 P 后为子程序号，L 后为重复调用次数，省略时为调用1次，系统允许重复调用的次数为9999次。为了进一步简化程序，子程序还可调用另一个子程序，即子程序的嵌套。

2. 镜像加工功能

指令格式：G24 X_ Y_ Z_；
M98 P_；
G25 X_ Y_ Z_；

指令说明：

G24表示建立镜像。

G25表示取消镜像。

X、Y、Z表示镜像位置。

当工件相对于某一轴具有对称形状时，可以利用镜像功能和子程序。只对工件的一部分进行编程，而能加工出工件的对称部分，这就是镜像功能。当某一轴的镜像有效时，该轴执行与编程方向相反的运动。G24、G25指令为模态指令，可相互注销，G25指令为默认值。

3. 比例缩放功能

指令格式：G51 X_ Y_ Z_ P_；
M98 P_；
G50；

指令说明：X、Y、Z为缩放中心坐标值，P为缩放比例。执行指令G51后，以给定点（X，Y，Z）为缩放中心，将图形放大到原始图形的P倍；如果省略X、Y、Z，则以程序原点为缩放中心。在有刀具补偿的情况下，先进行缩放，然后才进行刀具半径补偿和刀具长度补偿。

4. 坐标系旋转功能

指令格式：

G17 G68 X_ Y_ P_；
G18 G68 X_ Z_ P_；
G19 G68 Y_ Z_ P_；
M98 P_；
G69；

指令说明：G68为坐标系旋转功能指令，G69为取消坐标系旋转功能指令；X、Y、Z为旋转中心的坐标值；P为旋转角度，单位为（°），且0°≤P≤360°。

7.3.5　孔加工固定循环

加工各种各样的孔是数控铣床的重要工作内容，每种孔的加工都有其特有的固定格式，从引导定位、切入、断屑到退刀，把这一系列动作用一个指令来集中完成的方法叫做孔加工的固定循环。其指令有G73、G74、G76、G80～G89，通常由下述6个动作构成，如图7-69所示。

① *X*、*Y*轴定位。

② 定位到*R*点（定位方式取决于上次是G00还是G01）。

③ 孔加工。

④ 在孔底的动作。

⑤ 退回到 R 点（参考点）。

⑥ 快速返回到初始点。

固定循环的数据表达形式可以用绝对编程（G90）和相对编程（G91）表示，如图 7-70 所示，其中图 7-70a 所示是采用 G90 指令，图 7-70b 所示是采用 G91 指令。

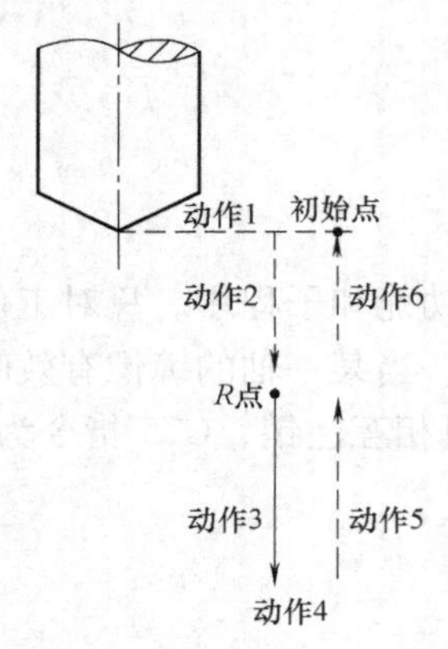

图 7-69 固定循环动作

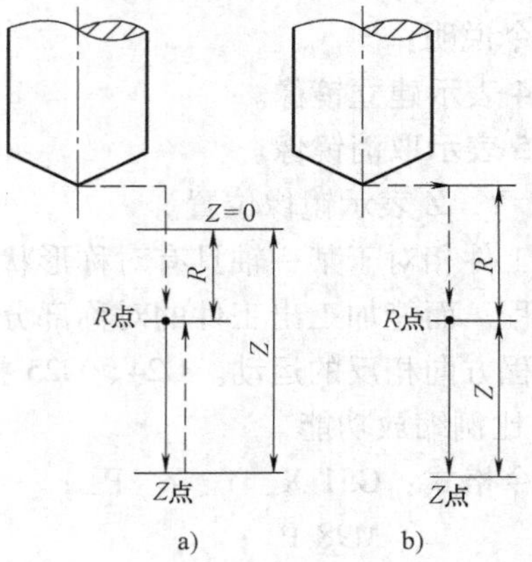

图 7-70 固定循环的数据形式
a）绝对编程 b）增量编程

固定循环的程序格式包括数据形式、返回点平面、孔加工方式、孔位置数据、孔加工数据和循环次数。数据形式（G90 或 G91）在程序开始时就已指定，因此，在固定循环程序格式中可不注出。

固定循环的程序格式如下：

$$\left\{\begin{matrix} G98 \\ G99 \end{matrix}\right. \quad G\_\ X\_\ Y\_\ Z\_\ R\_\ Q\_\ P\_\ I\_\ J\_\ K\_\ F\_\ L\_;$$

程序说明：

G98 表示返回初始平面。

G99 表示返回 R 点所在平面。

G 为固定循环代码 G73、G74、G76 和 G81 ~ G89 之一。

X、Y 为加工起点到孔位的距离（G91）或孔位坐标（G90）。

R 为初始点到 R 点的距离（G91）或 R 点的坐标（G90）。

Z 为 R 点到孔底的距离（G91）或孔底坐标（G90）。

Q 为每次进给深度（G73/G83）。

I、J 为刀具在轴反向位移增量（G76/G87）。

P 为刀具在孔底的暂停时间。

F 为切削进给速度。

L 为固定循环的次数。

K 为每次退刀距离。

G73、G74、G76 和 G81 ~ G89 是模态指令。G80、G01 ~ G03 等指令可以取消固定循环。现对常用指令介绍如下：

1. 深孔钻削循环 G73 指令

指令格式：

$$\begin{cases} G98 \\ \\ G99 \end{cases} \quad G73\ X\_\ Y\_\ Z\_\ R\_\ Q\_\ P\_\ K\_\ F\_\ L\_;$$

指令说明：

Q 为每次进给深度。

K 为每次退刀距离。

G73 指令用于 *Z* 轴的间歇进给，使深孔加工时容易排屑，减少退刀量，可以进行高效率的加工。G73 指令动作循环如图 7-71 所示。注意：Z、K、Q 移动量为零时，该指令不执行。

例　使用 G73 指令编制图 7-71 所示深孔加工程序。设刀具起点距工件上表面 42mm，距孔底 80mm，在距工件上表面 2mm 处（*R* 点）由快进转换为工进，每次进给深度 10mm，每次退刀距离 5mm。

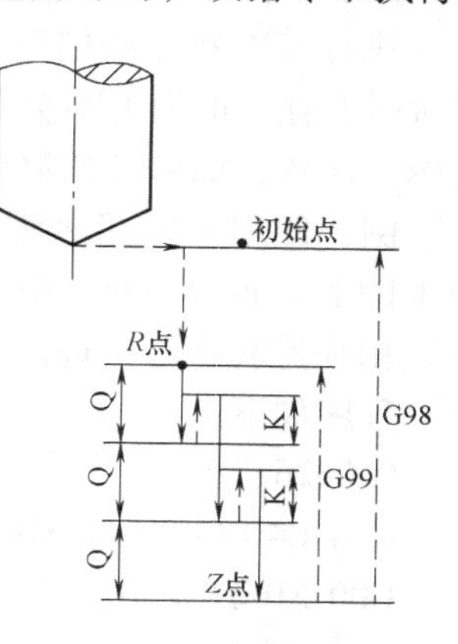

图 7-71　G73 编程示例

程序如下：

```
%0012;
G54 G40 G49 G80 G90;
G00 X0 Y0 Z80;
M03 S800;
G73 X100 R40 P2 Q-10 K5 Z0 F60;
G00 X0 Y0 Z80;
M05;
M30;
```

2. 钻孔循环（中心钻）G81 指令

指令格式：

$$\begin{cases} G98 \\ \\ G99 \end{cases} \quad G81\ X\_\ Y\_\ Z\_\ R\_\ F\_\ L\_;$$

G81 为钻孔动作循环，包括 *X*、*Y* 坐标定位、快进、工进和快速返回等动作。G81 指令动作循环如图 7-72 所示。注意：如果 Z 的移动量为零，该指令不执行。

例　使用 G81 指令编制图 7-72 所示钻孔加工程序。设刀具起点距工件上表面 42mm，距孔底 50mm，在距工件上表面 2mm 处（*R* 点）由快进转换为工进。

程序如下：

```
%0018;
G54 G80 G40 G17 G49 G90;
G00 X0 Y0 Z50;
M03 S600;
```

```
G99 G81 X100 R10 Z0 F20;
G90 G00 X0 Y0 Z50;
M05;
M30;
```

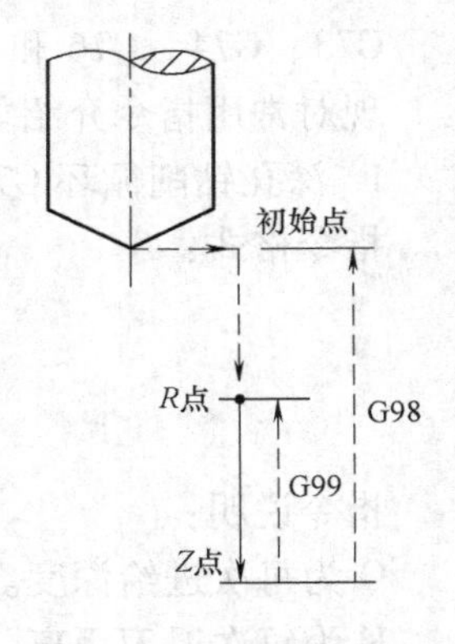

图 7-72 G81 编程示例

3. 精镗循环 G76 指令

指令格式：

$$\left\{\begin{matrix} G98 \\ G99 \end{matrix}\right. \quad G76\ X\_\ Y\_\ Z\_\ R\_\ P\_\ I\_\ J\_\ F\_\ L\_;$$

指令说明：

I 为 X 轴刀尖反向位移量。

J 为 Y 轴刀尖反向位移量。

执行 G76 指令精镗时，主轴在孔底定向停止后，向刀尖反方向移动，然后快速退刀。这种带有让刀的退刀不会划伤已加工平面，保证了镗孔精度。G76 指令动作循环如图 7-73 所示。注意：如果 Z 的移动量为零，该指令不执行。

例 使用 G76 指令编制图 7-73 所示精镗加工程序。设刀具起点距工件上表面 42mm，距孔底 50mm，在距工件上表面 2mm 处（R 点）由快进转换为工进。

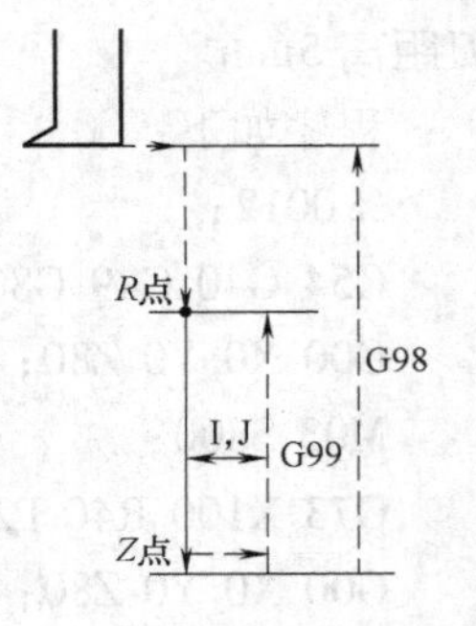

图7-73 G76 指令编程示例

程序如下：

```
%0026;
G54 G40 G49 G80 G90;
G00 X0 Y0 Z50;
M03 S600;
G91 G99 G76 X100 R -40 P2 I -6 Z -10 F200;
G00 X0 Y0 Z40;
M05;
M30;
```

4. 取消固定循环 G80 指令

该指令能取消固定循环，同时 R 点和 Z 点也被取消。

使用固定循环时应注意以下几点：

1）在固定循环指令前应使用 M03 或 M04 指令使主轴回转。

2）在固定循环程序段中，X、Y、Z、R 数据应至少指令一个才能进行孔加工。

3）在使用控制主轴回转的固定循环（G74、G84、G86）中，如果连续加工一些孔间距比较小，或者初始点所在平面到 R 点所在平面的距离比较短的孔时，会出现在进入孔的切削动作前时，主轴还没有达到正常转速的情况，遇到这种情况，应在各孔的加工动作之间插入 G04 指令，以获得时间。

4）当用 G00 ~ G03 指令注销固定循环时，若 G00 ~ G03 指令和固定循环出现在同一程序段，按后出现的指令运行。

5）在固定循环程序段中，如果指定了 M，则在最初定位时送出 M 信号，等待 M 信号完成，才能进行孔加工循环。

7.3.6　数控铣床实习示例

例 1　如图 7-74 所示，工件毛坯材料为 45 钢，外形尺寸为 ϕ70mm × 25mm 的圆柱体，毛坯各表面均已达到图样要求。现要加工正五边形凸台，凸台高度 4mm。试分析加工工艺、选择合适的刀具并编写数控加工程序。

技术要求：

（1）预先热处理：正火 250 ~ 260HBW。

（2）未注公差等级为 IT9 级。

（3）锐边去除毛刺。

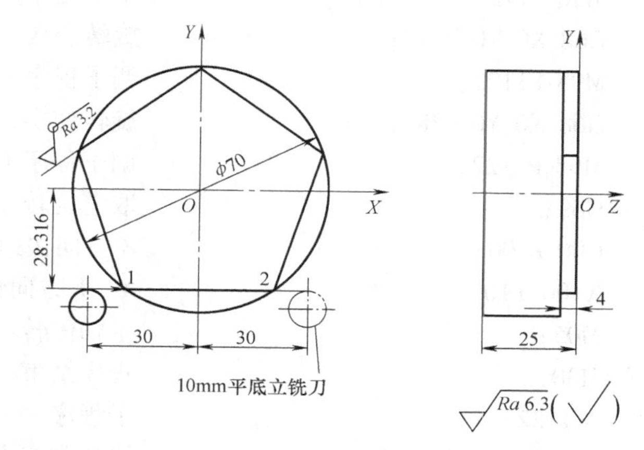

图 7-74　正五边形凸台工件图

1. 工艺分析

该工件外形规则，有一定的规律性，可以考虑使用旋转命令，分别加工 5 条直线轨迹，形成正五边形。工件被加工部分的尺寸精度要求一般，表面粗糙度要求不高。使用数控铣床完全可以完成加工任务，且满足精度要求。使用自定心卡盘夹持工件外圆柱面，并预留足够的加工高度。

（1）加工工序

1）铣底部直线。用 G54 指令建立图示工件坐标系后，选用 ϕ10mm 平底立铣刀，用 G42 指令引入刀具半径右补偿，加工从 1 点到 2 点的直线。

2）旋转变换加工其余直线。通过 G68 指令按一定的角度规律，旋转变换后，重复上一步骤，加工凸台其余 4 条直线，完成凸台的加工。

（2）加工工序卡　加工工序卡见表 7-13。

表 7-13　加工工序卡

加工工序及加工内容	刀具与切削参数						
	刀具规格			主轴转速 /（r/min）	进给速度 /（mm/min）	刀具补偿	
	刀号	刀具名称	材料			半径/mm	长度/mm
工序 1：铣底部直线	T1	ϕ10mm 平底立铣刀	高速钢	800	100	D01 = 5	—
工序 2：旋转变换加工其余直线	T1	ϕ10mm 平底立铣刀	高速钢	800	100	D01 = 5	—

2. 参考程序与注释

程序	注释
%0001；	主程序名
G54 G17 G90 G40 G49 G80；	机床初始化，G54 指定工件坐标系，绝对坐标编程
M03 S800；	主轴转速为 800r/min
G00 X0 Y0；	X、Y 向快速定位到工件坐标系原点

Z10;	Z方向快速定位到安全高度
M98 P1122;	调子程序 1122
G68 X0 Y0 P72;	旋转变换，角度 72°
M98 P1122;	调子程序 1122
G68 X0 Y0 P144;	旋转变换，角度 144°
M98 P1122;	调子程序 1122
G68 X0 Y0 P216;	旋转变换，角度 216°
M98 P1122;	调子程序 1122
G68 X0 Y0 P288;	旋转变换，角度 288°
M98 P1122;	调子程序 1122
G69;	取消旋转变换
G00 Z100;	Z方向快速移动到退刀点
X100 Y100;	X、Y方向快速移动到退刀点
M05;	主轴停转
M30;	程序结束
%1122;	子程序
G00 X-50 Y-30;	快移到左下角
G42 X-30 Y-28.316 D01;	刀具半径右补偿 D01
G01 Z-4 F100;	Z方向直线切入，切削深度 4mm
X30;	切削底部直线
G00 Z10;	抬刀
G40 X0 Y0;	快移到刀具到起始位置
M99;	子程序结束，返回主程序

例 2 现以华中世纪星数控铣床为设备，加工图 7-75 所示的对称凸台工件。毛坯为 ϕ160mm×45mm 的 45 钢圆棒料。试按照图纸要求，分析加工工艺、选择合适的刀具并编制数控加工程序。

技术要求：

（1）未注公差尺寸按 IT9 级（GB/T 1804—M）。

（2）锐边倒角并去除毛刺飞边。

（3）热处理：经调质处理至 200～230HBW。

（4）材料及备料尺寸：45 钢，ϕ160mm×45mm 的圆柱体。

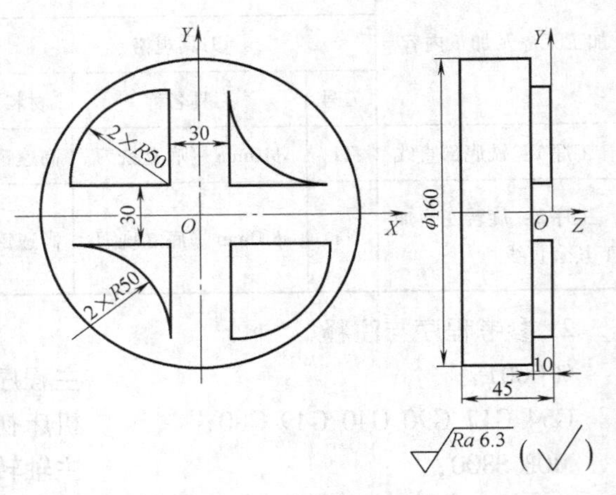

图 7-75 对称凸台工件

1. 工艺分析

该工件结构简单，尺寸精度和表面粗糙度要求不高，使用一般是数控铣床即可达到加工精度要求。因给定毛坯圆柱周边已符合图样要求，不需加工，所以可以采用自定心卡盘装夹。加工内容为：首先，沿圆柱体边缘铣削一周，去除边缘多余的金属；然后铣削右侧两个半径一致，但凹凸不同的凸台；最后，使用镜像功能指令，加工左侧的两个凸台。选用 ϕ30mm 平底立铣刀编程加工。

（1）加工工序

1）铣圆周边缘。采用 ϕ30mm 平底立铣刀，用 G54 指令建立工件坐标系，从外部进刀建立刀具半径补偿后，铣削 ϕ143mm 整圆，去除毛坯边缘多余金属。

2）铣凸台。采用 ϕ30mm 平底立铣刀，用 G54 指令建立工件坐标系，建立刀具半径补偿后，加工右侧两个凸台；再使用镜像功能指令，加工左侧的两个凸台。

（2）加工工序卡 加工工序卡见表 7-14。

表 7-14 加工工序卡

加工工序及加工内容	刀具与切削参数						
	刀具规格			主轴转速 /（r/min）	进给速度 /（mm/min）	刀具补偿	
	刀号	刀具名称	材料			半径/mm	长度/mm
铣圆周边缘	T1	ϕ30mm 平底立铣刀	高速钢	600	150	D01 = 15	—
铣凸台	T1	ϕ30mm 平底立铣刀	高速钢	600	100	D01 = 15	—

2. 参考程序与注释

```
%0001;                          程序名
G54 G90 G40 G49 G80;            设置数控铣床初始状态，G54 设定工件坐标系
M03 S600;                       主轴正转，转速为 600r/min
G00 Z100;                       Z 向快速定位
X0 Y180;                        X、Y 向快速定位
M08;                            切削液开
Z-10;                           Z 向下刀，切削深度 10mm
G42 G01 Y71.5 D01 F150;         建立刀具半径补偿
G03 I0 J-71.5;                  整圆铣削，去除外围多余金属
G40 G00 Y150;                   取消刀具半径补偿
G00 Z100;                       退刀
M98 P1003;                      调用子程序 1003
G24 X0 Y0;                      建立关于原点的镜像加工
M98 P1003;                      调用子程序 1003
G25 X0 Y0;                      取消关于原点的镜像加工
M09;                            切削液关
M05;                            主轴停转
M30;                            程序结束

%1003;                          子程序 1003
G00 X0 Y150;                    X、Y 向快速定位
Z-10;                           Z 向下刀，切削深度 10mm
```

```
G41 G01 X15 Y100 D01 F100;    建立刀具半径补偿
Y65;                          开始切削凸台
G03 X65 Y15 R50;
G01 Y-15;
G02 X15 Y-65 R50;
G01 Y100;
G00 X100 Y15;
G01 X15;
G00 Z100;                     退刀
G40 X0 Y150;                  取消刀具半径补偿
M99;                          子程序结束，返回主程序
```

例3 用华中世纪星数控铣床加工图7-76所示的矩形阵列孔系工件。毛坯材料为铸铝，尺寸200mm×150mm×30mm，长方体。试按照图纸要求，分析加工工艺、选择合适的刀具并编制数控加工程序。

技术要求：

（1）未注公差尺寸按IT9级（GB/T 1804—M）。

（2）锐边倒角并去除毛刺飞边。

（3）材料及备料尺寸：铸铝，200mm×150mm×30mm的长方体。

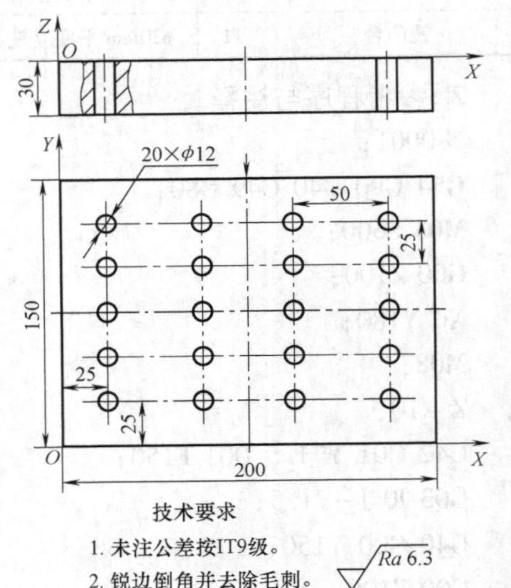

图7-76 矩形阵列孔系工件

1. 工艺分析

该工件结构简单，尺寸精度和表面粗糙度要求不高。因给定毛坯四周边已符合图纸要求，不需加工，所以可以采用机用平口钳装夹。加工内容为：使用ϕ12mm直柄麻花钻，通过子程序嵌套编程，直接钻削出规则排列的20个ϕ12mm通孔。工件坐标系原点设在工件上表面的左下角一点。

（1）加工工序　钻削20个ϕ12mm通孔。采用ϕ12mm直柄麻花钻，通过G54指令建立工件坐标系，以工件坐标系为程序起点，通过子程序嵌套，分别得到20个孔的中心位置并完成钻削。钻削时采用深孔钻削循环G73指令。

（2）加工工序卡　加工工序卡见表7-15。

表7-15　加工工序卡

加工工序及加工内容	刀具与切削参数						
	刀具规格			主轴转速/（r/min）	进给速度/（mm/min）	刀具补偿	
	刀号	刀具名称	材料			半径/mm	长度/mm
钻削20×ϕ12mm通孔	T1	ϕ12mm直柄麻花钻	高速钢	800	60	—	—

2. 参考程序与注释

使用ϕ12mm直柄麻花钻对刀，通过G54指令建立工件坐标系。

%0001；	程序名
G54 G90 G40 G49 G80；	设置数控铣床初始状态，用G54指令设定工件坐标系
M03 S800；	主轴正转，转速为800r/min
G00 X25 Y25；	*X*、*Y*轴快速定位
Z5；	*Z*轴快速定位
M07；	切削液开
M98 P1001 L5；	调用子程序3001共5次，完成5行孔的加工
G00 Z100；	退刀
X100 Y100；	
M09；	切削液关
M05；	主轴停转
M30；	程序结束
%1001；	子程序1001
M98 P1002 L4；	调用子程序1002共4次，完成4列孔的加工
G91 G00 X－200 Y25；	每行加工完时的回行动作，加入行距
M99；	子程序结束，返回主程序
%1002；	子程序1002
G90 G99 G73 Z－35 R3 Q－5 K2 F60；	高速深孔加工循环，在当前位置钻削一个孔
G91 G01 X50；	相对移动到下一个孔的位置，加入列距
M99；	子程序结束，返回主程序

7.4 加工中心简介

加工中心（Machining Center，MC），是由机械设备与数控系统组成的适用于加工复杂工件的高效率自动化机床。加工中心一般认为是“带有自动刀具交换装置，并能够进行多种工序加工的数控机床”。加工中心把几种机床功能集中在一台设备上，具有多种工艺手段。加工中心配置有刀库和回转工作台，在加工过程中，由程序控制选用或更换刀具，以及工作台的回转或分度，它能在一次装夹中完成铣、镗、钻、扩、铰、锪和攻螺纹等工序。加工中心至少可控制三个坐标轴，多的可实现五轴、六轴联动，从而保证刀具能进行复杂表面的加工。

1. 加工中心加工工艺特点及使用注意事项

（1）工艺特点　由于加工中心配置了自动换刀系统和回转工作台，与传统制造工艺相比，具有以下显著特点：

1）在工件成形过程中，没有中间时效处理环节，内应力难以消除。

2）由于加工中心工序集中，使用很多刀具，此时既要考虑粗加工时的大切削力，又要考虑精加工时的定位精度，因此机床的强度和刚度要满足这两方面的要求。

3）由于机床加工经常处于粗、精加工交替的情况，所以要保证机床有良好的抗振性和精度保持性。

4）多工序集中加工，切屑多，切屑的堆积对已加工表面产生影响，加工中应引起注意。

5）工件加工的每道工序的内容、切削用量和工艺参数可以随时改变，有很大的加工柔性。

（2）注意事项　根据加工中心工艺特点，要充分发挥加工中心的特长，提高产品质量，必须注意以下几点：

1）工件需经过高温时效处理，消除内应力。

2）安排其他设备完成准备工序。

3）选择合适的刀具及夹具，使用优化的切削用量。

4）选用复合刀具，尽量采用刀具机外预调，提高精度和机床利用率。

5）合理安排加工工序。

2. 加工中心上工件的定位与夹紧

在考虑夹紧方案时，应尽量减小夹紧变形。工件在粗加工时，切削力大，需要的夹紧力大，因此必须慎重选择定位基准和确定夹紧力。夹紧力应作用在主要支承范围内，并尽量靠近切削部位及刚性好的部位。如采用这些措施仍不能控制工件的变形，只能将粗、精加工工序分开，或者在粗加工程序后编入一段选择停止指令，粗加工后松开工件，使工件变形消除后，再重新夹紧工件继续进行精加工。

在加工中心上，夹具的任务不仅仅是装夹工件，而且要以定位基准为参考基准，确定工件的加工原点。加工中心的自动换刀功能又决定了在加工中不能使用钻套及对刀块等元件。因此，在选用夹具结构形式时要综合考虑各种因素，尽量做到经济、合理。在加工中心台面上有基准T形槽、转台中心定位孔、工作台侧面基准定位元件。

夹具的安装必须利用这些定位元件，夹具底面的表面粗糙度值不高于 $Ra3.2\mu m$，平面度误差为0.01~0.02mm。夹具选择必须注意以下几点：

1）定位夹具必须有高的切削刚性。由于工件在一次装夹中要同时完成粗加工和精加工，夹具既要满足工件的定位要求，又要承受大的切削力。

2）夹紧工件后必须为刀具运动留有足够的空间。由于钻夹头、弹簧夹头镗刀杆很容易与夹具发生干涉，尤其是工件外轮廓的加工，很难安排定位夹紧元件的位置。箱体工件可利用工件内部空间来安排夹紧方式。

3）夹具必须保证工件最小变形。由于工件在粗加工时切削力较大，当粗加工后松开压板，工件可能产生变形，夹具必须谨慎地选择支承点、定位点和夹紧点。夹紧点尽量接近支承点，避免夹紧力作用在工件中间空的区域。

4）对于批量不大又经常换品种的工件，可优先使用组合夹具或成组夹具。但是组合夹具的精度必须满足工件的加工要求。

5）对于小型、宽度小的工件，可考虑在工作台上装夹几个工件同时加工。

常用的夹具有组合夹具、成组夹具、可调整夹具、拼装夹具和专用夹具。

3. 加工中心上刀具的选择

加工中心上使用的刀具分刃具部分和连接刀柄部分。刃具部分包括钻头、铣刀、铰刀、丝锥等。加工中心有自动换刀装置，连接刀柄要满足机床主轴自动松开和拉紧、定位准确、安装方便、适应机械手的夹持和搬运、适应在自动化刀库中的储存和识别的要求，通常用ISO40、45、50锥孔数据。

（1）刀柄的选择　标准刀柄与机床主轴连接结合面的锥度是7:24，国际标准（ISO）有30、35、40、45、50等型号。刀柄尺寸的选择需考虑机械手夹持尺寸和机床主轴夹紧刀柄的尾拉钉尺寸的要求。刀柄的选择直接影响机床效能的发挥，刀柄数量少，不能充分发挥机床的功能；刀柄数量多，又会影响投资。如何恰当地选择，只有根据典型工件和批量情况而定。如果刀库容量大，刀具更换频繁，可选用模块式刀柄。对批量大又反复生产的典型工件，可选用复合刀柄。选用特殊刀柄，可扩大加工范围。例如把增速刀柄用于小孔加工，则转速比主轴转速增高几倍；多轴加工动力头刀柄可同时加工小孔；万能铣头刀柄可改变刀具与主轴中心线夹角，扩大工艺范围；内冷却刀具刀柄切削液通过刀柄，经过刃具内通孔，直接到达切削刃区域，可得到很好的冷却效果，适用于深孔加工；高速磨头刀柄适于在加工中心磨削淬火加工面或抛光模具面等。特殊刀柄的选用必须考虑对机床主轴端面的安装位置要求，并考虑可否实现。

（2）对刀具的要求　加工中心用刀具的要求必须具有能够承受高速切削和强力切削的性能，并且性能稳定。在选刀具材料时，一般应尽可能选用硬质合金涂层刀片，精密镗孔等还可选用性能好、耐磨的立方氮化硼和金刚石刀具。

4. 加工中心的数控程序编制

加工中心的数控编程和数控铣床编程的不同之处，主要是增加了用M06指令和T指令进行自动换刀的功能，其他与数控铣床基本相同。主要编程原则有：

1）进行合理的工艺分析，安排加工工序。由于工件加工工序多，使用的刀具种类多，甚至在一次装夹下，要完成粗、半精、精加工，周密合理地安排各工序加工顺序，有利于提高加工精度和生产率。加工顺序按铣大平面、粗镗孔、半精镗孔、立铣刀加工、钻中心孔、钻孔、攻螺纹、精加工等的加工次序。

2）根据批量等情况，决定采用自动换刀还是手动换刀。一般对于批量在10件以上，并且刀具更换频繁时，以采用自动换刀为宜。但当加工批量很小而使用的刀具种类又不多时，把自动换刀安排到程序中，反而会增加机床的调整时间，当然，这时就相当于把加工中心当数控铣床来使用了。

3）自动换刀要留出足够的换刀空间。刀具直径较大或尺寸较长，自动换刀时要注意避免发生撞刀事故。为安全起见，有的机床要求换刀前必须先回到参考点后才能进行换刀。

4）尽量把不同工序内容的程序，分别安排到不同的子程序中，或按工序顺序添加程序段号标记。

5）尽可能采用简化编程指令和宏指令来进行编程。尽可能利用机床数控系统本身所提供的镜像、旋转、固定循环和宏指令编程功能，以简化程序。

6）换刀程序的使用。通常换刀程序中，选刀和换刀分开进行。选刀指令由T功能指令完成，换刀指令由M06指令实现。M19指令实现主轴定向停止，确保主轴停止的方位和装刀标记方位一致。多数加工中心都规定了环岛点位置，即定距换刀。主轴只有走到这个位置，机械手才能松开，执行换刀动作。一般立式加工中心规定换刀点的位置在机床Z0（即

机床坐标系 Z 轴零点）处，卧式加工中心规定在机床 $Y0$（即机床坐标系 Y 轴零点）处。在对加工中心进行换刀动作的编程安排时，应考虑如下问题：

① 换刀动作必须在主轴停转的条件下进行，且必须实现主轴准停，即定向停止（用 M19 指令）。

② 换刀点的位置应根据所用机床的要求安排，有的机床要求必须将换刀位置安排在参考点处，或至少应让 Z 轴方向返回参考点，这时就要使用 G28 指令。有的机床则允许用参数设定第二参考点作为换刀位置，这时就可在换刀程序前安排 G30 指令。无论如何，换刀点的位置应远离工件及夹具，应保证有足够的换刀空间。

③ 为了节省自动换刀时间，提高加工效率，应将选刀动作与机床加工动作在时间上重合起来。例如，可将选刀动作指令安排在换刀前的回参考点移动过程中，如果返回参考点所用的时间小于选刀动作时间，则应将选刀动作安排在换刀前的耗时较长的加工程序段中。

④ 若换刀位置在参考点处，换刀完成后，可使用 G29 指令返回到下一道工序的加工起始位置。

⑤ 换刀完毕后，不要忘记安排重新起动主轴指令，否则加工将无法持续。

5. 加工中心编程示例

如图 7-77 所示为长方形板工件，材料为 45 钢，毛坯为 85mm × 60mm × 15mm 长方体。已知六个平面均已加工完毕，试分析孔加工工艺，选择合适的刀具并及编写加工程序。

技术要求：

1）预先热处理：正火 260 ~ 280HBW。

2）去除毛刺飞边。

3）未注公差尺寸按 IT9 级（GB/T 1804—M）。

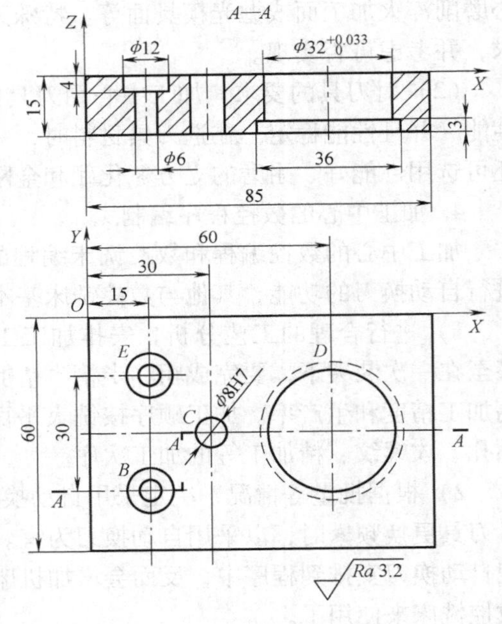

图 7-77 长方形板工件

（1）工件加工工艺分析 该工件上共有 4 个孔，两个精度要求不高的 ϕ6mm 和 ϕ12mm 的沉头孔，可以直接钻头钻穿，然后采用 ϕ12mm 的立铣刀扩出沉孔。ϕ8H7 的通孔要求精度较高，可以先采用 ϕ7. 8mm 的钻头先钻穿，留 0. 2mm 的余量进行铰削加工，保证精度。对于 ϕ36mm 的沉孔，为了保证孔的同轴度和表面的垂直度，可以采用背镗工艺。编程时，选左上角的 O 点为工件坐标系原点。该工件的加工工序卡，见表 7-16。

表 7-16 加工工序卡

加工工序及加工内容	刀具与切削参数						
	刀具规格			主轴转速 /（r/min）	进给速度 /（mm/min）	刀具补偿	
	刀号	刀具名称	材料			半径/mm	长度
工序 1：点钻孔中心	T01	ϕ3mm 中心钻	高速钢	1300	80	D1 = 10. 2	H01
钻两个 ϕ6mm 孔	T02	ϕ6mm 钻头	高速钢	800	100	—	H02

（续）

加工工序及加工内容	刀具与切削参数						
	刀具规格			主轴转速 /（r/min）	进给速度 /（mm/min）	刀具补偿	
	刀号	刀具名称	材料			半径/mm	长度
钻 ϕ8mm 孔留余量	T03	ϕ7.8mm 钻头	高速钢	600	100	—	H03
钻 ϕ30mm 孔留余量	T04	ϕ30mm 钻头	高速钢	200	60	—	H04
扩 ϕ12mm 沉孔	T05	ϕ12mm 立铣刀	高速钢	600	100	—	H05
粗镗 ϕ32mm 孔	T06	可调粗镗刀	硬质合金	800	100	—	H06
背镗 ϕ36mm 孔	T07	可调背镗刀	硬质合金	600	50	—	H07
工序 2：铰 ϕ8H7	T08	ϕ8H7 机用铰刀	高速钢	200	50	—	H08
工序：精镗 ϕ32mm 孔	T09	可调精镗刀	硬质合金	800	50	—	H09

（2）参考程序与注释

```
%0001;                                程序名
G40 G80 G49;                          安全设定
G28 G91 Z0;                           经当前点，返回换刀点
G28 X0 Y0;                            返回机床原点
G54;                                  坐标系设定
M06 T01;                              换 1 号刀（φ3mm 中心钻），适用无机械手
                                      盘式刀库
M03 S1300;                            主轴设定，转速为 1300r/min
M07;                                  切削液开
G43 G90 G00 Z20. H01;                 同时执行刀具长度补偿
G99 G81 X15. Y-15. R3 Z -4. F80;      中心钻点出 E 孔位
X15. Y-45.;                           点出 B 孔位
X30. Y-30.;                           点出 C 孔位
X60. Y-30.;                           点出 D 孔位
G80 G28 G91 Z0;                       返回换刀点
M06 T02;                              换 2 号刀（φ6mm 钻头）
M03 S800;                             主轴设定，转速为 800r/min
G43 G90 G00 Z20. H02;                 同时执行刀具长度补偿
G73 X15. Y-15. Z-19. Q4. F100;        断屑钻方式钻削 E 孔
X15. Y-45.;                           断屑钻方式钻削 B 孔
G80 G28 G91 Z0;                       返回换刀点
M06 T03;                              换 3 号刀（φ7.8mm 钻头）
M03 S600;                             主轴设定，转速为 600r/min
G43 G90 G00 Z20. H03;
G73 X30. Y-30. Z-19. Q4. F100;        断屑钻方式钻削 C 孔
G80 G28 G91 Z0;
```

```
M05;                                        主轴停
M09;                                        切削液停
M01;                                        选择性暂停，测量尺寸，保证余量（试件时
                                            使用）
M06 T04;                                    换 4 号刀（φ30mm 钻头）
M03 S200;                                   主轴设定，转速为 200r/min
M07;                                        切削液开
G43 G90 G00 Z20. H04;
G73 X60. Y-30. Z-19. Q4. F60;               断屑钻方式钻削 D 孔
G80 G28 G91 Z0;
M06 T05;                                    换 5 号刀（φ12mm 立铣刀）
M03 S600;
G43 G90 G00 Z20. H05;
G81 X15. Y-15. Z-19. F100;                  铣削沉孔 E
X15. Y-45.;                                 铣削沉孔 B
G80 G28 G91 Z0;
M06 T06;                                    换 6 号刀（可调粗镗刀）
M03 S800;
G43 G90 G00 Z20. H06;
G86 X60. Y-30. R3. Z-17. F100;              镗 φ32mm 孔留 0.02mm 余量
G80 G28 G91 Z0;
M05;
M09;
M01;                                        选择性暂停，调整余量。（试件时使用）
M06 T07;                                    换 7 号刀（可调背镗刀）
M03 S600;
M07;                                        切削液开
G43 G90 G00 Z20. H07;
G87 X60. Y-30. R-18. Z-12. Q2. F50;         背镗 φ36mm 孔至尺寸
G80 G28 G91 Z0;
M05;
M09;
M01;                                        选择性暂停，控制尺寸（试件时使用）
M06 T08;                                    换 8 号刀（φ8H7 铰刀）
M03 S200;
M07;                                        切削液开
G43 G90 G00 Z20. H08;
G85 X30. Y-30. R3. Z-19. F50;               铰 φ8H7 孔
G80 G28 G91 Z0;
```

```
M05;
M09;
M01;
M06 T09;                                  换 9 号刀（可调精镗刀）
M03 S800;
M07;                                      切削液开
G43 G90 G00 Z20. H09;
G76 X60. Y-30. R3. Z-17. Q2. F50;         精镗 φ32mm 孔至尺寸
M05;
M09;
G80 G28 G91 Z0;
M30;                                      程序结束
```

第 8 章　特种加工实习

特种加工是直接利用各种能量对工件进行加工的方法，如电能、光能、化学能、电化学能、声能、热能等或上述能量与机械能组合的形式等。特种加工相对于传统的加工方法具有以下一些特点：

① 以柔克刚。特种加工的工具与被加工工件基本不接触，加工时不受工件的强度和硬度的制约，故可加工超硬材料和精密微细工件，甚至加工工具材料的硬度可以低于工件材料的硬度。

② 加工时主要使用电能、光能、化学能、声能、热能等去除工件多余材料，而不是主要依靠机械能切除多余材料。

③ 加工过程不产生宏观切屑，不产生强烈的弹性和塑性变形，故可以获得很低的表面粗糙度值，其残余应力、冷作硬化、热影响程度也远比机械加工小。

④ 加工能量易于控制和转换，故加工范围广、适应性强。

特种加工一般按照所利用的能量形式分成如下几类：

① 电能、热能类：电火花加工、电子束加工、等离子弧加工。

② 电能、机械能类：离子束加工。

③ 电能、化学能类：电解加工、电解抛光。

④ 电能、化学能、机械能类：电解磨削、阳极机械磨削。

⑤ 光能、热能类：激光加工。

⑥ 化学能类：化学加工、化学抛光。

⑦ 声能、机械能类：超声波加工。

8.1 电火花加工

8.1.1 电火花加工的原理

电火花加工是在一定的介质中，通过工具电极和工件电极之间脉冲放电的电蚀作用，对工件进行加工的方法。电火花加工的原理如图 8-1 所示。工件 1 与工具电极 4 分别与脉冲电源 2 的两输出端相连接。自动进给调节装置 3（此处为液压缸和活塞）使工具和工件间经常保持一个很小的放电间隙。当脉冲电压加到两极之间时，便在当时条件下相对某一间隙最小处或绝缘强度最弱处击穿介质，在该局部产生火花放电，瞬时高温使工具和工件表面局部熔化，甚至汽化蒸发而电蚀掉一小部分金属，各自形成一个小凹坑。脉冲放电结束后，经过脉冲间隔时间，使工作液恢复绝缘后，第二个脉冲电压又加到两极上，又电蚀出一个小凹坑。这种放电循环每秒钟重复数千次到数万次，使工件表面形成许许多多非常小的凹坑，称为电蚀现象。随着工具电极不断进给，工具电极的轮廓尺寸就被精确地“复印”在工件上。因此，只要改变工具电极的形状和工具电极与工件之间的相对运动方式，就能加工出各种复杂的型面，达到成形加工的目的。

工具电极常用导电性良好、熔点较高、易加工的耐电蚀材料，如铜、石墨、铜钨合金和钼等。在加工过程中，工具电极也有损耗，但小于工件金属的蚀除量，甚至接近于无损耗。工作液作为放电介质，在加工过程中还起着冷却、排屑等作用。常用的工作液是粘度较低、闪点较高、性能稳定的介质，如煤油、去离子水和乳化液等。

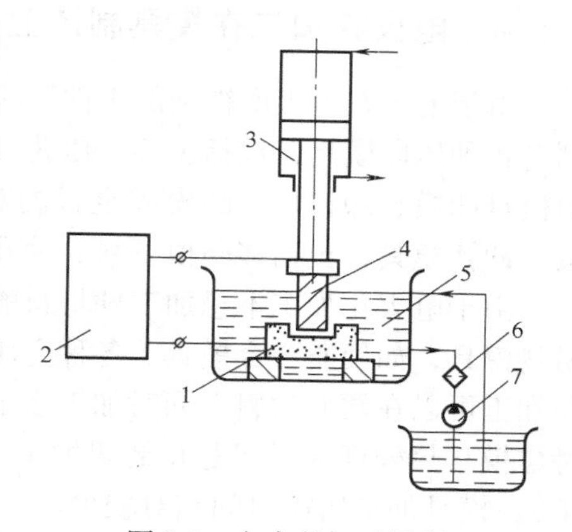

图8-1　电火花加工原理
1—工件　2—脉冲电源　3—自动进给调节装置　4—工具电极　5—工作液　6—过滤器　7—工作液泵

8.1.2　电火花加工的分类

按照工具电极的形式及其与工件之间相对运动的特征，可将电火花加工方式分为五类：

1）利用成形工具电极，相对工件作简单进给运动的电火花成形加工。

2）利用轴向移动的金属丝作为工具电极，工件按所需形状和尺寸作轨迹运动以切割导电材料的电火花线切割加工。

3）利用金属丝或成形导电磨轮作为工具电极，进行小孔磨削或成形磨削的电火花磨削。

4）用于加工螺纹环规、螺纹塞规、齿轮等的电火花共轭回转加工。

5）小孔加工、刻印、表面合金化、表面强化等其他种类的加工。

8.1.3　电火花加工的特点

电火花加工是靠局部热效应实现加工的，它和一般切削加工相比有如下特点：

1）它能用软的工具电极来加工任何硬度的工件材料，如淬火钢、不锈钢、耐热合金和硬质合金等导电材料。

2）电火花加工能加工普通切削加工方法难以切削的材料和复杂形状的工件。

3）加工时无切削力。

4）不产生毛刺和刀痕、沟纹等缺陷。

5）工具电极材料无需比工件材料硬。

6）直接使用电能加工，便于实现自动化。

7）加工后表面产生变质层，在某些应用中须进一步去除。

8）工作液的净化和加工中产生的烟雾污染处理比较麻烦。

9）一些小孔、深孔、弯孔、窄缝和薄壁弹性件等加工不会因工具或工件刚度太低而无法加工。各种复杂的型孔、型腔和立体曲面，都可以采用成形电极一次加工，不会因加工面积过大而引起切削变形。

10）电脉冲参数可以任意调节。加工中不需要更换工具电极，就可以在同一台机床上通过改变电规范（指脉冲宽度、电流、电压）连续进行粗、半精和精加工。精加工的尺寸精度可达0.01mm，表面粗糙度值可达$Ra0.8\mu m$，微精加工的尺寸精度可达0.002～0.004mm，表面粗糙度值可达$Ra0.1\sim0.05\mu m$。

8.1.4 电火花加工在模具制造业中的应用

由于电火花加工所得到的工件形状与加工中使用的电极凸模形状对应，因此，它适合于制造各种压印模具，包括压痕、压花、压筋和其他变形模具。还可通过简化安装，依次加工出模具凹模、卸料板、凸模固定板的对应型腔。因此，电火花加工适用于制造各种下料模具、冲孔模具，包括多凸模下料、冲孔模具。

由于电火花加工不忌加工件材料的硬度状况，因此，很适合于加工各种高硬度、难加工材料模具，如硬质合金模具。各种金属模具型腔件可以在热处理后进行电火花精加工。电火花加工可以在硬质材料上同时加工多个不规则型腔而不需要熟练的钳工加工技术，也不需要考虑模具热处理变形问题和剖切加工问题（传统模具加工中，一些模具型腔需要剖切后加工），模具加工所需时间相对较少。

8.2 数控电火花线切割加工

电火花线切割加工（Wire Cut Electrical Discharge Machining，WEDM）是在电火花加工基础上于20世纪50年代末在前苏联发展起来的一种新工艺，使用线状电极（钼丝或铜丝），靠火花放电对工件进行切割。目前国内外的线切割机床都采用数字控制，数控线切割机床已占电加工机床的60%以上。数控电火花线切割机床利用电蚀加工原理，采用金属导线作为工具电极切割工件，以满足加工要求。机床通过数字控制系统的控制，可按加工要求，自动切割任意角度的直线和圆弧。这类机床主要适用于切割淬火钢、硬质合金等金属材料，特别适用于一般金属切削机床难以加工的细缝槽或形状复杂的工件，在模具行业的应用尤为广泛。

8.2.1 数控电火花线切割加工工艺

1. 数控电火花线切割加工机床及其组成

（1）数控电火花线切割机床的分类　数控电火花线切割机床按电极丝运动的线速度，可分快速走丝和慢速走丝两种。慢速走丝线切割是指电极丝实施低速、单向运动的电火花线切割加工。电极丝只一次性通过加工区域，且经过加工区域后，被收丝轮绕在废丝轮上，一般走丝速度为2～15mm/min。由于单向走丝，因此电极丝的损耗对加工精度几乎没有影响。快速走丝线切割是指电极丝作高速往复运动的电火花线切割加工，其电极丝被整齐地排列在储丝筒上，由储丝筒的一端经丝架的上、下导轮定位，穿过工件，返回到储丝筒的另一端。加工时，电极丝在储丝筒驱动电动机的作用下，随着储丝筒作高速往返运动，一般运动速度为450～700m/min。我国目前常见的是快走丝线切割机床。

（2）数控电火花线切割机床的组成　数控电火花线切割机床由机床本体、脉冲电源、微机控制装置、工作液循环系统等部分组成，如图8-2所示。

1）机床本体。机床本体由床身、走（运）丝机构、工作台和丝架等组成。

① 床身。床身用于支承和连接工作台、运丝机构等部件和工作液循环系统。

② 走（运）丝机构。电动机通过联轴器带动储丝筒交替作正、反向运动，钼丝整齐地排列在储丝筒上，并经过丝架作高速往复移动。

③ 工作台。工作台用于安装并带动工件在水平面内作 X、Y 两个方向的移动。工作台分上、下两层，分别与 X、Y 向丝杠相连，由两个步进电动机分别驱动。步进电动机每接受到计算机发出的一个脉冲信号，其输出轴就旋转一个步距角，再通过一对变速齿轮带动丝杠转动，从而使工作台在相应的方向上移动一个脉冲距离。

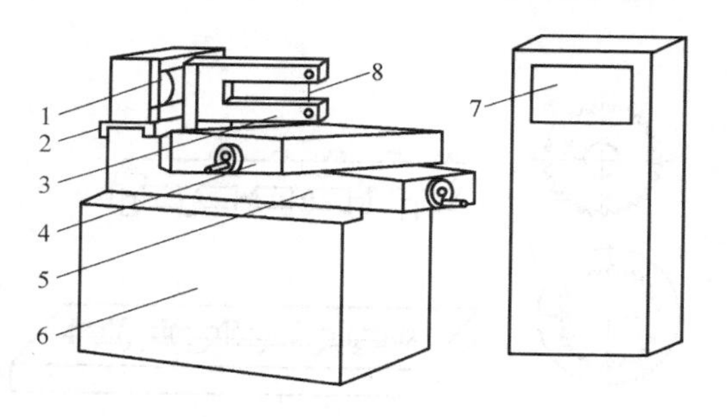

图 8-2 高速走丝线切割机床结构
1—储丝筒 2—走丝溜板 3—丝架
4—上工作台 5—下工作台 6—床身
7—脉冲电源及微机控制柜 8—电极丝

④ 丝架。丝架的主要功用是在电极丝按给定线速度运动时，对电极丝起支承作用，并使电极丝工作部分与工作台平面保持一定的几何角度。

2）脉冲电源。脉冲电源又称高频电源，其作用是把工频 50Hz 交流电转换成高频率的单向脉冲电压，加工中供给火花放电的能量。电极丝接脉冲电源负极，工件接正极。

3）微机控制装置。微机控制装置的主要功用是轨迹控制。其控制精度可达 ±0.001mm，机床切割加工精度为 ±0.01mm。

4）工作液循环系统。工作液循环系统由工作液泵、工作液箱和循环导管组成。工作液起绝缘、排屑、冷却的作用。每次脉冲放电后，工件与电极丝（钼丝）之间必须迅速恢复绝缘状态，否则脉冲放电就会转变为稳定持续的电弧放电，影响加工质量。在加工过程中，工作液可把加工过程中产生的金属微颗粒迅速从电极与工件之间冲走，使加工顺利进行。此外，工作液还可冷却受热的电极丝和工件，防止烧丝和工件变形。

2. 数控电火花线切割加工的特点及应用

（1）数控电火花线切割加工的特点

1）不需要制造成形电极，用简单的电极丝即可对工件进行加工。可切割各种高硬度、高强度、高韧性和高脆性的导电材料，如淬火钢、硬质合金等。

2）由于电极丝比较细，可以加工微细异形孔、窄缝和复杂形状的工件。

3）能加工各种冲模、凸轮、样板等外形复杂的精密工件，尺寸精度可达 ±0.01mm，表面粗糙度值可达 $Ra1.6\mu m$。还可切割带斜度的工件。

4）由于切缝很窄，切割时只对工件进行“套料”加工，故余料还可以利用。

5）自动化程度高，操作方便，劳动强度低。

6）加工周期短，成本低。

（2）数控电火花线切割加工的应用范围

1）应用最广泛的是加工各类模具，如冲模、铝型材挤压模、塑料模具及粉末冶金模具等，如图 8-3 所示。

2）加工二维直纹曲面的工件（需配有数控回转工作台），如图 8-4 所示。

3）加工三维直纹曲面工件，如图 8-5 所示。

4）切断各种导电材料和半导体材料以及稀有、贵重金属。

5）加工微细槽、复杂曲线窄缝。

3. 数控电火花线切割加工的工艺要点

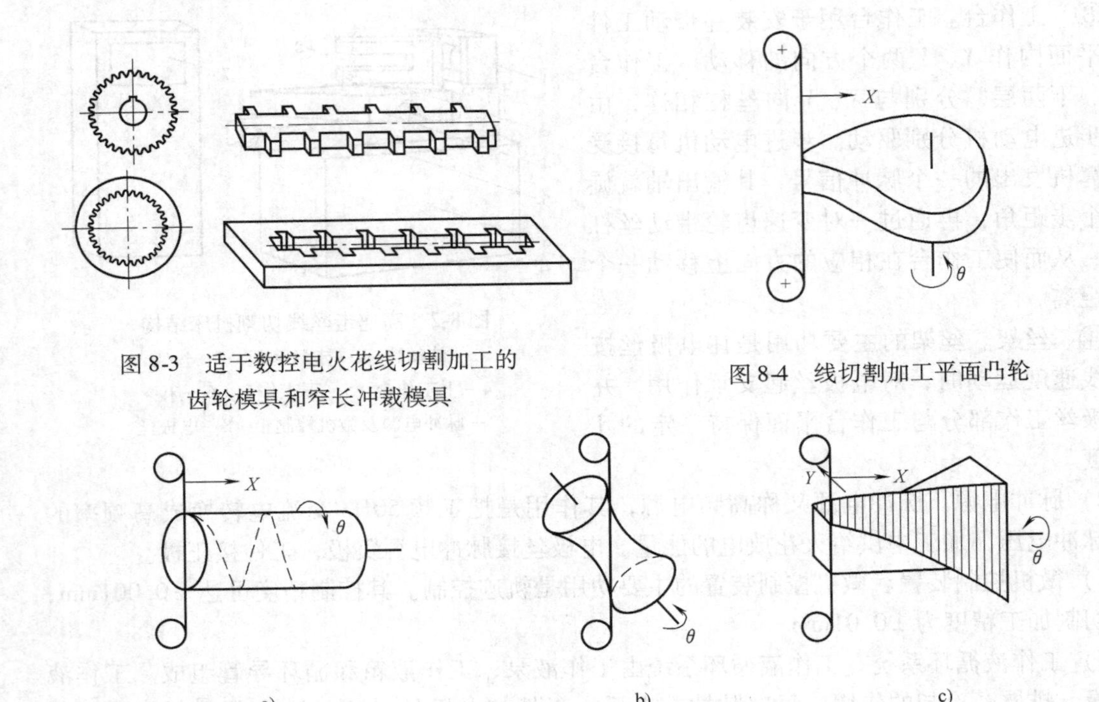

图 8-3　适于数控电火花线切割加工的齿轮模具和窄长冲裁模具

图 8-4　线切割加工平面凸轮

图 8-5　数控电火花线切割加工三维直纹曲面工件

a）螺旋曲面　b）双曲面　c）扭转锥台

（1）毛坯的制备　适于数控电火花线切割加工的工件一般采用锻造毛坯，其线切割加工常在淬火与回火后进行。由于受材料淬透性的影响，当大面积去除金属和切断加工时，会使材料内部残留应力的相对平衡状态遭到破坏而产生变形，影响加工精度，甚至在切割过程中造成材料突然开裂。为减少这种影响，除在设计时应选用锻造性能好、淬透性好、热处理变形小的合金工具钢（如 Cr12、Cr12MoV、CrWMn）作模具材料外，对模具毛坯锻造及热处理工艺也应正确进行。另外还要注意以下几点：

1）为便于加工和装夹，一般都将毛坯锻造成平行六面体。对尺寸、形状相同且断面尺寸较小的工件，可将几个工件制成一个毛坯。

2）工件的切割轮廓线与毛坯侧面之间应留足够的切割余量（一般不小于 5mm）。毛坯上还要留出装夹部位。

3）在有些情况下，为防止切割时毛坯产生变形，要在毛坯上加工出穿丝孔。切割的引入程序从穿丝孔开始。

（2）工件的装夹与调整

1）工件的装夹。装夹工件时，必须保证工件的切割部位位于机床工作台纵向、横向进给的允许范围之内，避免超出极限，同时还应考虑切割时电极丝的运动空间。常用的装夹方式有：悬臂式装夹、两端支承方式装夹、架桥式支承方式装夹、板式支承方式装夹等。

2）工件的调整。采用以上方式装夹工件，还必须配合找正法进行调整，方能使工件的定位基准面分别与机床的工作台面和工作台的进给方向 X、Y 向保持平行，以保证所切割的

表面与基准面之间的相对位置精度。常用的找正方法有：用百分表找正和划线法找正。

（3）穿丝孔和电极丝切入位置的选择　穿丝孔是电极丝相对工件运动的起点，同时也是程序执行的起点，一般选在工件上的基准点处。为缩短开始切割时的切入长度，穿丝孔也可选在距离型孔边缘2～5mm处，如图8-6a所示。加工凸模时，为减小变形，电极丝切割时的运动轨迹与边缘的距离应大于5mm，如图8-6b所示。

（4）电极丝位置的调整　线切割加工之前，应将电极丝调整到切割的起始坐标位置上，其调整方法有以下几种：

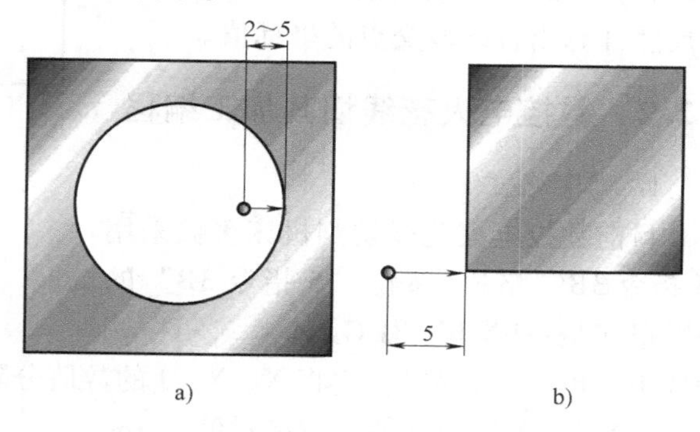

图8-6　切入位置的选择
a）凹模　b）凸模

1）目测法。对于加工要求较低的工件，在确定电极丝与工件基准间的相对位置时，可以直接利用目测或借助2～8倍的放大镜进行观察。图8-7所示是利用穿丝处划出的十字基准线，分别沿划线方向观察电极丝与基准线的相对位置，根据两者的偏离情况移动工作台，当电极丝中心分别与纵、横方向基准线重合时，工作台纵、横方向上的读数就确定了电极丝中心的位置。

2）火花法。如图8-8所示，移动工作台使工件的基准面逐渐靠近电极丝，在出现火花的瞬时，记下工作台的相应坐标值，再根据放电间隙推算电极丝中心的坐标。此法简单易行，但往往因电极丝靠近基准面时产生的放电间隙与正常切割条件下的放电间隙不完全相同而产生误差。

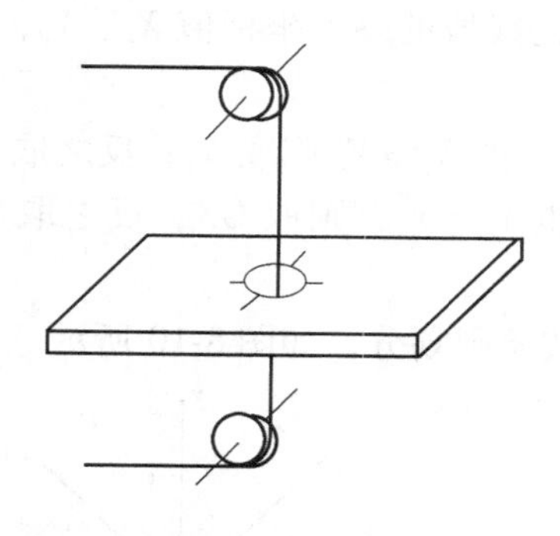

图8-7　目测法调整电极丝位置

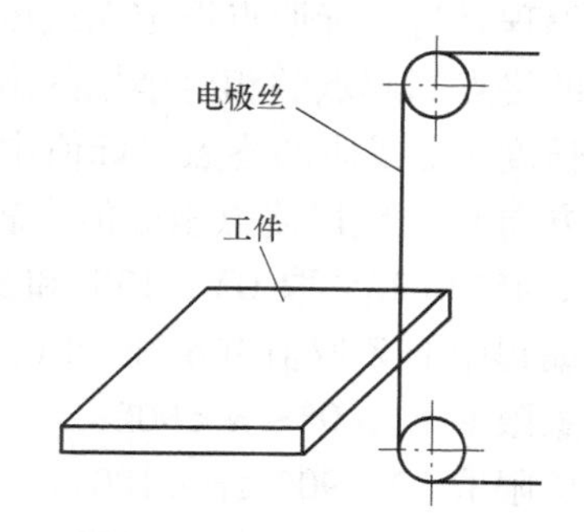

图8-8　火花法调整电极丝位置

（5）工艺尺寸的确定　线切割加工时，为了获得所要求的加工尺寸，电极丝和加工图形之间必须保持一定的距离，如图8-9所示。图中双点画线表示电极丝中心的轨迹，实线表示型腔或凸模轮廓。编程时首先要求出电极丝中心轨迹与加工图形之间的垂直距离ΔR（间隙补偿距离），并将电极丝中心轨迹分割成单一的直线或圆弧段，求出各线段的交点坐标后，逐步进行编程。具体步骤如下：

1）设置加工坐标系。根据工件的装夹情况和切割方向，确定加工坐标系。为简化计算，应尽量选取图形的对称中心线为坐标轴。

2）补偿计算。按选定的电极丝半径r，放电间隙δ和凸、凹模的单面配合间隙$Z/2$，则加工凹模的补偿距离 $\Delta R_1 = r + \delta$，如图 8-9a 所示。加工凸模的补偿距离 $\Delta R_2 = r + \delta - Z/2$，如图 8-9b 所示。

3）将电极丝中心轨迹分割成平滑的直线和单一的圆弧线，按型孔或凸模的平均尺寸计算出各线段交点的坐标值。

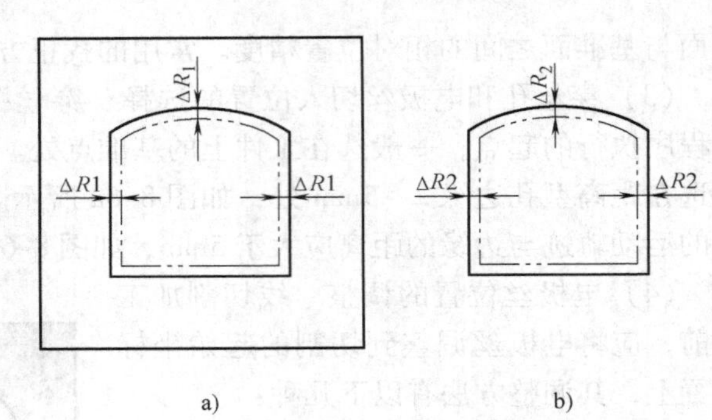

图 8-9 电极丝中心轨迹
a）凹模 b）凸模

8.2.2 数控电火花线切割加工编程

1. 程序格式

目前数控电火花线切割机床多数采用“5 指令 3B”格式代码。“5 指令 3B”的一般格式是：BX BY BJ G_Z

格式中 B——分隔符，它将 X、Y、J 的数值分隔开；

X——X 轴坐标值，取绝对值（μm）；

Y——Y 轴坐标值，取绝对值（μm）；

J——计数长度，取绝对值（μm）；

G——计数方向，分为按 X 方向计数（GX）和按 Y 方向计数（GY）；

Z——加工指令，共有 12 种指令，其中直线 4 种、圆弧 8 种。

在 3B 格式编程中，X、Y、J 的数值最多为 6 位，而且都要取绝对值，即不能用负数。当 X、Y 的数值为 0 时可以省略，即“B0”可以省略成“B”。

2. 直线编程

直线编程是将坐标原点设定在线段的起点，X、Y 是线段的终点坐标值 X_e、Y_e，也就是切割直线的终点到起点的相对坐标的绝对值。

计数长度 J 由线段的终点坐标值中较大的值来确定。如 $X_e > Y_e$ 则取 X_e；反之取 Y_e。

计数方向 G 是线段终点坐标值中较大值的方向。如 $X_e > Y_e$，则取 GX；反之取 GY。当 $X_e = Y_e$ 时，45°和 225°取 GY，135°和 315°取 GX。

直线编程中的 Z 取值有 4 种：L1，L2，L3，L4，按象限划分，如图 8-10 所示。

第一象限取 L1，$0° \leqslant \alpha < 90°$；

第二象限取 L2，$90° \leqslant \alpha < 180°$；

第三象限取 L3，$180° \leqslant \alpha < 270°$；

第四象限取 L4，$270° \leqslant \alpha < 360°$。

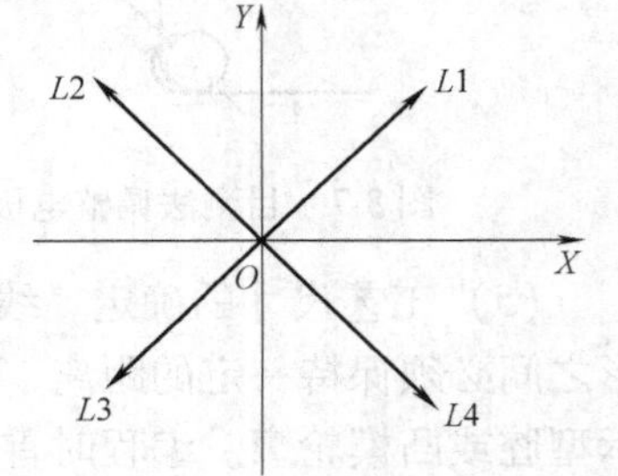

图 8-10 直线加工指令

例 1 编写加工图 8-11 所示直线 OA 的程序，坐标原点设定在线段的起点 O，线段的终点 A 坐标为（20，40）。

解： 因为 $X_e < Y_e$，所以取 GY，J = 40000。因直线位于第一象限，所以取加工指令 Z 为 L1，线切割系统坐标取值单位一般为 μm。

直线 OA 的程序为：B20000 B40000 B40000 GY L1。

3. 圆弧编程

坐标系原点设定在圆弧的圆心，（X，Y）是圆弧的起点坐标值，即圆弧起点相对于圆心的坐标值的绝对值。

计数方向 G 由圆弧的终点坐标值中绝对值较小的值来确定。如 $X_e > Y_e$，则取 Y_e；反之取 X_e。

计数长度 J 取从起点到终点的某一坐标移动的总距离。当计数方向确定后，计数长度 J 就是被加工曲线在该方向（计数方向）投影长度的总和。对圆弧来讲，它可能跨越几个象限。

加工指令 Z 由圆弧起点所在的象限决定。指令共有 8 种，逆时针 4 种，顺时针 4 种。圆弧的加工指令如图 8-12 所示，对应指令见表 8-1。

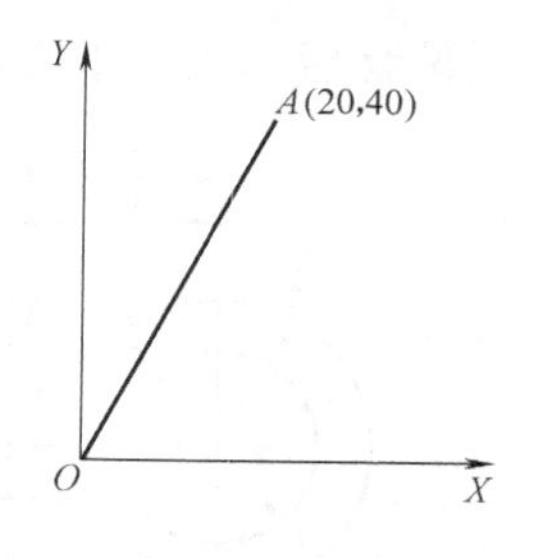

图 8-11　直线编程示例

表 8-1　圆弧加工指令

旋转方向 \ 象限	第Ⅰ象限	第Ⅱ象限	第Ⅲ象限	第Ⅳ象限
逆时针	NR1	NR2	NR3	NR4
顺时针	SR1	SR2	SR3	SR4

例 2　编写图 8-13 所示圆弧 *AB* 的加工程序。坐标系原点设在圆心 *O* 点，起点 *A* 的坐标为（$X_A = 1000$，$Y_A = 7000$），终点 *B* 的坐标为（$X_B = 7000$，$Y_B = 1000$）。

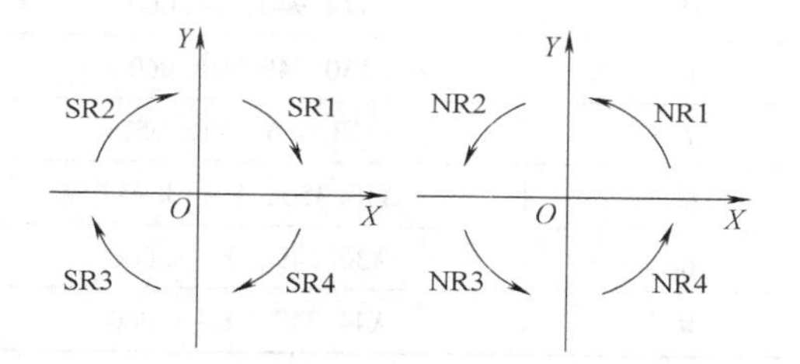

图 8-12　圆弧加工指令示意图

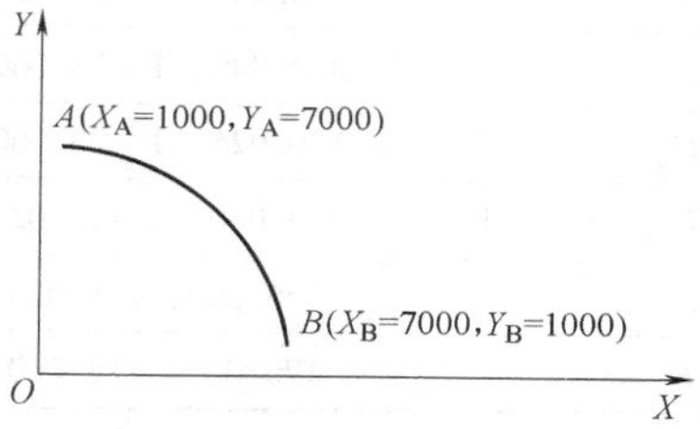

图 8-13　圆弧编程示例

解：因为终点坐标 $X_B = 7000 > Y_B = 1000$，则 G 取 GY。

$J = Y_A - Y_B = 7000 - 1000 = 6000$。

由于圆弧起点 *A* 位于第Ⅰ象限，圆弧 *AB* 为顺时针，所以取加工指令为 SR1。

AB 圆弧的加工程序为：B1000 B7000 B6000 GY SR1。

8.2.3　数控电火花线切割加工编程示例

例 3　编制加工图 8-14 所示的凸凹模的数控线切割程序。图示尺寸是根据刃口尺寸公差及凸凹模配合间隙计算出的平均尺寸，电极丝为 $\phi0.1$mm 的钼丝，单面放电间隙为 0.01mm。

解：（1）确定编程坐标系　由于图形上、下对称，孔的圆心在图形对称轴上，圆心为坐标原点。因为图形对称于 *X* 轴，所以只需求出 *X* 轴上半部（或下半部）钼丝中心轨迹上各段的交点坐标值，就能使计算过程简化。

（2）确定补偿量　补偿量为

$$\Delta R = (0.1/2 + 0.01)\ \text{mm} = 0.06\text{mm}$$

偏移后的钼丝中心轨迹，如图 8-15 中的双点画线所示。

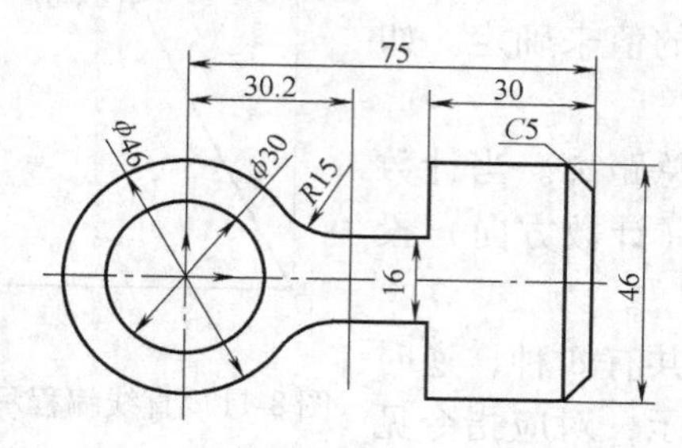

图 8-14 凸凹模工件图

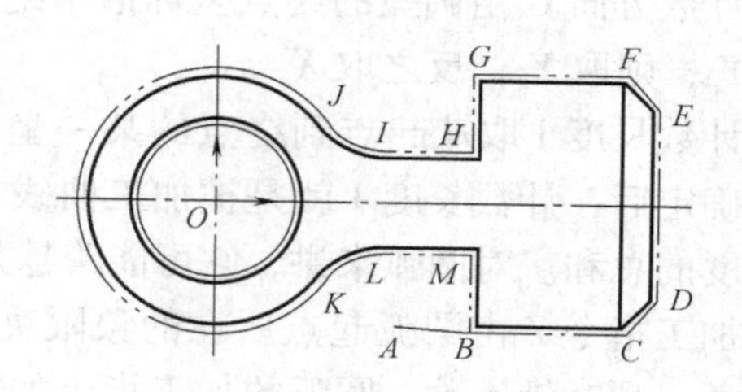

图 8-15 凸凹模编程示意图

（3）计算交点坐标　将电极丝中心点轨迹划分成单一的直线或圆弧段。求 *I* 点的坐标值：因两圆弧的切点必定在两圆弧的连心线上，以此可计算出 *I* 点的坐标值为（*X*30. 249，*Y*8. 060）。其余各点坐标可直接从图形中求得，见表 8-2。切割型孔时电极丝中心至圆心 *O* 的距离（半径）为 $R=(15-0.06)\,\text{mm}=14.94\text{mm}$。

表 8-2 凸凹模加工轨迹各节点坐标

节点	坐标	节点	坐标
O	*X*0，*Y*0	*G*	*X*44. 940，*Y*23. 060
A	*X*30. 249，*Y*－23. 000	*H*	*X*44. 940，*Y*8. 060
B	*X*44. 940，*Y*－23. 060	*I*	*X*30. 249，*Y*8. 060
C	*X*70. 025，*Y*－23. 060	*J*	*X*18. 356，*Y*13. 957
D	*X*75. 060，*Y*－18. 025	*K*	*X*18. 356，*Y*－13. 957
E	*X*75. 060，*Y*18. 025	*L*	*X*30. 249，*Y*－8. 060
F	*X*70. 025，*Y*23. 060	*M*	*X*44. 940，*Y*－8. 060

（4）编写程序单　切割凸凹模时，不仅要切割外表面，而且还要切割内表面，因此要在凸凹模型孔的中心 *O* 处和圆角中心 *A* 处钻穿丝孔。先切割型孔，切割完成后拆丝，移动机床到 *A* 点再重新穿丝，然后再按 $A\to B\to C\to D\to E\to F\to G\to H\to I\to J\to K\to L\to M\to A$ 的顺序切割。

3B 格式程序如下：

N10 B14940 B B14940 GX L1；　　从 *O* 点往 *X* 向切割直线 14940μm

N20 B14940 B B59760 GY SR4；　　顺时针切割圆孔 φ30mm

N30 B14940 B B14940 GX L3；　　沿 *X* 负方向退回原点 *O*

N40 D；　　暂停，拆丝

N50 B30249 B23000 B30249 GX L4；　　空走到 *A* 点

N60 D；　　暂停，穿丝

N70 B14691 B60 B14691 GX L4；　　从 *A* 点切割到 *B* 点

N80 B25085 B B25085 GX L1；　　从 *B* 点切割到 *C* 点

H90 B5035 B5035 B5035 GY L1；　　从 *C* 点切割到 *D* 点

N100 B B36050 B36050 GY L2；　　从 *D* 点切割到 *E* 点

N110 B5035 B5035 B5035 GY L2；　　从 *E* 点切割到 *F* 点

N120 B25085B B25085 GX L3；	从 F 点切割到 G 点
N130 B B15000 B15000 GY L4；	从 G 点切割到 H 点
N140 B14691 B B14691 GX L3；	从 H 点切割到 I 点
N150 B B14940 B5897 GY SR3；	从 I 点切割到 J 点
N160 B18356 B13957 B64326 GY NR1；	从 J 点切割到 K 点
N170 B11893 B9043 B11893 GX SR2；	从 K 点切割到 L 点
N180 B14689 B B14689 GX L4；	从 L 点切割到 M 点
N190 B B15000 B15000 GY L4；	从 M 点切割到 B 点
N200 B14691 B60 B14691 GX L；	从 B 点切割到 A 点
N210 DD；	加工结束

读者可以参照上例，用3B格式代码编制图8-16和图8-17所示零件的加工程序。

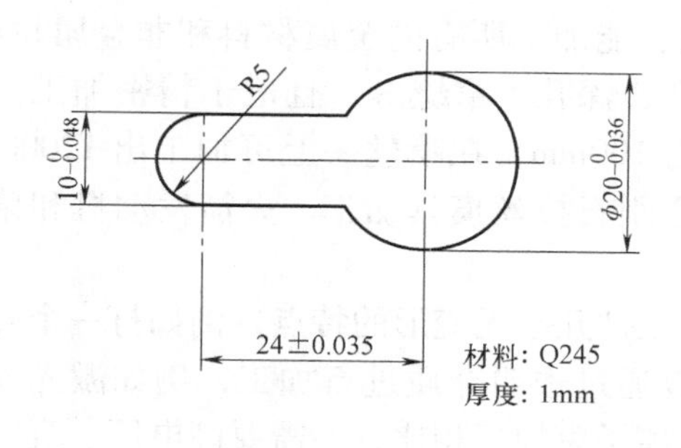

图8-16　垫片图样

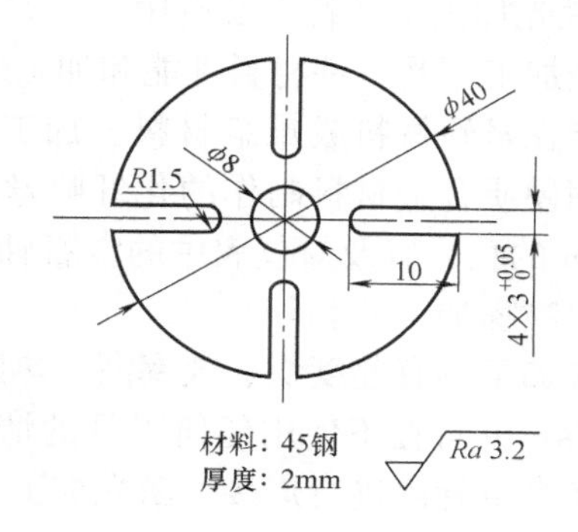

图8-17　盘盖图样

8.3　激光加工

激光是一种亮度高、方向性好、单色性好的相干光。利用功率密度极高的激光束照射工件被加工部位，使材料瞬间熔化或蒸发，并在冲击波作用下熔融物质喷射出去，从而对工件进行穿孔、蚀刻、切割加工；或采用较小能量密度，使被加工区域材料呈熔融态，对工件进行焊接，这种加工方法称为激光加工。激光加工是利用光能经透镜聚焦以极高的能量密度，依靠光热效应加工各种材料的一种新工艺（简称LBM）。

1. 激光加工的基本原理

要想利用光束的能量直接加工工件，光束应具备两个条件：一是光束必须具备足够的能量密度，以满足加工时光束的能量要求；二是光束必须是波长相同的单色光，以便把光束的能量聚焦在极小的面积上，获得高温。由于激光发散角小和单色性好，通过光学系统可以聚焦成为一个极小光束（微米级），所以能满足上述两个条件。

激光是一束相同频率、相同方向和严格位相关系的高强度平行单色光。由于光束的发散角通常不超过0.1°，因此在理论上可聚焦到直径为与光波波长尺寸相近的焦点上，焦点处形成极高的能量密度和温度，从而使任何材料均在瞬时（$<10^{-3}$s）被急剧熔化乃至汽化，并产生强烈的冲击波喷发出去，从而达到切除材料的目的。

常用的激光器按激活介质的种类可分为固体激光器和气体激光器。固体激光器的加工原理如图 8-18 所示。当激光工作物质 2 受到光泵 3 的激发后，会有少量激发粒子自发地发射出光子。于是，所有其他激发粒子受感应将产生受激发射，造成光放大。放大的光通过谐振腔 8（由两个反射镜组成）的反馈作用产生振荡，并从谐振腔的一端输出激光。激光通过透镜聚焦到工件 7 的待加工表面，由于光照区域很小、亮度高，其焦点处的功率密度可达 $10^8 \sim 10^{10}$ W/mm²，温度可达 1 万多℃。固体激光器的结构如图 8-19 所示。

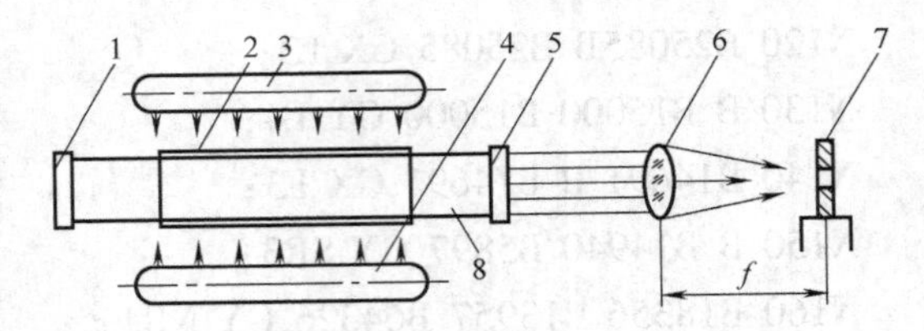

图 8-18 固体激光器加工原理

1—全反射镜 2—激光工作物质 3、4—光泵 5—部分反射镜 6—透镜 7—工件 8—谐振腔

2. 激光加工工艺特点及应用

激光加工不受工件材料性能和加工形状的限制，能加工所有的金属材料和非金属材料，特别是能在坚硬材料或难熔材料上加工出各种微孔、深孔、窄缝等，且适于精密加工。例如，采用硬质合金材料制作的化纤喷丝头的直径为 100mm，在喷丝头上可加工出 12000 个 ϕ0.06mm 的孔，以及对仪表中的宝石轴承打孔、金刚石拉丝模具加工、火箭发动机和柴油机的燃料喷嘴加工等。

激光加工具有速度快、效率高、热影响区小、工件几乎无变形的特点，例如打一个孔只需 0.001s；并且在不使用任何工具的情况下，可以通过透明介质进行加工，例如激光能透过玻璃在真空管内进行焊接。激光加工与电子束、离子束加工相比，不需要高电压、真空环境以及射线保护装置。

激光可用于切割和焊接。切割时，激光束与工件作相对移动，即可将工件分割开，如图 8-20 所示。激光切割可以在任何方向上切割，包括内尖角。激光焊接常用于微型精密焊接，能焊接各种金属与非金属材料。

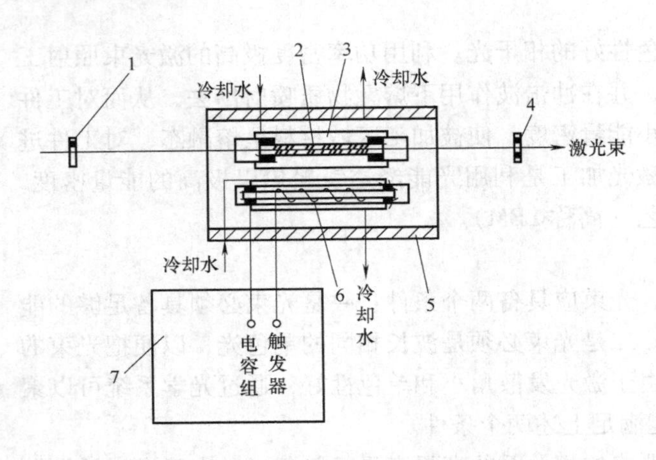

图 8-19 固体激光器结构示意图

1—全反射镜 2—工作物质 3—玻璃套管 4—部分反射镜 5—聚光镜 6—氙灯 7—电源

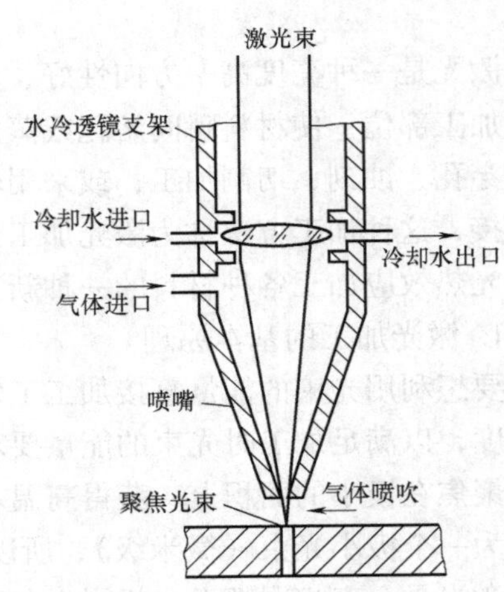

图 8-20 激光切割

激光热处理是利用激光对金属表面扫描，在极短的时间内将工件加热到淬火温度，由于

表面高温迅速向工件基体内部传导而冷却，从而使工件表面淬硬。激光热处理有很多独特的优点，例如快速、不需淬火介质、硬化层均匀、变形小、硬度高（可达 60HRC 以上）、硬化深度能精确控制等。

8.4 超声波加工

1. 超声波加工的基本原理

超声波加工是利用工具发出超高频振动，带动工件和工具间的磨料悬浮液冲击和抛磨工件被加工部位，使工件局部材料破碎成粉，从而使工件成形的一种加工方法。超声波是指频率超过 16×10^3Hz 的振动波，其能量比声波大得多，超声波加工实际上是利用其能量对工件进行成形加工。

超声波加工原理如图 8-21 所示。加工时，在工具和工件之间注入液体（水或煤油等）和磨料混合的悬浮液，工具对工件保持一定的进给压力，并作高频振荡，频率为 16 ~ 30kHz，振幅为 0.01 ~0.15mm。磨料在工具的超声振荡作用下，以极高的速度不断地撞击工件表面，其冲击加速度可达重力加速度的一万倍左右，使材料在瞬时高压下产生局部破碎。而且悬浮液的高速搅动又使磨料不断抛磨工件表面。随着悬浮液的循环流动，磨料不断得到更新，同时带走被粉碎下来的材料微粒。加工过程中，工具逐渐地伸入到工件中，从而使工具的形状“复印”在工件上。

在加工过程中，超声振动还使悬浮液产生空腔，空腔不断扩大直至破裂，或不断被压缩至闭合。这一过程时间极短，空腔闭合压力可达几千大气压，爆炸时可产生水压冲击，引起加工表面破碎，形成粉末。同时悬浮液在超声振动下，形成的冲击波还使钝化的磨料崩碎，产生新的刃口，进一步提高加工效率。

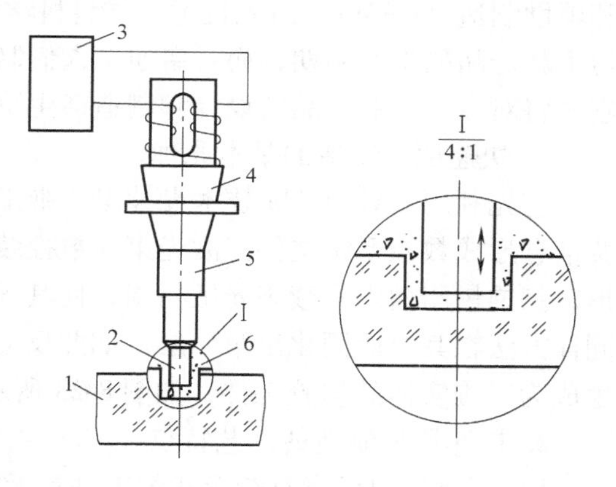

图 8-21 超声波加工原理
1—工件 2—工具 3—超声波发生器 4—换能器
5—变幅杆 6—磨料悬浮液

2. 超声波加工的特点与应用

硬脆材料在遭到局部撞击时，比韧性材料更容易被破坏，因此，超声波加工更适于加工硬脆材料，特别是不导电的非金属材料，例如玻璃、陶瓷、石英、锗、硅、岩石、玛瑙、宝石、金刚石等。对于导电的硬质合金、淬火钢等也可加工，但加工效率比较低。磨料硬度一般应比加工材料高，而工具材料的硬度可以低于加工材料的硬度，但工具磨损则较大。

超声波加工是靠极小的磨料作用，加工精度较高，一般尺寸误差可低于 0.02mm，表面粗糙度值可达 $Ra1\sim0.1\mu m$，被加工表面也无残余应力、组织改变及烧伤等现象。

超声波加工不需要工具旋转，因此易于加工各种复杂形状的孔、型腔、成形表面等。采用中空形状工具，还可以实现各种形状的套料，如图 8-22 所示。超声波加工还可用于切割、雕刻、研磨、清洗、焊接、探伤等。超声波加工机床结构比较简单，操作、维修方便，加工精度较高，但生产率较低。

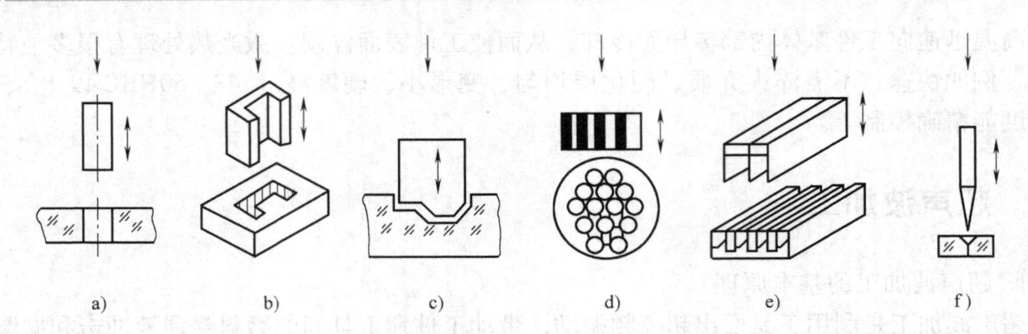

图 8-22 超声波加工应用示例

a）加工圆孔 b）加工异形孔 c）加工型腔 d）切削小圆片

e）多片切割 f）研磨拉丝模

8.5 快速原型制造

快速原型制造技术又称为生长型制造技术，是20世纪80年代才出现的一种全新制造技术。其基本思路源于三维实体，材料既然可以被切割成一系列连续的薄片，那也可以由这些薄片叠成任意形状的三维零件。它将传统的去除式加工模式转变为渐增式加工模式，从根本上改变了工件制造的传统观念。该技术是在综合运用了数控技术、计算机辅助设计（CAD）和辅助制造（CAM）、激光技术、材料科学等领域的最新成果的基础上产生的，不但大大缩短了新产品的生产周期，而且启迪了人们制造的新观念。随着这项技术的深入发展和完善，它必将对今后工业产品的设计和制造产生重大影响和获得巨大效益。

1. 快速原型制造的基本原理

它先利用CAD/CAM技术设计出三维工件模型并将其切成一系列的连续薄片，同时使有关信息形成数控系统文件。激光束在数控装置驱动下，按软件提供的工件底面薄层的二维图形，扫描树脂槽内的液态光敏树脂，使其固化。固化是逐层进行的，当第一层固化后，再用同样方法在其上面固化出第二层。如此反复进行，直至最后一层液态光敏树脂固化完毕，便生成为三维实体的塑胶工件，如图8-23所示。

2. 快速原型制造的工艺特点

1）可制造出任意复杂形状的工件且无需相应模具及切削加工，大大缩短了生产周期。

2）成型速度快，可达800mm/h。

3）可采用多种材料，如液态光敏树脂、ABS塑料、熔模铸造用的蜡料、陶瓷粉末、涂胶纸等。

4）设备昂贵，成本高。

3. 快速激光原型制造技术的应用

1）可快速生成模具，如注塑模、熔模铸造的型壳和砂型，以缩短生产周期。

2）可快速制出样品，以便进行修改设计和测绘以及产品性能测试与分析，从而缩短周期，节省费用。

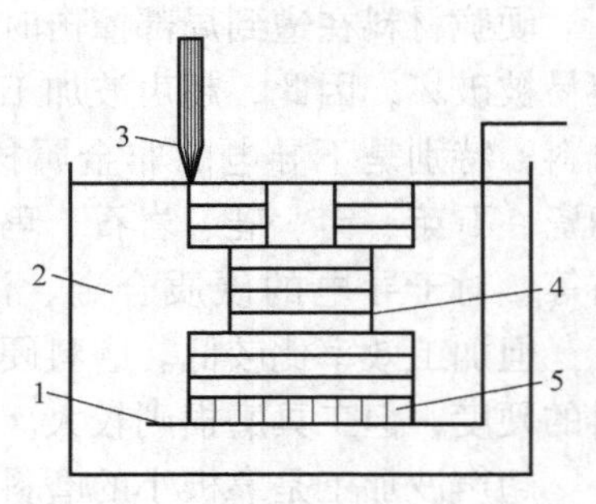

图 8-23 快速成型的工作原理

1—底板 2—树脂槽 3—激光束

4—固化后的塑胶工件

5—支承层

参考文献

[1] 高美兰. 金工实习 [M]. 北京：机械工业出版社，2006
[2] 赵春花. 金工实习教程 [M]. 北京：中国电力出版社，2010
[3] 郗安民. 金工实习 [M]. 北京：清华大学出版社，2009
[4] 朱江峰，肖元福. 金工实习教程 [M]. 北京：清华大学出版社，2004
[5] 魏峥. 金工实习教程 [M]. 北京：清华大学出版社，2004
[6] 钱继锋. 金工实习教程 [M]. 北京：北京大学出版社，2006
[7] 京玉海. 金工实习 [M]. 天津：天津大学出版社，2009
[8] 王瑞芳. 金工实习 [M]. 北京：机械工业出版社，2002